BUR
Rizzoli

STORIA DELL'ASTRONOMIA

A CURA DI MICHAEL HOSKIN
PREFAZIONE DI MARGHERITA HACK

BUR Rizzoli

LE SCOPERTE · LE INVENZIONI

ISBN 978-88-17-09509-9

Titolo originale dell'opera:
The Cambridge Concise History of Astronomy

Traduzione di Libero Sosio

Prima edizione BUR 2001
Prima edizione BUR Scienza maggio 2017

Prefazione

A questa storia dell'astronomia hanno collaborato sei esperti cultori di storia della scienza, come Michael Hoskin, già curatore della *General History of Astronomy* in sette volumi, edito dalla Cambridge University Press, J.A. Bennett curatore del Museo di Storia della Scienza dell'Università di Oxford, Christopher Cullen, docente di Storia della scienza e Medicina cinese dell'Università di Londra, David Dewhirst astronomo dell'Università di Cambridge, Owen Gingerich professore di Astronomia e Storia della scienza allo Harvard-Smithsonian Center for Astrophysics a Cambridge, Massachusetts e Clive Ruggles docente di Archeologia dell'Università di Leicester e specialista di Archeoastronomia.

Non si può definire un libro divulgativo, perché per la completezza e accuratezza con cui tratta la materia può essere utile a molti studiosi, ma è comunque scritto in maniera semplice e comprensibile anche a chi abbia solo poche nozioni scolastiche di astronomia, matematica e fisica.

La storia dell'astronomia è in un certo senso anche la storia dell'umanità. Essa ci racconta la meraviglia, la curiosità e anche lo spavento delle antiche popolazioni per uno scenario che è sempre stato sotto gli occhi di tutti e appare ancora oggi praticamente lo stesso che vedevano i nostri antenati preistorici. Questo cielo è stato l'abbecedario su cui l'umanità ha imparato a leggere, ad allenare il proprio cervello a fargli domande e cercare risposte, a fare emergere faticosamente attraverso decine di secoli quelle straordinarie potenzialità che distinguono la scimmia umana dalle altre scimmie antropomorfe, a dispetto delle minime differenze fra il loro e il nostro DNA.

Comune a tutti gli antichi popoli la credenza in uno stretto collegamento fra quello che succedeva in cielo con quello che succedeva in terra, e l'idea che ogni fenomeno inusuale come le eclissi di Sole e di Luna, o l'apparizione di una cometa fossero segni divini, per annunciare un evento straordinario, per lo più una sciagura.

Un'ampia discussione è dedicata al significato che può avere avuto un monumento preistorico come Stonehenge, costruito nel 3000 a.C. o altri analoghi, meno noti, presenti in Gran Bretagna, Irlanda e Nord della Francia. Mentre è certo il legame fra queste opere e la posizione di levata del Sole a determinate epoche, e quindi un modo di misurare il trascorrere delle stagioni, non è provato che esse potessero permettere anche di prevedere eclissi e quindi praticare una vera astronomia scientifica, come sostenuto da alcuni studiosi.

Mentre non abbiamo documenti dell'Europa preistorica, abbiamo molte più informazioni sulle conoscenze e credenze delle popolazioni sudamericane tramandateci dai conquistatori spagnoli del 1500. Un fatto comune è il confondere le cause con gli effetti. Come gli antichi ritenevano che il Sole si alzasse al mattino e andasse a dormire la sera, o che le costellazioni invernali come Orione fossero la causa dell'arrivo della stagione fredda e delle tempeste, così anche gli antichi sudamericani ritenevano che ci fosse una relazione diretta fra le inondazioni da parte di alcuni fiumi e l'ora di levata di alcune stelle. Un altro esempio è offerto da una popolazione colombiana che riteneva che quando una costellazione chiamata del Bruco Giaguaro sorgeva al momento del tramonto del Sole, comparivano (e compaiono) i bruchi terrestri, e il loro numero aumenta via via che la costellazione si alza in cielo. Mentre oggi per noi è ovvio che si tratta di una coincidenza, la levata della costellazione al momento del tramonto del Sole avviene in un'epoca dell'anno in cui i bruchi escono dalle uova, allora si dava per scontato che era il sorgere della costellazione al tramonto del Sole che dava luogo alla comparsa dei bruchi.

Quanta strada e quanta difficoltà ha dovuto fare l'uomo per capire qual è la causa e quale l'effetto e se c'è davvero una relazione o meno fra due fenomeni concomitanti. Del resto ancora oggi quanti sono convinti dell'influenza della Luna su l'imbottigliamento del vino o sulla crescita delle piante.

Un capitolo sempre affascinante della storia dell'astronomia riguarda le scoperte e l'ingegnosità degli antichi greci, l'impiego di semplici considerazioni geometriche per determinare prima la distanza della Luna e poi quella del Sole, ma anche i pregiudizi e i dogmi di Aristotele, secondo cui tutti i corpi al di là della Luna dovevano essere perfetti e immutabili, addirittura fatti di una sostanza diversa da quella terrestre, e che le figure geometriche perfette erano i circoli e le sfere, per cui i moti dei pianeti, inclusi fra questi Sole e Luna, dovevano necessariamente essere circolari. Bisogna arrivare a Keplero e a Galileo nel 1600 per prendere atto della realtà dei fatti, e cancellare i dogmi aristotelici.

Straordinaria fu l'intuizione di Aristarco che, andando contro l'evidenza immediata dei sensi e gli argomenti di natura filosofica e religiosa, capì che era la Terra a ruotare attorno al proprio asse da ovest a est e non la volta celeste a ruotare da est a ovest, e ad affermare che era la Terra a ruotare attorno al Sole e non viceversa. A questa ultima affermazione si arrivò probabilmente in seguito alla conoscenza della distanza del Sole, che sebbene fosse stata di gran lunga sottostimata per la scarsa precisione del metodo impiegato, anche se concettualmente giusto, mostrava come esso fosse di gran lunga più grande e luminoso della Terra e di tutti i pianeti. Bisogna arrivare al 1543 perché Copernico pubblichi il suo *De revolutionibus orbium coelestium* e alcuni secoli ancora perché il sistema eliocentrico si affermi definitivamente su quello geocentrico.

Nel 1600 nasce l'astronomia moderna, basata sulle osservazioni e non su preconcette idee filosofiche o religiose. Keplero utilizzando le osservazioni del suo maestro Ticho Brahe accetta il dato sperimentale che le orbite dei pianeti sono ellissi e non circoli e Galileo smentisce il dogma aristotelico mostrando che la nova del 1604 è molto più distante della Luna, non presentando alcun moto rispetto alle stelle fisse, e infine applicando il cannocchiale allo studio del cielo scopre le montagne e pianure lunari, le macchie solari, le fasi di Venere e infine i quattro «pianeti medicei», i quattro maggiori satelliti di Giove che costituiscono un sistema solare in miniatura e quindi la più forte evidenza a favore del sistema copernicano. Ma ancora una volta il pregiudizio religioso combatte la realtà dei fatti e la Chiesa di Roma scrive una delle più brutte pagine della sua storia obbligando Galileo ad abiurare e rinnegare la sua certezza nella realtà del sistema copernicano.

Dopo quasi due millenni di lenti progressi, dagli antichi greci a Copernico, la storia comincia a correre. Un secolo dopo la morte di Galileo nasce Newton. Egli è grande soprattutto per aver capito che la stessa forza che fa cadere i corpi a terra (come la leggendaria mela) tiene la Luna in orbita attorno alla Terra e la Terra e gli altri pianeti in orbita attorno al Sole. Ma Newton è stato anche lo studioso della natura della luce, il realizzatore del telescopio che porta il suo nome, costituito da soli specchi e perciò libero da quell'aberrazione cromatica, da quei bordi iridati delle immagini che ne offuscavano la nitidezza, e anche l'osservatore del primo spettro di un corpo celeste, quello di Venere.

Fino al 1600 l'astronomia si era occupata praticamente soltanto del Sole, della Luna e dei pianeti. Le stelle fisse erano puntini luminosi che mantenevano inalterate le loro posizioni relative, ma di cui si poteva solo stimare i diversi splendori, ma nulla più. Galileo col cannocchiale capì che la Via Lattea aveva quel suo aspetto lattiginoso perché in quelle direzioni si affollava una gran quantità di stelle, e anche alcune delle nebulose più brillanti che poteva intravedere avevano forse la stessa natura. I primi studi sulle stelle e la loro distribuzione nello spazio iniziano con William Herschel nella seconda metà del 1700. Egli si rende conto che la Via Lattea ha la forma di un disco molto appiattito, che il numero di stelle osservabili cresce con la distanza allo stesso modo lungo tutti i raggi del disco e ne deduce che il Sole deve trovarsi al centro, e alle stesse conclusioni arriva Kapteyn un secolo dopo. Ancora una volta l'uomo si pone in posizione speciale nell'universo, ma questa volta non per ragioni religiose, ma perché la natura gli tende una trappola: l'esistenza delle polveri interstellari, minuscole particelle solide di silicati e grafite, che come una nebbiolina indeboliscono la luce delle stelle più lontane. È Harlow Shapley all'inizio degli anni Venti del Novecento a scoprire la posizione periferica del Sole.

Nel XIX secolo nasce l'astrofisica, la scienza che studia la natura fisica dei corpi celesti, la loro temperatura, densità, stato della materia, composizione chimica, le fonti dell'energia irradiata dalle stelle. La tecnologia atta ad affrontare questi problemi era nata all'inizio dell'800: era la spettroscopia, cioè l'analisi della luce bianca irradiata dalle stelle, scomponendola nelle sue componenti monocromatiche, ottenendo quello che si chiama lo spettro. Questo – per usare le parole di Galileo – era il libro aperto della natura. Ma bisognava imparare a leggerlo, e le chiavi per una completa lettura furono scoperte solo un secolo dopo, all'inizio del Novecento con la rivoluzione della fisica quantistica.

Un importante sviluppo tecnologico si ottenne alla fine dell'800 con l'invenzione della fotografia. Prima di allora gli astronomi che si preparavano all'osservazione di un corpo celeste o del suo spettro dovevano abituare l'occhio all'oscurità, osservare, ricordare e con una debole luce disegnare quello che avevano visto; riabituarsi all'oscurità e ricominciare le osservazioni. Quindi un procedimento fortemente soggettivo, dipendente dalla memoria visiva e dall'abilità di disegnatore dell'astronomo. Con l'introduzione della fotografia le immagini erano ottenute in modo completamente oggettivo, e potevano poi essere studiate e misurate con calma a tavolino.

Col primo grande telescopio moderno, il 2,50 metri di Monte Wilson, si ottengono anche le prime decisive osservazioni di importanza cosmologica, che Edwin Hubble riassume nella sua legge: tutte le galassie si allontanano da noi con velocità proporzionale alla distanza, un'indicazione che l'universo è in espansione.

Nasce così la disputa fra i sostenitori delle due principali teorie cosmologiche: universo evolutivo o universo stazionario, disputa a cui pone fine nel 1965 la scoperta della radiazione fossile a 3 gradi assoluti.

Intanto Karl Janski scopre casualmente, all'inizio degli anni Trenta, che la Via Lattea emette onde radio, e si comincia a capire che il cielo studiato fino ad allora, attraverso la sola osservazione della luce, ci mostra un aspetto molto parziale dell'universo. Col lancio dello Sputnik, il 7 ottobre 1957 ha inizio l'era spaziale e un decennio dopo i telescopi in orbita attorno alla Terra ci mostreranno l'aspetto dell'universo a raggi X e nell'ultravioletto, radiazioni che la nostra atmosfera assorbe completamente.

Si progettano i grandi telescopi della nuova generazione, resi possibili dai progressi dell'elettronica e dell'informatica, si moltiplicano i telescopi in orbita e le sonde che vanno a scrutare da vicino i pianeti del sistema solare, o addirittura che scendono sulla superficie di Venere, di Marte e infine sul lontano satellite di Saturno, Titano. Si scoprono nuovi pianetini oltre Plutone e centinaia di pianeti extrasolari, in orbita cioè attorno a stelle diverse dal Sole, e ci si interroga sulla probabilità di vita nell'universo.

Questo libro ci accompagna a rivivere la meravigliosa avventura dell'umanità, dai primi passi incerti del neonato alla corsa dell'atleta maturo, utilizzando tutti i campi della fisica come chiavi di interpretazione per leggere il libro della natura.

Utili appendici del volume sono l'elenco cronologico dal 3500 a.C. al 1999 dei maggiori avvenimenti e scoperte astronomiche, il glossario per i lettori più digiuni di nozioni di astronomia, e i suggerimenti per altre letture più specialistiche, capitolo per capitolo.

Margherita Hack

Trieste, novembre 2008

Introduzione

I professori universitari credono che, per imparare qualcosa, occorra prima insegnarlo. Argomento di questo libro è la storia dell'astronomia come l'ho imparata io in tre decenni di insegnamento agli studenti dell'Università di Cambridge.

Tutti i docenti finiscono per convincersi di avere capito tutto. Io non faccio eccezione, e quindi ho deciso di discutere, a volte diffusamente, quei pochi problemi che ritengo di fondamentale importanza. Per procurarmi lo spazio necessario ho menzionato solo di sfuggita, quando non le ho lasciate del tutto fuori, questioni che altri storici possono considerare importanti, come pure innumerevoli particolari minori.

Ci concentreremo quindi sullo sviluppo, nel Vicino Oriente e in Europa, della scienza dell'astronomia quale la conosce oggi tutto il mondo. Ci occuperemo invece solo in breve di altre tradizioni, come l'astronomia in Cina, e le complesse astronomie sviluppate nel Nuovo Mondo prima dell'arrivo dei *conquistadores*, che pure sono al centro dell'interesse di illustri storici dell'astronomia.

A volte i lettori si accostano alla storia dell'astronomia aspettandosi che al centro dell'attenzione ci sia il problema di chi sia stato il primo a capire le cose nel modo giusto. Queste attese andranno qui in gran parte deluse, per due ragioni principali.

La prima ragione è che il concetto di «capire le cose nel modo giusto» sottintende che la scienza sia un'accumulazione progressiva e ininterrotta di verità, e che la teoria si approssimi sempre più alla realtà. Al livello dei fatti, in questa supposizione c'è qualcosa di vero. È difficile credere che la tesi, risalente all'Antichità, che la Terra sia grosso modo sferica possa mai essere abbandonata, o che un giorno possiamo scoprire che Venere sia più vicina al Sole di Mercurio. A un livello teorico più profondo, però, lo sviluppo della scienza è immensamente più complesso. Quella che è stata chiamata «scienza normale» consiste spesso nella graduale chiarificazione ed elaborazione, con contributi di molti scienziati, di ciò che dapprima è confuso. Ma a volte ci sono anche sviluppi drammatici e imbarazzanti. Un secolo dopo la morte di Newton era convinzione comune che lui solo, dell'intero genere umano, avesse avuto il privilegio di potere annunciare le verità fondamentali dell'universo fisico, e che quest'annuncio, fatto una volta nel 1687, non avrebbe potuto ripetersi mai più. Questa visione fiduciosa delle cose sarebbe però stata distrutta dalla radicale riforma, a opera di Einstein, dei concetti newtoniani più fondamentali dello spazio, del tempo, della gravitazione, e via dicendo. Sarebbe tuttavia uno storico ben modesto quello che si limitasse semplicemente a dire che Newton aveva «sbagliato» e che quindi la sua opera non era degna di attenzione.

La seconda ragione è che gli storici dell'astronomia vedono il loro compito non nell'assegnare onorificenze agli astronomi del passato le cui opinioni coincidono con quelle degli astronomi di oggi, bensì nel guidare i loro lettori in un viaggio emozionante. Questo viaggio li introdurrà in paesi concettualmente estranei, in culture del passato che cercavano, come noi, di dare un senso ai moti complessi osservati in cielo, ma che lo facevano ponendosi domande spesso molto diverse da quelle che sembrano ovvie oggi, e cercando risposte che appaiono strane al nostro modo di pensare. Gli storici invitano i loro lettori ad avventurarsi con loro in questo mondo di idee estranee, lasciandosi dietro le spalle gli assunti moderni sulla natura e il fine dell'astronomia, e mettendo in soffitta gran parte della conoscenza moderna del cielo.

Per esempio, i contemporanei di Platone notarono che il cielo notturno ruotava con velocità costante. Essi videro miriadi di stelle «fisse», che, mentre partecipavano a questa rotazione, conservavano le loro posizioni relative senza alcun mutamento; ma videro anche che, fra le stesse fisse, si muovevano sette corpi «erratici» o «pianeti»: il Sole, la Luna, Mercurio e via dicendo. Se, perciò, vogliamo capire l'astronomia dei diciannove secoli compresi fra Platone e Copernico, dobbiamo ignorare il concetto moderno di «pianeta» e accettare come pianeti anche il Sole e la Luna. Fatto ancora più importante, dobbiamo mettere da parte anche quello che consideriamo oggi il lavoro degli astronomi poiché stiamo studiando culture nelle quali il compito degli astronomi era quello di escogitare, per ciascuno dei sette pianeti, un modello geometrico sulla cui base calcolare tavole accurate delle loro future posizioni.

Ciò significa che, per quasi due millenni, l'astronomia fu geometria applicata. Questo programma dei greci culminò, nel 1543, con la pubblicazione del *De revolutionibus* di Copernico, in cui l'autore, che pure per altri versi fu molto prudente, si vide costretto a fare della Terra un pianeta in orbita intorno al Sole. Nei primi decenni del Seicento Keplero esplorò le implicazioni fisiche di questa tesi – le *forze* all'opera nel sistema solare –, trasformando in tal modo l'astronomia da cinematica a dinamica. Non sorprende che i nuovi concetti – sviluppati da Keplero, Galileo, Descartes e dai loro contemporanei – siano stati dapprima vaghi e confusi, e che la chiarificazione sia venuta solo nel 1687 con la pubblicazione dei *Principia* di Newton, in cui l'autore sostenne che la chiave per la comprensione dell'universo fisico era la legge dell'attrazione gravitazionale.

Per verificare questa tesi si doveva accertare se la legge, applicata a un sistema di corpi così terribilmente complesso come il sistema solare, fosse in grado di spiegare i moti osservati dei pianeti, dei loro satelliti e delle comete. Nel Settecento e oltre questo problema occupò l'attenzione di un piccolo gruppo di matematici di grande genialità. Come considerare la loro opera è un problema di competenza dello storico dell'astronomia; ma benché le loro conclusioni siano state di estremo interesse per gli astronomi, essi non furono propriamente astronomi, bensì matematici che operarono al servizio dell'astronomia, cosicché possiamo trascurare deliberatamente i dettagli dei loro calcoli.

Anche questi «meccanici celesti», come gli astronomi antichi e medievali, si occuparono del sistema solare. Le stelle erano ancora poco più di un fondale immutabile – e perciò di scarso interesse – su cui si disegnavano i moti dei pianeti, e c'era ben poco lavoro che si potesse fare su di esse oltre a catalogarne le posizioni e luminosità. Ancora nel 1833 lo studioso più autorevole delle stelle e delle nebulose, John Herschel, pubblicando *A Treatise on Astronomy*, esaurì l'argomento delle stelle in un unico capitolo. Con rare eccezioni i suoi contemporanei, astronomi di professione e dilettanti, erano interessati a una sola stella, ossia il Sole, e ai suoi satelliti.

Da allora c'è stato però un deciso spostamento in direzione opposta, e gli storici attuali sanno bene che le prime ricerche, compiute nel Sette-Ottocento, su stelle, nebulose e sulla «costruzione del cielo» avrebbero avuto una profonda influenza sul futuro pensiero astronomico. Perciò questo libro concede più spazio alle prime esplorazioni oltre i confini del sistema solare di quanto sarebbe parso opportuno agli astronomi vissuti in quel tempo.

In tutta la nostra esposizione dell'astronomia in secoli recenti c'è un problema ricorrente: quello delle distanze. L'osservatore vede i corpi celesti disseminati sulla superficie della volta celeste, ossia ne ha una percezione bidimensionale. Per teorizzare sull'universo tridimensionale, gli osservatori devono investigare la terza coordinata: la distanza.

Il racconto di questa ricerca è una storia affascinante, poiché una misurazione esatta delle distanze di oggetti inimmaginabilmente remoti è fra le imprese più sorprendenti dell'astronomia: persino le stelle più vicine sono così lontane da noi che la loro luce impiega anni per percorrere la distanza che ci separa. Questa lontananza dei corpi celesti ci offre però un vantaggio inatteso, permettendoci di vederli non come sono ora, ma com'erano quando la loro luce iniziò il suo viaggio nello spazio. Questo fatto permette all'astronomo di realizzare ciò che potrebbe sembrare impossibile, osservando tempi più o meno lontani. Quanto più un oggetto è lontano, tanto più indietro nel tempo ci riporta la sua luce; e le distanze studiate oggi sono così grandi da permetterci di usare a volte gli oggetti osservati come prove a favore e contro teorie cosmologiche di com'era l'universo nella sua infanzia.

Quando finisce la storia e comincia la scienza? Gli storici sono troppo vicini all'astronomia contemporanea per disporre del distacco necessario per offrire giudizi ponderati. Ma benché sia troppo presto per poter vedere l'astronomia di oggi in una prospettiva storica, questa scienza è chiaramente molto cambiata in decenni recenti, e i cambiamenti sono troppo drammatici e troppo esaltanti perché lo storico possa semplicemente ignorarli. Termineremo perciò il nostro viaggio storico guardandoci intorno, in un tentativo di capire quale sia la situazione attuale nella ricerca che noi condividiamo con i nostri predecessori antichi e moderni: capire l'universo in cui viviamo.

Questo testo si fonda su quello della *Cambridge Illustrated History of Astronomy*. Ma mentre la *Illustrated History* si rivolge a un pubblico generale dotato di conoscenze minime della matematica e della fisica, questo libro – pur evitando ogni gergo specialistico – si rivolge di preferenza a coloro che hanno una preparazione scolastica in queste scienze.

Il curatore esprime la sua gratitudine a quattro colleghi che lo hanno assistito come consulenti per *The Cambridge Illustrated History of Astronomy*: J.A. Bennett (Museum of the History of Science dell'Università di Oxford), Owen Gingerich (Harvard Smithsonian Center for Astrophysics a Cambridge, Massachusetts), Simon Mitton (St Edmund's College, Cambridge) e Curtis Wilson (St John's College, Annapolis, Maryland). Egli ringrazia anche, per il loro aiuto, David A. King (University Johann Wolfgang Goethe di Francoforte) e Noel M. Swerdlow (Università di Chicago), nonché Owen Gingerich per l'assistenza fornita nell'acquisizione delle illustrazioni.

1

L'astronomia prima della storia

Clive Ruggles e Michael Hoskin

La maggior parte degli storici dell'astronomia passa le sue giornate a leggere libri e documenti in biblioteche e archivi. Alcuni si dedicano allo studio dell'«hardware» conservato nei musei e negli osservatori più antichi (astrolabi, telescopi e via dicendo). Il cielo era però una risorsa culturale per i popoli di tutto il mondo già molto tempo prima dell'invenzione della scrittura o della costruzione di strumenti di osservazione astronomica. I naviganti si orientavano nei lunghi viaggi per mare osservando le stelle; le comunità di agricoltori usavano le stelle per decidere quando era il tempo di seminare; c'erano sistemi ideologici che mettevano i corpi celesti in correlazione con oggetti, eventi e cicli di attività nel mondo terrestre e in quello divino; e non possiamo escludere che qualche popolazione preistorica e protostorica possedesse una scienza astronomica capace di compiere vere predizioni, per esempio di eclissi.

In questo libro ci concentreremo sull'emergere della scienza dell'astronomia come la conosciamo oggi. La documentazione storica mostra che questo sviluppo si è verificato nel Vicino Oriente e, più particolarmente, in Europa. Ci chiederemo perciò innanzitutto se si sappia qualcosa sul modo in cui gli europei preistorici osservavano il cielo, e se ci siano prove dell'esistenza in quei tempi remoti di un'astronomia capace di fare predizioni. Essendo noi fin troppo esposti all'insidia di imporre ai resti archeologici i nostri modelli di pensiero occidentali e i nostri pregiudizi, guarderemo, per confronto, ai membri di altri due gruppi che hanno osservato o osservano il cielo con mente libera da idee occidentali: i popoli vissuti nelle Americhe prima della conquista spagnola e i popoli oggi viventi che continuano a praticare modi di vita tradizionali in relativo isolamento dal resto dell'umanità.

Nelle due regioni più intensamente investigate dagli studiosi dell'astronomia preistorica e protostorica – l'Europa nordoccidentale e le regioni tropicali americane – i fenomeni celesti si presentano con caratteristiche alquanto diverse. Ai tropici il Sole e gli altri corpi celesti sorgono e tramontano quasi verticalmente, e le due epoche dell'anno in cui il Sole passa direttamente allo zenit hanno spesso per i popoli che vi vivono uno speciale significato. Alle latitudini dell'Europa settentrionale, invece, i corpi celesti percorrono fra il sorgere e il tramonto una traiettoria molto più bassa e culminano più a sud. Attorno all'inizio dell'estate le giornate sono lunghe, ma dopo tale data i punti in cui il Sole sorge e tramonta si spostano costantemente verso sud e le giornate si accorciano e diventano più fredde: un comportamento che minacciava disastri, se non si riusciva a convincere il Sole a tornare indietro. Benché i moderni «druidi» si riuniscano a Stonehenge al solstizio d'estate, l'orientamento del monumento nella direzione opposta, verso il solstizio d'inverno, potrebbe avere avuto un potente simbolismo per i suoi costruttori.

Il cielo come risorsa culturale nell'Europa preistorica

Gli europei di oggi hanno, nella migliore delle ipotesi, solo legami assai tenui con le popolazioni preistoriche che occuparono un tempo la stessa regione. Qualche connessione potrebbe tuttavia esistere. Qualcuno ha sostenuto che nella Gran Bretagna dell'Età del Bronzo era in uso un calendario in cui l'anno era diviso in quattro parti dai solstizi e dagli equinozi; ognuna di tali quattro parti sarebbe stata ulteriormente suddivisa in due e poi in altre due, per un totale di sedici «mesi» di 22-24 giorni ciascuno; e può darsi che vestigia di una tale divisione dell'anno in otto parti siano sopravvissute fino in tempi celtici, e quindi fino al Medioevo, in cui erano rappresentate dalle feste di san Martino, Candelora, Calendimaggio e Festa del raccolto (1 agosto), in aggiunta alle quattro feste cristianizzate dei solstizi e degli equinozi.

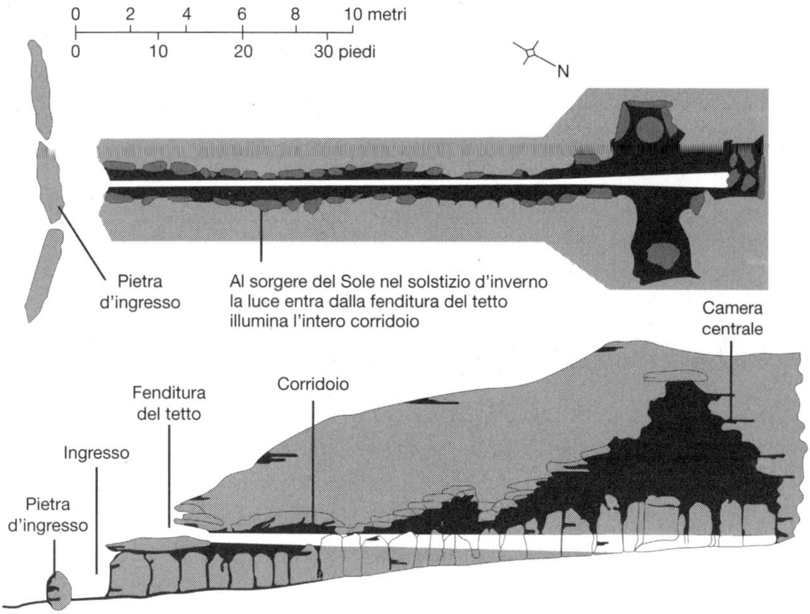

FIGURA 1.1 Newgrange, in vista superiore (in alto) e in sezione laterale (in basso): si vede la via percorsa dai raggi del Sole alla sua levata al solstizio d'inverno. Il tumulo che copre la tomba ha un diametro di circa 76 metri e un'altezza di oltre 9 metri.

Di nuovo, leggende associate all'immensa tomba a corridoio di Newgrange, nella County Meath in Irlanda, costruita intorno al 3000 a.C., fanno abitare in questo monumento l'onnisciente dio Dagda (o suo figlio). La caldaia di Dagda era la volta del cielo, e una connessione con pratiche molto più antiche potrebbe essere indicata dalla scoperta moderna che al solstizio d'inverno la luce del Sole penetrava fin nei recessi più profondi della tomba. Da un ingresso sul lato sudorientale, un corridoio lungo 19 metri conduce a una camera centrale, alta 6 metri, in cui si aprono gli ingressi a tre camere laterali. Un po' di tempo dopo la costruzione, quando erano già state deposte nella tomba le ossa di molti defunti, l'ingresso al monumento fu bloccato con una grande pietra. Nonostante l'esclusione dei vivi, però, la luce del Sole al solstizio d'inverno continuò a entrare attraverso una fenditura altrimenti inspiegabile nel soffitto sopra l'ingresso. Per due settimane circa prima e dopo il solstizio d'inverno, il Sole, sorgendo, illuminava l'intero corridoio fino alla camera centrale, come fa ancor oggi. Che questa coincidenza possa essere del tutto casuale e che la fenditura nel tetto potesse avere qualche altra spiegazione è molto improbabile, cosicché possiamo essere ragionevolmente certi che Newgrange sia stata deliberatamente costruita per trovarsi di fronte al sorgere del Sole al solstizio d'inverno. Ma dobbiamo notare che la luce del Sole doveva cadere sulle ossa dei defunti senza essere vista dai vivi e che, anche se nella camera centrale ci fosse stato un occupante vivo, ne avrebbe ricavato solo una data molto approssimativa del solstizio.

Ma quand'anche non esistessero connessioni così dirette col passato, non sarebbe difficile identificare con una certa sicurezza esempi di monumenti preistorici nella cui costruzione si rivela un interesse per il cielo. Per esempio, nella regione di Alentejo, in Portogallo, a est di Lisbona, ci sono numerose tombe neolitiche. Ogni tomba ha un asse di simmetria e un ingresso situato su tale asse, cosicché c'è una precisa direzione nelle quale si può dire che la tomba sia orientata. Decine di queste tombe sono disseminate su una vasta area, e tuttavia sono tutte orientate entro lo spazio ristretto di un ottante circa: una regolarità che non può essersi verificata per caso.

Come può essere stata conseguita quest'uniformità? Il terreno è piatto, e non ci sono montagne o altri punti di riferimento che potessero essere usati dai costruttori per determinare l'allineamento dell'asse quando costruivano una nuova tomba. Queste popolazioni neolitiche, inoltre, non possedevano certo la bussola. Esse potrebbero quindi essersi servite per l'orientamento delle tombe dell'osservazione del cielo, poiché solo il cielo doveva apparire uguale da tutti i luoghi in questa vasta regione.

L'orientamento di tali tombe è una cosa che si può misurare, ed è un dato di fatto; un altro dato di fatto è l'alto grado di uniformità che tale orientamento presenta. Il coinvolgimento del cielo è dunque almeno estremamente probabile. Non possiamo d'altro canto interrogare i costruttori, i quali non ci hanno lasciato documenti scritti, cosicché possiamo solo fare congetture sul significato che l'orientamento di una tomba poteva trasmettere ai suoi costruttori e ai loro contemporanei. Gli orientamenti osservati possono gettare qualche luce su questo problema?

Notiamo che ogni tomba era disposta frontalmente alla levata del Sole in qualche periodo dell'anno. Il limite sudorientale degli orientamenti delle tombe coincideva con il limite sudorientale del sorgere del Sole, al solstizio d'inverno, ma la maggior parte delle tombe era rivolta verso il sorgere del Sole alla fine dell'autunno e all'inizio della primavera. L'autunno è in effetti una stagione opportuna per l'inizio della costruzione di una tomba, poiché a quest'epoca doveva esserci meno lavoro da fare nei campi e con gli animali, mentre il tempo era ancora favorevole. Sappiamo dalla documentazione storica che molte chiese inglesi furono progettate in modo da avere la facciata rivolta al sorgere del Sole nel giorno dell'inizio della costruzione, e che è possibile calcolare le date calendariali di un tale inizio a partire dall'orientamento dell'asse. Pare che lo stesso si possa fare per le tombe di Alentejo, e conseguire in questo modo nuove informazioni sul ritmo annuale della vita nei tempi neolitici.

I santuari con *taula* sull'isola spagnola di Minorca, nel Mediterraneo, dove una cultura dell'Età del Bronzo era al suo culmine intorno al 1000 a.C., ci offrono un altro esempio di probabile uso di fenomeni astronomici nell'orientamento di monumenti preistorici. Tali santuari consistevano in un muro di cinta al centro del quale c'era la *taula*, una lastra di pietra piatta piantata verticalmente nel suolo, sulla quale poggiava una pietra orizzontale. La faccia frontale della *taula* guardava verso l'ingresso, che era quasi sempre in direzione sud. Fatto significativo, la *taula* era disposta invariabilmente in modo che i fedeli dall'interno avessero una vista perfetta dell'orizzonte. Come poteva una tale vista essere così importante, se oggi verso sud non si vede niente di significativo?

Possiamo trovare la probabile risposta calcolando a ritroso l'effetto dell'oscillazione («precessione») dell'asse terrestre causata dall'attrazione del Sole e della Luna sul rigonfiamento equatoriale della Terra, che nel corso dei secoli cambia le stelle che possono essere viste da una qualsiasi località data. Troviamo che a Minorca, nel 1000 a.C., era visibile la Croce del Sud; essa saliva considerevolmente in alto in cielo, seguita dalla splendente Beta Centauri, e poi da Alpha Centauri, la seconda stella per luminosità visibile dall'isola (la prima è Sirio). Questa vistosa costellazione ha avuto (e ha) molta importanza in parecchie culture, e non solo ai fini della navigazione. Se, come pare probabile, fu associata ai rituali praticati nei santuari con *taula*, questo fatto può insegnarci qualcosa sulla religione della popolazione preistorica di Minorca, la quale potrebbe inoltre avere avuto legami con l'Egitto, dove le costellazioni erano normalmente identificate con divinità.

Questo coinvolgimento del cielo nel rituale preistorico in Europa sembra perciò ben stabilito. Ma c'era anche un'astronomia quasi scientifica, fondata su osservazioni esatte, capace forse addirittura di predire eventi astronomici? In Gran Bretagna il suggerimento che monumenti megalitici, costruiti, come sappiamo oggi, nel III millennio a.C. e all'inizio del II, includessero allineamenti scelti per ragioni astronomiche risale al Settecento, mentre all'inizio del Novecento un astronomo della statura di Sir Norman Lockyer poté scrivere: «Da parte mia, credo che l'opinione che i nostri antichi monumenti siano stati costruiti per osservare e determinare i luoghi della levata e del tramonto dei corpi celesti sia oggi perfettamente stabilita».

L'argomento catturò l'attenzione del grande pubblico negli anni Sessanta, con la pubblicazione di un libro su Stonehenge in cui si sosteneva che, in aggiunta alla ben nota levata del Sole al solstizio d'estate, sopra la Pietra del Tallone, il monumento comprendeva nella sua configurazione molti altri allineamenti astronomici. Il suo autore, l'astronomo Gerald Hawkins, mostrò che – date osservazioni regolari estese su un periodo di molti anni – era tecnicamente possibile usare gli allineamenti di Stonehenge per registrare il calendario solare, studiare i cicli più complessi della Luna e persino predire eclissi. E questo, secondo l'autore, era stato in effetti uno degli intenti dei costruttori del monumento.

Se Stonehenge fosse stato uno fra molti monumenti simili, li si sarebbe potuti esaminare per vedere se presentassero gli stessi caratteri. Purtroppo esso non ha paralleli in alcun'altra parte del mondo, e fu oggetto di meraviglia e stupore già nell'Antichità. La sua spiegazione è ulteriormente complicata dal fatto che esso fu costruito, modificato, e ricostruito nell'arco di un periodo di circa due millenni. Inoltre le pietre che vediamo oggi potrebbero non essere esattamente nella posizione che occupavano quando il monumento fu costruito la prima volta; e quando fu costruito non è detto che si trovassero esattamente nella posizione prevista dai costruttori. Non potendo interrogare gli architetti, che neppure ci hanno lasciato alcun documento scritto delle loro intenzioni, siamo costretti a fare ricorso a considerazioni di probabilità: dobbiamo perciò chiederci quante probabilità ci siano che una disposizione di pietre che ai nostri occhi ha un significato astronomico abbia potuto realizzarsi in virtù di un preciso progetto piuttosto che per caso. In altri termini, lo studio di Stonehenge ci induce a fare uso della statistica, e ai fini di un'indagine statistica un monumento unico è un oggetto insoddisfacente.

L'affermazione meno opinabile che si possa fare su Stonehenge è che l'orientamento generale dell'asse del monumento in varie fasi del suo sviluppo fu in una direzione verso il sorgere del Sole al solstizio d'estate, e nell'altra verso il tramonto del Sole al solstizio d'inverno, e che questo orientamento potrebbe benissimo essere stato intenzionale. È in gioco una precisione con un margine d'errore, nella migliore delle ipotesi, di due o tre diametri solari: la nozione diffusa che la Pietra del Tallone definisse la direzione del sorgere del Sole al solstizio con una precisione maggiore è del tutto indifendibile, poiché la presunta posizione d'osservazione (il centro del monumento) non può essere definita con sufficiente esattezza, mentre la Pietra del Tallone è troppo vicina per fornire un mirino anteriore abbastanza preciso, e l'orizzonte al di là di essa è assolutamente amorfo.

La maggior parte degli studiosi di Stonehenge ha individuato nel sito certi caratteri e ha escogitato teorie per «spiegarli». Nonostante le migliori intenzioni di mantenere un atteggiamento obiettivo ci sono gravi pericoli di imporre un contesto astronomico (e geometrico) a quello che è in realtà un campione molto limitato di dati in un sito assai alterato: i dati che oggi sono superficialmente evidenti, le strutture che sono state scavate (mentre grandi parti del sito sono ancora inesplorate) e via dicendo. Per esempio, oggi sappiamo che la Pietra del Tallone aveva una compagna, andata distrutta da molto tempo, di cui si scoprì l'esistenza durante operazioni di recupero nel 1979.

Alcune fra le teorie astronomiche più famose su Stonehenge usano argomentazioni di carattere statistico per individuare il possibile significato dei numerosi allineamenti astronomici fra coppie di punti scelti. La credibilità di tali argomentazioni è però sminuita da molti motivi diversi: l'assenza di una giustificazione anteriore dei punti scelti, e dubbi archeologici su alcuni di essi; errori numerici nel calcolo delle probabilità; e, fatto forse più importante, la non-indipendenza dei dati (per esempio – eccezion fatta per regioni collinose – una linea orientata da un lato verso la levata del Sole al solstizio d'estate sarà automaticamente orientata dall'altro verso il tramonto del Sole al solstizio d'inverno). Una volta che si sia tenuto conto di tutte queste possibilità d'errore, non rimangono prove certe di orientamenti astronomici preferiti di questa sorta.

Un autore ha sottolineato che le 56 buche di Aubrey (così chiamate dal loro scopritore seicentesco, John Aubrey) potrebbero essere state usate per la predizione di eclissi, spostando dei marcatori da una buca all'altra. Il problema, qui, consiste nel fatto che – anche se un astronomo moderno potrebbe usare effettivamente in questo modo una struttura come Stonehenge per predire eclissi – ci sono numerosi indizi di carattere archeologico a conferma della tesi che la popolazione di Stonehenge non fece nulla del genere. Esistono di fatto decine di recinzioni circolari e di cosiddetti monumenti *henge* (monumenti che assomigliano alle prime fasi di Stonehenge, prima che questo monumento megalitico acquistasse le sue strutture distintive di «pietre azzurre» e di sarsen), in cui sono stati trovati anelli di buche per pali o di buche rituali all'interno di un fossato, e in cui queste buche variano in numero da meno di venti a più di cento.

D'altra parte pare che, al passaggio dal Neolitico all'Età del Bronzo, nella regione intorno a Stonehenge ci sia stato uno spostamento dal simbolismo lunare a quello solare. Esso si rifletterebbe nelle direzioni in cui sono allineati i cumuli tombali di ogni periodo, e anche nel chiaro spostamento dell'asse di Stonehenge da un allineamento lunare nelle prime fasi a un allineamento solare nelle fasi successive. Un gruppo di buche per pali situato all'«ingresso» nordorientale – un'interruzione nel fossato fra il cerchio di Aubrey e la Pietra del Tallone – potrebbe essere una prova del fatto che la costruzione originaria dell'asse era orientata su una posizione estrema della levata della Luna, anche se quest'interpretazione rimane controversa.

In breve, ci sono buone ragioni per pensare che la costruzione di Stonehenge e i monumenti connessi incorporino un simbolismo astronomico, ma non possediamo ancora motivi convincenti per pensare che in questi luoghi sia stata effettivamente praticata un'astronomia scientifica.

Negli anni Sessanta del Novecento, mentre Stonehenge stava attraendo l'attenzione popolare (e stava suscitando controversie), un professore di ingegneria di Oxford in pensione, Alexander Thom (1894-1985), stava tranquillamente proseguendo il compito mastodontico che si era posto: quello di studiare sistematicamente con criteri professionali le molte centinaia di cerchi di pietre e di altri monumenti megalitici che sopravvivono in Gran Bretagna, Irlanda e Francia settentrionale. Thom era un raccoglitore di fatti, e la maggior parte dei raccoglitori di fatti sono poco inclini alle grandi ipotesi. Non così Thom. Egli sostenne non solo che questi monumenti megalitici furono costruiti secondo complesse piante geometriche, e progettati usando unità di misura determinate con precisione (una delle quali fu da lui chiamata la «iarda megalitica»), ma che i costruttori preistorici avessero anticipato un'idea formulata in seguito da Galileo, e avessero localizzato i loro monumenti in posizioni tali da facilitare osservazioni astronomiche di grande precisione.

Nel 1632 Galileo, nel *Dialogo sopra i due massimi sistemi del mondo*, fa riferire a uno dei suoi personaggi com'egli stesso abbia compiuto una determinazione accurata del solstizio d'estate con uno strumento graziosamente fornito dalla natura:

> Io, stando in una mia villa vicino a Firenze, osservai manifestamente l'arrivo e la partita del Sole dal solstizio estivo, mentre che una sera nel suo tramontare si addopò a una rupe delle montagne di Pietrapana, lontana circa 60 miglia lasciando di sé scoperto un sottil filo verso tramontana, la cui larghezza non era la centesima parte del suo diametro, e la seguente sera in simil occaso mostrò pur di sé scoperta una simil parte, ma notabilmente più sottile, argomento necessario dell'aver egli cominciato a discostarsi dal tropico (Ed. Naz., VII, pp. 414-415).

Thom era convinto che i costruttori dei monumenti megalitici da lui studiati avessero anticipato Galileo di tremila anni o più. Alcune pietre erette, sostenne, erano tacche di mira astronomiche; le loro posizioni erano state scelte con cura così che, per esempio, il Sole a un solstizio o la Luna in una delle sue posizioni estreme, potessero essere osservati mentre tramontavano dietro una montagna lontana, in modo molto simile alla descrizione di

Galileo. Sacerdoti a conoscenza delle date di questi significativi eventi lunari e solari, suggerì Thom, avrebbero potuto addirittura predire eclissi e quindi rinforzare il loro status privilegiato nella comunità.

Non sorprende che Thom si sia trovato al centro di una vivace controversia: una tale raffinatezza nella preistoria, specialmente in popolazioni di regioni lontane dalla presunta culla della civiltà nel Mediterraneo orientale, parve incredibile a molti archeologi. Per valutare la credibilità delle tesi di Thom era necessario stabilire se egli avesse concentrato la sua attenzione su un particolare elemento dell'orizzonte quale si vedeva da quel sito perché sapeva già che esso era in una direzione astronomicamente interessante. I suoi avversari sostennero che, se l'orizzonte avesse presentato vari picchi montani, uno dei quali fosse stato nella direzione (per esempio) del solstizio d'inverno, l'allineamento di quel particolare picco col solstizio avrebbe potuto benissimo essere accidentale.

I siti di Thom sono stati riesaminati con procedure progettate con cura per assicurare l'obiettività. La controversia continua, ma il riesame ha ridotto in grande misura la plausibilità della sua affermazione di avere dimostrato l'esistenza, nella Gran Bretagna preistorica, di un'astronomia scientifica capace di fare predizioni esatte.

A che punto è la controversia oggi? Un esempio di sito di Thom particolarmente interessante è Ballochroy, nella penisola di Kintyre in Scozia. Qui c'è una serie di tre pietre erette, due delle quali sono lastre sottili orientate di traverso rispetto all'orientamento della serie. A pochi metri distanza c'è una tomba; questa è allineata con le pietre, e ha i lati più lunghi orientati nella stessa direzione.

In prossimità dei solstizi, le posizioni di levata e di tramonto del Sole cambiano quasi impercettibilmente: così nella settimana prima o dopo un solstizio, tali posizioni, alla latitudine della Scozia, cambiano solo di un terzo del diametro solare. Questo fatto rende difficile una determinazione esatta dei solstizi, i quali sono fondamentali per la conoscenza del ciclo annuale del Sole. Thom era tuttavia convinto che a Ballochroy i costruttori preistorici del monumento avessero superato questo problema per mezzo della posizione che avevano dato alle pietre erette; da tale posizione, al solstizio invernale si vedeva il Sole tramontare dietro l'isola di

Cara, che si trova all'orizzonte alla distanza di poco più di 11 chilometri, e al solstizio estivo lo si vedeva tramontare dietro Corra Bheinn, una montagna lontana più di 30 chilometri. Benché il Sole si sposti ogni notte al tramonto solo di pochi minuti d'arco, questo mutamento diventa avvertibile all'osservatore a pochissimi giorni dal solstizio, a causa della sensibilità del grande strumento di misurazione fornito dalla natura. Secondo Thom, la direzione del tramonto del Sole al solstizio d'inverno era indicata dall'allineamento delle pietre, e quella del tramonto al solstizio d'estate dalle facce piane della pietra centrale.

Una difficoltà nella verifica di tale teoria deriva dalla nostra ignoranza dell'epoca in cui le pietre furono erette, ignoranza che ammette un'incertezza di vari secoli. Benché le direzioni del sorgere e del tramonto del Sole ai solstizi in un dato luogo cambino solo di poco da un millennio all'altro, questo cambiamento è sufficiente a fare una differenza importante quando si osserva con strumenti lunghi decine di chilometri. In un luogo con montagne lontane situate press'a poco nella direzione giusta, si potrebbe benissimo trovare per tale luogo una data in cui esso può avere avuto le caratteristiche eccezionali richieste dalla teoria di Thom. Quanto alle «indicazioni» che sarebbero incorporate nelle pietre stesse, sono del tipo che il ricercatore tende a identificare facilmente quando si è già convinto delle finalità astronomiche del sito. A questo punto (nell'esempio considerato) egli concentrerà con ogni probabilità la sua attenzione sulla lastra di mezzo (che è orientata press'a poco nella direzione «giusta»), più che su quella più a nord (che non lo è), e dichiarerà «intenzionale» l'allineamento delle pietre stesse, con una precisione del tutto ingiustificata per una serie sicuramente alterata nel corso del tempo (e in origine più lunga) di tre pietre ravvicinate, grandi e irregolari, due delle quali sono lastre disposte trasversalmente all'asse. A Ballochroy c'è l'ulteriore difficoltà che la tomba fu coperta in tempi preistorici da un cumulo di pietre, le quali avrebbero impedito la vista verso il punto in cui sorgeva il Sole al solstizio d'inverno. Tale cumulo di pietre è in effetti ancora visibile in uno schizzo seicentesco del sito. Nel complesso, quindi, benché quello che potremmo chiamare il «metodo galileiano» di Thom fosse praticabile nell'Europa preistorica (come anche altrove), la tesi di questo ingegnere scozzese di avere scoperto un'astronomia scientifica preistorica capace di fare predizioni merita il verdetto peculiarmente scozzese di *non provato.*

In conclusione, notiamo che si deve evitare una falsa dicotomia fra pratica rituale o popolare da un lato e astronomia di alto livello capace di fare predizioni dall'altro. La descrizione, lasciataci da Esiodo, dell'uso che un antico agricoltore greco fa della levata eliaca di una costellazione per stabilire l'epoca dell'anno favorevole alla semina è un esempio di predizione a un basso livello, e predizioni simili sono usate ancor oggi dagli agricoltori in alcune parti dell'Europa. (La levata eliaca di un astro, o di una costellazione, è la sua riapparizione all'alba nel cielo di levante prima del sorgere del Sole, dopo qualche settimana di totale invisibilità nel fulgore del Sole stesso.) E poiché osservazioni più precise di tipo galileiano avrebbero potuto essere conseguite facilmente anche solo usando pali piantati nel terreno come dispositivi di mira, se i monumenti megalitici furono costruiti effettivamente per determinare con allineamenti astronomici varie epoche dell'anno, devono avere svolto anche qualche altra funzione, presumibilmente ritualistica.

L'antica astronomia nelle Americhe

Lo studioso dell'Europa preistorica non ha praticamente alcun documento scritto o orale che possa guidarlo, e i monumenti che ci sono pervenuti sono di solito strutture modeste. Le società complesse sviluppatesi nell'America tropicale ci hanno invece lasciato un'eredità assai più ricca. Molti fra gli edifici giunti fino a noi presentano una grande complessità; i ricercatori hanno l'opportunità di interrogare i discendenti viventi degli antichi costruttori; inoltre possediamo documenti scritti di vario genere: iscrizioni su pietra e sculture, documenti come i pochi libri maya su corteccia noti come «codici», ed esposizioni dettagliate dei primi spagnoli entrati in contatto con le culture locali.

Uno strano aspetto della società incaica fiorita in Perù al tempo della conquista (nei decenni di mezzo del Cinquecento) è stato svelato in gran parte attraverso lo studio delle esposizioni scritte poco tempo dopo da coloni spagnoli. È il sistema dei *ceques*, linee rette concettuali che si irradiano dal Coricancha o Tempio del Sole, il monumento religioso centrale nella capitale incaica di Cuzco.

C'erano 41 di tali linee, lungo le quali erano ubicati monumenti sacri e che servivano a dividere la società in gruppi diversi. Alcune di tali linee erano orientate astronomicamente, per esempio sulla posizione della levata del Sole nel giorno in cui esso sarebbe poi passato direttamente allo zenit, mentre altre erano orientate su montagne sacre all'orizzonte, e altre ancora sul flusso dell'acqua e sull'irrigazione. Vediamo così che tali sistemi di linee radiali mettevano in correlazione divisioni spaziali sul suolo con divisioni nella società, con caratteri geografici e con eventi astronomici. L'astronomia era solo una componente di un sistema altamente complesso che copriva molti aspetti diversi della società.

Sistemi analoghi erano presenti, in forme meno complesse, anche in altre città incaiche. Pare in effetti che il concetto di radialità sia esistito sulle Ande già prima, in tempi preincaici, quando sistemi di linee rette, irradiantisi da cime di colline e da cumuli di pietre, furono tracciati su regioni desertiche. Le linee erano ottenute asportando il sottile strato di superficie bruna per portare in luce il suolo sabbioso sottostante, di colore giallo chiaro. Il più famoso di questi sistemi di linee è quello del deserto di Nazca, nella regione costiera del Perù, dove si conoscono varie dozzine di «centri di linee». In questa regione le condizioni meteorologiche sono così stabili che queste linee sono sopravvissute fino a oggi.

Molte fra le linee che si irradiano da un centro uniscono un centro di linee a un altro; molte sono perfettamente rettilinee e corrono per vari chilometri. Pare che esse siano state vie sacre, e che molti fattori abbiano influito sul loro orientamento, come nel caso delle linee posteriori. L'astronomia fu uno di tali fattori; la direzione del flusso dell'acqua un altro. Benché le linee nazca non rappresentino sicuramente, come è stato suggerito, «il più grande libro d'astronomia del mondo», ci sono pochi dubbi sul fatto che in tale costruzione e nell'uso delle linee compaia un simbolismo astronomico, comprendente fra l'altro allineamenti connessi alla levata e tramonto del Sole in giorni particolari, come quelli del suo passaggio allo zenit.

Il significato del passaggio del Sole allo zenit è facile da capire. In ogni località ai tropici il Sole trascorre parte dell'anno verso nord e la parte restante verso sud; ma nel giorno in cui il Sole passa da nord a sud o viceversa, a mezzogiorno si trova esattamente allo zenit. Non sorprende quindi che il passaggio allo zenit fosse

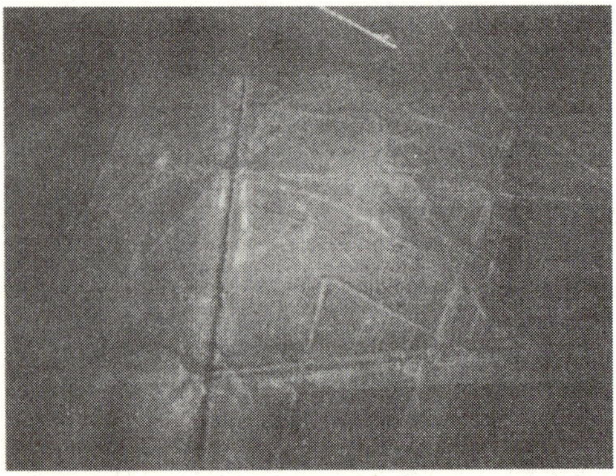

FIGURA 1.2 Questa fotografia presenta varie righe tracciate sul deserto di Nazca. Oltre a trapezoidi, rettangoli, spirali e lunghe linee rette, sia sottili sia larghe, alcune delle quali sono osservabili anche in quest'immagine, nel deserto si osservano anche varie raffigurazioni stilizzate di animali, uccelli, insetti ecc. Questi disegni e righe, alcuni dei quali si sovrappongono ad altri, potrebbero essere stati tracciati nel corso di vari secoli. Alcune linee sono orientate astronomicamente, ma l'astronomia è solo una piccola parte del simbolismo che ha portato un ordine ritualistico a una parte altrimenti vuota e sterile del paesaggio. (Per gentile concessione della South American Pictures)

al centro dell'interesse anche nella Mesoamerica, molte centinaia di chilometri più a nord. I due giorni in cui ciò accadeva potevano essere determinati in modo semplice ma molto spettacolare per mezzo dei cosiddetti «tubi zenitali»; quando il Sole era esattamente allo zenit, la sua luce percorreva per intero il tubo verticale andando a illuminare il suolo.

Una fra le civiltà più straordinarie storicamente note è la civiltà maya classica, che prosperò in parti degli attuali Messico, Guatemala e Belize. I maya avevano una sorta di scrittura geroglifica, e benché quasi tutti i loro libri di corteccia siano stati distrutti alla metà del Cinquecento dagli invasori spagnoli, ne sono sopravvissuti alcuni, compresi due che sembrano essere dettagliati almanacchi astronomici (o piuttosto astrologici).

I maya erano ossessionati dal passare del tempo, di cui lasciavano registrazioni su ogni sorta di struttura. Essi usavano tre computi del tempo separati. Il primo era un anno di 365 giorni, formato da 18 mesi di venti giorni ciascuno, più un periodo addizionale (infausto) di cinque giorni. Il secondo era un anno di 360 giorni o *tun*, usato nel calcolo di periodi di tempo molto lunghi. Il terzo e più significativo era un almanacco sacro di 260 giorni. Ogni giorno dell'almanacco aveva un nome composto, formato da uno dei numeri da uno a tredici (che venivano presi in sequenza) e da uno di venti nomi (anch'essi usati in sequenza).

Il giorno 1 Ahau apparteneva a Venere, ed era in questo giorno che doveva cominciare e finire il ciclo delle rivoluzioni di Venere. Il pianeta Venere, visto dalla Terra, sembra avere un ciclo (la sua «rivoluzione sinodica») di poco meno di 584 giorni. Il minimo comune multiplo di 584 e 260 è 37.960, il che significa che Venere comincerà un nuovo ciclo nel giorno 1 Ahau dopo 146 almanacchi sacri di 260 giorni ciascuno (37.960 = 260 × 146 = 584 × 65). Perciò la tavola di Venere nel libro di corteccia noto come Codice di Dresda copre 65 rivoluzioni sinodiche. Poiché però il periodo di 584 giorni è troppo lungo di circa due ore, era necessaria una correzione, e questa dovrebbe essere quella che è stata in qualche modo conservata da 1 Ahau come data d'inizio del ciclo di Venere. Dopo la 61ª rivoluzione, l'errore era compreso fra quattro e cinque giorni, e la rivoluzione terminava il giorno 5 Kan, che, per fortuna, era quattro giorni dopo 1 Ahau. I maya coglievano perciò quest'opportunità per sottrarre quattro giorni a questo punto, cosicché il ciclo seguente cominciava di nuovo dopo 1 Ahau. Anche questa correzione lasciava un errore residuo, e il Codice rivela che ulteriori correzioni di forma simile venivano fatte ogni volta che se ne offriva l'opportunità. Nella sequenza finale si aveva un errore di circa due ore in 481 anni.

Il grande interesse per Venere era motivato dall'astrologia: la riapparizione di Venere al mattino – dopo il periodo di invisibilità durante il quale essa passava fra la Terra e il Sole – era un tempo di grande pericolo, e le tavole davano preavvertimenti in proposito, permettendo in tal modo l'esecuzione di cerimonie che potessero scongiurare il male incombente. Non ci sono prove che i maya avessero il benché minimo interesse per altri eventi di Venere che, nella nostra prospettiva geometrica, sono di importanza uguale se non maggiore.

Nel Codice di Dresda, subito dopo la tavola di Venere viene una tavola che occupa otto pagine. Essa copre circa 11.960 giorni, per un totale di 46 almanacchi sacri di 260 giorni. All'inizio del Novecento si notò che i numeri di giorni che separavano le figure sulle pagine sono familiari agli astronomi come intervalli fra eclissi solari, ed emerse che una funzione della tavola era quella di mettere in guardia contro questi pericolosi eventi. I maya non possedevano ovviamente le conoscenze necessarie per stabilire se un'eclisse solare fosse effettivamente o no visibile dal loro territorio, ma non avevano dubbi sul fatto che quelle che nei giorni stabiliti non si verificavano erano state scongiurate dalle cerimonie raccomandate.

La tavola presenta totali di 177 (o 178) giorni, che sono il periodo occupato da sei mesi di fasi lunari, con occasionali periodi di 148 giorni (cinque mesi). Le eclissi si verificano solo quando Terra, Sole e Luna sono (grosso modo) allineati; le traiettorie del Sole e della Luna, viste dalla Terra, si intersecano ogni 173,31 giorni, e un'eclisse solare può verificarsi solo a pochi giorni di distanza da quest'evento. Le registrazioni dei maya devono avere mostrato che le eclissi avevano luogo solo durante i «periodi di pericolo» che ricorrevano ogni sei mesi (177 giorni), ma l'errore di quattro giorni richiedeva l'occasionale sostituzione di un intervallo di sei mesi con uno di cinque mesi. La tavola pone 405 mesi uguali a 11.958 giorni: ciò implicherebbe una durata del mese più corta di soli otto minuti rispetto al valore moderno.

La tavola fornisce anche il modello calendariale implicante l'almanacco di 260 giorni, che in questo caso deve cominciare col giorno 12 Lamat. Il modello dipende da una notevole coincidenza: tre di questi intervalli naturali di 173,31 giorni sono uguali a due degli almanacchi maya di 260 giorni, con un errore di poco meno di due ore. Occasionali correzioni venivano fatte anche per tener conto di quest'errore, in un modo simile al trattamento degli intervalli di Venere.

È il caso di sottolineare che questa è solo una descrizione alquanto vaga delle sofistiche complessità dei calendari maya. L'ossessione unica da loro manifestata per le correlazioni fra intervalli di tempo, alcuni artificiali e altri naturali, sarebbe inconcepibile se non ne possedessimo la documentazione scritta. Data però la realtà di quest'ossessione, non dovremmo stupirci se si scoprisse che la struttura dei loro edifici incorporava allineamenti astronomici. Il ricercatore si trova però di fronte al problema che ognuna delle complesse strutture maya è unica per forma, cosicché ogni volta riesce difficile dimostrare che l'allineamento non è accidentale, bensì intenzionale. Un buon esempio ci viene fornito dal Palazzo del Governatore nella grande città maya di Uxmal nello Yucatán (Messico). Questo grande edificio ha un orientamento diverso rispetto ad altre costruzioni nello stesso sito, ed è rivolto verso quella che sembrava una gobba sull'orizzonte ma che risultò essere una grande piramide a circa 5 chilometri verso sudest. Le misurazioni eseguite mostrarono che l'allineamento puntava verso il punto di levata più meridionale di Venere, e l'ipotesi che questo fosse il motivo dell'orientamento del Palazzo trovò conferma nei glifi di Venere incisi sull'edificio. Sono stati ipotizzati molti allineamenti astronomici simili e – dato ciò che conosciamo della mentalità dei maya – sarebbe sorprendente se essi fossero tutti prodotti del caso.

Il cielo come risorsa culturale oggi

I maya sono un esempio di una civiltà molto raffinata i cui interessi astronomici erano del tutto diversi dai nostri: noi commetteremmo un grave errore se imponessimo i nostri modelli di pensiero a civiltà estranee alla tradizione europea.

La stessa lezione ci viene insegnata con la stessa efficacia dalle società attuali che conducono una vita vicina alla natura. In Africa un esempio di popolazioni con preoccupazioni calendariali molto diverse dalle nostre ci viene fornito dagli attuali mursi dell'Etiopia sudoccidentale. Questo popolo deriva i suoi mezzi di sussistenza sia da coltivazioni che dipendono dalle piogge e dalle inondazioni, sia dall'allevamento: di qui l'importanza cruciale dei tempi delle sue migrazioni annuali da una regione all'altra. Tuttavia, diversamente da quanto potremmo attenderci, i mursi non hanno un calendario «scientifico». Il loro anno comprende tredici mesi lunari, ed è quindi più lungo di diciotto giorni dell'anno solare. Essi mantengono però il loro calendario in accordo con l'anno delle stagioni, non tralasciando ogni tanto un mese, ma in virtù di un disaccordo istituzionalizzato a cui si pone rimedio con costanti correzioni. L'equilibrio fra le diverse opinioni su quale momento dell'anno sia stato raggiunto è influenzato dalla discussione di segni stagionali, come l'apparizione di certi uccelli, la fioritura di certe piante, e osservazioni del Sole all'orizzonte, i quali sono peraltro considerati *tutti* inesatti. Un evento cruciale, l'inondazione annuale del fiume Orno, è però controllato, senza riferimento al calendario, dal tramonto eliaco di quattro stelle del Centauro e della Croce del Sud (ossia dalla loro ultima apparizione dopo il tramonto del Sole). Possiamo perciò avere l'impressione che in quest'unico caso in cui la precisione è vitale, i mursi usino un metodo esatto, invece del solito metodo generico di determinazione del tempo. Essi non vedono però le cose in questi termini. Per loro esiste un'associazione diretta fra queste stelle, il fiume Omo e certi fiori e piante: la successiva sparizione delle stelle, che si avviano verso la loro levata eliaca dopo un periodo di occultamento nella luce solare, è correlata con eventi terrestri come l'inondazione del fiume e la fioritura delle piante.

Associazioni dirette come queste fra fenomeni celesti e terrestri sono comuni in società indigene: i barasana dell'Amazzonia colombiana, per esempio, hanno una costellazione del «Bruco Giaguaro», che è il padre dei bruchi sulla Terra: nell'epoca dell'anno in cui la costellazione sorge in cielo al tramonto del Sole, compaiono i bruchi terrestri, i quali vanno poi sempre più aumentando di numero man mano che, al tramonto del Sole, la costellazione si trova sempre più alta in cielo. Questo fatto è per noi il risultato di una semplice coincidenza, ossia del fatto per cui la levata acronittica della costellazione si verifica nella stagione dell'anno in cui i bruchi escono dalle uova e vanno alla ricerca di cibo prima di trasformarsi in crisalidi, mentre per i barasana fra il sorgere della costellazione al tramonto del Sole e la diffusione dei bruchi c'è un rapporto di causa ed effetto.

Per la popolazione del remoto villaggio andino di Misminay l'associazione fra Terra e cielo è ancora più forte. La Via Lattea è vista come un fiume celeste, che sarebbe un riflesso del fiume terrestre Vilcanota; i due fiumi vengono percepiti come parti di un sistema integrato avente la funzione di far circolare l'acqua fra la sfera terrestre e quella celeste. In quella regione andina, la Via Lattea passa allo zenit due volte ogni ventiquattr'ore, e le direzioni che essa fa sono ad angolo retto fra loro. Ne risulta una quadripartizione concettuale del cielo, che si riflette sulla Terra nella pianta del villaggio stesso: dall'edificio centrale (che oggi è una chiesa cattolica) si dipartono quattro vie, che unitamente a canali di irrigazione dividono il villaggio in quattro parti. Per gli abitanti di Misminay l'osservazione dei vari corpi celesti è parte

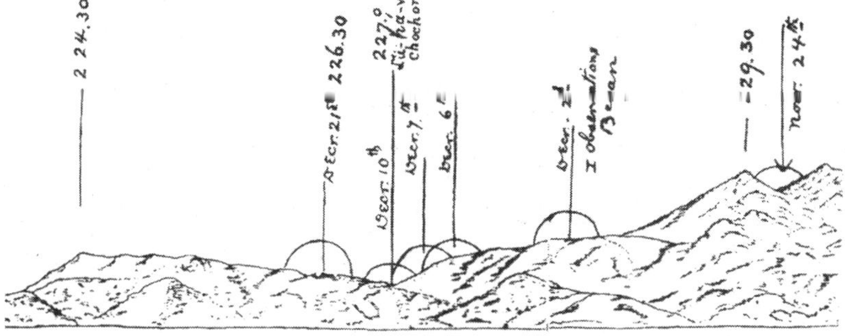

FIGURA 1.3 Un «calendario dell'orizzonte» degli hopi, disegnato dall'antropologo Alexander M. Stephen, che visse fra gli hopi nell'ultimo decennio dell'Ottocento. Esso mostra le osservazioni di un sacerdote del Sole nell'imminenza del solstizio d'inverno, al fine di fissare la data di inizio delle cerimonie. Il tramonto del Sole nell'incavo raggiunto il 10 dicembre (fra i picchi delle San Francisco Mountains, nei pressi di Flagstaff, in Arizona) fornì il segnale che quattro giorni dopo dovevano avere inizio i nove giorni di celebrazioni del solstizio d'inverno. Il solstizio si verifica il 21 o 22 dicembre. (Da A.M. Stephen, *Hopi Journal*, parte II, cartina 4, 1936, per gentile concessione dei Syndics of Cambridge University Library)

integrante delle loro attività agricole e pastorali e delle loro feste. Alcuni aspetti del sistema di credenze e rituali che si trovano qui e in villaggi vicini si possono far risalire fino ai tempi degli inca.

A volte è ancora possibile recuperare antiche tradizioni degli amerindiani, grazie al fatto che essi hanno lasciato discendenti che possiamo interrogare e che alcuni aspetti delle loro pratiche sono sopravvissuti fino a oggi. Sono stati studiati particolarmente bene, per esempio, gli hopi dell'Arizona. Le loro direzioni cardinali non coincidono con le nostre (nord, sud, est, ovest), ma indicano i punti del cielo in cui il Sole sorge e tramonta ai solstizi. L'inizio della cerimonia di celebrazione del solstizio d'inverno (Soyal) è decisa dal Capo del Sole e dal Capo del Soyal, i quali osservano insieme il Sole dal loro villaggio mentre tramonta in un intaglio lontano nelle San Francisco Mountains, a 130 chilometri di distanza. Il Soyal dura nove giorni, e comincia quattro giorni dopo che i capi hanno fatto osservazioni soddisfacenti. I calcoli mostrano che il Sole tramonta in quella cavità fra una e due settimane prima del solstizio, cosicché questo si verifica quando le cerimonie sono cominciate già da qualche giorno. È interessante notare che – benché quella cavità nell'orizzonte montuoso sia così lontana – si è dimostrato desiderabile osservare il Sole un po' di tempo prima del solstizio reale, quando esso si muove ancora percettibilmente da un giorno all'altro.

I capitoli restanti di questo libro saranno dedicati a illustrare gli sviluppi verificatisi nel Vicino Oriente e in Europa che hanno condotto alla scienza dell'astronomia quale è nota oggi in tutto il mondo. Essi si fonderanno principalmente su documenti scritti, integrati da ciò che si può apprendere dagli strumenti conservati in musei e osservatori.

Possediamo documenti scritti in una certa quantità, per la parte più antica della nostra storia, solo a partire dagli ultimi secoli a.C. In questo capitolo abbiamo visto qualcosa delle culture fiorite in Europa nel II, III e anche IV millennio a.C., anteriori a quelle della Babilonia, dell'Egitto e della Grecia. Il nostro tentativo di inferire quali fossero gli intenti dei costruttori di monumenti preistorici si è fondato principalmente su quanto è rimasto dei loro monumenti e delle pietre da loro usate. La considerazione di popolazioni moderne le cui culture hanno poco risentito di idee occidentali – unitamente all'esame di alcuni edifici delle culture precolombiane – ha chiarito che l'osservazione del cielo può essere condotta con intenti molto diversi dai nostri, e che i nostri tentativi di interpretazione di quelle pietre mute comportano quindi molti rischi.

Passando ora all'esame dei documenti storici, e alla lettura di ciò che hanno effettivamente scritto i nostri predecessori, ci muoveremo su un terreno più sicuro. Tanto più insidiosa, forse, è la tentazione di imporre a tali scritti i nostri atteggiamenti, i nostri interessi e la nostra conoscenza dell'astronomia. Dobbiamo ricordare che la storia dell'astronomia è un viaggio a ritroso nel tempo, in culture estranee al nostro modo di pensare moderno, e che, come i buoni antropologi, dobbiamo cercare di vedere il mondo attraverso gli occhi e la mente di tali culture. Quel che dà alla storia dell'astronomia il suo speciale interesse è il fatto che il suo oggetto di ricerca – quel cielo che le culture preistoriche, antiche e medievali cercarono di capire – è lo stesso cielo che esplorano gli astronomi moderni.

2

L'astronomia nell'Antichità

Michael Hoskin

Dalla tarda Antichità al Seicento l'astronomia ha avuto due obiettivi interconnessi: mostrare che i moti dei pianeti non erano casuali ma regolari e perciò prevedibili, e predirli con grande precisione. Tutte le altre cose di cui gli astronomi si occuparono furono marginali.

Il primo obiettivo, quello di dimostrare la regolarità dei moti planetari, fu formulato dai greci, e fu un prodotto dell'intensa attività filosofica che si svolse ad Atene nel IV secolo a.C. Il secondo, l'impegno a compiere predizioni esatte dei loro moti, venne dalla tradizione molto diversa dei babilonesi, la quale si fuse con l'astronomia greca dopo le conquiste di Alessandro Magno, poco dopo la metà del secolo.

Le fonti

I materiali scritti babilonesi e greci a disposizione oggi dello storico dell'astronomia sono molto limitati. Da Babilonia ci sono pervenute tavolette d'argilla – di solito più piccole di una mano umana recuperate nel corso di scavi, legali o no. Benché esse risalgano nella loro quasi totalità agli ultimi sette secoli a.C., la maggior parte sono state scritte nel «periodo ellenistico» dopo la morte di Alessandro Magno nel 323 a.C., e in alcuni casi persino dopo la morte di Ipparco – che fu presumibilmente il massimo fra tutti gli astronomi greci – avvenuta intorno al 120 a.C.

Queste tavolette babilonesi, con le loro colonne di numeri, sono sopravvissute per più di 2000 anni. I greci scrissero su materiali più deperibili, e gran parte dei loro scritti scientifici hanno soggiaciuto alle devastazioni del tempo e alla pressione di forze economiche. Alcuni sono scomparsi perché nessuna copia ha avuto la fortuna di sopravvivere agli sconvolgimenti di epoche posteriori, mentre altri furono semplicemente ritenuti superati, cosicché non era più giustificato il costo di farne delle copie. I famosi *Elementi* di Euclide, per esempio, inclusero in sé – rendendole in tal modo sorpassate – molte opere matematiche dei suoi predecessori. Queste, perciò, non si sono conservate, e gli storici, per ricostruire la storia della matematica pre-euclidea, devono smembrare gli *Elementi* e situarne ogni sezione nel contesto originario.

La situazione è particolarmente difficile per lo storico dell'astronomia greca perché la grande opera di sintesi – l'*Almagesto* di Tolomeo – fu composta nella tarda Antichità, nel II secolo d.C., mezzo millennio dopo l'insegnamento di Aristotele ad Atene. Il lavoro monumentale di Tolomeo sarebbe imponente anche se si fossero conservati tutti gli scritti anteriori, in particolare quelli di Ipparco. Ma da quando esso divenne disponibile, le opere di Ipparco persero il loro valore, e la maggior parte di esse scomparvero. In loro assenza l'*Almagesto* rimase un'opera senza pari, un'eredità importantissima per le civiltà araba e latina del Medioevo, i cui astronomi ebbero una sconfinata venerazione nei confronti del loro grande predecessore.

Quando affrontiamo lo studio dei tentativi più antichi dei greci di capire l'universo, troviamo che le nostre fonti sono estremamente frammentarie. Noi siamo debitori di quel poco che abbiamo all'abitudine di Aristotele (384-322 a.C.) di citare i suoi predecessori prima di demolirli. Pare che, accanto alle mitologie ereditate da tempi anteriori, sia emerso gradualmente un interesse speculativo per il mondo naturale che condusse a sforzi per dare un senso alla natura, più che a tentativi di rispondere a domande quantitative, come quelli che produssero le colonne di numeri sulle tavolette babilonesi. Ma quella che noi siamo disposti a riconoscere come una forma di scienza astronomica matura, capace di fare predizioni, si sarebbe sviluppata solo nel periodo ellenistico, dopo la fusione dei due approcci, greco e babilonese.

L'astronomia a Babilonia e in Egitto

La città di Babilonia sorgeva sulla riva sinistra dell'Eufrate, un centinaio di chilometri a sud della moderna Bagdad. Governata durante il periodo paleobabilonese (dal 2000 circa al 1600 a.C.) dalla dinastia di Hammurabi, cadde poi sotto gli ittiti ma fu incorporata ben presto nell'impero cassitico, dopo di che seguì un lungo periodo di dominio assiro. Questo si concluse con la distruzione di Ninive e della sua grande biblioteca nel 612 a.C. Dopo un periodo di indipendenza Babilonia cadde sotto l'impero persiano, ma nel 331 fu conquistata dalle forze di Alessandro Magno, dopo di che le culture di Babilonia e della Grecia vennero a trovarsi in contatto diretto.

Le tavolette del periodo paleobabilonese che sono pervenute fino a noi sono più importanti per la storia della matematica che per quella dell'astronomia; esse manifestano però una tecnica che sarebbe stata cruciale per il posteriore sviluppo dell'astronomia: l'uso di una notazione numerica efficiente. Per scrivere il numero 1, lo scriba babilonese premeva il suo stilo nell'argilla di taglio, per scrivere il 10 lo premeva di piatto. Combinazioni di questi due numeri venivano usate per scrivere i numeri fino a 59. Per il 60 si usava di nuovo il simbolo 1, proprio come noi usiamo lo stesso simbolo per scrivere 10; e lo stesso vale per 60 × 60, per 60 × 60 × 60, ecc. Benché lo zero appaia tardi, e non esistesse alcun simbolo corrispondente alla nostra virgola per i decimali, questi limiti minori nulla tolsero ai grandi meriti di questo sistema numerico «posizionale», che permise ai babilonesi di eseguire facilmente complicati calcoli numerici. La nostra divisione dell'ora in 60 minuti, composto ciascuno da 60 secondi (e ognuno di questi in 60 terzi, e via dicendo), e la nostra divisione simile del grado, riflette questa notazione babilonese.

I più antichi osservatori del cielo babilonesi vengono spesso ritenuti astrologi, ma se l'astrologia dev'essere considerata nel senso greco, come lo studio delle conseguenze dirette e inevitabili risultanti per gli individui dalle configurazioni dei corpi celesti, ciò è un errore. I babilonesi erano attenti a prendere nota di tutto ciò che d'insolito si verificava in ogni aspetto della natura – ne troviamo un esempio nell'ispezione delle viscere di una pecora –, e quando trovavano qualcosa di insolito lo interpretavano come un *omen*: non come la causa di una calamità che sarebbe avvenuta, ma come un segno di avvertimento di qualcosa che, grazie al rituale appropriato, si poteva ancora scongiurare.

Queste interpretazioni si fondavano sull'esperienza passata, la quale fu infine codificata in una serie di una settantina di tavolette con 7000 *omen*, nota dalle sue parole iniziali come *Enuma Anu Enlil*. La collezione, che assunse la sua forma definitiva prima del 900 a.C., era un elenco di segni che erano stati inviati in passato al re dagli dèi, per esprimergli compiacimento o disappunto. I dotti scribi interpretavano i nuovi segnali alla luce di segni simili codificati nell'*Enuma*, e si sperava che il loro consiglio permettesse al re qualsiasi azione elusiva fosse necessaria.

Il corpo celeste citato più spesso nell'*Enuma* era la Luna; e poiché il calendario dei babilonesi era lunare, il cielo della Luna era per loro doppiamente importante. I calendari presentano a tutte le culture una sfida difficile, poiché la durata del giorno, del mese e dell'anno sono indipendenti e incommensurabili; nessun multiplo semplice del giorno forma un mese, e nessun multiplo semplice del mese forma un anno. Oggi vediamo una conseguenza di questo stato nella confusione di durate dei mesi che usiamo, e nel nostro complesso sistema di anni bisestili.

Poiché la lunghezza dell'anno delle stagioni era di più di dodici mesi lunari e di meno di tredici, di tanto in tanto i babilonesi dovevano integrare il normale anno di dodici mesi con un tredicesimo mese «intercalare». Per molto tempo queste intercalazioni non seguirono alcuna regola, ma intorno al V secolo a.C. gli astronomi babilonesi si resero conto che diciannove anni solari erano molto vicini a 235 mesi lunari, e poiché 235 = (12 × 19) + 7, dopo di allora le intercalazioni seguirono un modello regolare di 7 intercalazioni ogni 19 anni.

Il riconoscimento di questo cosiddetto «ciclo metonico» fu reso possibile dallo sviluppo, nell'VIII secolo a.C., di una pratica in virtù della quale gli scribi dell'*Enuma* cominciarono a osservare e registrare fenomeni astronomici (e meteorologici). Il loro intento era quello di migliorare l'efficienza dei loro pronostici, ma l'impatto dei loro sforzi sulla storia dell'astronomia fu incalcolabile. Le registrazioni proseguirono per sette secoli; e come l'*Enuma* era l'espressione di esperienze di predizione che si erano ripetute così spesso da diventare riconoscibili come regolarità nell'ordine cosmico, così si andarono gradualmente identificando e confermando cicli – regolarità – nel comportamento del Sole, della Luna e dei pianeti.

Il bisogno degli astrologi di avere tavole («effemeridi») delle posizioni future del Sole, della Luna e dei pianeti fu, fino al Seicento, una delle forze che contribuirono allo studio dei moti dei corpi celesti. Con l'aiuto delle effemeridi, l'astrologo poteva esercitare la sua attività sia col buono sia col cattivo tempo. Gli scribi babilonesi impararono a compilare le effemeridi con l'aiuto del loro raffinato sistema numerico, per sfruttare compiutamente i cicli rivelati dalle loro registrazioni di osservazioni.

Per esempio, la velocità del Sole nel suo viaggio di un anno contro lo sfondo delle stelle fisse varia costantemente, e le tecniche babilonesi per far fronte a questo fatto illustrano i metodi ingegnosi che la loro notazione permetteva loro di usare. Per metà dell'anno la velocità del Sole cresce gradualmente fino a raggiungere un valore massimo, e nell'altra metà diminuisce lentamente fino a pervenire a un minimo.

I babilonesi escogitarono due metodi per approssimare questo comportamento. Nel primo si supponeva che il Sole si muovesse con una velocità costante per metà dell'anno, e con una velocità costante diversa nell'altra metà. Nel secondo si supponeva che il Sole aumentasse la sua velocità *uniformemente* un mese dopo l'altro per metà dell'anno, e poi la diminuisse uniformemente un mese dopo l'altro nella restante metà dell'anno. È chiaro che nessuno dei due metodi poteva ambire a essere considerato altro che un'approssimazione molto artificiale alla realtà; ma i calcoli che ne risultavano erano semplici grazie alla loro efficiente notazione numerica, e i risultati erano abbastanza buoni.

Tecniche simili furono usate per conseguire il controllo dei moti della Luna e dei cinque pianeti, permettendo la compilazione di tavole di straordinaria complessità. Alcune di queste sono pervenute fino a noi nella forma di tavolette coperte da colonne di numeri, di cui gli storici si sforzano pazientemente per cercare di determinare le costruzioni geometriche sottostanti.

Non sappiamo se gli scribi avessero o no in mente un qualche modello dell'universo. Quel che trasmisero agli astronomi greci erano esatte relazioni aritmetiche implicanti tempi e distanze angolari (anche se la precisione era dovuta alle innumerevoli ripeti-

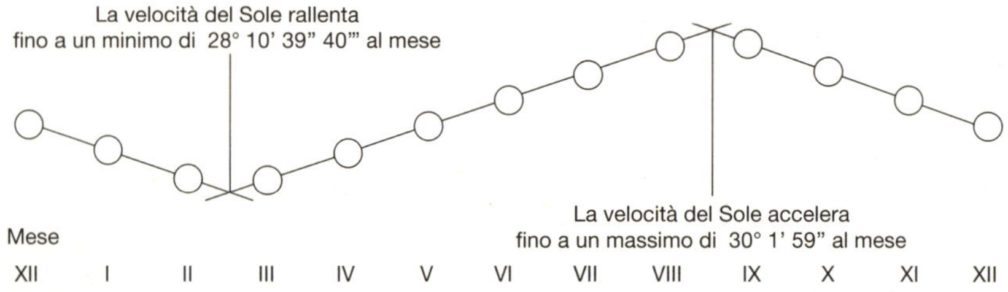

FIGURA 2.1 Una rappresentazione in termini moderni della seconda approssimazione babilonese alla velocità variabile del Sole contro lo sfondo delle stelle fisse, con i valori trovati in una tavoletta per l'anno 133/132 a.C. In ognuno dei sei mesi successivi si immaginava che il Sole aumentasse la sua velocità di una stessa quantità, e che successivamente la sua velocità diminuisse della stessa quantità per sei mesi. In questa tavoletta, la colonna delle velocità mensili mostra fluttuazioni fra un minimo calcolato di 28° 10' 39" 40"' e un massimo di 30° 1' 59", anche se questi valori non sono elencati per nessuno dei mesi dati.

zioni dei cicli implicati, più che a una precisione di osservazione). Tali relazioni erano esattamente ciò che si richiedeva per trasformare le cosmologie speculative dei greci in modelli geometrici sulla cui base potessero essere calcolate effemeridi attendibili.

Per contro, lo sviluppo dell'astronomia nel paese del Nilo era stata gravemente ostacolata dall'incapacità degli egizi di sviluppare un sistema posizionale di notazione numerica. Essi avevano invece simboli per 1, 10, 100, ..., e li ripetevano per quante volte era necessario. Per numeri inferiori a 1 usavano frazioni che (con l'eccezione di 2/3) avevano sempre l'unità nel numeratore: 1/2, 1/3 e via dicendo; altre frazioni dovevano essere espresse come somme di queste (per esempio, 2/5 = 1/3 + 1/15), mentre la moltiplicazione era sostituita da successivi raddoppi. È chiaro che un'aritmetica così primitiva poteva permettere solo la comprensione più elementare dei moti celesti.

La società aveva tuttavia certe richieste le cui risposte dipendevano dall'astronomia. Le cerimonie notturne dovevano svolgersi in ore appropriate, e per determinare l'ora di notte gli astronomi scelsero in cielo una sequenza di 36 costellazioni o «decani», i quali sorgevano ogni notte a intervalli regolari, come i numeri sul quadrante di un orologio celeste rotante. Più fondamentale era il bisogno di un calendario appropriato. La vita degli egizi ruotava intorno a un fenomeno annuale, l'inondazione del Nilo, quando le acque del grande fiume salivano misteriosamente, coprendo gran parte del territorio nella valle; quando le acque si ritiravano, dopo avere fecondato il terreno con fertile limo, si poteva procedere alla semina; infine seguiva il periodo della crescita e del raccolto. A partire dalla metà del III millennio a.C. abbiamo documenti i quali ci mostrano che era già invalso l'uso di dividere l'anno in tre stagioni – l'inondazione, il ritiro delle acque e il raccolto – ognuna delle quali aveva di norma la durata di quattro mesi lunari. Ma poiché i mesi lunari durano circa 29 giorni e mezzo, dodici di tali mesi coprono un po' meno dell'intervallo fra un'inondazione e la successiva. Di tanto in tanto, perciò, a una delle tre stagioni si doveva aggiungere un quinto mese, «intercalare». Ma come si determinava l'inizio dell'anno?

La stella più luminosa del cielo è Sirio. Per qualche tempo il Sole è così vicino a Sirio da renderlo invisibile, sommerso nella sua luce intensissima. Poi un giorno, nel cielo di levante, Sirio riappare per breve tempo sorgendo prima del Sole. Nell'antico Egitto, contemporaneamente a questa «levata eliaca» di Sirio cominciava l'inondazione del Nilo, e un qualche genio ignoto si rese conto che si poteva controllare il calendario formulando la richiesta che Sirio sorgesse sempre nel XII mese, ed escogitando una regola per assicurare che fosse effettivamente così.

L'anno delle stagioni aveva una durata di dodici mesi lunari più circa undici giorni. Ciò significava che, se un anno Sirio sorgeva negli ultimi undici giorni del dodicesimo mese, l'anno seguente sarebbe sorto nel primo mese (e perciò nel mese sbagliato). Per evitare quest'evenienza, ogni volta che Sirio sorgeva verso la fine del XII mese, per lo stesso anno si annunciava un mese intercalare.

Questo calendario era soddisfacente per le feste religiose. L'Egitto era diventato pero una società altamente organizzata, e avere mesi che erano a volte di ventinove giorni e a volte di trenta, e anni che erano a volte di dodici mesi e altre volte di tredici, doveva essere una cosa molto scomoda. La consapevolezza che la durata dell'anno delle stagioni era prossima a 365 giorni, suggerì a un altro genio rimasto ignoto la divisione dell'anno in dodici mesi, ognuno esattamente di trenta giorni, divisi in tre decadi. Alla fine dei dodici mesi si dovevano semplicemente aggiungere cinque giorni supplementari per avere 365 giorni in tutto, un totale che non cambiava mai.

Questo calendario amministrativo fu introdotto probabilmente poco tempo dopo il 3000 a.C., e coesistette con l'anteriore calendario religioso. Poiché non contemplava eccezioni circa il numero dei giorni dell'anno, l'intervallo fra due date a piacere era facile da calcolare; la comodità di questo sistema era tale che gli astronomi lo usarono fino all'inizio dell'epoca moderna. Poiché, però, l'anno naturale è di qualche ora più lungo dei 365 giorni dell'anno egizio (di qui i nostri anni bisestili), a un certo punto il nuovo calendario amministrativo cominciò a presentare una grave discordanza con l'anno delle stagioni; ma anziché modificare il calendario amministrativo così che concordasse con la natura, i burocrati egizi lo conservarono (inventando addirittura un terzo calendario: un calendario lunare legato a quello amministrativo). Solo nel 239 a.C. si fece un tentativo di introdurre un sistema di anni bisestili, così che il calendario amministrativo tornasse a concordare con quello delle stagioni.

L'astronomia greca: le sfere celesti

Quando in Grecia la società sviluppò la sua caratteristica struttura della città-stato, il ciclo annuale usato tradizionalmente per regolare la vita agricola e fondato su levate e tramonti eliaci di gruppi di stelle e su eventi come i solstizi, non fu più adeguato. Le varie città-stato svilupparono invece calendari formali fondati sul mese lunare, fatto che condusse ai problemi familiari di stabilire a quali mesi si dovessero assegnare 29 giorni e a quali 30, e quali anni dovessero ricevere un tredicesimo mese, il mese intercalare. Queste decisioni furono lasciate nelle mani di funzionari di competenza assai varia. L'astronomo ateniese Metone, vissuto nella seconda metà del V secolo, propose l'adozione di un ciclo in cui ci siamo già imbattuti a Babilonia, per cui 19 anni sono l'equivalente di 235 mesi lunari. A quanto ci risulta Metone non riuscì a convincere le autorità civili del valore di questa riforma, ma gli astronomi riuscirono a usare il «ciclo metonico» per registrare le date di eclissi e di eventi simili, in una forma che – diversamente dai caotici calendari civili – poté essere usata in seguito per determinare il numero di giorni fra due eventi del genere.

È difficile credere che in Grecia ci fosse una documentazione di osservazioni così estesa che se ne potesse inferire il ciclo, cosicché questo dev'essere arrivato in Grecia dalla Babilonia, forse insieme ai dodici segni dello zodiaco. Tali esempi di influenze babilonesi furono però limitati. Le domande caratteristiche che gli astronomi greci si ponevano, e i metodi che usavano per rispondere a esse, erano molto più astratti e generalizzati delle specifiche richieste di osservazione che condussero alle effemeridi che troviamo sulle tavolette babilonesi.

Queste differenze sarebbero persistite anche dopo che i greci ebbero imparato a prendere sul serio le osservazioni. Affrontando il problema calendariale di quando si verificavano i noviluni, i babilonesi usavano l'aritmetica per investigare speciali configurazioni di corpi celesti: i tempi in cui Terra, Luna e Sole erano allineati. Questa impostazione era in netto contrasto con quella dei greci, che di norma cercavano di sviluppare modelli geometrici del moto dei pianeti che rappresentassero le loro posizioni osservate in ogni tempo. Di nuovo, i filosofi greci potevano discutere lo status di un modello geometrico che rappresentava i moti di un pianeta, esaminando per esempio se esso dovesse essere considerato vero/falso/possibile, o semplicemente esatto o non esatto. Ma (a quanto possiamo dire) gli astronomi babilonesi dovettero essere giudicati sulla base dei risultati: se le loro predizioni fossero abbastanza corrette ai loro fini oppure no.

I primi cosmologi a noi noti erano originari delle prospere colonie greche della Ionia. Talete di Mileto (c. 625-c. 547 a.C.) avrebbe insegnato che alla base dei fenomeni effimeri registrati dai nostri sensi c'era un'entità materiale comune (da lui identificata con l'acqua), e che, stando così le cose, la natura era più intelligibile di quanto potesse suggerire l'aspetto superficiale della varietà infinita della natura.

Anassimandro (c. 610-c. 545 a.C.), anche lui di Mileto, tentò di spiegare la forma dei corpi celesti nel contesto della sua visione di mondi che si formavano continuamente dall'infinito, solo per perire e per essere riassorbiti nell'infinito. Se possiamo prestare fede a esposizioni scritte molti secoli dopo, egli avrebbe concepito le stelle come condensazioni d'aria piene di fuoco simili a ruote, con aperture attraverso le quali trasparivano le fiamme. Il Sole era il più alto (cioè il più lontano) fra i corpi celesti, e la Luna era subito sotto di esso. Seguivano poi le stelle «fisse» (quelle che non mutavano mai le loro posizioni relative), e infine i pianeti. Anassimandro credeva che la Terra fosse un cilindro, su una delle cui facce viveva l'umanità; essa era in quiete al centro dell'universo e vi restava perché si trovava a ugual distanza da qualsiasi cosa. I limiti di questa cosmologia sono evidenti, ma si era purtuttavia verificato un mutamento fondamentale: le anteriori mitologie erano state sostituite da una natura in cui operava una legge impersonale.

Non molto tempo dopo che Talete aveva affermato l'esistenza di un'unità materiale nella natura, i membri di una setta religiosa nelle colonie greche dell'Italia meridionale trovarono invece tale unità nella struttura. Gli appartenenti a questa setta guardarono a Pitagora come al loro fondatore. Miti posteriori avrebbero oscurato i suoi contributi personali, ma secondo una leggenda significativa Pitagora, ascoltando i suoni prodotti da un fabbro che batteva sull'incudine, identificò una relazione fra rapporti numerici in aritmetica e intervalli armonici in musica, fra numeri astratti e un fenomeno naturale. Quel che è certo è che i pitagorici, generalizzando questa nozione, percepirono il numero come base di tutte le cose.

A quegli stessi pitagorici si deve il riconoscimento, molto significativo, della sfericità della Terra. Gli argomenti che usarono per pervenire a questa conclusione non ci sono pervenuti, ma è molto convincente la prova citata in seguito da Aristotele: che l'ombra della Terra proiettata sulla Luna nelle eclissi lunari è sempre circolare. Come ulteriore conferma, Aristotele sottolineò che facendo lunghi viaggi verso nord o verso sud si vedono stelle diverse, cosa che mostrava che la Terra è in effetti una sfera di dimensioni non tanto grandi. Nella parte restante dell'Antichità e nelle civiltà del Medioevo e del Rinascimento, chiunque avesse una qualche formazione culturale sapeva che la Terra è sferica.

I greci pervennero addirittura a una stima eccellente delle reali dimensioni del nostro pianeta: questo risultato fu dovuto a Eratostene (c. 276-c. 195 a.C.), per molti anni direttore della famosa biblioteca che faceva parte del Museo di Alessandria. Eratostene sapeva che a Siene (l'attuale Assuan), nell'Alto Egitto, il Sole era esattamente allo zenit a mezzogiorno nel solstizio d'estate; uno

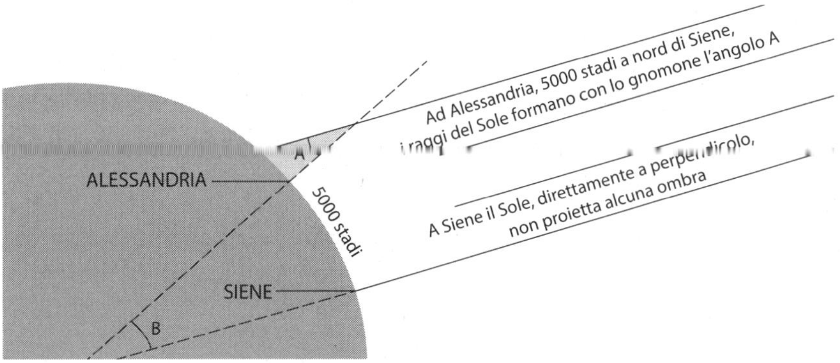

FIGURA 2.2 Eratostene misurò l'angolo in *A*, trovando che era pari a 1/50 di cerchio, e poiché *A* e *B* sono uguali, ne concluse che la circonferenza della Terra era pari a 50 volte 5000 stadi, ossia 250.000 stadi.

gnomone verticale non proiettava alcuna ombra, e i raggi del Sole illuminavano completamente il fondo di un pozzo. Un anno, al solstizio d'estate ad Alessandria, egli misurò l'ombra proiettata da uno gnomone verticale, e trovò che i raggi del Sole facevano con lo gnomone un angolo di 1/50 di cerchio. Ritenendo che Alessandria fosse 5000 stadi circa a nord di Siene, Eratostene concluse che la circonferenza della Terra era di 50 volte 5000 stadi, ossia 250.000 stadi. Benché i dati usati da Eratostene non siano del tutto esatti, e benché ancor oggi si discuta su quale sia il moderno equivalente di 250.000 stadi – che alcuni considerano pari a circa 46.700 chilometri – non c'è dubbio che la corrispondenza fra i 250.000 stadi di Eratostene e il nostro valore moderno per la circonferenza della Terra di circa 40.000 chilometri sia buona, e forse eccellente.

Più in generale, i pitagorici credevano che il mondo naturale fosse un *cosmo*. Questo termine implicava un ordine razionale, ma aveva connotazioni aggiuntive di simmetria e di bellezza, e dell'armonia che esiste in un organismo sano. L'intuizione che l'universo dovesse essere armonico fu una forza potente dietro lo sviluppo dell'astronomia nel Rinascimento, quando l'atteggiamento pitagorico ridivenne popolare dopo il recupero degli scritti di Platone, che era stato tre volte in Sicilia e vi era stato molto influenzato dalle dottrine filosofiche ivi diffuse.

Platone (427-348/347 a.C.) fu il secondo dei tre grandi filosofi che illustrarono Atene verso la fine del V secolo e nel IV secolo a.C. Il suo maestro, Socrate, non scrisse nulla, ma continua a vivere come personaggio nei dialoghi di Platone. Scrisse invece molto il suo allievo, scienziato oltre che filosofo, Aristotele, una grande quantità dei cui scritti è sopravvissuta fino a oggi. Quasi tutte le sue opere (diversamente dalla maggior parte dei dialoghi platonici) furono disponibili alle università del tardo Medioevo, incoraggiandovi un atteggiamento verso la natura che esaltava il funzionalismo e il finalismo del naturalista.

Platone, in contrasto con Aristotele, si concentrò sulla certezza del ragionamento matematico, e avrebbe rappresentato agli occhi delle civiltà posteriori la visione matematica della natura: l'intuizione dei pitagorici, sfrondata però del loro estremo misticismo. Platone e Aristotele concordarono però sulla tesi che il mondo era un cosmo, un macrocosmo le cui parti corrispondevano agli organi del singolo corpo vivente o microcosmo. Questa corrispondenza avrebbe fornito una base teorica all'astrologia, e specialmente alla medicina astrologica.

I filosofi anteriori avevano visto negli oggetti del mondo naturale due coppie di qualità fondamentali e contrastanti: caldo e freddo, umido e secco. Secondo Aristotele i corpi freddi e secchi erano composti principalmente di terra; quelli freddi e umidi d'acqua; quelli caldi e umidi d'aria; e quelli caldi e secchi di fuoco. L'elemento terra si trovava principalmente nel corpo della Terra (grosso modo sferica), che era al centro del cosmo; intorno alla terra c'era uno strato d'acqua (i mari); all'acqua seguiva l'aria (l'atmosfera), e intorno a questa la sfera del fuoco, che arrivava fino a contatto col concavo lunare.

All'interno di questa regione – che costituiva il mondo terrestre o sublunare – dominavano la vita e la morte, la generazione e la corruzione. Ogni corpo aveva un suo luogo naturale – un'altezza o distanza naturale dal centro della Terra dipendente dalla proporzione degli elementi che lo componevano, e a meno che non ne fosse stato impedito si sarebbe mosso verso tale luogo naturale. Ecco perché i sassi cadevano e le fiamme tendevano verso l'alto. Notiamo che tali moti «naturali» avevano luogo in linea retta, o verso il centro della Terra o in allontanamento da esso; ed erano temporanei, terminando quando il corpo aveva raggiunto il suo luogo naturale o si era avvicinato a esso quanto lo permettevano le condizioni vigenti.

Dando per scontato che la Terra fosse una sfera, i greci pensavano di avere una prova forte del fatto che essa si trovasse al centro di un universo delimitato, al suo esterno, da una sfera molto maggiore, quella delle stelle «fisse». Perché mai, altrimenti, le persone avrebbero dovuto vedere metà del cielo?

Secondo Aristotele c'era un contrasto fondamentale fra la regione terrestre e quella celeste, fra l'imprecisione e la caducità delle cose che le persone vedevano intorno a sé sulla Terra e la perfezione geometrica del cielo eterno, con i suoi punti e cerchi di luce. In cielo non c'erano né vita e morte né generazione e corruzione. I corpi celesti compivano invece i loro moti circolari perfetti ed eterni; essi erano formati da un singolo quinto elemento, o «quintessenza», ed esprimevano la permanenza della loro natura con la permanenza dei loro moti circolari uniformi. Le comete, che in realtà si generavano e corrompevano, non presentavano alcuna difficoltà: il loro comportamento mostrava nel modo più chiaro che facevano parte del mondo sublunare; si supponeva infatti che venissero causate dall'impatto della rotazione del cielo sulle sfere dell'aria e del fuoco, come spiega Aristotele nei *Meteorologica* (vedi p. 129).

È importante riconoscere che la cosmologia aristotelica attingeva forza dal fatto di essere una formulazione intellettuale che rafforzava il senso comune, in contrasto con la scienza moderna, la quale contraddice ciò che sembra evidente. Aristotele ci dice che la Terra è in quiete sotto i nostri piedi, che noi poggiamo su una *terra firma*, mentre gli astronomi di oggi vogliono farci credere che voliamo attraverso lo spazio a una velocità quasi inimmaginabile. Aristotele sostiene che c'è un contrasto fondamentale fra la Terra e il cielo, mentre l'astronomia postcopernicana insiste sulla tesi che dobbiamo ignorare l'evidenza dei sensi e accettare che la Terra sia un corpo celeste come Venere, Marte e gli altri pianeti. La storia della cosmologia non è la storia facile del rifiuto di idee assurde a favore di idee che (magari dopo un attimo di riflessione) si rivelano chiaramente vere, ma la saga eroica del rifiuto di ciò che sembra chiaramente vero a favore di ciò che sembra assurdo. È questo che dà alla storia della cosmologia il suo fascino.

Troviamo un esempio di quanto sto dicendo nelle prove fisiche che si davano dell'immobilità della Terra, contro la tesi che essa ruotasse sul suo asse. Tali prove si rivelarono convincenti per quasi tutti coloro che considerarono il problema, dai filosofi di Atene nel IV secolo a.C. a Tycho Brahe nel suo osservatorio sull'isola di Hven, nel Mar Baltico, due millenni dopo, e conservano ancor oggi una certa plausibilità. Supponiamo che un arciere scocchi una freccia verticalmente verso l'alto e che, mentre la freccia è in volo, la Terra si muova, e con essa l'arciere. Nel tempo impiegato dalla freccia a salire in alto, fermarsi per un istante, e ricadere, la Terra si sarà spostata e l'arciere non si troverà più sotto la freccia. L'esperienza dimostra invece che è molto rischioso per un arciere scoccare una freccia verticalmente verso l'alto. *Ergo*, la Terra non si muove.

Ma se l'immobilità della Terra non era in dubbio, lo era lo status del cielo come un cosmo in cui dominava la legge, e lo sarebbe rimasto finché non fosse stato dimostrato che i moti delle stelle «erratiche», o «pianeti» sono regolari e obbediscono a leggi. Con sette eccezioni, gli innumerevoli corpi celesti si comportavano in modo razionale; le stelle «fisse» ruotavano intorno alla Terra centrale con perfetta regolarità matematica, una notte dopo l'altra, un anno dopo l'altro, conservando le loro posizioni relative. Di contro, i sette «pianeti» – Sole, Luna, Mercurio, Venere, Marte, Giove e Saturno – si muovevano ognuno per conto proprio fra le stelle fisse, con velocità variabile, apparentemente a proprio piacimento. In effetti di tanto in tanto ognuno dei cinque pianeti minori addirittura si fermava, dopo di che invertiva per un po' di tempo il suo cammino (muovendosi di moto «retrogrado»), prima di riprendere il suo normale moto diretto da ovest verso est («secondo l'ordine dei segni»).

Platone (secondo il commentatore tardo Simplicio) avrebbe assegnato ai suoi contemporanei il compito di mostrare che i moti planetari erano altrettanto regolari di quelli degli altri moti celesti (anche se ovviamente non altrettanto semplici). E i termini di una soluzione accettabile erano chiari: i moti stellari sono circolari e uniformi, cosicché si doveva dimostrare che anche quelli dei pianeti erano di natura simile, ossia che erano formati di combinazioni di moti circolari uniformi.

Fu Eudosso di Cnido (c. 400-c. 347 a.C.), contemporaneo più giovane di Platone che fu anche uno fra i migliori matematici dell'Antichità, a offrire per primo una soluzione del problema platonico. Gli occasionali periodi di moto retrogrado presentati dai cinque pianeti minori erano gli esempi più vistosi di non-uniformità, e il capolavoro di Eudosso consistette nel riuscire a rappresentarli semplicemente per mezzo di un paio di sfere concentriche. Si trattava di immaginare che il pianeta fosse situato sull'equatore di una sfera che ruotava di moto uniforme; questa sfera partecipava del moto di una seconda sfera, esterna alla prima e concentrica con essa, la quale ruotava però intorno a un asse diverso. Di conseguenza il moto del pianeta combinava le rotazioni di entrambe le sfere. Eudosso si rese conto che, se le due rotazioni avessero avuto velocità uguale ma direzione opposta, e se i due assi non fossero stati molto diversi, il pianeta si sarebbe mosso avanti e indietro formando una figura a otto, un'«ippopeda», o «pastoia», così chiamata dalla cordicella legata intorno alle zampe anteriori di un cavallo per impedirgli di deviare dal suo cammino.

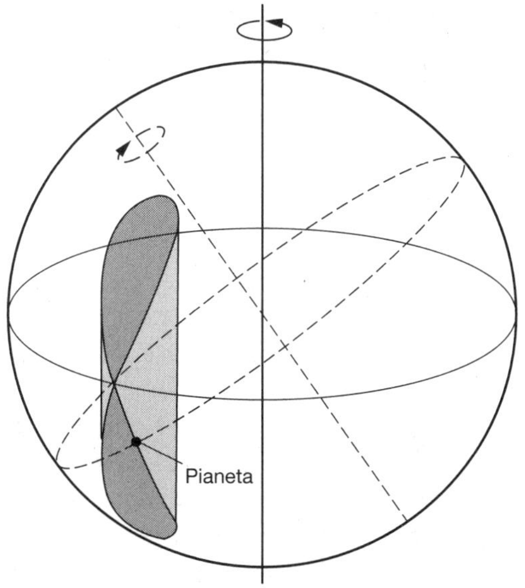

FIGURA 2.3 L'ippòpeda prodotta da un paio di sfere eudossiane. Il pianeta è situato sull'equatore della sfera che ha l'asse inclinato, i cui poli sono fissati alla sfera dall'asse verticale e trasportati dalla sua rotazione. Le due sfere ruotano con velocità uguale e opposta. In conseguenza dei moti combinati, il pianeta si muove su una figura a otto (che in realtà è l'intersezione delle sfere con un cilindro tangente a esse internamente).

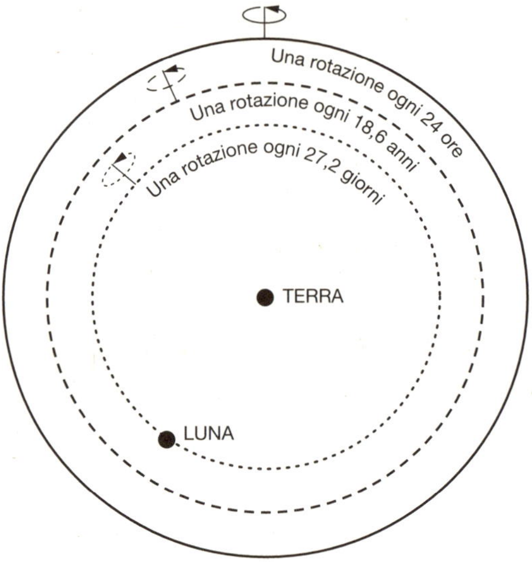

FIGURA 2.4 Il moto della Luna secondo Eudosso. La Luna si trova sull'equatore della sfera più interna, che compie una rotazione col periodo di un mese. I poli di questa sfera sono incastonati nella sfera di mezzo, che compie una rotazione ogni 18,6 anni – un ciclo familiare dalla registrazione delle eclissi –, e questa ha a sua volta i poli fissati sulla sfera più esterna, che ha una rotazione diurna.

Nei modelli di Eudosso dei cinque pianeti inferiori, la più esterna delle due sfere era trasportata in cerchio da una terza sfera situata al suo esterno, la cui rotazione era scelta in modo da riprodurre il moto (medio) da ovest verso est del pianeta lungo l'eclittica (la traiettoria apparente del Sole); e tale sfera era a sua volta trasportata in cerchio da una quarta sfera, più esterna, che generava il moto diurno – da est a ovest – del pianeta intorno alla Terra. Queste due sfere esterne riproducevano quindi i moti principali del pianeta, mentre le due sfere interne servivano a spiegare – qualitativamente se non quantitativamente – le occasionali retrogradazioni.

Per la Luna Eudosso propose un sistema di tre sfere racchiuse l'una nell'altra. Anche qui è quella più esterna a generare il moto da est a ovest del pianeta intorno alla Terra. Alle velocità di rotazione delle altre due sfere si dovevano rispettivamente il mese lunare e il ciclo di 18,6 anni familiare dalla registrazione delle eclissi. Le diverse quantità o «parametri» potevano essere scelti in modo tale da rappresentare con un qualche successo il moto della Luna. Meno soddisfacenti furono invece le tre sfere proposte da Eudosso per il Sole.

Avendo usato quattro sfere per ognuno dei cinque pianeti minori, tre per il Sole e per la Luna e una per le stelle fisse, Eudosso impiegò ventisette sfere in tutto. Otto di queste – una per ciascun pianeta e una per le stelle fisse – fornivano semplicemente l'identico moto diurno, cosicché la complessità era tutt'altro che eccessiva.

Non possediamo alcuna testimonianza sulla natura attribuita da Eudosso alle sue sfere, ma è probabile che esse fossero semplicemente un espediente matematico per risolvere il problema degli astri erranti. Esse erano l'equivalente delle equazioni che descrivono il moto di tali corpi. C'era bisogno di un ulteriore affinamento: il contemporaneo più giovane di Eudosso, Callippo, diede al sistema una maggiore flessibilità accrescendo il numero delle sfere, ma il sistema eudossiano delle sfere racchiuse l'una nell'altra forniva una base ragionevole per credere che il mondo fosse effettivamente un cosmo, che persino i sette pianeti fossero soggetti a leggi. Questo era, dopo tutto, quanto aveva chiesto Platone, che era anche lui un matematico.

Aristotele, invece, era un naturalista, un uomo che viveva nel mondo reale e che voleva conoscere le cause fisiche dei moti celesti. Per fortuna vide un modo facile per conseguire quest'obiettivo, adattando i sistemi di sfere racchiuse l'una nell'altra di Eudosso. Considerò le sfere fisicamente reali e combinò le varie serie distinte di tre o quattro sfere dei vari corpi celesti in un tutto integrato, con le sfere della Luna (considerata il pianeta più vicino alla Terra) all'interno e la sfera delle stelle fisse all'esterno.

Questa soluzione non era però soddisfacente considerato che, in qualsiasi sistema di sfere del genere, i moti di ogni sfera dovevano venire trasmessi attraverso il sistema e dovevano influire sul moto di tutte le sfere interne. C'era in effetti un moto – quello diurno, corrispondente alla rotazione del cielo in ventiquattr'ore – che era comune a tutti i pianeti, cosicché Aristotele poté eliminare tutte le sfere del moto diurno tranne quella più esterna; questa era sufficiente a imporre il moto appropriato a tutt'e sette i pianeti interni. La maggior parte dei moti sferici si applicavano però solo a singoli pianeti. Aristotele interpolò perciò nuove sfere appropriate tra ogni sistema di sfere e il sistema successivo. Ognuna di queste sfere addizionali ruotava intorno allo stesso asse e con la stessa velocità di una delle sfere del sistema successivo, ma in direzione opposta; la sua funzione era quella di cancellare il moto di tale sfera, impedendo così che un moto che era peculiare a un solo pianeta venisse trasmesso a tutti i pianeti sottostanti.

Queste sfere interpolate avevano solo una funzione fisica, e pur conducendo a un aumento nominale del numero totale delle sfere nel sistema, non ne accrescevano la complessità matematica. Il coerente sistema aristotelico di sfere concentriche, ognuna delle quali ruotava con velocità angolare uniforme, sarebbe stato una pietra angolare della filosofia naturale insegnata nelle università nel tardo Medioevo, e l'attraente semplicità della concezione aristotelica del cosmo sarebbe stata in forte contrasto con la grande complessità dei modelli geometrici sviluppati dai posteriori astronomi matematici.

Quegli stessi astronomi, d'altro canto, avrebbero visto gravi difetti nelle sfere concentriche, a prescindere dal fatto che fossero considerate concezioni matematiche o fisicamente reali. Esse negavano agli astronomi quella flessibilità di cui avevano bisogno. In particolare, nulla di ciò che si poteva fare aggiungendo nuove sfere al sistema di sfere di un pianeta avrebbe permesso di farne variare la distanza dal centro della Terra. Eppure alcuni fra i pianeti minori variavano la loro luminosità in modo tale da suggerire grandi mutamenti nella loro distanza dalla Terra, mentre il Sole e la Luna dimostravano il variare delle loro distanze col variare delle loro dimensioni apparenti.

L'astronomia ellenistica: la fusione di due tradizioni

Considerazioni quantitative come queste divennero più pressanti dopo che le conquiste di Alessandro Magno, nella seconda metà del IV secolo, ebbero condotto alla diffusione della cultura greca nel Vicino Oriente. L'astronomia geometrica greca, di carattere decisamente speculativo, entrò così in contatto con l'astronomia pragmatica e aritmetica, basata sulle osservazioni, dei babilonesi. Ben pochi scritti astronomici sopravvivono dei primi secoli del periodo ellenistico, ma non abbiamo bisogno di libri che ci dicano perché i modelli di Eudosso, nonostante tutta la loro eleganza geometrica, sarebbero stati inaccettabili per astronomi che avevano imparato dai babilonesi l'importanza fondamentale dell'osservazione quantitativa.

Nel frattempo, però, nonostante le sue limitazioni, l'aspetto più avventuroso dell'astronomia greca conservò tutto il suo interesse intellettuale. L'esempio migliore in proposito ci viene offerto dall'opera di Aristarco (c. 310-230 a.C.), nato nell'isola di Samo, appena al largo della costa dell'Asia Minore. Nel suo unico trattato che si è conservato – *Sulla grandezza e la distanza del Sole e della Luna* – Aristarco ci mostra correttamente come (almeno in linea di principio) si possano calcolare le distanze relative della Luna e del Sole. Quando la Luna è al primo o all'ultimo quarto («in quadratura»), l'angolo Terra-Luna-Sole è retto. Misurando l'angolo Luna-Terra-Sole, siamo in grado di apprendere la forma del triangolo che unisce i due corpi, e quindi il rapporto fra due suoi lati scelti a piacere.

In pratica, il tempo della quadratura della Luna è molto difficile da determinare esattamente, così come è difficile misurare la piccola differenza che esiste allora fra l'angolo Luna-Terra-Sole e un angolo retto. Aristarco suppone che l'angolo sia minore di un angolo retto di 3° circa, mentre la vera differenza è di solo 1/18 di questo valore (10'). Di conseguenza, la sua conclusione che il Sole è 19 volte più lontano della Luna equivale a meno di 1/20 del valore vero. Questo trattato si fonda però su ricerche di matematica pura, e il valore di 3° adottato da Aristarco potrebbe essere stato non più di un valore comodo con cui illustrare il suo metodo: alcuni astronomi greci erano affascinati più dal *modo* in cui si poteva risolvere un problema che dalla vera soluzione.

Aristarco osò anche esaminare la possibilità del moto della Terra. Egli non fu il primo greco a farlo. Nella seconda metà del V secolo a.C. il pitagorico Filolao, vissuto nell'Italia meridionale, avrebbe insegnato che la Terra, insieme a un'Antiterra, il Sole e la Luna, e i cinque pianeti minori, orbitavano intorno a un fuoco centrale, il «cuore dell'universo». Secondo un'altra tradizione, il contemporaneo di Filolao Iceta di Siracusa avrebbe attribuito alla Terra la rotazione sul suo asse, e la stessa opinione è attribuita anche all'allievo di Platone Eraclide Pontico (c. 390-post 339 a.C.).

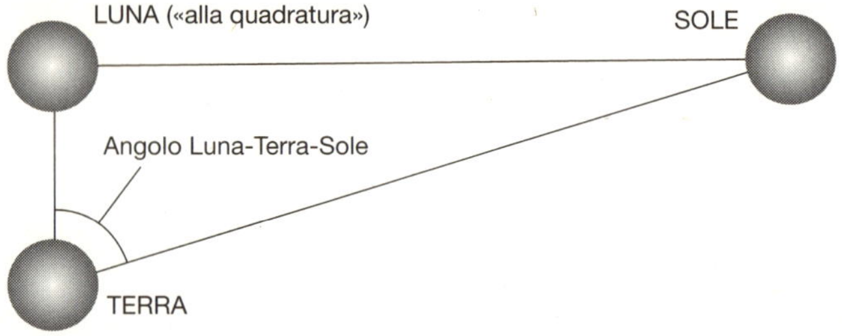

FIGURA 2.5 Il metodo di Aristarco per calcolare le distanze relative della Luna e del Sole.

Aristarco anticipò invece Copernico insegnando che la Terra orbita intorno al Sole. Secondo Archimede (c. 287-212 a.C.), Aristarco «suppone... che le stelle fisse e il Sole rimangano immobili, e che la Terra giri, seguendo la circonferenza di un cerchio, attorno al Sole, che sta nel mezzo dell'orbita...» (*Arenario*, I).

Ma se la Terra si muoveva, come mai le stelle non sembravano muoversi di moto apparente in conseguenza del moto della Terra? La ragione di ciò, secondo Aristarco, risiedeva nel fatto che il raggio dell'orbita terrestre era trascurabile rispetto alla grandissima distanza delle stelle, i cui moti apparenti erano quindi troppo piccoli perché gli astronomi potessero scoprirli (questa tesi sarebbe stata ripresa in seguito dai copernicani).

Sappiamo solo di una persona che nell'Antichità fu convinta dalle idee di Aristarco: il babilonese Seleuco di Seleucia, vissuto alla metà del II secolo a.C., che tentò di dimostrare la verità dell'ipotesi eliocentrica. L'incredulità con cui fu accolta la tesi di Aristarco non è sorprendente: la sua proposta, per quanto possa sembrarci acuta oggi, apparteneva a una tradizione di cosmologia speculativa che stava cedendo il passo a un'astronomia più interessata a speculazioni quantitative, ed era interessata soprattutto a escogitare modelli geometrici che replicassero le osservazioni.

Tuttavia la fede nel moto circolare uniforme come chiave ai segreti del cosmo rimase forte nella mente dei greci; sembrava che il modo per progredire fosse quello di rimanere fedeli alla tradizione dei moti circolari, ma di usarli in modo più flessibile, e con parametri tratti da fonti babilonesi o calcolati sulla base di osser-

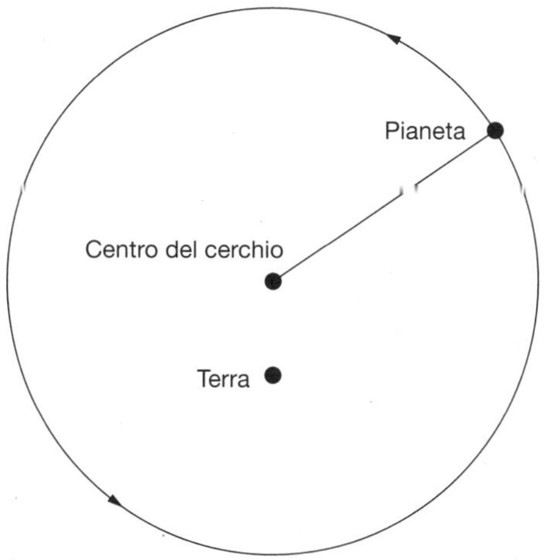

FIGURA 2.6 In un cerchio eccentrico, il pianeta si muoveva come al solito con velocità uniforme intorno al centro; ma poiché la Terra non si trovava al centro del cerchio, il pianeta visto dalla Terra sembrava muoversi con velocità variabile (più lento nella parte superiore del cerchio e più veloce nella parte inferiore).

vazioni dei babilonesi. Entro il 200 a.C. circa era stato compiuto un progresso significativo nello sviluppo di due forme alternative e versatili di moti circolari, le quali furono investigate press'a poco a quell'epoca da Apollonio di Perga, matematico famoso per la sua padronanza della geometria delle coniche, che sappiamo essere vissuto per qualche tempo ad Alessandria.

Nel primo di questi dispositivi, un pianeta si muove di moto uniforme su un cerchio intorno alla Terra. Questa non è però al centro del cerchio, ma è spostata da un lato. Di conseguenza, muovendosi su questo cerchio *eccentrico*, il pianeta varia la sua distanza della Terra, e perciò anche la sua velocità apparente in cielo.

Nel secondo dispositivo il pianeta si muove di moto uniforme su un piccolo cerchio, detto *epiciclo*, il cui centro è trasportato con moto uniforme su un cerchio maggiore, o *deferente*, che ha la Terra al suo centro. Se il moto del pianeta sull'epiciclo è abbastanza veloce relativamente al moto dell'epiciclo sul deferente, il pianeta sembrerà di tanto in tanto invertire la direzione del suo moto in cielo e muoversi all'indietro, di moto «retrogrado». Non

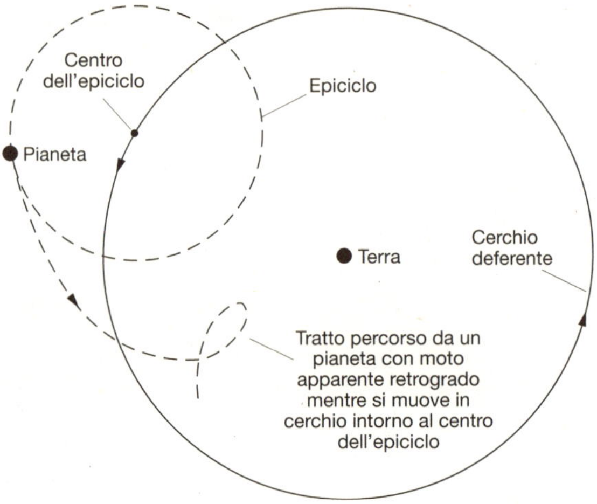

FIGURA 2.7 La figura mostra in che modo un epiciclo potrebbe spiegare il moto apparente di retrogradazione di un pianeta. Si suppone che la Terra sia al centro del cerchio grande, o *deferente*, sulla cui circonferenza si sposta il centro del cerchio minore, o epiciclo, che trasporta il pianeta. Ognuno dei due cerchi ruota con velocità uniforme. La traiettoria del pianeta qual è visto dalla Terra dipende dai valori scelti per i vari parametri, ma la figura indica come possa prodursi il moto retrogrado di un pianeta.

è difficile vedere che un moto semplice su un cerchio eccentrico è equivalente dal punto di vista matematico (e anche da quello dell'osservazione) a un caso speciale del moto prodotto dall'epiciclo e dal deferente; queste equivalenze avrebbero condotto un giorno al problema filosofico di come si potesse stabilire, nel caso che gli effetti osservati fossero necessariamente identici, quale di tali due modelli fosse «vero».

Apollonio investigò in che modo un pianeta in movimento su un epiciclo sembri arrestare il suo moto diretto e cominciare a muoversi all'indietro, di moto retrogrado. I suoi risultati ci sono conservati da Tolomeo nel libro XII dell'*Almagesto*.

Col senno di poi, possiamo vedere che l'introduzione degli epicicli e dei deferenti mise l'astronomia greca su una via molto promettente. In effetti, poiché Mercurio, Venere, Marte, Giove e Saturno orbitano tutti intorno al Sole (in ellissi quasi circolari), e poiché il Sole sembra orbitare intorno alla Terra (anch'esso in un'ellisse quasi circolare), una combinazione dei due cerchi (epiciclo e deferente, ognuno dei quali svolge la funzione di un'ellisse quasi circolare) potrebbe fornire un'incoraggiante prima approssimazione al moto osservato di uno di questi cinque pianeti.

Ma queste orbite planetarie non sono cerchi bensì ellissi, e quindi nessuna combinazione di eccentrici, epicicli e deferenti potrebbe mai riprodurre perfettamente i moti osservati. Gli astronomi – antichi, medievali o rinascimentali – che si limitarono all'uso di cerchi non riuscirono mai, nonostante tutti i loro tentativi, a colmare il divario fra predizione e realtà. I loro sforzi continuarono quindi nel corso dei secoli fino a quando, nel Seicento, la precisione senza precedenti conseguita nell'osservazione dal danese Tycho Brahe costrinse il suo aiutante e successore Johannes Kepler ad abbandonare i cerchi per provare soluzioni alternative.

Sappiamo ben poco dell'uso che Apollonio di Perga potrebbe avere tentato di fare di questi dispositivi, dato che tutte le sue opere astronomiche sono andate perdute. Lo stesso vale anche per tutti gli scritti tranne uno di Ipparco, nato a Nicea nell'Asia Minore nordoccidentale, che fece osservazioni a Rodi fra il 141 e il 127 a.C. La maggior parte di ciò che sappiamo sulla sua astronomia lo dobbiamo ai molti riferimenti contenuti nell'*Almagesto* di Tolomeo.

Fino a questo punto l'astronomia greca era stata in gran parte descrittiva, mentre gli astronomi babilonesi si erano concentrati sulla predizione di fenomeni specifici. Nell'opera di Ipparco troviamo il primo dei modelli geometrici che avrebbero permesso di predire la posizione di un pianeta *per tutti i tempi*. Usando osservazioni e parametri astronomici babilonesi nell'elaborare modelli geometrici quantitativi per i moti del Sole e della Luna, Ipparco mostrò quanto sarebbe stata feconda l'unione delle contrastanti tradizioni babilonesi e greche in astronomia. (Egli lasciò ai posteri il compito di sviluppare modelli analoghi per i pianeti minori.)

In particolare, Ipparco compilò un elenco di eclissi lunari osservate a Babilonia a partire dall'VIII secolo: un compito che comportò non solo una traduzione linguistica, ma anche una conversione dalla caotica datazione babilonese a un calendario che potrebbe quasi essere stato progettato per comodità degli astronomi, ossia l'anno egizio con i suoi 365 giorni invariabili. Queste registrazioni di eclissi del passato furono cruciali per lo studio

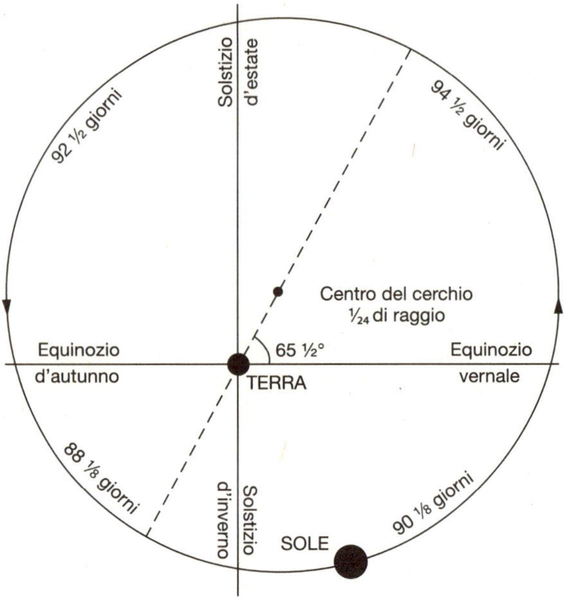

FIGURA 2.8 Il modello del moto del Sole di Ipparco.

dei moti del Sole e della Luna (e anche per la predizione di eclissi future), poiché, ogni volta che si verifica un'eclisse, il Sole e la Luna sono perfettamente allineati con la Terra. Ipparco adattò per i greci l'uso del sistema numerico sessagesimale che era stato fondamentale per i calcoli dei babilonesi, unitamente alle tecniche aritmetiche fondate su tale sistema, e adottò la divisione in 360° per l'eclittica e per altri cerchi. Ma la trigonometria necessaria per poter usare la geometria al fine della predizione non esisteva, e dovette essere sviluppata dallo stesso Ipparco.

Utilizzando le informazioni contenute nell'*Almagesto* possiamo ricostruire sia il modello di Ipparco per il Sole (che Tolomeo fu ben lieto di riprendere lasciandolo in gran parte immutato) sia quello, molto più complesso, per la Luna (che Tolomeo migliorò ed elaborò). Nel modello semplice ed elegante del moto del Sole, questo orbitava intorno alla Terra su un cerchio, muovendosi con una velocità angolare uniforme che lo conduceva a compiere il suo percorso in 365 giorni e un quarto. Ipparco sapeva però che le stagioni non hanno uguale durata: in particolare, il Sole, visto dalla Terra, percorreva i 90° dall'equinozio vernale (di primavera) al solstizio estivo in 94 ½ giorni, e i 90° dal solstizio estivo all'equinozio autunnale in 92 ½ giorni. Poiché ognuno di questi intervalli era maggiore di un quarto di 365 ¼ giorni, il Sole appariva muoversi in cielo con velocità variabile.

La Terra, perciò, non poteva essere situata al centro del cerchio, ma doveva trovarsi in una posizione eccentrica. Ma di quanto, e in quale direzione? Per generare questi intervalli più lunghi, la Terra doveva essere spostata dal centro del cerchio in direzione opposta, così che i corrispondenti archi di 90° visti dalla Terra dovessero apparire più grandi di un quarto di cerchio, e che il Sole dovesse impiegare più di un quarto di 365 ¼ giorni per percorrerli. I calcoli di Ipparco mostrarono che l'eccentricità doveva essere pari a 1⁄24 del raggio del cerchio, e che la linea dalla Terra al centro del cerchio doveva fare un angolo di 65 ½° con l'equinozio di primavera.

Una volta dati questi parametri, il modello era completamente definito. Per fortuna, esso riproduceva abbastanza bene le due stagioni restanti, cosicché questo singolo cerchio eccentrico era sufficiente a riprodurre il moto del Sole.

La Luna presentò a Ipparco un problema più difficile, e il modello semplice da lui derivato dava buoni risultati attorno al novilunio e al plenilunio, ma aveva meno successo nelle altre parti dell'orbita. Nel modello la Luna si muoveva di moto uniforme su un epiciclo, il cui centro si muoveva a sua volta uniformemente intorno alla Terra su un cerchio deferente. Tolomeo attribuisce allo stesso Ipparco i valori da lui usati per le velocità di rotazione dei due cerchi, ma studiosi moderni hanno trovato gli stessi valori (in forma esplicita o implicita) su tavolette rinvenute a Babilonia.

Per determinare le dimensioni relative dei due cerchi e una configurazione iniziale, Ipparco escogitò un ingegnoso metodo geometrico usando le posizioni della Luna in tre eclissi. Per ognuna di tali eclissi i documenti babilonesi elencavano, però, non la posizione della Luna, ma il tempo della parte centrale dell'eclisse. Poiché nel corso di un'eclisse la Luna è allineata col Sole e con la Terra, Ipparco calcolò la posizione del Sole a quel tempo (forse a partire dal suo modello del Sole, ma più probabilmente con metodi babilonesi) e aggiunse 180°. In questo modo ottenne le posizioni della Luna in queste tre occasioni. Quando studiamo questo raffinato modello ipparchiano, ci riesce difficile credere che fossero passati solo poco più di due secoli dalle cosmologie speculative di Eudosso e dei suoi contemporanei.

Ipparco era un osservatore molto diligente e compilò un catalogo di stelle, a quanto pare perché, sospettando che una stella si fosse spostata, voleva lasciare in eredità ai suoi successori dei dati in relazione ai quali misurare qualsiasi moto futuro sospetto. La sua singola scoperta più importante fu quella della precessione degli equinozi, il lento moto da est verso ovest dei punti equinoziali (i luoghi in cui il Sole attraversa l'equatore celeste, ovvero le intersezioni dell'equatore celeste e dell'eclittica). Il punto equinoziale vernale (ossia di primavera) è usato dagli astronomi per definire il sistema di riferimento celeste, e la scoperta della precessione dimostrò che tale punto in realtà si muove, così che la posizione misurata di una stella varia con la data della misurazione. Secondo Tolomeo, Ipparco pensava che la precessione ammontasse a 1° per ogni secolo, da cui risultava un periodo di 36.000 (mentre in realtà è più vicina a 1° ogni settantadue anni, per un periodo di 25.800 anni).

I tre secoli che separano Tolomeo da Ipparco formano un'età buia per l'astronomia, un periodo di cui sappiamo ben poco, anche perché Tolomeo disprezzò e ignorò il lavoro fatto in tale periodo. Noi ne conosceremmo ancora meno se non fosse per gli obiettivi limitati e la natura ultraconservatrice dell'astronomia qual era praticata in India; ci sono stati infatti conservati scritti in sanscrito che includono elementi di opere greche di questo periodo da cui derivano. Con l'avvento di Tolomeo, però, lo storico si muove infine su un terreno sicuro, poiché le sue opere furono molto apprezzate dalle generazioni successive, e gran parte della sua voluminosa produzione è sopravvissuta.

Della carriera di Tolomeo sappiamo poco. Le osservazioni da lui riferite nell'*Almagesto* appartengono agli anni fra il 127 e il 141 d.C., cosicché egli non può essere nato molto tempo dopo l'inizio del secolo; e dopo l'*Almagesto* egli scrisse varie opere importanti, cosicché la sua morte potrebbe essere avvenuta intorno al 165 o al 170. L'unico luogo da lui citato per le sue osservazioni è Alessandria, cosicché è probabile che egli abbia trascorso la sua vita adulta in quest'importante centro della civiltà ellenistica.

Il titolo originario dell'*Almagesto* è *Megale* (*mathematike*) *syntaxis*, o *Grande compilazione matematica* (ossia astronomica); essa divenne nota nella tarda Antichità come la *Megiste syntaxis*, superlativo reso dai traduttori arabi come *al-magisti* (massimo), che nel latino medievale divenne *Almagestum*. L'opera, davvero magistrale, fornì modelli geometrici e tavole correlate, che permettevano di calcolare i moti del Sole, della Luna e dei cinque pianeti minori per un futuro indefinito.

L'*Almagesto* conteneva anche un catalogo di più di un migliaio di stelle disposte in quarantotto costellazioni, con longitudine, latitudine e luminosità apparente (magnitudine) di ognuna. Secondo qualche storico Tolomeo si sarebbe limitato a prendere le posizioni dal catalogo di Ipparco e a ridurre la longitudine di ciascuna di 2 ⅔° per tenere conto della precessione accumulata nel frattempo. Benché siano state consumate grandi quantità di carta e versati fiumi d'inchiostro nella controversia risultante, oggi è evidente che la tesi di un plagio diretto di Tolomeo è una spiegazione troppo semplicistica.

Tolomeo pubblicò in seguito una versione leggermente rivista delle tavole – con un'introduzione in cui ne spiegava l'uso – col titolo di *Tavole pratiche* (*Kanones procheiroi*); il loro formato divenne la norma nel Medioevo per i compilatori di tavole astronomiche sia islamici sia cristiani. Tolomeo pubblicò anche un compendio dell'*Almagesto* col titolo di *Ipotesi dei pianeti* (*Hypotheseis ton planomenon*), in cui, come vedremo, aggiunse una dimensione fisica ai modelli geometrici dell'*Almagesto*.

Tolomeo scrisse trattati su una quantità di altre scienze matematiche, fra cui un importante trattato astrologico, il *Tetrabiblos* (*o Quadripartitum*), e i suoi studi di astronomia furono motivati in parte dal bisogno, condiviso con gli astrologi, di tavole delle posizioni dei pianeti abbastanza esatte per poter calcolare tali posizioni senza eccessiva fatica. Tolomeo aveva ereditato le tecniche dell'eccentrico, dell'epiciclo e del deferente da Apollonio e da Ipparco. Ma, per calcolare le posizioni planetarie con precisione e senza eccessiva difficoltà, dovette far ricorso a un altro espediente, il *punctum aequans* (punto equante o, semplicemente, equante).

Supponiamo che la Terra si trovi a una certa distanza dal centro di un dato cerchio. Tolomeo definì il punto equante come l'immagine speculare della Terra, dal lato opposto del centro e a uguale distanza da esso. Egli si servì poi di questo punto per definire il moto sulla circonferenza del cerchio. Un punto sulla circonferen-

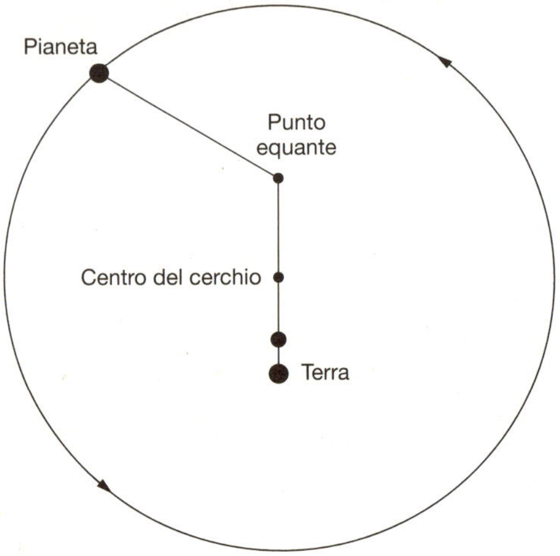

FIGURA 2.9 In questo cerchio con un punto equante, la Terra è situata a un lato del centro, mentre il punto equante si trova nella posizione simmetrica all'altro lato del centro. Il pianeta si muove con velocità variabile in modo tale che, osservato dal punto equante, sembra muoversi di moto uniforme. Perciò il pianeta è più lento quando è vicino al punto equante (nella parte alta della figura) e più veloce quando ne è lontano (in basso).

za doveva muoversi non con velocità uniforme, ma con una velocità che variava in modo tale da apparire uniforme a un osservatore situato nel punto equante.

Come mai l'equante era così comodo che, per servirsene, Tolomeo era pronto a sacrificare il principio più fondamentale dell'astronomia, quello che i moti circolari devono essere uniformi? Per capire questo fatto dobbiamo approfittare della nostra conoscenza moderna dei moti dei pianeti. La prima delle due leggi pubblicate da Keplero nel 1609 ci dice che un pianeta si muove intorno al Sole su un'orbita ellittica di cui il Sole occupa uno dei due fuochi. La seconda legge di Keplero prescrive la velocità del pianeta nella sua orbita: la linea che congiunge il pianeta al Sole (il «raggio vettore») si muove all'interno dell'ellisse in modo tale da descrivere aree uguali in tempi uguali.

In ossequio alla seconda legge, il pianeta si muove nello spazio con una velocità minore quando è più lontano dal Sole (in questa parte dell'orbita il raggio vettore ha una lunghezza maggiore di

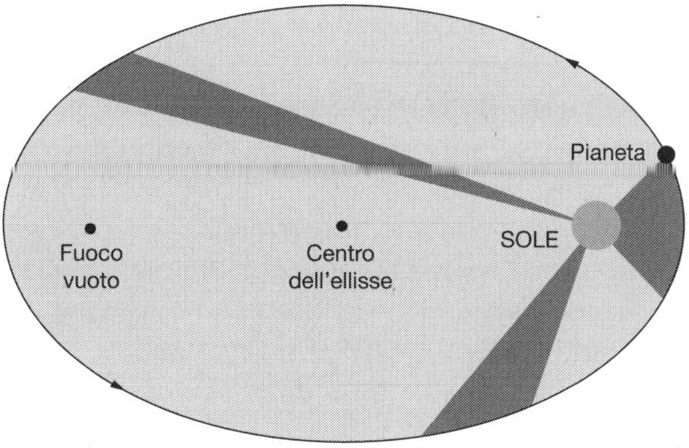

FIGURA 2.10 Le prime due leggi di Keplero ci dicono che un pianeta si muove intorno al Sole su un'orbita ellittica di cui il Sole occupa uno dei fuochi, e che il raggio vettore che unisce il Sole al pianeta descrive in tempi uguali aree uguali. Di conseguenza il pianeta si muove più velocemente quando è più vicino al Sole, e più lentamente quando è più lontano dal Sole. L'equante è stato uno strumento utile per Tolomeo a causa dell'analogia fra il punto equante e il fuoco vuoto dell'ellisse. (Nella figura l'eccentricità dell'ellisse è stata molto esagerata: con l'eccezione di Mercurio, che è difficile da osservare a causa della sua perpetua vicinanza al Sole, le orbite planetarie sono in effetti quasi circolari.)

quella media), e con velocità maggiore quando è più vicino al Sole (qui il raggio vettore ha lunghezza minore di quella media). Come apparirebbero i moti planetari a un ipotetico osservatore situato nel fuoco dell'ellisse *non* occupato dal Sole, ossia nel «fuoco vuoto»?

Quando il pianeta è nella parte della sua orbita più lontana dal Sole (e si muove nello spazio più lentamente del solito), esso si trova alla massima vicinanza a quest'osservatore nel fuoco vuoto; la minore velocità è perciò mascherata dalla prossimità del pianeta all'osservatore. Similmente, quando il pianeta è più vicino al Sole (e si muove più velocemente), anche questo fatto rimane ignoto all'osservatore, che è troppo lontano per poterlo percepire. Di conseguenza il pianeta, visto dal fuoco vuoto, sembra muoversi in cielo con una velocità angolare quasi uniforme.

Ne consegue che il moto del pianeta nella sua orbita intorno al Sole – poco importa se quest'orbita sia un'ellisse quasi circolare o un vero cerchio – è ben rappresentato da un modello in cui il pianeta sembra muoversi con velocità angolare uniforme se osservato dal fuoco vuoto (in questo caso di un'orbita ellittica), o (nel caso di un'orbita circolare) da un punto equante localizzato in modo simile, ossia dal lato opposto del Sole e alla stessa distanza dal centro. Poiché ciò vale particolarmente per la Terra, ne segue che vale anche per il moto del Sole relativamente alla Terra. Era ovviamente il moto apparente del pianeta relativamente alla Terra (e non al Sole) che Tolomeo voleva rappresentare; ma tale moto è una traiettoria composta, formato dal moto del pianeta intorno al Sole, e dal moto del Sole relativamente alla Terra.

Col beneficio del senno di poi, quindi, possiamo vedere che il punto equante di Tolomeo era così utile perché era strettamente affine al fuoco vuoto di un'ellisse kepleriana.

Senza dubbio, se Tolomeo era pronto a usare un dispositivo che violava il principio secolare dell'uniformità dei moti celesti, era senza dubbio perché gli interessavano di più la precisione e la comodità matematica che questioni di verità. Ma, come avrebbe mostrato il futuro, egli aveva creato in tal modo un grave punto di tensione filosofica, che creò disagio a molti astronomi islamici, e divenne un oggetto ricorrente di controversie nelle università dell'Occidente medievale. Per gli studenti della facoltà delle arti era già piuttosto difficile accordare eccentrici ed epicicli con ciò che era stato insegnato loro in filosofia naturale sui moti uniformi delle sfere concentriche aristoteliche, ma conciliare con ciò l'equante era del tutto impossibile. Proprio per questa ragione, nel Cinquecento, Copernico si sarebbe rallegrato che i suoi modelli non avessero bisogno di equanti.

Nell'*Almagesto* Tolomeo fornì modelli geometrici che avrebbero permesso di predire, con buona precisione, i moti di ciascuno dei sette «pianeti». Egli mostrò come gli importantissimi parametri dei suoi modelli potessero venire derivati dalle osservazioni, anche se in generale la sua strategia avrebbe operato nella direzione opposta: quella di presentare i modelli e poi sottoporli a test confrontando le deduzioni tratte da essi con le osservazioni. Con l'aiuto dell'*Almagesto*, gli astronomi matematici (e gli astrologi) sarebbero stati in grado di calcolare tavole delle posizioni di un pianeta in longitudine e in latitudine per un futuro indefinito.

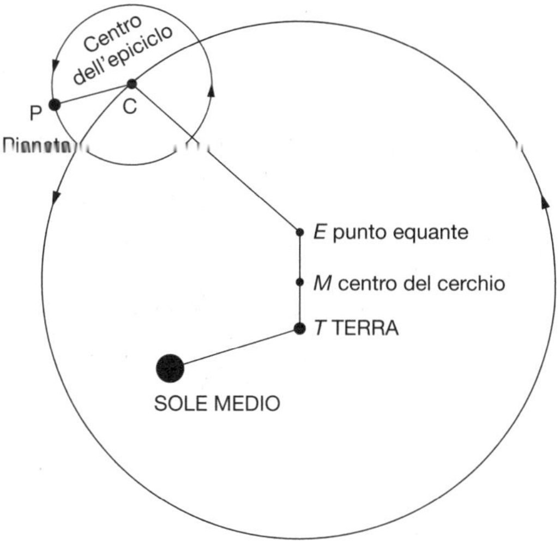

FIGURA 2.11 L'ingegnosità tecnica manifestata da Tolomeo nell'*Almagesto* è illustrata dal suo modello del moto in longitudine (ossia lungo l'«eclittica») di uno dei pianeti Marte, Giove o Saturno. La Terra si trova in *T*, e *M* è il centro del cerchio grande (il deferente). *C* è un punto sulla circonferenza del deferente, ed è il centro dell'epiciclo su cui si muove il pianeta *P*. *E* è un punto, l'equante, sul prolungamento della linea *TM*, tale che *TM* = *ME*. *C* si muove sulla circonferenza del deferente con velocità angolare variabile, tale che, visto dal punto equante *E*, esso *appare* muoversi di moto uniforme. *P* si muove sull'epiciclo in modo tale che *CP* è sempre parallelo alla linea che congiunge *T* col «Sole medio» (ciò riflette il fatto che l'osservatore sulla Terra è in realtà in movimento intorno al Sole). Il rapporto fra i raggi dei due cerchi, l'eccentricità *TM*, e le due velocità angolari, sono quindi scelti in modo da adattarsi al moto del particolare pianeta.

Ovviamente c'erano delle difficoltà. Tolomeo aveva trovato che il modello per la Luna che aveva adattato da Ipparco rappresentava abbastanza bene le posizioni del pianeta quando la Terra, il Sole e la Luna erano su una linea retta, cosa che non sorprende, considerando l'uso che Ipparco aveva fatto delle registrazioni babilonesi di eclissi nella derivazione del suo modello, ma era insoddisfacente per le altre posizioni. Per ovviare al difetto, e spiegare l'irregolarità del moto lunare che sarebbe divenuta nota in seguito come «evezione», Tolomeo introdusse un meccanismo che variava la distanza dell'epiciclo della Luna dalla Terra. Quando Terra, Sole e Luna erano in linea il meccanismo restava inoperoso, ma altrove spingeva l'epiciclo verso la Terra, soprattutto quando Luna, Terra e Sole formavano un angolo retto. Il modello che ne risultava era soddisfacente in relazione al computo delle posizioni della Luna, ma implicava la fastidiosa conseguenza che la distanza della Luna dalla Terra variasse fra 33 e 64 raggi terrestri. Un tale scarto nelle distanze avrebbe dovuto far variare il diametro apparente della Luna di un fattore di quasi 2, ma variazioni di tale entità non erano mai state osservate. Questo disaccordo rispetto all'osservazione poteva disturbare i lettori di Tolomeo nella misura in cui cercassero qualcosa di più esatto di semplici tavole delle posizioni.

Un altro problema derivava da un curioso fatto d'osservazione. Due pianeti – Mercurio e Venere – non si allontanano mai oltre una certa misura dal Sole: essi sorgono e tramontano col Sole, diversamente da Marte, Giove e Saturno che possono essere visibili in cielo in qualsiasi ora della notte. Tolomeo espresse questo fatto nei suoi modelli per Venere e Mercurio allineando i centri dei loro epicicli col «Sole medio», così che tutt'e tre avessero lo stesso periodo di un anno. Qualche suo lettore rimase però insoddisfatto di un tale dispositivo *ad hoc*.

Questi, però, erano solo dettagli. L'*Almagesto* realizzava l'intento che si era posto Tolomeo: quello di fornire un insieme di modelli geometrici per calcolare tavole esatte delle future posizioni di ciascuno dei sette pianeti in cielo. Esso segnava il culmine di vari secoli di sforzi.

Tolomeo nell'*Almagesto* non fece alcun tentativo di presentare un «sistema tolemaico» integrato del cielo, ma si permise alcune frasi sull'ordine dei pianeti in relazione alla loro distanza dalla Terra immobile. Sembrava plausibile considerare le stelle fisse i corpi più lontani (come avevano in effetti supposto Eudosso e Aristotele mezzo millennio prima), e collocare poi più vicini a esse i pianeti che ne imitano più fedelmente il moto. Tolomeo pose perciò più in alto di tutti il pianeta Saturno, il cui moto differiva da quello delle stelle solo di una rivoluzione ogni trent'anni, seguito da Giove (una rivoluzione orbitale in dodici anni) e da Marte (periodo orbitale di due anni). All'altro estremo, il corpo più vicino alla Terra era la Luna (periodo di rivoluzione di un mese).

Restava da stabilire l'ordine di tre pianeti: il Sole, Mercurio e Venere. Purtroppo essi rimanevano sempre vicini fra loro nella loro rivoluzione intorno alla Terra centrale, cosicché i loro moti differivano da quello delle stelle della stessa quantità: una rivoluzione in un anno. Ma quale dei tre era il più vicino alla Terra, e quale il più lontano?

Poiché il Sole aveva uno status unico, Tolomeo decise di seguire gli altri astronomi, ponendo gli altri pianeti in ugual numero sotto e sopra di esso. In effetti, nel Medioevo latino il Sole era visto come un re che percorreva i suoi domini accompagnato da tre cortigiani planetari da ciascun lato. Poiché col ragionamento precedente erano stati collocati sopra il Sole Saturno, Giove e Marte, mentre sotto c'era solo la Luna, Tolomeo pareggiò le cose situando Venere e Mercurio sotto il Sole. La scelta di Mercurio come pianeta più basso di Venere si fondò poi su poco più del lancio di una monetina. Così, con un ragionamento che passava da ragioni plausibili a mere congetture più o meno arbitrarie, Tolomeo pervenne infine all'ordine Luna, Mercurio, Venere, Sole, Marte, Giove, Saturno, stelle fisse.

Ciò gli permise, nelle posteriori *Ipotesi dei pianeti*, di combinare i suoi modelli planetari in un sistema reale unificato e fisico, che artigiani successivi tentarono – ovviamente in modo imperfetto – di riprodurre nel metallo. Conoscendo l'ordine dei pianeti, Tolomeo fece l'assunto che tutte le altezze possibili in cielo fossero divise fra i sette «pianeti»; che ogni pianeta avesse un suo ambito di altezze entro le quali variava in ogni momento la sua altezza, e che tali ambiti non si sovrapponessero mai né lasciassero mai vuoti.

Così stando le cose, egli poté sfruttare il fatto che (secondo l'*Almagesto*) l'altezza massima della Luna fosse di 64 raggi terrestri. Poiché l'ambito delle altezze occupate di tanto in tanto dalla Luna era adiacente a quello occupato dal pianeta seguente, Mercurio, Tolomeo ne inferì che l'altezza minima di Mercurio doveva essere uguale a 64 raggi terrestri. Conoscendo il rapporto dell'epiciclo di Mercurio al suo deferente, egli poteva ora calcolare l'altezza massima di Mercurio. Questa fu posta uguale all'altezza minima di Venere; e procedendo nello stesso modo Tolomeo pose infine le stelle fisse all'altezza massima del pianeta più esterno, Saturno.

In questo modo Tolomeo pervenne a un universo il cui raggio era 19.865 volte maggiore del raggio della Terra, ossia di circa 120 milioni di chilometri. Qualche autore moderno rifiuta sdegnosamente questa misura come grossolanamente sbagliata, sottoline-

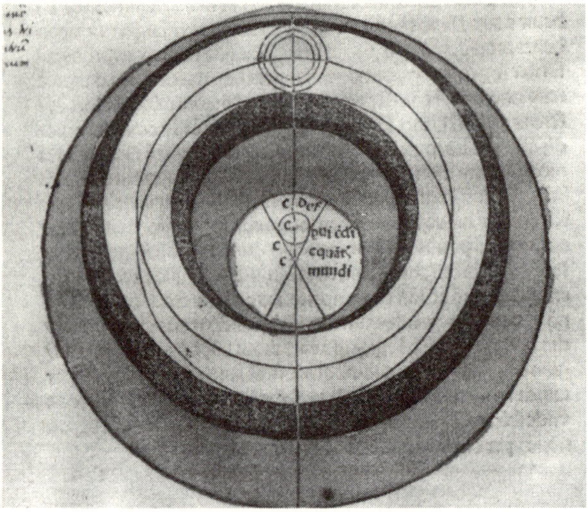

FIGURA 2.12 Il modello per il moto di Mercurio proposto nel Quattrocento da Georg Peurbach. Peurbach divulgò un'idea trasmessa da astronomi islamici, ossia che i dettagli dei moti planetari potevano essere realizzati all'interno di un sistema di sfere solide. Qui l'epiciclo che trasportava Mercurio è indicato dal piccolo triplice cerchio raffigurato nella parte alta della figura. Quest'epiciclo si muove intorno alla Terra al centro, nella parte non ombreggiata della figura. Essendo il pianeta più interno del sistema solare, Mercurio rimaneva invisibile per la maggior parte del tempo agli antichi osservatori, essendo perduto nel bagliore del Sole. Tolomeo fece assunti per integrare le osservazioni a lui disponibili, e suppose che il pianeta si avvicinasse alla Terra non una ma due volte in ogni rivoluzione orbitale. Di conseguenza il modello tolemaico per Mercurio era più complesso di quello degli altri pianeti. (Da G. Peurbach, *Novae theoricae planetarum* [1460], 1482, per gentile concessione dei Syndics of Cambridge University Library)

ando che essa è addirittura minore della vera distanza Terra-Sole. Questo è però un atteggiamento antistorico. È vero invece che proprio con Tolomeo l'universo divenne troppo grande perché la mente umana potesse comprenderlo davvero.

Gli scritti astronomici di Tolomeo condussero a una conclusione trionfale la fase iniziale, greca, della campagna per escogitare modelli geometrici che replicassero i moti dei sette pianeti. Diventava ora possibile predire in un modo incoraggiantemente corretto le posizioni future dei pianeti, e sembrava non ci fosse

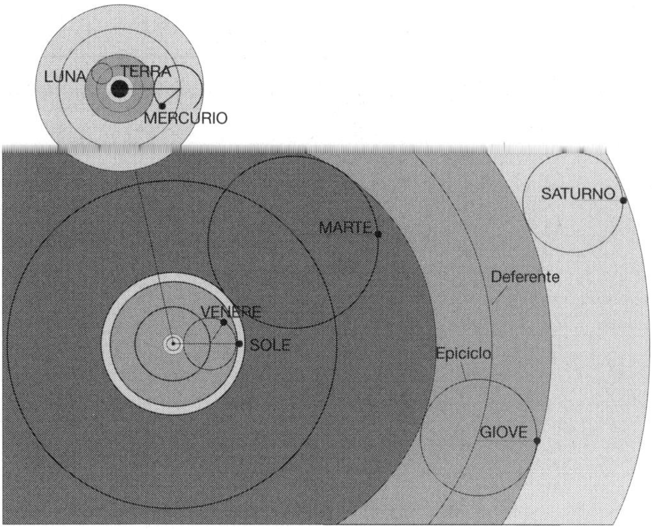

FIGURA 2.13 Il sistema tolemaico nelle sue grandi linee. Si noti che ogni distanza dalla Terra è occupata da uno, e un solo, pianeta. Si noti anche che i centri degli epicicli che trasportano Mercurio e Venere sono sempre allineati col Sole, mentre i raggi degli epicicli di Marte, Giove e Saturno sono paralleli alla linea che congiunge Terra e Sole. Questo coinvolgimento inspiegato del Sole nella geometria degli altri pianeti avrebbe incuriosito gli astronomi successivi. Dopo Copernico sappiamo che esso riflette il fatto che noi abitanti della Terra osserviamo i pianeti da un luogo d'osservazione in orbita intorno al Sole.

ragione di dubitare del fatto che i perfezionamenti operati da futuri astronomi avrebbero portato sempre più vicine fra loro predizione e osservazione. Questo programma avrebbe impegnato gli astronomi per i successivi quattordici secoli: in effetti la revisione radicale dell'astronomia tolemaica eseguita nel Rinascimento da Copernico fu ispirata da una fedeltà ai moti circolari uniformi dei filosofi della natura greci persino maggiore di quella di Tolomeo.

I moti circolari avrebbero dovuto infine soccombere alla precisione delle osservazioni di Tycho Brahe. Nel frattempo, però, dopo il crollo della *pax romana*, astronomi di civiltà che non erano ancora nate al tempo di Tolomeo si sarebbero sforzati di padroneggiare le complessità dell'*Almagesto*, contro uno sfondo di disagio filosofico per i dispositivi eterodossi che Tolomeo aveva ritenuto necessario usare.

L'ASTRONOMIA IN CINA

Christopher Cullen

Il termine cinese tradizionale per il mondo abitato era *tianxia*, «ciò che è sotto il Cielo». In termini astronomici i cinesi erano sotto lo stesso cielo di qualsiasi altro popolo, ma i modi in cui interpretarono ciò che vedevano in cielo fu spesso unico. In Cina non c'era una scienza unica dell'«astronomia». Da un lato c'era il *lifa* («metodi calendariali»), una disciplina che mirava a padroneggiare le regolarità dei fenomeni celesti attraverso accurate misurazioni, registrazioni e calcoli matematici. Dall'altro c'era il *tianwen* («schemi celesti»), i cui praticanti osservavano il cielo alla ricerca di fenomeni celesti imprevedibili ed effimeri, di cui cercavano di interpretare il significato per il mondo degli esseri umani.

C'era tuttavia un fattore importante a collegare il *lifa* e il *tianwen:* entrambi erano considerati di importanza vitale per lo Stato, e i praticanti di entrambe le discipline erano quasi tutti membri del servizio civile imperiale. A partire dal 1000 a.C. circa si vide l'ordine sia morale sia naturale del cosmo incarnato in un'entità in qualche misura impersonale nota come *Tian*, il «cielo», il cui volere era che il mondo sottostante fosse ben governato. Se il sovrano gestiva male il suo governo o la sua vita personale, ci si attendeva che ciò causasse perturbazioni nel mondo naturale come espressione di una riprovazione del Cielo. Fra tali perturbazioni potevano esserci inondazioni, carestie e pestilenze, ma il disordine in cielo era il più nefasto di tutti e poteva preannunciare altre calamità. Era perciò una dimostrazione di prudenza per il governo imperiale avere sempre un gruppo di osservatori del cielo incaricati di registrare, riferire e cercare di interpretare tutti gli eventi celesti insoliti. Questo era il campo di competenza degli specialisti del *tianwen.* Frattanto gli specialisti del *lifa* lavoravano per scoprire e codificare tutte le regolarità discernibili nei fenomeni celesti, al fine di fornire all'imperatore tutti i fenomeni prevedibili, così che egli potesse dimostrare la sua efficacia nel mantenere l'ordine del cosmo attraverso la promulgazione di un accurato almanacco astro-calendariale.

Documenti dettagliati delle attività degli specialisti del *lifa* risalgono fino al 104 a.C., quando un nuovo sistema di astronomia matematica fu inaugurato dall'imperatore Wu della dinastia Han. Gli sarebbero succeduti fino al Seicento quarantasette altri sistemi. Essi si fondarono tutti sulla richiesta di un calendario lunisolare, in cui un anno civile di dodici mesi lunari doveva essere mantenuto in accordo col ciclo delle stagioni per mezzo dell'aggiunta di mesi extra «intercalari», *run yue*, a intervalli appropriati. I mesi lunari avevano inizio con la congiunzione Luna-Sole (il novilunio «astronomico»), e il punto di riferimento-base per le stagioni era il solstizio d'inverno. In aggiunta alla predizione delle congiunzioni e dei solstizi, entrò in uso l'inclusione, in tavole astronomiche promulgate ufficialmente, anche di metodi per predire i moti apparenti dei pianeti e le eclissi di Luna.

Non sarebbe mai stato possibile predire con i metodi disponibili le eclissi di Sole, le quali restavano perciò in grande misura entro l'ambito del *tianwen.* I metodi matematici sempre più raffinati usati dagli specialisti del *lifa* erano numerici più che geometrici, e sfruttavano il ricorrere di cicli a lungo termine senza prestare eccessiva attenzione ai moti dei corpi celesti nello spazio tridimensionale.

Diversamente dagli antichi greci e dagli europei medievali, gli specialisti cinesi del *lifa* non avevano molto interesse per le dispute cosmografiche. Per la maggior parte del periodo imperiale parve soddisfacente supporre che il mondo abitato fosse una piccola regione centrale nei pressi del centro di una Terra piatta, la cui superficie era un piano all'interno di una sfera celeste che ruotava intorno a un asse inclinato. I corpi celesti si muovevano sulla superficie interna di questa sfera; non si parla però dei mezzi con cui tali moti venivano realizzati.

Le attività degli specialisti del *tianwen* possono essere ricondotte presumibilmente alla fine del II millennio a.C., come dimostrerebbe la menzione dell'osservazione di una stella nuova in iscrizioni su «ossa oracolari». Dal 200 a.C. circa è disponibile un flusso continuo di dati da fonti ufficiali. Oltre a *novae*, i funzionari registrarono sciami meteorici, comete, eclissi solari, macchie solari e fenomeni come nubi insolite o l'aurora boreale. In molti casi tali registrazioni sono abbastanza dettagliate e accurate da risultare utili agli astronomi moderni interessati a problemi come l'identificazione di resti di supernovae o alla ricostruzione delle prime apparizioni della cometa di Halley. Come gli specialisti del *lifa,* gli osservatori di tali fenomeni avevano accesso a grandi sfere armillari e ad altri grandi strumenti graduati accuratamente costruiti che permettevano loro di registrare le posizioni dei corpi celesti con un grado di precisione che non fu superato in Europa nelle osservazioni a occhio nudo fino al tempo di Tycho Brahe.

3

L'astronomia islamica

Michael Hoskin e Owen Gingerich

Gli astronomi geometrici greci avevano impiegato quasi mezzo millennio per conseguire il loro obiettivo di predire con una precisione accettabile le posizioni dei sette «pianeti» – Sole, Luna, Mercurio, Venere, Marte, Giove e Saturno –, che si muovevano individualmente contro lo sfondo delle stelle «fisse». Al tempo della composizione dell'*Almagesto* di Tolomeo, nel II secolo d.C., l'epoca aurea della cultura ateniese era un ricordo lontano, e la potenza di Roma stava mostrando segni di declino. Qualche elemento dell'astronomia babilonese e greca era già pervenuto in India, da dove sarebbe stato infine reintrodotto nella tradizione principale dagli autori arabi. Ma anche se molte opere greche (compreso l'*Almagesto*) sarebbero sopravvissute fino al tardo Medioevo nella loro lingua originale, sotto forma di manoscritti che raccoglievano la polvere in biblioteche, a Costantinopoli e altrove, uno studio attivo del mondo naturale sarebbe continuato nel contesto culturale di una religione non ancora nata, quella dell'Islam.

Alla metà del IV secolo d.C. sant'Efrem fondò una scuola a Edessa, in Mesopotamia. La lingua che vi si parlava era il siriaco, ma vi si studiava il greco, e vi furono tradotti in siriaco alcuni scritti di Aristotele e dell'eminente medico Galeno, contemporaneo di Tolomeo. Nel 489 la scuola fu chiusa dall'imperatore Zenone, e alcuni suoi docenti migrarono più a est, a Giundishapur, dove tradussero dal greco in siriaco altre opere di medicina e altri scritti di altra natura; la quantità delle opere tradotte fu modesta, ma fornì un campione delle ricchezze intellettuali disponibili a chi avesse potuto avere accesso alle opere scritte in greco.

Nel 570 nacque nel centro commerciale della Mecca il profeta Maometto. Subito dopo la sua morte, avvenuta nel 632, la religione da lui fondata cominciò a diffondersi con sorprendente rapidità in tutto il Medio Oriente, nell'Africa settentrionale e persino in Europa, in Spagna. Nel 762 i suoi successori in Medio Oriente fondarono una nuova capitale, Bagdad, sulla riva del Tigri, nel punto della sua massima vicinanza all'Eufrate, e a breve distanza dai medici cristiani di Giundishapur. Alcuni membri della corte di Bagdad chiamarono i medici cristiani per consulti, e questi incontri aprirono gli occhi a eminenti personalità musulmane circa l'esistenza di un'eredità di tesori intellettuali dell'Antichità, la maggior parte dei quali conservati in manoscritti giacenti in biblioteche lontane e scritti in una lingua straniera. Harun al-Rashid (califfo dal 786) e i suoi successori inviarono agenti nell'Impero bizantino per comprarvi manoscritti greci, e all'inizio del IX secolo il califfo al-Ma'mun fondò a Bagdad un centro di traduzioni, il Bait al-hikmah (Casa della Sapienza). Ivi dotti di lingua siriaca e araba, sotto la direzione del cristiano Hunain ibn Ishaq al-Ibadi (808-873), collaborarono nella traduzione in arabo di opere greche, o dall'originale o da una versione in siriaco.

È sorprendente che l'arabo dovesse infine affermarsi come una lingua scientifica internazionale. Fino a questo momento era stato la lingua della poesia, del Corano e di studi connessi alla religione islamica. Dovunque governò l'Islam l'arabo veniva compreso, e la traduzione di queste opere greche in arabo ne assicurò una grande diffusione, non solo in tutto il Medio Oriente ma anche nel Nordafrica e nella Spagna islamica. Infine, grazie soprattutto all'avanzata dei cristiani in Spagna contro i mori nel XII secolo, queste opere pervennero in mani cristiane, e molte sarebbero state tradotte in latino. Benché le opere greche giunte nell'Occidente latino in questo modo tortuoso (per esempio attraverso traduzioni in siriaco, in arabo e in castigliano) avessero perso un po' di qualità attraverso le successive versioni, fornirono tuttavia un'importante continuità nella tradizione del pensiero astronomico.

L'astronomia e l'islamismo

La maggior parte dei circa 10.000 manoscritti astronomici in arabo, persiano o turco che ci sono pervenuti, continuano a giacere indisturbati sugli scaffali delle biblioteche. È chiaro tuttavia che un gran numero di questi scritti di astronomia hanno un carattere islamico, nel senso che furono o opera di dotti religiosi che si occupavano di astronomia popolare, o di astronomi che si occupavano di tecniche matematiche, e che ciascuno di tali gruppi affrontava gli stessi problemi della pratica islamica. Gli scritti astronomici di altro genere che si sono conservati sono relativamente pochi di numero, anche se di considerevole importanza storica; alcune di queste opere tentarono di perfezionare i modelli planetari dell'*Almagesto* (che fu fra le opere tradotte, e in seguito ritradotte, a Bagdad), mentre altre continuarono la controversia fra filosofi e astronomi sulla natura del cosmo.

Molto tempo prima dell'inizio delle traduzioni, nella penisola araba esisteva già una ricca tradizione di astronomia popolare. Questa si fuse con la visione del cielo presentata in commenti e trattati islamici, creando una cosmologia semplice fondata sui fenomeni celesti quali apparivano senza il sostegno di alcuna teoria. Frattanto le pratiche religiose generarono tre problemi specifici a cui gli astronomi matematici tentarono di trovare soluzioni, la complessità delle quali andò spesso oltre i bisogni reali della comunità.

Il primo compito derivò dal calendario lunare, ereditato in una forma modificata dai tempi preislamici. (I soliti dodici mesi lunari dell'anno erano stati in precedenza integrati a intervalli con un mese extra o «intercalare» per mantenere l'anno più o meno in accordo con le stagioni, ma a quanto pare Maometto si pronunciò contro tali intercalazioni, cosicché l'«anno» musulmano era, ed è ancora, costantemente più corto di undici giorni rispetto all'anno delle stagioni. Una conseguenza di questo fatto è che il Ramadan, il mese sacro del digiuno, può presentarsi in qualsiasi stagione.) Ogni mese cominciava al novilunio, inteso non in senso astronomico (quando i calcoli mostravano che Sole, Luna e Terra erano perfettamente allineati), bensì in senso pratico, quando nel cielo della sera si scorgeva per la prima volta la falce lunare. Nelle sere appropriate si inviavano osservatori in luoghi idonei con l'istruzione di osservare il cielo a occidente; se una sera non si riusciva a vedere la falce lunare, si ritentava la sera successiva.

Questo semplice procedimento poteva tuttavia condurre a difficoltà. Non sempre il cielo era sereno, ma anche se lo era gli osservatori di una città potevano vedere la luna nuova mentre quelli di un'altra potevano non riuscire a vederla, con la conseguenza che le due città iniziavano il loro mese in giorni diversi. Gli astronomi musulmani più antichi seguivano un criterio che avevano trovato in fonti indiane, per cui si poneva come condizione per l'avvistamento della Luna che fra il tramonto del Sole e quello della Luna sull'orizzonte locale fossero trascorsi almeno quarantotto minuti. La teoria del moto lunare di Tolomeo era abbastanza precisa intorno al tempo del novilunio, ma descriveva la posizione della Luna rispetto alla traiettoria del Sole (l'eclittica), la quale è inclinata rispetto all'orizzonte. Riferire questo moto all'orizzonte era quindi un problema di geometria sferica. I posteriori astronomi musulmani escogitarono condizioni più complesse e compilarono tavole raffinate per facilitare i calcoli risultanti, cosa che condusse alla produzione di almanacchi con informazioni sulla possibilità di avvistamenti intorno all'inizio di ogni mese. Ancora oggi però il problema rimane una sfida per il mondo musulmano.

La seconda richiesta religiosa implicante l'astronomia concerneva i tempi della preghiera, che erano fissati in numero di cinque: tramonto, calare della notte, alba, mezzogiorno e pomeriggio. Gli ultimi due tempi, più quello di una preghiera volontaria alla metà del mattino, corrispondevano alla fine della terza, sesta e nona ora del dì (le ore avevano durata variabile), e si usava una formula approssimata di origine indiana per riferire queste «ore» al crescere della lunghezza delle ombre. Il problema della traduzione di queste regole in ore e minuti uniformi suscitò l'interesse degli astronomi, anche se i muezzin, che chiamavano la gente alla preghiera, usavano più probabilmente una semplice astronomia popolare. All'inizio del IX secolo un membro della Casa della Sapienza, al-Khwarizmi (dalla corruzione del cui nome deriva il termine moderno di *algoritmo*), compilò tavole per la preghiera per la latitudine di Bagdad, mentre le prime tavole per determinare l'ora del giorno in base all'altezza del Sole, o l'ora della notte in base all'altezza delle stelle più luminose, apparvero a Bagdad poco tempo dopo. La soluzione di ognuno di questi problemi implicava il calcolo dei lati o degli angoli incogniti di un triangolo sulla sfera celeste a partire dai lati e angoli noti. L'ora del giorno poteva così essere derivata da un triangolo i cui vertici erano lo zenit e il Polo nord celeste (così che la linea che li univa era nel meridiano) e la posizione del Sole. L'osservatore doveva conoscere la sua latitudine geografica (e quindi l'angolo fra il suo zenit e il polo), e la posizione del Sole sull'eclittica per quel periodo dell'anno. Misurata l'altezza del Sole, l'ora veniva data dall'angolo fra il meridiano e il cerchio orario del Sole (l'arco compreso fra il polo e il Sole). Le formule necessarie erano derivate da proiezioni bidimensionali della sfera celeste, usando tecniche adattate da fonti indiane. In seguito si usò anche la trigonometria sferica.

Il metodo usato da Tolomeo per risolvere i triangoli sferici era stato escogitato intorno alla fine del I secolo d.C. dall'alessandrino Menelao. Esso implicava un macchinoso meccanismo nel quale si dovevano conoscere cinque segmenti per determinare la sesta quantità, incognita, ma riusciva a risolvere tutti i problemi basilari della trigonometria sferica. Purtroppo, però, la determinazione dell'ora a partire dall'altezza del Sole comportava molte applicazioni del teorema.

Nel IX secolo erano stati riconosciuti gli equivalenti medievali delle sei funzioni trigonometriche moderne, mentre Tolomeo aveva operato solo con una singola funzione delle corde. Il concetto del seno di un angolo fu introdotto nell'Islam dall'India, così come le funzioni tangente e cotangente importanti nei calcoli implicanti lunghezze delle ombre. Gli astronomi islamici scoprirono identità trigonometriche semplici che facilitarono grandemente i calcoli implicanti triangoli sulla sfera celeste.

Infine fu istituito l'ufficio del *muwaqqit* o custode del tempo per le moschee. Questo diede infine agli astronomi un posto istituzionale in una delle strutture centrali della società, e questo sviluppo ebbe come conseguenza un rapido aumento nella quantità e qualità degli scritti astronomici. A causa dell'ostilità dell'Islam all'astrologia, gli astronomi che divennero *muwaqqit* che non potevano accedere ai compensi finanziari possibili agli astrologi furono compensati con una posizione sicura e rispettata nella comunità.

Il terzo compito posto dall'Islam all'astronomia derivava dalla richiesta che molti atti di natura religiosa, e specialmente l'orientamento delle moschee, fossero diretti verso il sacrario della

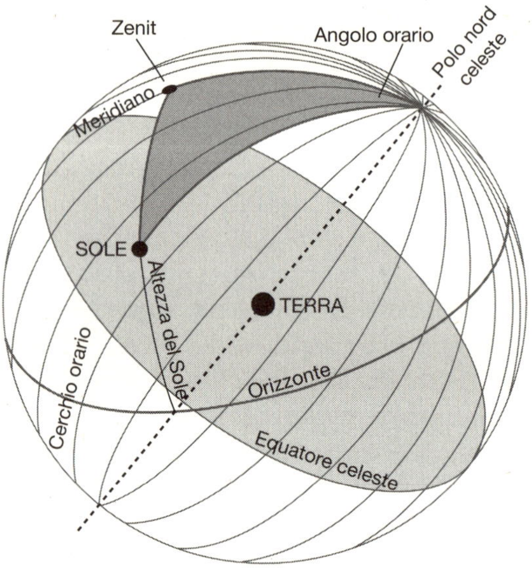

FIGURA 3.1 Il calcolo dell'ora del giorno a partire dall'altezza del Sole. Il procedimento implicava la determinazione dell'angolo al polo nel triangolo (ombreggiato) i cui vertici sono il Sole, lo zenit dell'osservatore e il Polo nord celeste. La distanza dallo zenit al Polo corrisponde alla latitudine dell'osservatore, mentre la distanza zenit-Sole è il complemento dell'altezza del Sole, e la distanza Sole-Polo è (per definizione) il complemento della «declinazione» del Sole in quella particolare data. L'angolo al polo è proporzionale all'ora.

Mecca noto come la Ka'ba. Nei primi due secoli dell'Islam molte moschee, dalla Spagna in Occidente all'Asia centrale in Oriente, erano state costruite – in omaggio a questo principio – con la facciata verso sud, poiché il profeta, quando era a Medina (che è a nord della Mecca), si volgeva verso sud quando pregava. In altri luoghi si supponeva che la *qibla*, o orientamento sacro, fosse la direzione che prendevano i pellegrini quando partivano per la Mecca. Altre moschee ancora adottarono l'orientamento del sacrario della Ka'ba, l'edificio in cui è racchiusa la pietra nera, il cui asse maggiore era orientato verso il sorgere della stella Canopo, mentre l'asse minore era allineato col sorgere del Sole d'estate e col suo tramonto d'inverno. In secoli successivi, però, quando i *muwaqqit* e altri astronomi di professione si applicarono al problema di come determinare matematicamente la *qibla* usando i dati geografici disponibili, furono sviluppate formule di trigonometria sferica, sulla cui base furono calcolate tavole. Un risultato importante, che sembra risalire all'XI secolo, fu lo sviluppo di griglie cartografiche per le carte del mondo incentrate sulla Mecca, che permettessero di leggere direttamente la *qibla* e la distanza dalla Mecca. Quest'attività culminò in una tavola preparata nel XIV secolo a Damasco dal *muwaqqit* al-Khalili, la quale fornisce la *qibla* per ogni grado di latitudine da 10° a 56° e per ogni grado di longitudine da 1° a 60° a est e a ovest della Mecca: la grande maggioranza dei dati sono calcolati correttamente per mezzo di una formula complicata (e accurata).

L'emergere di osservatori

Il Corano dichiara che «nessuno tranne Dio può conoscere il futuro», e i capi religiosi islamici furono altrettanto decisi, e altrettanto inefficaci, di quelli cristiani nella condanna dell'astrologia. Sovrani e persone comuni considerarono l'astrologia una disciplina di grande utilità pratica, ed erano pronti a pagare per le informazioni che desideravano. Gli astrologi che praticavano la loro attività sulla piazza del mercato erano poco più che indovini, ma nelle corti principesche e altrove si trovavano astrologi che erano anche astronomi, e che fondavano le loro predizioni astrologiche sulle tabelle delle posizioni planetarie.

Le più antiche opere arabe di astronomia planetaria erano state eclettiche, attingendo non solo a scritti pretolemaici in greco, ma anche a importazioni dalla Persia e dall'India. La traduzione dell'*Almagesto* trasformò la situazione, dimostrando l'incomparabile superiorità dell'astronomo alessandrino. L'efficacia dei modelli planetari di Tolomeo dipendeva però non solo dalle configurazioni geometriche stesse, ma anche dalla precisione dei parametri usati, ed essendo passati vari secoli erano chiaramente necessari miglioramenti in molti di essi. Tolomeo aveva mostrato ai suoi lettori come derivare i parametri dalle osservazioni e questa fu una lezione che i suoi successori islamici impararono molto bene: noi troviamo che le osservazioni da loro registrate sono progettate per lo più per migliorare i valori usati per quantità come l'eccentricità dell'orbita solare e l'obliquità del piano dell'eclittica (l'angolo di cui esso è inclinato rispetto all'equatore celeste). Queste osservazioni richiedevano strumenti di accresciuta precisione.

Dapprima gli strumenti in questione furono piccoli e portatili, ma col tempo la ricerca di una maggiore precisione condusse allo sviluppo di strumenti più grandi e fissi. Finanziati da sovrani o altri potenti mecenati, questi nuovi strumenti, di grandi dimensioni, dovevano essere sistemati in edifici permanenti, che segnarono gli inizi degli osservatori astronomici. Ma l'ostilità all'astrologia da parte delle autorità religiose ebbe come conseguenza che spesso la morte di un potente mecenate, o anche la sua perdita di coraggio dinanzi alle critiche, mettesse fine alle osservazioni.

Due fra gli osservatori maggiori furono addirittura demoliti. Nel 1120 ebbe inizio al Cairo la costruzione di un osservatorio per ordine del visir del califfo fatimita, e quando il visir fu assassinato l'anno seguente l'opera fu proseguita sotto il suo successore. Ma nel 1125, quando furono costruiti gli strumenti, a osservatorio non ancora completato, il nuovo visir fu ucciso per ordine del califfo: fra i crimini di cui fu accusato c'era anche la comunicazione con Saturno. L'osservatorio fu distrutto, e il personale fu costretto a fuggire per salvarsi la vita.

Una sorte simile toccò all'osservatorio costruito a Istanbul dal sultano Murad III per l'astronomo Taqi al-Din. La costruzione ebbe inizio nel 1575 e fu terminata nel 1577, cosicché quest'osservatorio fu esattamente contemporaneo del primo grande osservatorio nell'Europa settentrionale, quello di Tycho Brahe (vedi pp. 131-134). Oltre all'edificio principale, c'era un osservatorio minore, dove

> quindici distinti uomini di scienza erano a disposizione di Taqi al-Din. Nelle osservazioni fatte con ciascuno strumento cooperavano cinque uomini sapienti e dotti: c'erano due o tre osservatori, il quarto era un dotto, e poi c'era una quinta persona che faceva lavori misti.

La costruzione fu terminata giusto in tempo per le osservazioni della splendente cometa del 1577. Taqi al-Din la interpretò come un buon auspicio per il sultano nella sua lotta contro i persiani, ma il successo dei turchi si rivelò tutt'altro che completo, e altre sfortune colpirono il sultano, compresa un'epidemia di peste e la morte di varie figure notabili. Nel 1580 i capi religiosi lo convinsero che i tentativi di scoprire i segreti della natura portavano solo sventure, ed egli ordinò che l'osservatorio fosse distrutto «dal suo apogeo al suo perigeo». L'osservatorio di Tycho Brahe non sopravvisse a lungo a quello di Istanbul: nel 1588, morto il suo regio mecenate, il suo osservatorio cominciò a declinare.

Solo due osservatori islamici ebbero un'esistenza non effimera. Il primo fu quello di Maragha, l'attuale Maragheh, nell'Iran settentrionale, edificato dal sovrano mongolo della Persia, Hulagu, che era appassionato di astrologia, per il grande astronomo persiano Nasir al-Din al-Tusi (1201-1274).

La costruzione ebbe inizio nel 1259. L'osservatorio (di cui rimangono le fondamenta) fu costruito sulla cima spianata di una collina, e comprendeva una vasta biblioteca; era senza dubbio qui che gli studenti ricevevano parte della loro istruzione sistematica. Gli strumenti erano installati all'aperto. Comprendevano un quadrante murale (uno strumento fissato nella direzione nord-sud per misurare le altezze) di non meno di 4 metri di diametro, una sfera armillare (una rappresentazione dei principali circoli astronomici, usata per altre misurazioni di posizioni), con cerchi di un metro e mezzo circa di raggio, e numerosi strumenti minori. Col loro aiuto il gruppo di astronomi (storicamente noto come la «Scuola di Maragha») completò nel 1271 una collezione di tavole astronomiche (*zíǵ*), composta nella tradizione delle *Tavole pratiche* di Tolomeo, con istruzioni per il loro uso.

Tre anni dopo al-Tusi lasciò Maragha per Bagdad, dove morì. La sua partenza segna la fine del periodo creativo dell'osservatorio, anche se le osservazioni vi continuarono fin nel secolo successivo inoltrato.

L'altro grande osservatorio islamico fu costruito a Samarcanda, nell'Asia Centrale, da Ulugh Beg (1394-1449), che fu governatore provinciale molto tempo prima di salire al trono nel 1447. Una volta tanto non c'era stato bisogno di chiedere il patronato del re: il membro più entusiasta, e probabilmente più preparato, del personale era lo stesso Ulugh Beg. La costruzione dell'edificio di tre piani ebbe luogo nel 1420. Lo strumento principale fu montato all'aperto, in una fossa, fra due muri di marmo costruiti in direzione nord-sud alla distanza di circa 50 cm l'uno dall'altro. Lo strumento era un tipo di sestante, e la sua apertura era stata scelta in modo tale da poter osservare il Sole, la Luna e tutti i pianeti. Il raggio del sestante era di una quarantina di metri: un'esemplificazione della convinzione erronea degli astronomi islamici che dimensioni maggiori avrebbero condotto sicuramente a migliorare la precisione.

Il risultato più importante conseguito dall'osservatorio di Ulugh Beg fu una collezione di tavole astronomiche comprendente un catalogo di più di 1000 stelle. Molte delle posizioni stellari ivi registrate erano state stabilite dagli astronomi di Samarcanda, cosa che fa di questo catalogo stellare il più importante del Medioevo. Ulugh Beg fu assassinato nel 1449, quando il suo osservatorio esisteva ormai da trent'anni, e come accade quando viene a mancare l'anima di un'istituzione, l'osservatorio terminò presto la sua attività.

L'astronomia planetaria araba

Una prima collezione di tavole era stata composta nella Casa della Sapienza a Bagdad da al-Khwarizmi. Essa derivava da un'opera astronomica in sanscrito che era stata portata alla corte di Bagdad intorno al 770 da un membro di una missione politica indiana, e la maggior parte dei parametri ivi usati derivavano dall'astronomia indù, così come molti dei procedimenti di calcolo. In una versione di un astronomo posteriore, l'opera sarebbe stata tradotta in latino nel XII secolo da Adelardo di Bath, diventando così uno dei tramiti in cui i metodi indiani giunsero nell'Occidente medievale.

Uno fra i molti astronomi che rispettarono i modelli tolemaici, correggendone però qualche parametro, fu Muhammad al-Battani (noto in Occidente come Albatenio, c. 850-929), che trascorse la maggior parte della sua vita professionale ad al-Raqqa, sull'Eufrate. Le sue tavole, contenute nel *De scientia stellarum* insieme a un trattamento migliorato dell'orbita del Sole, giunsero nel mondo cristiano attraverso la Spagna musulmana. L'invenzione della stampa diede infine più ampia circolazione all'opera di al-Battani, la quale fu molto usata da Copernico, che nel *De revolutionibus* lo cita non meno di ventitré volte.

Un astronomo la cui opera fu, per contro, ignota nell'Occidente medievale, fu Abd al-Rahman ibn Yunus, vissuto al Cairo verso la fine del X secolo. Egli compose un'importante opera astronomica, le *Tavole hakimite* (*Hakimi zig*), cui premise una serie di più di cento osservazioni, per lo più di eclissi e di congiunzioni planetarie. Le sue tavole erano ancora in uso al Cairo nell'Ottocento. Le *Tavole toledane*, compilate nel secolo XI dall'astronomo moresco al-Zarqali (latinizzato in Arzachel o Azarquiel), furono invece tradotte molto presto in latino ed ebbero vasta circolazione; esse divennero il modello per le *Tavole alfonsine*, che avrebbero dominato questo aspetto dell'astronomia dall'inizio del Trecento fino al Rinascimento.

La prima revisione del catalogo stellare contenuto nell'*Almagesto* fu dovuta a un astronomo del X secolo attivo in Persia e a Bagdad, Abd al-Rahman al-Sufi (903-986). Nel *Libro delle costellazioni delle stelle fisse* egli diede magnitudini corrette e versioni arabe delle identificazioni, ma lasciò immutate le stelle stesse e le loro posizioni relative (spesso imprecise). Questo è un sintomo dello scarso interesse per l'osservazione comune fra gli astronomi islamici: nonostante la loro diligenza nell'applicazione della matematica all'astronomia, avevano il difetto di lavorare molto più a tavolino che all'aperto. Così prestarono ben poca attenzione alla supernova del 1054 che ha dato origine alla Nebulosa del Granchio, la quale è a quanto pare menzionata una volta sola in fonti arabe. Essi avevano uno strumento di osservazione e di calcolo versatile e comodo nell'astrolabio (vedi pp. 90-95), ma una singola misurazione compiuta con esso era sufficiente per la maggior parte dei compiti. Dopo tutto, l'astrologia dipendeva dalle posizioni dei pianeti, per la quale l'*Almagesto* aveva fornito basi eccellenti.

Imperfezioni dell'astronomia tolemaica di natura più concettuale divennero chiare da un confronto dei metodi geometrici astratti dell'*Almagesto* con la visione fisica del cosmo dello stesso Tolomeo, quale è contenuta nelle sue *Ipotesi dei pianeti*. Già nel IX secolo richiamò l'attenzione su tali incoerenze Thabit ibn Qurrah (Tebizio, 836-901), uno scienziato di lingua siriaca che operò a Bagdad, ed entro il X secolo apparvero regolarmente testi su «dubbi» (*shukuk*) concernenti Tolomeo. Se è inutile cercare nell'Islam un ribelle che abbia sfidato la cosmologia geocentrica aristotelico-tolemaica, troviamo un diffuso senso di disagio su alcuni aspetti dei modelli planetari tradizionali, disagio avvertito già nell'Antichità che sarebbe riapparso in Occidente nel

Medioevo e nel Rinascimento. La maggior parte delle critiche si concentrarono sul dispositivo tolemaico dell'equante (vedi p. 63), che conduceva i pianeti a rallentare e accelerare il loro moto, violando così una regola fondamentale dell'astronomia greca, quella che prescriveva l'uniformità dei moti. Anche gli eccentrici (vedi p. 57) erano soggetti a obiezioni, implicando moti circolari intorno a centri diversi da quello della Terra, e persino gli epicicli (vedi pp. 57-58) incorrevano nei rigori dei fondamentalisti aristotelici.

La controversia su eccentrici ed epicicli (che ebbe luogo principalmente nella Spagna islamica) si svolse essenzialmente fra filosofi e astronomi matematici. Un influente portavoce per i filosofi fu il massimo fautore islamico di Aristotele, l'andaluso Muhammad ibn Rushd (1126-1198), che fu noto ai latini come Averroè, o semplicemente come il Commentatore. Averroè accettò che le predizioni fatte sulla base dei modelli tolemaici potessero effettivamente «salvare le apparenze [i fenomeni]», ma pensava che il vero universo potesse essere composto solo da sfere concentriche. La maggior parte degli astronomi matematici si rese conto che tentare di costruire modelli matematici su questa base era un'impresa disperata, ma il contemporaneo e conterraneo di Averroè, Abu Ishaq al-Bitrugi (Alpetragio) fu abbastanza audace da fare il tentativo. Non sorprende che i risultati da lui ottenuti siano stati grossolanamente insoddisfacenti; Saturno, per esempio, si trovò a discostarsi dall'eclittica di una quantità mostruosa, 26° invece del massimo corretto di 3°. Eppure il suo tentativo toccò una corda sensibile fra i filosofi naturali cristiani dopo la traduzione in latino della sua opera all'inizio del XIII secolo.

La maggior parte dei tentativi di riforma dei modelli planetari furono opera di astronomi matematici orientali spinti da considerazioni teoriche più che dal bisogno di migliorare le predizioni. Fra coloro che rifiutarono l'equante tolemaico ci fu Ibn al-Haitham (965-c. 1040), noto in seguito ai latini come Alhazen, vissuto al Cairo all'inizio dell'XI secolo. Nel suo scritto *Sulla configurazione del mondo* tentò di adattare i modelli planetari dell'*Almagesto* in modo che potessero assumere una realtà fisica. Egli vide il cielo come formato da gusci sferici concentrici, all'interno del cui spessore erano situati altri gusci e altre sfere. In questo modo cercò di assegnare un singolo corpo sferico a ognuno dei moti semplici dei modelli tolemaici. Nel Duecento la sua opera fu tradotta in castigliano alla corte di Alfonso el Sabio, e non molto tempo dopo dal castigliano al latino. Il concetto di usare sfere celesti separate per ogni componente dei moti planetari avrebbe acquistato popolarità verso la fine del Quattrocento attraverso l'opera di Georg Peurbach.

L'equante era una soluzione capace di suscitare dubbi anche fra gli astronomi d'osservazione. Nel Duecento l'astronomo di Maragha al-Tusi, in *Tadkhira* (*Memorandum*), riuscì a escogitare un sostituto soddisfacente che usava solo moti circolari uniformi: a ogni modello planetario venivano aggiunti due piccoli epicicli, una complicazione che sembrava valesse la pena di pagare.

Gli eccentrici, pur disturbando meno degli equanti, rappresentavano tuttavia una violazione della dottrina platonico-aristotelica. Il tentativo tecnicamente più valido di liberare i modelli tolemaici di tutti i loro caratteri discutibili, sostituendoli con modelli che fossero accettabili sia dal punto di vista filosofico sia da quello dell'osservazione, fu compiuto intorno al 1350 da Ibn al-Shatir, *muwaqqit* della moschea omayyade di Damasco. Il modello lunare di Ibn al-Shatir evitò la grossolana variazione del diametro lunare implicata dal modello di Tolomeo (vedi pp. 68-69); il suo modello solare si fondava su nuove osservazioni del diametro solare; e tutti i suoi modelli planetari furono liberati non solo dall'equante ma anche dagli eccentrici. È vero che egli non poté fare a meno degli epicicli; ma l'esistenza di stelle individuali dimostrava che Aristotele si era spinto troppo avanti nel sostenere la tesi che i cieli fossero composti dovunque di materia uniforme, e quindi persino un aristotelico doveva avere la mente aperta alla possibile esistenza degli epicicli.

Pur non essendo l'ultimo astronomo matematico a scrivere in arabo, Ibn al-Shatir rappresentò il culmine di un movimento che era maturato per mezzo millennio. Era però ormai passato il tempo in cui gli astronomi arabi potevano influire sul corso futuro della teoria planetaria. Nel mondo latino l'entusiasmo per le traduzioni dall'arabo era da tempo calato; i latini stavano ora sviluppando una loro tradizione astronomica, e pare che gli scritti di al-Tusi e di Ibn al-Shatir siano rimasti virtualmente sconosciuti in Occidente.

Se fu veramente così, però, gli storici devono constatare una strana coincidenza; quando infatti, in tempi moderni, si riscoprì

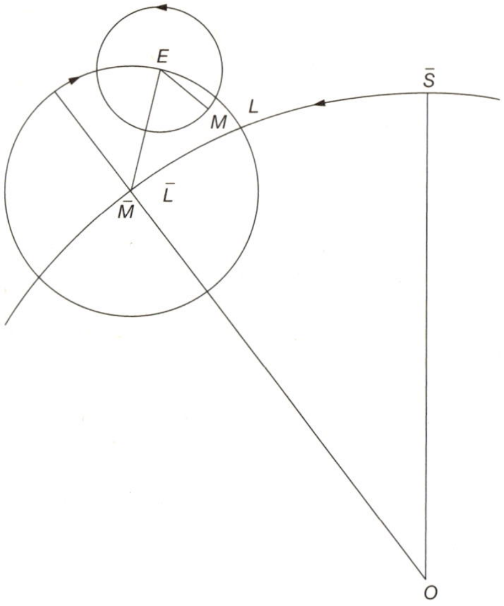

FIGURA 3.2 Il modello del moto della Luna proposto nel Trecento da Ibn al-Shatir presenta un esempio del suo uso di un paio di epicicli per evitare l'equante di Tolomeo, da lui considerato inaccettabile per ragioni di principio. La Terra si trova in *O*, il centro dell'universo, e *S* è il «Sole medio». *L* (la «Luna media») si muove uniformemente da ovest a est sul cerchio con centro *O*. L'epiciclo primario, con centro in *L*, ruota nella direzione opposta, trasportando il punto *E*. La Luna vera *L* si muove sull'epiciclo secondario con centro in *E*, che ruota da ovest verso est. Con i valori scelti da Ibn al-Shatir per i raggi e le velocità di rotazione dei vari cerchi, non solo viene ben riprodotto il moto della Luna in cielo, ma vengono anche molto diminuite le variazioni nella distanza della Luna dalla Terra. Ibn al-Shatir riuscì così a evitare uno stridente difetto della teoria lunare di Tolomeo, nella quale la distanza della Luna (e quindi il suo diametro come dovrebbe apparire dalla Terra) variava di un fattore 2.

l'opera di Ibn al-Sha-tir, ci si rese conto che egli aveva usato soluzioni geometriche simili a quelle che sarebbero state usate dopo di lui da Copernico, che era in uguale misura scandalizzato dall'equante tolemaico. Copernico fece il passo radicale di trasformare la Terra in un pianeta, ma quando passò a sviluppare modelli dettagliati, molti dei problemi in cui si imbatté non erano molto diversi da quelli affrontati dai suoi predecessori. Nel *Commentariolus*, un abbozzo preparatorio della sua teoria eliocentrica, che circolò in forma manoscritta vari anni prima della pubblicazione dell'opera maggiore, Copernico usò un espediente simile a quello di Ibn al-Shatir per eliminare l'equante e generare i complessi mutamenti nell'orbita terrestre. Nel *De revolutionibus* (1543), in cui sviluppò compiutamente la sua teoria, Copernico tornò all'uso di orbite eccentriche, ma usò un modello che era l'equivalente eliocentrico di quello sviluppato nell'osservatorio fondato da al-Tusi a Maragha, in Persia. Non è stata trovata alcuna traduzione latina di queste opere arabe, né se ne conosce alcuna esposizione latina. Una traduzione greca di alcuni scritti di al-Tu si arrivò in Italia dopo la caduta di Costantinopoli nel 1453, e Copernico studiò in Italia dal 1496 al 1503, imparandovi il greco. Attualmente è però controverso se egli sia debitore ad altri di questa tecnica per la sostituzione dell'equante o se abbia sviluppato questo metodo indipendentemente.

L'ASTROLABIO

Michael Hoskin

Lo strumento astronomico di gran lunga più raffinato (e storicamente importante) del Medioevo fu l'astrolabio planisferico. Esso fu una delle quattro forme di astrolabio, ma due di esse – quella lineare e quella sferica – furono molto rare, e l'astrolabio dei naviganti era uno strumento rozzo da usare in mare, e fu sviluppato a quanto pare solo verso la fine del Medioevo.

Le origini dell'astrolabio risalgono all'Antichità greca; lo strumento raggiunse la sua maturità nell'Islam (dove avrebbe conservato la sua popolarità fino ai tempi moderni) e fu poi ulteriormente affinato in Occidente. La base dello strumento è un disco di ottone che può essere sospeso a un anello. Il rovescio dello strumento è essenzialmente uno strumento per l'osservazione, essendo dotato di una barra d'osservazione, o *alidada*, che ruota intorno a un perno nel centro del disco, ed è usato per misurare l'altezza dei corpi celesti. L'osservatore sospende semplicemente lo strumento all'anello così che esso sia disposto verticalmente, guarda lungo l'alidada verso il corpo in oggetto, e ne legge l'altezza su una scala graduata incisa lungo la circonferenza del disco. Sempre sul rovescio dello strumento nella sua versione occidentale ci sono due scale circolari che danno congiuntamente la posizione del Sole sull'eclittica (il suo percorso contro lo sfondo delle stelle) per ogni data dell'anno. Una scala reca incisi i giorni dell'anno, e l'altra mostra la posizione corrispondente del Sole; l'alidada può essere usata per allineare punti corrispondenti.

FIGURA 3.3 Il rovescio di un astrolabio. L'osservatore tiene lo strumento sospeso per l'anello in alto, e misura l'altezza di un corpo celeste guardando lungo la barra d'osservazione (alidada) e leggendo l'angolo sulla scala più esterna. L'alidada può essere usata anche per determinare l'attuale posizione del Sole sull'eclittica: l'utente allinea l'alidada alla data corrente sul cerchio che reca incisi i giorni dell'anno, e la posizione del Sole risulta dall'intersezione dell'alidada col cerchio su cui sono incisi i segni dello zodiaco. (Per gentile concessione della Paul Freestone Photography e del Museum of the History of Science, Oxford)

La parte frontale dell'astrolabio uno strumento di calcolo che include rappresentazioni sia del cielo (le singole stelle, unitamente all'eclittica, all'equatore celeste, ai tropici e via dicendo) sia del sistema locale di coordinate (altezza sull'orizzonte, angolo di «azimut» intorno all'orizzonte, di solito misurato a partire da sud), in cui l'utente compie misurazioni delle posizioni dei corpi celesti.

Per costruire un astrolabio, dobbiamo trasferire il cielo sul nostro disco d'ottone. Per fortuna sappiamo, dalla geometria, come eseguire una proiezione fra i punti della sfera celeste e i punti di un piano (infinito), così che ogni punto della sfera venga proiettato esattamente in un punto sul piano. Immaginiamo semplicemente la linea che unisce il Polo celeste australe a un altro punto celeste qualsiasi (dell'emisfero celeste boreale), e poniamo che la proiezione del punto sia il luogo in cui questa linea interseca il piano dell'equatore celeste. Una tale proiezione ha la proprietà importante e sorprendente che gli angoli formati dalle curve sulla sfera celeste rimangono immutati dopo la proiezione, cosicché i problemi dei

FIGURA 3.4 Un astrolabio del Trecento appartenente al Merton College, Oxford. (Per gentile concessione del *warden* e dei *fellows* del Merton College, Thomas Photos, Oxford)

triangoli sferici possono essere convertiti in problemi più facilmente trattabili di trigonometria piana. L'ottone del nostro astrolabio è una replica fisica del piano dell'equatore celeste, su cui abbiamo proiettato (ossia rappresentato) la sfera celeste. Purtroppo il disco ha dimensioni limitate, cosicché non possiamo rappresentare su di esso tutta la sfera celeste. Ma poiché gli utenti cristiani e musulmani di astrolabi non videro mai il cielo in prossimità del Polo celeste australe, poco importava se il cielo australe non vi era rappresentato. Fu questa la ragione che fece scegliere il Polo sud celeste come centro della proiezione.

Al centro del nostro disco di ottone c'è la rappresentazione del Polo nord celeste. Attorno a esso, tre cerchi concentrici rappresentano rispettivamente il Tropico del Cancro, l'equatore e il Tropico del Capricorno. Noi abbiamo scelto di fare di quest'ultimo cerchio il limite esterno del nostro disco, cosicché non è rappresentata la parte del cielo a sud del Tropico del Capricorno. Le osservazioni compiute con l'alidada dell'astrolabio forniscono le altezze angolari di corpi celesti, le quali sono angoli all'interno di un sistema di

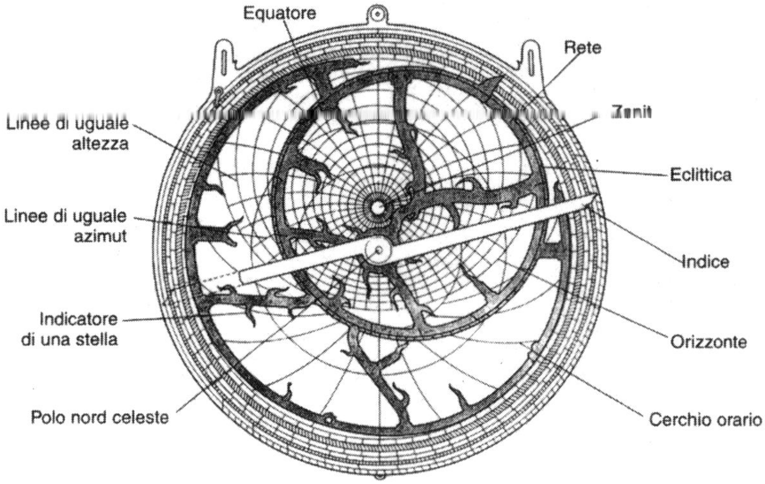

FIGURA 3.5 L'astrolabio del Merton College con le sue varie parti identificate. I cerchi orari venivano usati per stabilire l'ora: è opportuno notare che il periodo di luce veniva diviso in dodici «ore» uguali, e così anche il periodo di buio (ma le «ore» notturne erano di solito diverse da quella diurne, e più in generale la durata delle ore diurne e notturne variava con la stagione). (Copyright © Scientific American, Inc. Tutti i diritti riservati)

coordinate in cui l'orizzonte è 0° e lo zenit 90°. Per consentirci di usare comodamente queste osservazioni, vengono rappresentate nella proiezione linee (cerchi) di uguale altezza (0°, 10° ecc. fino a 90°), nonché linee (cerchi) di uguale azimut. Il problema è che queste linee dipendono dalla latitudine del luogo in cui si compiono le osservazioni, e lo stesso vale quindi anche per le loro proiezioni. Si risolse il problema fornendo all'astrolabio dischi per una varietà di latitudini, ognuna con su incisa la proiezione dei cerchi delle coordinate appropriate. Questi *climi* venivano immagazzinati nello strumento uno sopra l'altro, e l'utente sceglieva semplicemente quello più adatto a sua disposizione, ponendolo sopra la pila.

Le parti della rappresentazione del cielo che abbiamo citato finora sono fisse e stabili. Ma ora abbiamo bisogno di proiettare sul disco le singole stelle della sfera celeste (eccezion fatta, ovviamente, di quelle più a sud); e poiché il cielo ruota, anche la proiezione deve ruotare. Se nel Medioevo fosse stata disponibile della plastica trasparente, le stelle sarebbero state senza dubbio incise su un disco di plastica girevole intorno al punto centrale che rappresenta il Polo nord celeste; attraverso la plastica l'utente avrebbe potuto vedere i cerchi delle coordinate incise sul clima sottostante. Il costruttore medievale prendeva invece un altro disco d'ottone, abbondantemente traforato (la *rete),* e segnava su di esso le proiezioni degli elementi mobili più importanti del cielo (l'eclittica – il percorso del Sole in cielo – e gli «indicatori», che localizzavano con la loro punta le posizioni delle stelle principali). Conservando questi elementi, il costruttore toglieva la maggior parte possibile dell'ottone restante, permettendo in tal modo di osservare il clima sottostante con la sua griglia di coordinate.

Il cielo ruota: in linguaggio moderno, la sfera celeste ha un solo grado di libertà. Perciò una singola osservazione è sufficiente a localizzare tutte le stelle nella posizione che occupano al tempo dell'osservazione stessa. Se l'astronomo, per esempio, ha misurato l'altezza di Sirio con la faccia posteriore dell'astrolabio (e ha verificato se la stella sta sorgendo o tramontando), può ritirarsi nel suo studio e ruotare la rete dell'astrolabio fino a quando la rappresentazione di Sirio è situata correttamente sulla corrispondente linea d'altezza nella griglia delle coordinate. Fatto questo, egli ha situato correttamente non solo Sirio ma anche tutte le altre stelle, e ora ha un'informazione completa sulle loro posizioni, che gli permette di dire quali stelle stiano per sorgere, quali siano appena tramontate, e via dicendo.

Un uso elementare dell'astrolabio era quello di stabilire l'ora. Le due scale sul suo rovescio dicono all'utente la posizione del Sole per il giorno in questione, cosicché egli sa dove segnarne la posizione sulla proiezione dell'eclittica. In un astrolabio occidentale un cerchio esterno nella parte frontale recava incise ventiquattro divisioni uguali, per rappresentare le ore impiegate dal cielo a compiere una rotazione (gli astrolabisti islamici seguivano un procedimento affine). Una barra «indice» permetteva all'utente di allineare la posizione proiettata del Sole con una posizione su questo cerchio esterno, che gli forniva l'ora. In altri termini, l'astrolabio è un orologio con una divisione in ventiquattr'ore che permetteva di determinare l'ora con una singola osservazione, del Sole di giorno o di una stella di notte.

Alternativamente, esso poteva essere usato per predire l'ora di un evento astronomico. Così, per esempio, se l'utente voleva sapere a che ora sarebbe sorto il Sole, doveva solo ruotare la rete fino a quando il Sole si fosse trovato sull'orizzonte orientale, dopo di che poteva usare l'indice per leggere direttamente sulla scala l'ora in cui ciò sarebbe avvenuto.

Queste sono solo alcune applicazioni di questo notevolissimo strumento, che nel Medioevo islamico e in quello cristiano fu fondamentale per l'astronomia, l'astrologia e la medicina astrologica.

4

L'astronomia latina medievale

Michael Hoskin e Owen Gingerich

Nel II secolo a.C. i soldati romani avevano conquistato le città-stato greche, ma fu la cultura greca a trionfare sulla mente romana. Nella nostra esposizione dell'astronomia nell'Antichità non hanno certo figurato molte opere scritte in latino, poiché nell'ambito della *pax romana* la lingua degli uomini colti era il greco: fra gli autori di opere d'astronomia il latino era riservato soprattutto a lavori didattici di modesto livello.

La disintegrazione finale della *pax romana* si verificò intorno alla seconda metà del V secolo d.C., dopo di che la vita quotidiana nelle regioni dell'Europa occidentale divenne sempre più precaria. Per i pochi che attribuivano ancora importanza alle opere dotte, l'accesso a tali opere divenne ancora più difficile e la conoscenza della lingua greca, nella quale esse erano scritte, divenne una rarità.

Uno studioso – Anicio Manlio Severino Boezio (c. 480-524/525), alto funzionario del regno ostrogoto – fece un tentativo disperato di tradurre le opere principali della filosofia greca in lingua latina, prima che fosse troppo tardi. Il suo piano più ambizioso fu quello di «tradurre e commentare tutte le opere di Aristotele e di Platone che fossi riuscito a procurarmi». Purtroppo egli incorse nell'ira del re Teodorico rifiutandosi di rimanere in silenzio mentre venivano perpetrate ingiustizie, cosicché fu torturato e condannato alla pena capitale, quando il suo grande compito era appena cominciato. Quel che riuscì a fare si rivelò però estremamente importante. In particolare Boezio tradusse o parafrasò vari scritti greci di logica, aggiungendoli a scritti logici di autori latini come Cicerone; gli studiosi vissuti in secoli posteriori e più felici poterono disporre così di un corpus di scritti laici che potevano confrontare e mettere a contrasto, scoprendo così come acquisire un'indipendenza mentale. La logica sarebbe diventata un'ossessione nelle università medievali, dove la maggior parte dei docenti della Facoltà delle Arti si sarebbero occupati più dello status delle sfere di Aristotele o degli equanti tolemaici che dell'efficacia dei modelli planetari costruiti con essi.

Con i suoi scritti, le sue traduzioni e i suoi commenti, Boezio codificò la tradizione esistente di studi matematici in quella che sarebbe poi diventata la struttura universitaria standard del quadrivio: aritmetica (la teoria astratta delle quantità discrete); l'armonia (la stessa disciplina applicata alla natura); la geometria (la teoria astratta delle quantità continue); e l'astronomia (la stessa disciplina applicata alla natura). Purtroppo per lo storico dell'astronomia, fra gli scritti di Boezio sul quadrivio sopravvissuti, quelli sull'aritmetica e sull'armonia superarono in numero quelli sull'astronomia.

I secoli «bui»

Una possibile definizione del Medioevo è «il periodo compreso fra la caduta di Roma e quella di Costantinopoli» (nel 1453). Un'altra è «il periodo in cui solo pochi dotti occidentali conobbero il greco». Nel periodo di cui stiamo parlando quest'ignoranza del greco non ebbe una grande importanza, dato che le opere greche erano scarsamente accessibili nella lingua originale. Purtroppo, però, non erano accessibili nemmeno in traduzione. A parte l'eredità di Boezio, la traduzione dal greco più importante fu dovuta a Calcidio (è un segno dei disordini dei tempi il fatto che non sappiamo neppure se egli sia vissuto nel IV o nel V secolo).

Calcidio tradusse in latino due terzi del mito cosmologico di Platone, il *Timeo*, su cui scrisse anche un lungo e influente commento. Cosa notevole, persino nel tardo Medioevo, quando l'intero ampio corpus aristotelico era stato tradotto in latino e stava dominando il mondo dei dotti, la versione del *Timeo* di Calcidio era ancora il più influente dei pochi dialoghi di Platone disponibili.

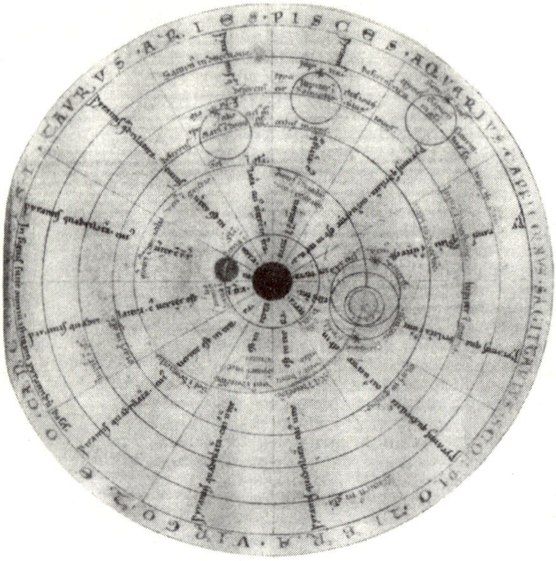

FIGURA 4.1 Un manoscritto del Duecento mostra una curiosa variante del sistema di Marziano Capella (c. 365-440). Venere e Mercurio sono trasportati intorno alla Terra dal Sole, ma i percorsi su cui essi si muovono intorno al Sole si intersecano. Si noti che i tre pianeti superiori (Marte, Giove e Saturno, nella parte superiore del diagramma) presentano i consueti epicicli tolemaici. (Per gentile concessione del Dipartimento dei Manoscritti, Biblioteca Reale, Copenaghen: MS GKS 277, 2°, fol. 143*r*)

Alcuni scritti composti in latino nei secoli di mezzo del I millennio d.C. testimoniano lo stato tragico degli studi secolari. Il migliore trattato latino di astronomia di questo periodo fa parte del *De nuptiis Philologiae et Mercurii* del cartaginese Marziano Capella (c. 365-440). Quest'opera è un'allegoria di un matrimonio celeste, in cui sette ancelle presentano un compendio dell'astronomia e delle altre sei arti liberali. In particolare, l'opera contiene una formulazione della teoria, oggi spesso attribuita a Eraclide Pontico (c. 390-310 a.C.), secondo cui Venere e Mercurio appaiono sempre vicini al Sole perché orbitano intorno a esso e tutt'e tre orbitano insieme intorno alla Terra. Nel Medioevo la tradizione di Marziano Capella si combinò con un'altra di Plinio, con la conseguenza che a volte i diagrammi mostravano le orbite di Mercurio e di Venere curiosamente interconnesse mentre essi si rivolgevano intorno al Sole. In ogni caso diagrammi e testo come questi assicuravano che nelle università medievali si sentissero sempre voci di dissenso, e Marziano Capella sarebbe stato citato con approvazione (anche se con un po' di perplessità) da parte di Copernico.

Ambrogio Teodosio Macrobio, anche lui con ogni probabilità nordafricano e vissuto all'inizio del V secolo, fu autore di un commento al *Somnium Scipionis* di Cicerone. Macrobio colse l'opportunità di esporre una cosmologia derivata in ultima analisi da Platone e dai pitagorici, in cui alla base di tutte le cose ci sono i numeri. Il commento comprendeva anche un trattato popolare di astronomia. La Terra, sferica, sta al centro dell'universo, racchiusa nelle sette sfere planetarie e, all'esterno, dalla sfera delle stelle fisse; questa compie in un giorno una rotazione da est a ovest, trascinando con sé le sfere dei pianeti, anche se ognuna di queste aveva anche un proprio moto nella direzione opposta. Significativamente, Macrobio lasciò nel vago l'ordine dei pianeti, poiché le sue fonti – Platone e Cicerone – erano in disaccordo sull'ordine spettante al Sole nella sequenza. Come Marziano Capella, Macrobio riferì la teoria di Cratete di Mallo (II secolo a.C.) secondo la quale la Terra era divisa dagli oceani in quattro parti, ognuna delle quali era abitata, nonché il valore trovato da Eratostene (vedi pp. 46-47) per la circonferenza terrestre.

Come nell'Islam, anche nel mondo cristiano le richieste religiose posero domande per rispondere alle quali era necessario un certo studio del cielo. I monasteri avevano bisogno di conoscere certe ore della notte, così che i monaci potessero alzarsi a cantare i salmi; l'ora veniva determinata spesso attraverso l'osservazione degli astri, ma quando non si potevano vedere le stelle i monaci dovevano affidarsi a metodi più mondani, come orologi ad acqua o canti ritmici. Molto più importante era la determinazione della data appropriata per la grande festa della Pasqua; la Pasqua cristiana, come quella ebraica da cui derivava, era legata al primo plenilunio dopo l'equinozio di primavera, cosicché la determinazione della sua data dipendeva sia dal mese lunare sia dall'anno solare. Le autorità ecclesiastiche avevano bisogno di rendere pubbliche le date della Pasqua con qualche anno di anticipo, cosicché si potesse celebrare la festa nello stesso giorno in tutto il mondo cristiano. Una possibilità poteva essere che il vescovo di Alessandria invitasse gli astronomi locali, in quanto depositari dei valori esatti del mese e dell'anno che erano stati trasmessi loro dai babilonesi, a eseguire calcoli della data dell'equinozio vernale, anno per anno. Le autorità adottarono invece il criterio più pratico di cercare un ciclo in cui un certo numero di anni solari corrispondesse (con sufficiente precisione) a un certo numero di mesi lunari: le date della Pasqua sarebbero poi state calcolate all'interno del ciclo, e si sarebbero poi semplicemente ripetute nei cicli successivi. Dal III secolo in poi furono provati vari cicli, variabili da 8 a 84 anni, finché si riconobbe come più adatto il ciclo greco di Metone (vedi pp. 44-45) di 19 anni. Diciannove anni differiscono da 235 mesi solari di un paio d'ore, cosicché un tale ciclo si discosta dalla natura solo di un giorno ogni 12 × 19 anni, ossia ogni 228 anni.

Il trattato definitivo sul problema della Pasqua fu scritto nel 725 dal Venerabile Beda (672/673-735), monaco di Jarrow, nel nord dell'Inghilterra. Nel *De temporibus* egli stabilì per la data della Pasqua un ciclo di 19 × 28 = 532 anni. Nel calendario giuliano si aveva un anno bisestile ogni quattro anni (senza eccezioni). Allora come oggi il giorno della settimana in cui cadeva un dato giorno di un dato mese avanzava normalmente di uno da un anno al successivo, e di due in un anno bisestile. Perciò in quattro anni il giorno della settimana avanzava invariabilmente di un totale di cinque giorni, e in 4 × 7 = 28 anni avanzava di 5 × 7 giorni, ossia esattamente di cinque settimane, dopo di che il ciclo tornava a ripetersi. Poiché il ciclo metonico di 19 anni trattava adeguatamente la componente solare/lunare della datazione della Pasqua, e qualsiasi ciclo di 28 anni ripeteva il giorno della settimana, un ciclo composto di 19 × 28 anni (= 532) teneva conto della richiesta che il giorno di Pasqua fosse una domenica.

La rinascita dell'astronomia in Occidente

Autori come Macrobio avevano contribuito a conservare concetti fondamentali dell'astronomia greca, come la sfericità della Terra e la sua posizione al centro di un universo sferico, oltre alla distinzione fra i sette «pianeti» e le stelle «fisse». Ma la conoscenza dell'astronomia presso i latini, nella seconda metà del I millennio, era estremamente primitiva rispetto al livello dell'*Almagesto*. Nel X secolo si verificarono però i primi contatti con i centri di sapere islamici, e i monasteri sulle pendici meridionali dei Pirenei divennero centri per la trasmissione della cultura araba. Un dotto influente che si reco a studiare in Spagna fu Gerberto di Aurillac, il futuro papa Silvestro II (c. 945-1003). Dopo il suo ritorno, Gerberto fu chiamato a dirigere la scuola della cattedrale di Reims, che cominciò ben presto ad attrarre studenti anche da luoghi lontani. Gerberto potrebbe avere portato dalla Spagna la conoscenza di quel raffinato e versatile strumento di misurazione e di calcolo che era l'astrolabio. In ogni caso esso apparve in Occidente prima del 1025, e poco dopo furono composti su di esso (o adattati dall'arabo) due trattati latini, opera di un monaco austriaco, Ermanno lo Storpio (Hermannus Contractus, 1013-1054).

L'astrolabio permise all'astronomia di ridiventare una scienza in Occidente, poiché con esso un astronomo poteva compiere delle misurazioni, come per esempio misurare l'angolo fra l'orizzonte e la posizione di un corpo celeste. Come nell'Islam, l'astrologia aveva sempre conservato una certa popolarità nonostante le chiare espressioni di disapprovazione di capi religiosi, e tale popolarità sarebbe aumentata al passare del tempo, particolarmente dopo il terrore seguito alla terribile Morte Nera del 1348-1350. L'astrologia, agli occhi della gente del tempo, non era del tutto priva di fondamenti razionali. Così, per esempio, l'analogia aristotelica fra il macrocosmo (l'universo nel suo insieme) e il microcosmo (il corpo del singolo individuo) permetteva di pianificare il trattamento medico degli organi di un paziente alla luce della disposizione favorevole o sfavorevole dei corpi celesti corrispondenti. Fra i docenti nelle facoltà mediche universitarie c'erano lettori di astronomia/astrologia, e ci si attendeva che ogni medico praticante avesse una certa conoscenza dell'influenza esercitata dai pianeti, e perciò dalle configurazioni celesti. Il poeta inglese Geoffrey Chaucer dice, del medico che accompagnava i pellegrini a Canterbury, che «era ben preparato in astronomia» e quindi «sapeva ben calcolare l'ascendente».

L'astrologia generava quindi un incentivo a padroneggiare i moti dei pianeti che andava molto oltre lo studio disinteressato dell'astronomia per l'astronomia. Le tavole compilate dagli astronomi islamici e le regole per il loro uso – nonché le teorie che erano alla loro base – suscitarono perciò un acuto interesse fra i traduttori europei attratti in Spagna nel XII secolo, quando la marea dell'Islam cominciò a ritirarsi lasciando in mani cristiane manoscritti che contenevano i risultati filosofici e scientifici conseguiti sia dalla Grecia sia dall'Islam. La caduta del grande centro intellettuale di Toledo nel 1085 aprì le chiuse. Gerardo da Cremona (c. 1114-1187) fu uno dei traduttori che vi accorsero, e i suoi compagni poterono elencare in seguito non meno di 71 opere astronomiche e di altro genere tradotte da lui. Sorprendentemente, gli studiosi moderni sono d'accordo nel ritenere che neppure questo elenco sia completo, e attribuiscono a Gerardo la traduzione di altre opere, comprese le regole (*Canones*) per l'uso delle *Tabulae toletanae* di al-Zarqali. Nell'Europa occidentale queste tavole furono adattate per varie latitudini e godettero di un immenso successo. La loro disponibilità stimolò lo studio dell'astronomia, permettendo ora di calcolare le posizioni dei pianeti per qualsiasi momento di tempo, e di confrontare le predizioni con le osservazioni. Le teorie sottostanti rimasero però un mistero fino a quando non divenne disponibile l'*Almagesto* stesso, anche se per uomini abituati a trattati astronomici del livello di Boezio e di Marziano Capella esso fu dapprima del tutto incomprensibile. Anche in Sicilia – isola dominata successivamente da greci, musulmani e latini – si fecero traduzioni. Furono ripristinate le comunicazioni con Costantinopoli, dalle cui biblioteche giunse un'altra copia dell'*Almagesto*, questa volta in greco.

Per noi oggi è difficile capire quale impatto abbiano esercitato le traduzioni di opere dell'Antichità e del Medioevo islamico sulle università da poco fondate dell'Occidente latino nel XII secolo. Quando un docente della Facoltà delle Arti mise le mani per la prima volta sull'*Almagesto*, quest'opera deve avere rappresentato per lui un livello di complessità tecnica che superava di vari ordini di grandezza qualsiasi scritto astronomico a lui precedentemente noto.

L'Università di Parigi si affermò ben presto come il grande centro intellettuale del cristianesimo. In un periodo in cui tutte le persone colte sapevano scrivere e parlare in latino, c'erano pochi ostacoli (oltre a quelli economici) che potessero impedire ai migliori docenti e ai migliori studenti di gravitare verso un centro di eccellenza riconosciuto, e Parigi attrasse nel Trecento una galassia sorprendente di talenti. A Parigi, come altrove, il ruolo della Facoltà delle Arti era semplicemente quello di fornire agli studenti quell'istruzione di base che era tutto ciò di cui la maggior parte di

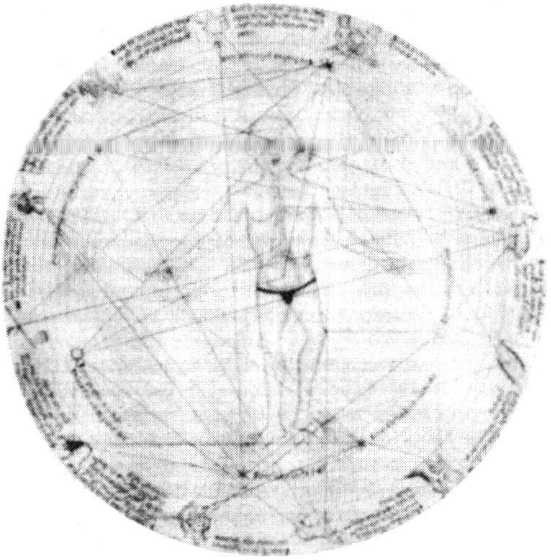

FIGURA 4.2 L'analogia aristotelica fra l'universo (il macrocosmo) e il singolo corpo individuale (il microcosmo) permetteva ai medici di usare l'astrologia come guida al trattamento dei pazienti. Questa figura del Quattrocento informa sulla corrispondenza fra i vari organi del corpo umano da un lato e i pianeti e le «case» dello zodiaco dall'altro. (Per gentile concessione della Wellcome Institute Library, Londra)

loro aveva bisogno. L'insegnamento della facoltà fu strutturato inizialmente intorno alle sette arti liberali: il *trivio* letterario, formato da grammatica, retorica e logica, e il *quadrivio* matematico, formato da aritmetica, armonia, geometria e astronomia. Gli studenti artisti erano per lo più giovani – molto più giovani rispetto alla norma di oggi – e i docenti a Parigi erano acutamente consapevoli del prestigio delle facoltà superiori (medicina, diritto e specialmente teologia), alle quali gli studenti più ambiziosi potevano accedere dopo essere diventati *magistri artium*. Essi furono perciò molto compiaciuti nel vedere che la maggior parte delle opere non mediche che arrivavano tradotte in Occidente appartenevano chiaramente alla Facoltà delle Arti. In particolare, gli scritti di Aristotele non dovevano nulla alla rivelazione ebraico-cristiana, che era l'oggetto di studio della Facoltà di Teologia. Le nuove opere fornirono perciò ai *magistri artium* una nuova arma da usare nella lotta per accrescere il loro prestigio nel confronto con i teologi.

Questa dimensione politica si aggiunse alle inevitabili difficoltà di integrare un'immagine del mondo pagana come quella di Aristotele in una cultura che era dominata da un millennio dalla teologia cristiana, cosicché l'Università di Parigi fu in preda a disordini per gran parte del Duecento. La sintesi fra le due culture, conseguita infine a Parigi dal domenicano italiano Tommaso d'Aquino (1225-1274), diede impulso a una cosmologia potentissima, in cui gli insegnamenti di Aristotele concernenti il mondo naturale gran parte dei quali erano comunque espressione di una forma di semplice senso comune – parvero acquistare un'aura di rivelazione.

La maggior parte delle opere aristoteliche furono infine incorporate negli ultimi anni del curriculum della Facoltà delle Arti, dove vennero divise fra le tre «filosofie» della metafisica, dell'etica e della filosofia naturale. Ciò comportava una riduzione del tempo concesso al quadrivio, all'interno del quale era stata insegnata per molto tempo un'astronomia molto rudimentale; questa perdita fu però più che compensata dall'insegnamento, nel corso di filosofia naturale, del materiale aristotelico relativo all'astronomia. Quanto all'*Almagesto* e alle principali opere arabe di astronomia matematica, nessun giovane studente artista poteva pensare neppure per un momento di tentare di padroneggiarle; i manoscritti, anche quando erano disponibili, avevano prezzi proibitivi ed erano soggetti agli errori dei copisti, e in ogni caso le condizioni in cui lavoravano gli studenti precludevano loro lo studio di qualsiasi cosa che non fossero i trattati di astronomia più elementari.

Inoltre, fra le funzioni dell'università, il cui compito era quello di educare, non c'era la ricerca: l'ampliamento dei confini della conoscenza. L'insegnamento veniva attuato attraverso lo studio sistematico di testi di qualità riconosciuta, e attraverso un addestramento intensivo nelle abilità del ragionamento logico. Il tipico studente medievale della Facoltà delle Arti non era certo un astronomo matematico, e senza dubbio nel suo corso di astronomia non c'era spazio per l'osservazione; d'altro canto, però, una volta introdotto alla conoscenza degli epicicli o degli equanti, era probabile che egli si formasse le opinioni più decise circa la loro realtà o validità.

Egli poteva avere opinioni anche sul cielo al di là dei pianeti, argomento su cui avevano un forte interesse tanto gli astronomi

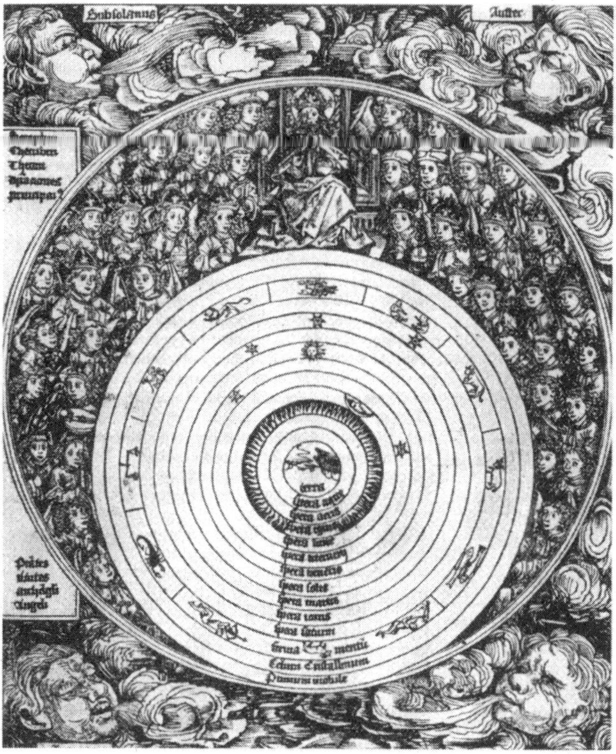

FIGURA 4.3 Il cosmo cristianizzato qual è rappresentato nel *Liber chronicarum*, noto anche come la *Cronaca di Norimberga*, una storia universale edita nel 1493 in latino e, qualche mese dopo, anche in tedesco. Al centro di questa xilografia c'è la regione dei quattro elementi, circondata da sette sfere planetarie, alle quali seguono il firmamento, la sfera cristallina e il Primo motore immobile postulato da Aristotele. All'esterno vediamo Dio in trono con i nove ordini degli angeli. Gli angoli sono decorati con quattro venti. (Da Hartmann Schedel, *Liber chronicarum*, Norimbergae 1493)

quanto i teologi. Come si verificavano i molteplici moti della sfera delle stelle fisse? Qual era il rapporto fra tale sfera e il «cielo» creato nel primo giorno secondo il racconto della *Genesi*, e fra questo e il «firmamento» creato il secondo giorno e reso visibile il quarto? E come si dovevano intendere «le acque sopra il firmamento»?

Tutti concordavano sul fatto che, in aggiunta al moto diurno, le stelle fisse compissero anche il lento moto che noi oggi sappiamo essere dovuto all'oscillazione dell'asse terrestre (la «precessione»). Molti astronomi credevano erroneamente che il ritmo stesso della precessione variasse, e che questa variazione implicasse un terzo moto, noto come «trepidazione». Spesso gli astronomi pensavano che, per la produzione di questi tre moti, si dovessero postulare tre sfere. Per esempio, Alberto di Sassonia (c. 1316-1390), che fu fra i docenti più importanti a Parigi e che passò poi all'Università di Vienna, assegnò la precessione all'ottava sfera, la trepidazione alla nona e il moto diurno alla decima.

Ma che relazione avevano queste sfere astronomiche con i regni celesti descritti nella *Genesi*? Il «firmamento» veniva spesso identificato con l'ottava sfera, nella quale erano incastonate le stelle stesse. Quanto alle «acque sopra il firmamento» si pensava che fossero dure come il cristallo, e che formassero la nona sfera (o la nona e la decima). «Il cielo» creato il primo giorno era la sfera più esterna (di solito l'undicesima), l'*Empireo*: una sfera immobile che svolgeva una funzione puramente teologica. L'Empireo era il ricettacolo ultimo dell'universo, e la sede di Dio e degli eletti.

Le opere di astronomia divenute recentemente disponibili in traduzione erano di qualità tale da rendere non più accettabili i testi introduttivi precedentemente in uso. Il primo a colmare la lacuna fu John of Holywood, meglio noto come Giovanni di Sacrobosco dalla forma latinizzata del suo nome, che insegnò a Parigi alla metà del Duecento. Egli fornì agli studenti tre brevi opere che congiuntamente soddisfacevano le loro necessità in astronomia: il *Compotus*, o introduzione al computo del tempo, un *Algorismus* che insegnava l'aritmetica necessaria al calcolo astronomico, e un *Tractatus de sphaera*, noto anche più semplicemente come la *Sfera*.

La *Sfera* di Sacrobosco era suddivisa in quattro libri. Il libro I si occupava della sfera celeste, della sua rotazione, della sfericità della Terra e della sua posizione al centro del mondo. Il libro II definiva l'equatore celeste, l'eclittica, lo zodiaco e le costellazioni zodiacali, il meridiano, l'altezza del polo e la divisione della Terra per mezzo dei tropici e dei circoli polari. Il libro III si occupava della levata e del tramonto dei corpi celesti, nonché della durata del giorno e della notte a diverse latitudini e in diversi «climi». Il libro IV, infine, dava una breve descrizione del moto del Sole, della Luna e dei pianeti, e le grandi linee di una teoria delle eclissi.

Mentre i primi tre libri erano a un livello accettabile, anche se appena accettabile, il quarto era assolutamente insufficiente, e i docenti avevano bisogno di qualcosa di meglio. Il più popolare fra i libri scritti per colmare questa lacuna fu l'anonima *Theorica planetarum*, scritta nella seconda metà del Duecento. Essa si apriva con la teoria del Sole di Ipparco, proseguendo poi con le teorie della Luna e dei pianeti esterni di Tolomeo. Seguivano poi capitoli su Venere e su Mercurio, e sul moto diretto e retrogrado dei pianeti. L'autore descriveva i modelli geometrici in modo conciso ma efficace, con definizioni formulate in modo chiaro. Era però meno soddisfacente sugli altri argomenti trattati, come le eclissi.

Nel corso del tempo altri autori scrissero trattati per rimediare alle carenze della *Theorica*, proprio come questa era stata scritta per correggere la *Sfera*. Lo storico dell'astronomia medievale può seguire il costante miglioramento della qualità tecnica dell'insegnamento dell'astronomia studiando le opere che venivano raggruppate insieme nei manoscritti superstiti per fornire allo studente i trattati di cui aveva necessità: la qualità di quest'insieme di trattati migliorò costantemente man mano che le opere meno soddisfacenti venivano messe da parte per essere sostituite da opere migliori.

Fra le altre opere che troviamo in tali collezioni ci sono trattati sul calendario e le *Tavole alfonsine* dei moti planetari, così chiamate dal mecenate duecentesco dell'astronomia, il re Alfonso X di Castiglia (che qualche storico moderno pensa fosse di origine francese). Queste tavole sostituirono ben presto le vecchie *Tavole toledane* ereditate dagli arabi. Un'analisi moderna eseguita con computer ha mostrato che le *Tavole alfonsine* furono calcolate usando i modelli tolemaici dei moti planetari, con parametri solo occasionalmente modificati.

Un altro carattere sorprendente delle collezioni di manoscritti del tempo è il nuovo interesse che in essi si rivela per gli strumenti astronomici. Questi strumenti erano, come l'astrolabio, piccoli e portatili. Non c'era perciò alcun bisogno di osservatori appositamente costruiti, che erano ignoti all'Occidente latino e lo rimasero fino al tempo di Tycho Brahe, verso la fine del Cinquecento, e le osservazioni venivano eseguite da abitazioni private. Così, per esempio, un astronomo di Roskilde, in Danimarca, usò nel 1274 un astrolabio per misurare l'altezza del Sole a mezzogiorno ogni

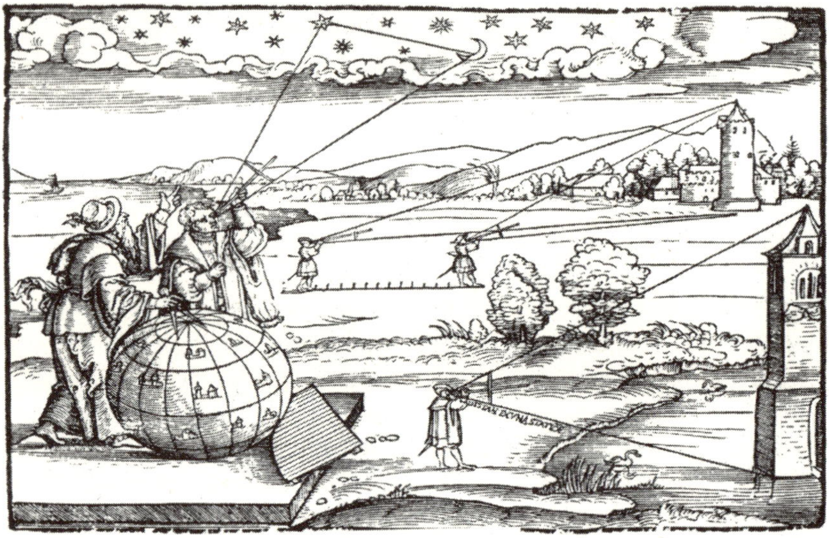

FIGURA 4.4 In primo piano a sinistra un astronomo usa una ballestriglia per misurare la distanza angolare fra la Luna e una stella particolare. In questa stessa xilografia del 1533 altre persone usano lo strumento per determinare l'altezza di una torre. Per misurare con la ballestriglia l'angolo che separa due oggetti, l'osservatore doveva fare scorrere in avanti o all'indietro il regolo trasversale fino a quando i due oggetti di cui misurava la distanza si trovavano a coincidere con i suoi due estremi. A questo punto si leggeva il valore dell'angolo direttamente sul regolo centrale. Una versione un po' diversa di questo strumento fu molto diffusa in seguito fra i naviganti, anche se soffriva del difetto che, muovendo il regolo trasversale, l'osservatore modificava l'allineamento dei due oggetti: non era possibile allineare un oggetto e poi procedere a regolazioni per allineare l'altro. (Da Johannes Werner e Petrus Apianus, *Introductio geographica*, in *Doctissimae in Verneri adnotationes*, 1533)

giorno dell'anno, e dai dati così ottenuti poté calcolare la durata delle ore di luce del giorno.

Uno degli strumenti, il «vecchio quadrante», fu descritto in un'enciclopedia compilata dagli astronomi del re Alfonso. Questo quarto di cerchio in ottone poteva essere usato per misurare le altezze: l'osservatore traguardava il corpo celeste lungo un bordo dello strumento, leggendone poi l'altezza dalla posizione di un piombino sulla scala della circonferenza. Il pregio principale dello strumento risiedeva però nelle linee orarie incise e nella scala adattabile, che permettevano di usarlo come meridiana per qualsiasi latitudine. A esso si aggiunse alla fine del Duecento il molto più complesso «nuovo quadrante» (una combinazione di quadrante e astrolabio) dell'astronomo di Montpellier Profazio Giudeo (Jacob ben Mahir, c. 1236-c. 1304). Un altro astronomo ebreo, il provenzale Levi ben Gerson (1288-1344), inventò la ballestriglia (o bastone di Giacobbe), che permetteva di misurare la distanza angolare fra due oggetti (per esempio due stelle).

La ballestriglia fu uno fra gli strumenti usati dai navigatori europei che, verso la fine del Medioevo, cominciarono ad avventurarsi sempre più in mare aperto fuori della vista delle coste. Gli errori nella determinazione della posizione potevano condurre facilmente a naufragi, cosicché i navigatori dovevano attenersi di solito a regole fisse, come quella di seguire una rotta che li portava alla latitudine richiesta, anche molto a ovest o a est della loro destinazione, di confermare con l'osservazione il raggiungimento della giusta latitudine, e poi di viaggiare fino alla loro meta lungo il parallelo.

La misurazione della latitudine era quindi molto importante. Di giorno essa poteva essere determinata a partire dall'altezza del Sole a mezzogiorno (ossia dal punto della sua massima altezza in cielo). Per misurare l'altezza del Sole il navigatore usava una ballestriglia o un qualche altro strumento, come l'astrolabio dei naviganti. Consultava poi una tavola che forniva la posizione del Sole sopra (o sotto) l'equatore celeste per l'epoca dell'anno; combinando l'altezza misurata a mezzogiorno con l'angolo fornito nella tavola, il navigatore otteneva l'altezza dell'equatore celeste quale risultava dall'osservazione dalla sua nave, e quindi la latitudine della nave.

Se la Stella polare si trovasse *esattamente* al Polo nord celeste, il navigatore di notte avrebbe potuto usare semplicemente la sua altezza come latitudine della nave (il Polo nord celeste ha infatti un'altezza pari alla latitudine del luogo). Purtroppo non è così – nel 1500 la stella si trovava a circa 3° dal polo –, cosicché era necessaria qualche correzione.

La posizione della Stella polare in relazione al polo poteva essere inferita dalla configurazione delle altre stelle che ruotavano intorno al polo. In pratica i navigatori usavano le due stelle dell'Orsa Maggiore note come «i Guardiani» – Dubhe (α) e Merak (β) – che sono in linea con la Stella polare, come la lancetta di un orologio che compie una rotazione in cielo in ventiquattro ore. C'era però una complicazione: l'orologio non usava il tempo solare bensì quello sidereo. Noi vediamo il Sole e le stelle compiere una rivoluzione ogni giorno, ma poiché il Sole compie anche un circuito in direzione inversa col periodo di un anno, il «giorno» di una stella è di 4 minuti circa più breve di quello del Sole, e questa differenza si accumula costantemente nel corso dell'anno.

Un ingegnoso strumento, chiamato «notturlabio», permetteva al navigatore o di calcolare l'adattamento richiesto in altezza, o semplicemente di determinare l'ora (convenzionale) di notte. Era dotato di due cerchi concentrici. Il cerchio esterno, che era attaccato al manico, aveva una graduazione recante tutti i giorni dell'anno, mentre il manico stesso era localizzato nel giorno in cui le due stelle dell'Orsa intersecavano il meridiano a mezzogiorno. Il cerchio interno, girevole, aveva una graduazione, con le 24 ore.

Il navigatore ruotava il cerchio interno fino a quando il segno di mezzogiorno era allineato con la data sul cerchio esterno; in questo modo si ovviava alla differenza fra tempo sidereo e tempo solare. Poi teneva lo strumento sopra di sé in modo che fosse grosso modo nel piano dell'equatore celeste. Guardava la Stella polare attraverso un foro nel centro, dopo di che muoveva un regolo indicatore, che ruotava intorno al centro dello strumento e sporgeva oltre il bordo dei cerchi, finché il regolo toccava «i Guardiani». All'intersezione dell'indicatore girevole e del cerchio orario si leggeva l'ora.

Per trovare quale correzione si dovesse apportare all'altezza della Stella polare per ottenere l'altezza del vero polo, e quindi la latitudine della nave, il navigatore consultava semplicemente delle tavole sull'altezza della Stella polare. Se non aveva tali tavole a portata di mano, poteva usare una scala riportata sul rovescio dello strumento.

Un'innovazione tecnologica medievale che – qualche secolo dopo avrebbe risolto il problema della longitudine dei navigatori (vedi pp. 198-203), oltre a facilitare la compilazione di cataloghi stellari di precisione, fu l'introduzione dell'orologio meccanico. Questo è registrato con certezza solo a partire dal Trecento, e gli storici sono stati molto incuriositi (e sconcertati) dal fatto che esso apparve non in una forma semplice e primitiva, ma già come un meccanismo molto raffinato e complesso. Non sorprende – dato che la misura del tempo deriva dall'astronomia – che i più complessi di questi orologi fossero astronomici. Alcuni erano astrolabi meccanici, mentre altri erano meccanizzazioni di strumenti per dimostrazioni astronomiche. Gli storici sono stati un po' ostacolati nelle loro investigazioni di meccanismi anteriori e più semplici dal fatto che il vocabolo latino *horologium* può riferirsi sia a un orologio meccanico sia a una meridiana.

Uno fra gli orologi astronomici più famosi dell'inizio del Trecento fu quello costruito da Richard of Wallingford (c. 1292-1336), abate di St Albans in Inghilterra, che ci ha lasciato una relazione tecnica dettagliata sulla sua costruzione. L'orologio era una replica dell'universo medievale. Esso comprendeva le fasi e le eclissi della Luna (rappresentate mediante ingranaggi), e la velocità variabile della Luna veniva riprodotta con precisione da una ruota ovale sul quadrante dell'astrolabio.

Ancora più famoso al suo tempo fu l'«astrario» del professore di astronomia a Padova Giovanni de' Dondi (1318-1389). La macchina, che fu completata a Pavia nel 1364, è anch'essa ben documentata, e ne sono state fatte ricostruzioni moderne. Essa aveva una forma a sette facce, ognuna delle quali era dedicata a un pianeta (Sole, Luna, Mercurio ecc.), e ogni meccanismo era in effetti un diagramma tolemaico trasferito su ingranaggi. Sotto c'erano quadranti che mostravano le ventiquattr'ore, i tempi della levata e del tramonto, e molte altre cose. L'astrario fu una delle meraviglie del suo tempo; Regiomontano (vedi p. 115) si recò a vederlo nel 1462 e riferisce che prelati e principi andavano ad ammirarlo come se dovessero assistere a un miracolo.

Mentre questi sviluppi tecnici erano in corso fuori delle università, gli studenti di filosofia naturale nelle Facoltà delle Arti applicavano la loro preparazione logica in critiche dei modelli tolemaici. Per gli astronomi matematici, questi modelli (che solo di rado avevano parametri aggiornati) erano indispensabili per i loro calcoli, mentre i filosofi naturali erano più interessati ad apprendere la verità sul cosmo. I più concordavano con i loro colleghi arabi che i moti non uniformi implicati dagli equanti non potevano aver luogo nel mondo reale. Agli occhi di molti, epicicli ed eccentrici erano similmente inaccettabili; i moti qui in gioco erano sì uniformi e circolari, ma non si producevano intorno alla Terra, l'aggregato sferico di tutti i corpi terreni raccolti al centro del cosmo.

E che cosa si poteva dire della possibilità che la Terra ruotasse intorno al suo asse? Un tale moto non aveva ovviamente alcuna plausibilità per esseri umani che credevano di vivere su una *terra firma*, ma gli argomenti contro la possibilità di un tale moto furono attinti primariamente dalla considerazione del moto di proietti come le frecce, non dall'astronomia e neppure dai passi apparentemente pertinenti delle Scritture (ai quali i medievali potevano ancora accostarsi con una certa libertà, diversamente dalla situazione che si sarebbe verificata in seguito, durante la Controriforma). Come aveva insegnato Aristotele, il fatto che una freccia scoccata verso l'alto in una giornata senza vento cada (con qualche rischio per l'arciere) nella stessa posizione da cui è partita, dimostrava che la Terra non si era mossa nel tempo in cui la freccia era stata in volo.

Ma la teoria aristotelica dei proietti non godeva più di molto credito, in quanto la spiegazione del perché la freccia continuava il suo movimento dopo essersi staccata dalla corda dell'arco era chiaramente assurda. Nel proseguire il suo moto verso l'alto la freccia, pur essendo composta principalmente dell'elemento terra, si allontanava sempre più dal suo luogo naturale al centro della Terra; questo moto preternaturale (o «violento») doveva essere il risultato dell'azione di una forza esterna. Nella ricerca della fonte di questa forza esterna, Aristotele vide una sola possibilità, l'aria circostante, che era l'unico corpo materiale in contatto con la freccia. In qualche modo l'aria doveva riuscire per qualche tempo a spingere la freccia verso l'alto, impedendole così di cominciare a cadere verso il suolo nell'istante in cui si staccava dalla corda dell'arco.

I maestri parigini della metà del Trecento non furono i primi ad additare l'assurdità di questa soluzione – se infatti Aristotele aveva ragione, com'era possibile scoccare una freccia controvento? ma furono gli unici a elaborare una teoria alternativa e ad applicarla poi alla possibile rotazione della Terra. Giovanni Buridano (c. 1295-c. 1358) e Nicola Oresme (c. 1320-1382) concordarono con Aristotele che dovesse essere all'opera *qualche* forza, ma entrambi ritennero assurdo situare l'origine di questa forza nell'aria, e proposero invece che il proiciente – in questo caso l'arciere con l'arco – potesse imprimere al proietto una «forza motrice incorporea», che chiamarono *impetus*.

Buridano usò poi questo concetto per spiegare altri fenomeni incomprensibili, come l'accelerazione di un corpo in caduta libera: l'*impetus* era secondo lui responsabile della semplice prosecuzione del moto del corpo verso il basso, mentre era la tendenza verso il basso a produrre l'accelerazione. Oresme sottolineò frattanto che, se la Terra fosse stata in movimento, anche l'arciere si sarebbe mosso di lato con la freccia. Di conseguenza, tenendo semplicemente in mano l'arco e la freccia prima di scoccare quest'ultima, l'arciere avrebbe condiviso con essa il suo moto laterale, e le avrebbe quindi impartito un *impetus* laterale. Quest'impetus avrebbe permesso alla freccia in volo di tenere il passo col moto laterale dell'arciere sottostante, e quindi di cadere accanto alla sua nuova posizione. In altri termini, una freccia scoccata verticalmente verso l'alto ricadrà verso l'arciere sia nel caso di una Terra in quiete sia in quello di una Terra in moto: non si poteva perciò stabilire se la Terra fosse in quiete o in modo semplicemente lanciando frecce in aria. Né, dichiarò Oresme, si poteva risolvere il problema con altri argomenti di filosofia naturale, o con l'osservazione astronomica, o con lo studio di citazioni dalla Scrittura. Personalmente egli credeva che la Terra fosse in quiete, ma non c'erano argomenti conclusivi neppure a favore della tesi tradizionale.

Buridano si servì dell'*impetus* anche per gettare luce su una lunga controversia sulle cause delle rotazioni delle varie sfere celesti. La filosofia naturale aristotelica richiedeva che tutti i moti avessero una causa, e i moti delle sfere dei pianeti e delle stelle fisse non facevano eccezione. Tutti i cieli erano fatti di una singola sostanza, il quinto elemento o «quinta essenza», cosicché i loro moti erano, per così dire, senza attrito e non comportavano quindi alcuno sforzo; questi moti dovevano purtuttavia avere delle cause. La causa ultima era Dio, il Primo motore, che operava direttamente sulla sfera più esterna. Molti ritenevano, però, che Dio avesse anche assegnato a ognuna delle altre sfere in movimento un'intelligenza spirituale immateriale, un angelo, che era in grado, con una volontà inesauribile, di muovere la sua sfera col moto circolare uniforme appropriato.

Buridano trovò insoddisfacente questa soluzione, e si servì del concetto di *impetus* per offrire una spiegazione più accettabile del moto continuo delle sfere celesti. Nella Scrittura, sottolineò, non c'era cenno di intelligenze angeliche motrici; e se Dio avesse impresso un *impetus* a ciascuna sfera al momento della Creazione, in assenza di ogni attrito tale *impetus* sarebbe stato sufficiente a mantenere la sfera indefinitamente in moto.

Lo sviluppo del concetto di *impetus* fu solo un esempio della crescente fiducia in se stessi dei *magistri* della Facoltà delle Arti del Trecento, e della loro disponibilità a contraddire Aristotele. Il XII secolo era stato quello delle traduzioni, il XIII quello dell'assimilazione; ora il mondo dei dotti stava accingendosi ad avanzare oltre. Ben presto sarebbe diventata disponibile una nuova tecnologia, che avrebbe rivoluzionato lo studio delle scienze matematiche, e specialmente della geometria e dell'astronomia: l'invenzione della stampa.

La stampa e l'origine dell'Umanesimo

I libri sono il mezzo più efficace per la trasmissione del sapere di una generazione alla successiva. Prima della stampa i libri esistevano sotto forma di manoscritti, copiati singolarmente, con grande fatica, dagli amanuensi. Se il libro era un testo – per esempio di Aristotele – l'amanuense doveva avere una qualche comprensione di ciò che stava copiando; a volte poteva addirittura correggere errori commessi da coloro che lo avevano preceduto nella copiatura di quel testo. Ma se l'argomento del libro era espresso in simboli, come in un trattato di geometria o di astronomia, raramente il copista aveva una speranza di scoprire dove un suo predecessore aveva introdotto errori. Ogni errore si sarebbe perciò ripetuto, e senza dubbio nel preparare la sua nuova copia il nostro amanuense ne avrebbe introdotti di nuovi. Di conseguenza, uno studente di astronomia che avesse voluto padroneggiare l'*Almagesto*, quand'anche fosse riuscito a mettere le mani su una copia, avrebbe avuto delle difficoltà a dare un senso a un testo inattendibile.

L'invenzione della stampa a caratteri mobili, alla metà del Quattrocento, trasformò questa situazione. Ora aveva un senso per il dotto curatore di un trattato dell'Antichità dedicare mesi, o anche anni, a stabilire un testo fedele alle intenzioni dell'autore originale; una volta corrette le bozze di stampa, controllate le illustrazioni, e verificato che tutto era soddisfacente, si poteva infatti procedere alla produzione di centinaia di copie identiche,

che sarebbero state distribuite in tutt'Europa per essere vendute a un prezzo ragionevole.

Questo sviluppo fu particolarmente significativo nel caso dei libri di astronomia. L'invenzione coincise inoltre con un crescente apprezzamento dei risultati conseguiti dai greci e dai romani. L'Antichità venne ora a essere vista come un'epoca aurea di grandi risultati artistici, letterari e filosofici, che erano poi stati seguiti dal declino del Medioevo. Questo movimento dell'«Umanesimo» si interessò primariamente alle opere dell'uomo piuttosto che alla comprensione della natura, ma tutti gli scritti antichi, persino quelli scientifici, erano eredità preziose da conservare e sfruttare.

Una fra le figure principali del movimento umanistico fu il dotto greco Giovanni Bessarione (c. 1395-1472), che aveva studiato a Costantinopoli. Era venuto in Italia per prendere parte al concilio di Firenze del 1439, sperando di poter contribuire alle iniziative in corso per riunificare le chiese greca e latina. Fallito il tentativo, Bessarione rimase in Italia, dove lo stesso anno fu eletto cardinale, fissando la sua residenza a Roma. Nel 1460 andò come legato pontificio a Vienna, dove conobbe l'astrologo di corte austriaco Georg Peurbach (1423-1461) e il suo giovane collaboratore in astronomia Johannes Müller di Königsberg (1436-1476), noto come Regiomontano dal nome latinizzato della sua città natale. Peurbach aveva già scritto un'opera, le *Theoricae novae planetarum* (*Nuove teorie dei pianeti*), destinata a sostituire le *Theoricae planetarum* del Duecento. Regiomontano avrebbe curato la pubblicazione delle nuove tavole di Peurbach attorno al 1474, vari anni dopo la morte precoce del suo maestro. Il trattato ebbe un successo molto grande, ed ebbe decine di edizioni (esso veniva ancora ristampato in pieno Seicento). Esso descriveva la teoria planetaria di Tolomeo, che era alla base delle *Tavole alfonsine*. L'opera forniva descrizioni dettagliate delle rappresentazioni fisiche dei modelli planetari di Tolomeo in termini di sfere solide, rappresentazioni le cui insufficienze potrebbero avere indotto Copernico a riprendere l'astronomia planetaria. Infine, la tesi dell'esistenza di sfere solide sarebbe stata confutata dalla dimostrazione data da Tycho Brahe che la cometa del 1577 aveva attraversato le regioni planetarie senza incontrare ostacolo (vedi p. 130).

Bessarione era un grande erudito e collezionista di manoscritti, ed era ansioso di vedere l'*Almagesto* reso più accessibile, attraverso la preparazione di un compendio sistematico. Questo progetto piacque ai due astronomi, che si misero al lavoro. In capo a un anno, però, Peurbach morì, quando era stato preparato il compendio solo dei primi sei libri. Sul letto di morte egli fece promettere al suo allievo e amico che avrebbe portato a compimento il progetto, e Regiomontano mantenne questa promessa mentre si trovava in Italia al seguito di Bessarione. L'*Epytoma Joannis de Monte Regio in Almagestum Ptolemaei*, che era lungo metà dell'originale ed era un modello di chiarezza, fu pubblicata a Venezia nel 1496; e quando essa si diffuse in tutt'Europa, l'astronomia matematica di Tolomeo divenne infine davvero accessibile. C'erano addirittura prospettive che un giorno l'*Epytoma* potesse soppiantare l'*Almagesto.*

Nel 1471, dopo alcuni anni trascorsi in parte con Bessarione, Regiomontano si sistemò nella prospera città commerciale di Norimberga. I migliori costruttori di strumenti frequentavano la sua casa, la quale divenne non solo il suo osservatorio, ma anche la sua tipografia, dov'egli poté produrre libri di astronomia che gli editori commerciali potevano trovare poco attraenti: alle *Theoricae novae planetarum* di Peurbach seguì un grosso volume di *Ephemerides astronomicae* di quasi 900 pagine che forniva le posizioni dei corpi celesti per ogni giorno dal 1475 al 1506, la prima opera del genere stampata.

Cristoforo Colombo portò con sé una copia di un libro di Regiomontano nel suo quarto viaggio (1502-1504) e ne usò la predizione dell'eclisse lunare del 29 febbraio 1504 per intimidire i nativi ostili della Giamaica.

Nel 1475, però, Regiomontano lasciò Norimberga per Roma, a quanto pare per contribuirvi alla riforma del calendario, ma morì anch'egli prematuramente poco tempo dopo il suo arrivo in città. Aveva però trovato un collaboratore a Norimberga nel mercante Bernard Walther (1430-1504), le cui osservazioni ebbero inizio cinque giorni dopo la partenza di Regiomontano per l'Italia, e continuarono per una trentina d'anni. Walther conseguì una nuova precisione nelle misurazioni astronomiche, e le sue osservazioni sarebbero state usate estesamente da Copernico, Tycho Brahe e Keplero.

Copernico e il trionfo del programma dei greci

Niccolò Copernico (1473-1543) era nato a Toruń, in Polonia, e studiò all'Università di Cracovia. Pur essendo lontana dai principali centri culturali europei, l'Università di Cracovia aveva una tradizione importante in astronomia, fra cui docenti che non facevano mistero della loro insoddisfazione per la violazione del principio del moto circolare uniforme a opera degli equanti tolemaici.

Nel 1496 Copernico si recò a studiare in Italia. Costantinopoli non era più in mano ai cristiani, poiché la città in cui la cultura greca era sopravvissuta per tanto tempo era infine stata espugnata nel 1453 dai musulmani. Nei decenni che avevano preceduto questo evento traumatico, i dotti greci avevano cominciato a emigrare in Occidente, e specialmente in Italia, dove a Firenze Marsilio Ficino fondò nel 1462 una scuola a esplicita imitazione dell'Accademia di Platone. Il greco era ora molto studiato nelle università, e gli eleganti dialoghi di Platone – la maggior parte dei quali ignoti nel Medioevo – erano diventati da qualche tempo disponibili e stavano esercitando un'influenza profonda. Benché la tradizione platonica tendesse all'astrazione e rifuggisse dall'osservazione costante del mondo naturale, era imbevuta di una visione matematica della natura e chiedeva a ogni teoria del cosmo di riflettere l'armonia e simmetria cosmiche.

In Italia Copernico studiò diritto canonico a Bologna, e successivamente medicina a Padova, prendendo infine il dottorato in diritto canonico a Ferrara nel 1503; ma imparò anche il greco e accrebbe il suo interesse per l'astronomia. Fece la sua prima osservazione registrata nel marzo 1497, e il suo futuro discepolo Georg Joachim (1514-1574), nato a Lauchen in Rezia, donde il nome di Retico con cui è noto, ci dice che intorno al 1500 Copernico tenne delle conferenze di astronomia a Roma dinanzi a un grande pubblico. L'astronomia era allora in uno stato tutt'altro che soddisfacente. Il calendario – la massima richiesta che la società faceva agli astronomi – non era ormai più al passo con le stagioni (e non sarebbe tornato in accordo con esse fino a quando la riforma gregoriana del 1582 non riportò l'equinozio vernale alla sua data tradizionale, modificando la sequenza degli anni bisestili per assicurarsi che l'accordo fra il calendario e le stagioni continuasse). Per tutti gli studenti della Facoltà delle Arti, la presenza degli equanti nei modelli planetari tolemaici era un motivo di scandalo, cosicché Retico avrebbe descritto l'equante «una relazione aborrita dalla natura». Chi si immergeva più a fondo nelle nozioni tecniche dell'astronomia matematica era disturbato dal fatto che il modello tolemaico del moto lunare implicasse una forte variazione della grandezza apparente della Luna che non trovava conferma nell'osservazione. Le *Ipotesi dei pianeti* di Tolomeo erano andate perdute, e con esse la sua esposizione del sistema integrato dei pianeti; nel clima platonico dominante, il fatto che nell'*Almagesto* Tolomeo trattasse ogni pianeta a sé, senza alcun tentativo di sviluppare un sistema cosmico coerente, rendeva l'opera profondamente insoddisfacente. Gli astronomi del passato, avrebbe scritto Copernico nella lettera dedicatoria del *De revolutionibus* al papa Paolo III,

> non sono riusciti inoltre a scoprire o a inferire la cosa principale, ossia la forma del mondo e la simmetria certa delle sue parti, ma accade loro come a qualcuno che prendesse da diversi luoghi mani, piedi, una testa, e altre membra, raffigurate benissimo ma non proporzionate a un solo corpo e non corrispondenti affatto l'una all'altra, la cui composizione non potrebbe dare un uomo bensì solo un mostro.

D'altro canto, i modelli geometrici sulla cui base venivano calcolate le tavole planetarie, venivano visti come ragionevolmente soddisfacenti a questo fine: sia il livello di complessità dei modelli sia la precisione delle tavole risultanti erano accettabili. La leggenda moderna dice che nel Cinquecento i modelli tolemaici furono rielaborati in una disperata ricerca di una maggiore precisione, al punto di fare crescere al di là di ogni ragionevolezza il numero dei cerchi richiesti. La leggenda prosegue sostenendo che nell'ipotesi eliocentrica il numero dei cerchi veniva grandemente ridotto, e che il moto della Terra era considerato un prezzo ragionevole da pagare per questa semplificazione.

In questa leggenda non c'è alcuna verità: i modelli dettagliati di Copernico sono altrettanto complicati di quelli di Tolomeo. È però ovvio, anche, che la leggenda non può essere vera; poiché la presunta elaborazione dei modelli tolemaici avrebbe potuto essere resa necessaria solo da nuove osservazioni, di precisione tale che la semplice correzione dei parametri non fosse più sufficiente. Ma osservazioni di tale precisione non soltanto non furono compiute, ma neppure potevano esserlo, mancando allo scopo gli strumenti necessari. Purtroppo la leggenda continuerà, ed è un vero peccato, in quanto offre una motivazione pedestre di una delle più grandi conquiste intellettuali note alla storia della scienza.

Per coloro che (come Copernico) vedevano altre ragioni per una riforma dell'astronomia, c'erano vari indizi circa la direzione che una tale riforma avrebbe potuto prendere. Qualche indizio si trovava negli scritti di Aristotele. Per esempio, discutendo il problema della stabilità della Terra, il Filosofo riferì secondo la sua abitudine le opinioni dei suoi predecessori prima di demolirle; di conseguenza tutti gli studenti di un'università medievale o rinascimentale sapevano che fra gli antichi greci qualcuno aveva sostenuto il moto della Terra. Per limitarci a un solo esempio, Alberto di Sassonia, che fu eletto rettore dell'Università di Parigi nel 1353, espose tali antiche opinioni nelle *Quaestiones in libros de caelo et mundo*, concludendo: «*Ita dixerunt solem non moveri circa terram sed magis terram circa solem*» (Così dissero che il Sole non si muove intorno alla Terra bensì piuttosto la Terra intorno al Sole). Non sorprende che Alberto prenda posizione a favore di Aristotele; ma le sue *Quaestiones*, in cui si riferiva anche la concezione alternativa, furono stampate non meno di sei volte durante la vita di Copernico.

Un altro indizio era legato a un fatto misterioso: come mai il periodo annuo del Sole aveva trovato il modo di insinuarsi nel modello di ogni pianeta? Peurbach aveva scritto: «È chiaro che ognuno dei sei pianeti condivide nel suo moto qualcosa col Sole, e che il moto del Sole è, per così dire, lo specchio e misura comune per i loro moti». Col senno di poi noi ne conosciamo la ragione: relativamente alla Terra, il Sole compie una rivoluzione col periodo di un anno portando con sé tutti gli altri pianeti, cosicché qualsiasi rappresentazione soddisfacente del loro moto rispetto a noi – che è l'impresa tentata da Tolomeo – deve in ogni caso implicare il periodo solare di un anno.

Nel 1503 Copernico tornò nella natia Polonia, dove nel frattempo, grazie ai buoni uffici dello zio vescovo di Frauenburg (Frombork), era stato nominato canonico della cattedrale. In quanto canonico (ma non sacerdote) egli fu un amministratore, e in privato anche astronomo. Sappiamo poco sullo sviluppo del suo pensiero negli anni seguenti, ma non passò molto tempo prima che cominciasse a circolare un suo opuscolo manoscritto chiamato in seguito *Commentariolus* (*De hypothesibus motuum coelestium a se constitutis commentariolus*). In questo «piccolo commento» Copernico esponeva in breve la sua insoddisfazione per l'astronomia planetaria esistente, dedicando una speciale menzione agli equanti. Egli formulò poi i postulati (*petitiones*) di una visione alternativa incentrata sul Sole (in cui la Terra diventava un pianeta con la Luna come satellite), mostrò come questo approccio permettesse di assegnare un ordine privo di ambiguità ai pianeti (il cui numero era ora sceso a sei), e proseguì sviluppando un modello senza equanti per i pianeti e per la Luna.

Poco di più si seppe del canonico polacco fino a quando, nel 1539, Retico, che insegnava allora matematica nell'Università di Wittenberg, non decise di fargli visita. Copernico permise a Retico di pubblicare una prima relazione, la *De libris Revolutionum Nicolai Copernici Narratio prima*, volumetto che fu stampato l'anno seguente. All'annuncio non seguirono violente controversie, e forse fu questo fatto a convincere Copernico ad affidare a Retico la sua opera finalmente completata *De revolutionibus orbium coelestium* perché si occupasse della stampa a Norimberga. Il *De revolutionibus* fu pubblicato nel 1543, l'anno della morte del suo autore.

Gli obblighi di insegnamento non avevano permesso a Retico di sovrintendere personalmente alla composizione e stampa dell'opera. Egli affidò questo compito a un teologo luterano, Andreas Osiander (1498-1552). Animato senza dubbio dalla buona intenzione di proteggere l'autore da controversie, Osiander premise all'opera una breve prefazione non firmata (che molti attribuirono perciò allo stesso Copernico), nella quale si diceva che l'autore non sosteneva veramente il moto della Terra intorno al Sole, ma che questa era semplicemente un'ipotesi utile sulla quale fondare modelli matematici efficienti dei moti planetari.

Non sorprende che questa «*praefatiuncula*» abbia un po' oscurato il messaggio di Copernico. La vera posizione dell'autore sarebbe stata chiara a chiunque ne avesse studiato con cura l'opera nella sua totalità; ma i lettori del *De revolutionibus* furono principalmente astronomi tecnici preoccupati di calcolare tavole di

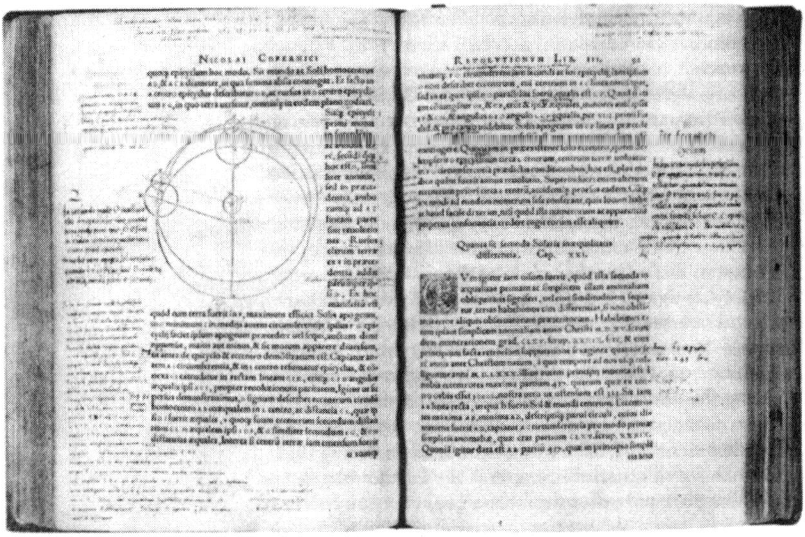

FIGURA 4.5 Erasmus Reinhold, uno dei primi grandi studiosi del *De revolutionibus*, era particolarmente interessato ai vari meccanismi proposti da Copernico per eliminare l'equante di Tolomeo. Qui le sue note marginali elencano e distinguono i cerchi usati per il moto della Terra. Nel testo Copernico afferma che, «dato che tanti modi danno lo stesso numero, non mi sarebbe facile dire quale sia quello corretto, se non che quel continuo accordo di numeri e di apparenze costringe a pensare che sia uno di essi» (lib. III, cap. 20).

posizioni planetarie e ansiosi di saccheggiare l'opera di qualsiasi cosa potesse riuscire loro utile. Nel 1551, per esempio, Erasmus Reinhold (1511-1553), rettore dell'Università di Wittenberg, fondò sul *De revolutionibus* le sue *Tabulae prutenicae*; egli apportò piccole correzioni ai parametri dei modelli di Copernico, ma seguì pedissequamente i modelli stessi, a quanto pare senza molto interessarsi al problema se l'ipotesi eliocentrica fosse vera o no.

Il trattato di Copernico si propose al tempo stesso due fini del tutto diversi. Nel libro I egli dimostrò le suggestive conseguenze della tesi che la Terra era un normale pianeta orbitante intorno al Sole: i pianeti formavano un sistema coerente e integrato, e molti fatti d'osservazione altrimenti sconcertanti diventavano in tal modo naturali e prevedibili. Il libro I era un trattato di cosmografia, e benché Copernico non potesse offrire alcuna prova convincente

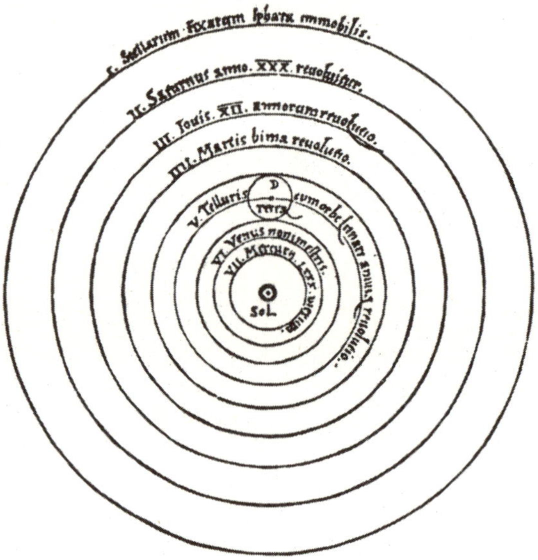

Figura 4.6 Il diagramma del sistema solare di Copernico, dal libro I del *De revolutionibus*, con periodi di rivoluzione molto approssimati. Si noti che la Terra (*Tellus*, qui al genitivo *Telluris*) è anomala per il fatto di essere al centro della rivoluzione di un altro corpo celeste, la Luna. (Da N. Copernico, *De revolutionibus*, Norimbergae 1543, per gentile concessione dei Syndics della Cambridge University Library)

della sua visione del cosmo, tale libro si occupava della struttura fondamentale del mondo in cui viviamo. Gli altri cinque libri avevano una funzione diversa. Essi dovevano fornire una giustificazione pratica della sua visione del mondo, mostrando che a partire da modelli geometrici col Sole al centro si potevano calcolare tavole adeguate. Questi libri si occupavano di aspetti quantitativi e della stretta corrispondenza fra predizione e osservazione, non di verità e falsità.

Nel libro I Copernico mostrò che una conseguenza naturale della sua trasformazione della Terra in un pianeta in orbita intorno al Sole era che gli altri pianeti si sarebbero divisi in due gruppi: i pianeti interni, ossia quelli la cui orbita era interna a quella della Terra, e i pianeti esterni, quelli che orbitavano fuori dell'orbita terrestre. Si sapeva fin da molto tempo prima di Tolomeo che Venere e Mercurio sono visibili solo prima della levata del Sole, nel cielo di levante, o dopo il suo tramonto in quello di ponente, mentre Marte, Giove e Saturno possono essere visibili a qualsiasi ora della notte. Ma quella divisione che era stata così enigmatica nella concezione tolemaica diventava ora una conseguenza, naturale e prevedibile, dell'ipotesi eliocentrica.

Nell'astronomia tolemaica il Sole orbitava intorno alla Terra col periodo di un anno; e poiché Mercurio e Venere accompagnavano sempre il Sole, era inevitabile che avessero anche loro il periodo di un anno. Ma se Copernico aveva ragione, e ad avere il periodo di un anno era l'osservatore sulla Terra, era semplice tener conto di questo fatto e sbrogliare i veri periodi di Venere e di Mercurio. Risultò che essi erano rispettivamente di sette mesi e mezzo [in Copernico: nove mesi] e di ottantotto giorni [in Copernico: 80 giorni]. Di conseguenza, ora ogni pianeta aveva un suo periodo individuale, ed era possibile ordinarli tutti in base alla durata della loro rivoluzione: Mercurio, Venere, Terra, Marte, Giove, Saturno.

Ma non è solo il periodo di rivoluzione della Terra a entrare nell'osservazione degli altri pianeti, bensì anche la distanza della Terra dal Sole (la cosiddetta «unità astronomica»). Una volta riconosciuto ciò, si poteva applicare la scala comune a ognuno dei modelli geometrici dei pianeti, e diventava allora molto facile calcolare la distanza (relativa) di ognuno di loro dal Sole. Copernico poté in tal modo ordinare i pianeti sulla base di un secondo criterio: la loro crescente distanza dal Sole al centro del sistema.

Con grande piacere della sua anima platonica, Copernico trovò che i due elenchi coincidevano: «In questa disposizione troviamo dunque una mirabile simmetria del mondo e una connessione armonica certa fra il moto e la grandezza degli orbi, quale non si può trovare in altro modo» (lib. I, cap. 10).

E che dire degli occasionali e sconcertanti moti «retrogradi» che gli astronomi matematici si erano sforzati con tanto impegno di riprodurre nei loro modelli geometrici dal tempo di Platone? Copernico mostrò che anche questo fenomeno era prevedibile nella concezione eliocentrica, come semplice conseguenza naturale della nostra osservazione degli altri pianeti da una piattaforma in movimento, il pianeta Terra. Per esempio, noi sulla Terra orbitiamo intorno al Sole all'interno dell'orbita di Marte. Per la maggior parte del tempo vediamo perciò Marte muoversi intorno al Sole nella stessa direzione in cui ci muoviamo noi stessi; ma nel periodo di tempo relativamente breve in cui noi raggiungiamo e superiamo Marte, questi sembra muoversi all'indietro. Il millenario mistero delle retrogradazioni, che aveva procurato ai pianeti il loro nome di astri «erranti», aveva finalmente trovato una spiegazione semplice.

Considerando attentamente le dimensioni delle orbite e i periodi relativi, si potevano calcolare facilmente molti fra i dettagli più fini delle retrogradazioni planetarie: come per esempio dove doveva trovarsi un pianeta quando diventava stazionario (cioè quando si fermava), per quanto tempo avrebbe dato l'impressione di muoversi all'indietro, e dove doveva essere quando sembrava riprendere il suo moto diretto. Copernico elencò trionfalmente molti di tali fatti d'osservazione, e osservò che «tutte queste cose procedono dalla stessa causa, che consiste nel moto della Terra».

Egli riservò i toni più ricchi di emozione al passo in cui rifletté come al centro dell'universo veniva ora a trovarsi il Sole, simbolo del bene nella tradizione platonica:

> Al centro di tutte le cose si trova quindi il Sole. Chi infatti, in questo bellissimo tempio, potrebbe collocare questa lampada in una posizione diversa e migliore di quella da cui può illuminare insieme il tutto? Così non a torto alcuni lo chiamano lucerna del mondo, altri mente, altri rettore. Trismegisto [lo chiama] il dio visibile, l'Elettra di Sofocle colui che tutto vede. E così il Sole, come se fosse assiso su un trono regale, governa la famiglia degli astri che si muovono in cerchio intorno a lui. (I, 10)

Copernico non poteva ovviamente ignorare le obiezioni astronomiche al moto della Terra. Se le stelle si trovavano alla distanza relativamente modesta che la tradizione assegnava loro, e se venivano osservate da un corpo la Terra – in orbita intorno al Sole, dovevano presentare un moto annuo apparente ciclico con uno spostamento di ben 7°, che l'osservazione non confermava. Inoltre gli abitanti della Terra dovevano vedere a volte più di metà delle stelle, e altre volte meno. In risposta a queste obiezioni Copernico, come prima di lui Aristarco (vedi p. 56), non poteva far altro che spostare le stelle a una distanza molto grande: così grande che i loro moti risultassero troppo piccoli per poter essere rivelati dagli strumenti contemporanei. Come avrebbe sostenuto Tycho Brahe, tale soluzione avrebbe lasciato un vuoto immenso, inintelligibile, fra il pianeta più esterno e le stelle; le quali dovevano inoltre essere davvero immense, per apparire così grandi da una tale distanza.

La proclamazione della visione cosmografica di Copernico occupa solo metà circa del libro I del *De revolutionibus.* Il restante 95 per cento dell'opera era zeppo di matematica e dimostrava che l'ipotesi eliocentrica poteva offrire finalmente soluzioni soddisfacenti: costituire la base di un'astronomia senza equanti buona almeno quanto l'*Almagesto* nel calcolo delle tavole planetarie. Dopo tredici secoli, Tolomeo era stato infine sconfitto al suo stesso gioco.

Il *De revolutionibus* era un libro la cui fortuna non poteva non risentire della complessità della sua costruzione. Esso tentava non solo di fornire agli astronomi matematici – nell'ambito di un solo volume – un meccanismo geometrico per il calcolo di tavole planetarie a un nuovo livello di precisione, ma anche di esaminare a fondo le prove a sostegno di una nuova visione del cosmo; e persino le poche pagine dedicate a questa nuova visione erano minate dalla piccola prefazione anonima e del tutto sviante. La visione cosmica di Copernico aveva un grande bisogno di un banditore; ma per mezzo secolo, a parte Retico, non ne apparve uno di statura adeguata.

5

Dalla geometria alla fisica: l’astronomia trasformata

Michael Hoskin

La pubblicazione del *De revolutionibus* di Copernico nel 1543 segnò il culmine della campagna, iniziata al tempo di Platone nel IV secolo a.C., per sviluppare modelli geometrici che riproducessero i moti osservati dei pianeti. L’obiettivo era stato quello di rivelare le regolarità alla base dei moti apparentemente capricciosi dei pianeti contro lo sfondo delle stelle «fisse», permettendo così di predirne le posizioni future. L’interesse si concentrava su *come* si muovevano i pianeti, e non sulle cause dei loro movimenti.

I componenti essenziali di questi modelli geometrici erano i moti circolari uniformi. In altri termini, i moti planetari venivano scomposti nei cicli che li componevano; e poiché i cicli si ripetono indefinitamente, i parametri potevano essere migliorati senza che fosse necessario compiere osservazioni di grande precisione.

La situazione sarebbe mutata nel secolo dopo la morte di Copernico nel 1543. Copernico era stato un tradizionalista per motivazione, metodologia e tecniche, e tuttavia il *De revolutionibus* aveva sparso i semi di una grande rivoluzione: come avrebbe infatti potuto la Terra, apparentemente così stabile, non solo ruotare, ma muoversi velocemente nello spazio, senza che i suoi passeggeri si accorgessero di nulla?

E prima di tutto, come aveva fatto la Terra ad assumere la forma sferica? Per Aristotele la risposta era facile: qualsiasi corpo terrestre che si trovasse fuori del suo luogo naturale al centro del cosmo si muoverebbe naturalmente verso tale centro; non era quindi sorprendente se dallo sforzo di tutti i corpi per raggiungere il centro della Terra aveva avuto origine la forma sferica. Copernico suggerì a sua volta che i corpi terrestri avessero una tendenza naturale a unirsi, e che da quella tendenza avesse avuto origine la Terra, così come dalla tendenza a unirsi dei corpi venusiani doveva avere avuto origine il pianeta Venere.

Per spiegare il moto diurno della Terra Copernico sostenne che la Terra è una sfera naturale, e che le sfere naturali hanno la tendenza a ruotare. Non è escluso che egli attribuisse alla rotazione di un'altra sfera, immensa ma invisibile, nella quale la Terra stessa fosse incastonata, la rivoluzione annua della Terra intorno al Sole, ma le sue opinioni in proposito non sono chiare. Evidentemente egli aveva proposto la soluzione di problemi di cinematica – come si muovono i pianeti –, creando però nuovi problemi di dinamica: quali sono le cause dei moti celesti?

Nella trasformazione che si verificò in risposta a queste domande, svolsero ruoli cruciali quattro uomini, di diversi paesi e talenti. Il danese Tyge Brahe (noto anche come Tycho o Ticone) fu un grande osservatore, che fece dell'accuratezza e della completezza delle osservazioni la sua priorità assoluta; Johannes Kepler (Keplero) fu un matematico tedesco che trasformò l'astronomia da una forma di geometria applicata a una branca della fisica dinamica; Galileo fu un fisico italiano che usò il cannocchiale per rivelare verità celesti rimaste nascoste dal tempo della Creazione, e sviluppò una nuova scienza del moto per confermare le tesi di Copernico; e René Descartes (Cartesio) fu un filosofo francese che concepì un universo infinito in cui nessuna posizione e nessuna direzione era speciale, e in cui il Sole divenne semplicemente la nostra stella locale.

Tycho Brahe e la ricerca della precisione

Copernico aveva usato in modo acritico, quando erano facilmente disponibili, le osservazioni degli astronomi precedenti; lui stesso fece osservazioni solo quando era strettamente necessario, accontentandosi della modesta precisione permessa dagli strumenti disponibili al suo tempo.

Nella seconda metà del Cinquecento si ebbe una rivoluzione nell'atteggiamento degli astronomi verso l'osservazione, determinata dal danese Tycho Brahe (1546-1601).

FIGURA 5.1 Una xilografia del 1531 illustra un'interpretazione aristotelica dell'apparizione di una cometa molto luminosa avvenuta quell'anno. La cometa (divenuta in seguito famosa come cometa di Halley) transitò al perielio il 26 agosto, dopo essere passata il mese precedente per l'Orsa Maggiore. (Da J. Regiomontani, *De cometae magnitudine... problemata XVI*, 1531, riprodotta per gentile concessione di Owen Gingerich e della Houghton Library, Harvard University) [Le scritte nella figura dicono, da sinistra a destra: *Niedergang* (tramonto), *Mittnacht* (mezzanotte) e *Auffgang* (levata).]

Tycho era un nobile di nascita ma fu educato nella famiglia, con inclinazioni accademiche, del fratello del padre, cosicché poté sottrarsi alle restrizioni della vita feudale. Grazie ai privilegi della nascita, che lo sottraevano alle comuni pressioni di carriera, poté vagare liberamente da un'università all'altra. Nel 1563, quando per la prima volta in vent'anni Giove andò alla congiunzione con Saturno mentre i due pianeti si muovevano lentamente contro lo sfondo delle stelle fisse, il diciassettenne Tycho era già abbastanza interessato all'astronomia per fare semplici osservazioni di questo fenomeno. Egli trovò che la predizione della data di questo evento, calcolata sulla base delle duecentesche *Tavole alfonsine* (fondate sui modelli planetari tolemaici) era sbagliata di un mese, mentre persino le moderne *Tavole pruteniche*, fondate sui modelli di Copernico, davano un errore di due giorni. Questo fatto lo convinse che l'astronomia doveva essere riformata su una base solida di osservazioni accurate, e che tale precisione poteva venire solo da una combinazione di miglioramento degli strumenti e di perfezionamento delle tecniche di osservazione.

LA STELLA NUOVA DEL 1572 E LA COMETA DEL 1577

Negli anni seguenti Tycho ricercò sempre più la compagnia degli astronomi, sia dilettanti sia di professione, e frattanto fece i suoi primi seri passi come osservatore. Poi, nel novembre 1572, la natura offrì all'umanità uno spettacolo sorprendente. Un oggetto simile a una stella, abbastanza luminoso da essere visibile anche di giorno, apparve nella costellazione di Cassiopea. Era ciò che sembrava, cioè una nuova stella? Non si era mai sentito parlare di nuovi corpi celesti, e c'erano solide ragioni per pensare che una tale novità celeste fosse impossibile: la millenaria cosmologia aristotelica si fondava sull'esistenza di una differenza fondamentale fra il mondo celeste perfetto e immutabile dei pianeti e delle stelle e il luogo della variabilità, della generazione e corruzione: la regione dei quattro elementi.

Se la «nova» fosse apparsa anche solo un decennio prima, probabilmente dal clamore delle tesi contrastanti non sarebbe emerso alcun consenso. Ma nel 1572, benché Tycho avesse solo ventisei anni, e gli strumenti astronomici a sua disposizione fossero ancora modesti sia per scala sia per qualità, egli riuscì tuttavia a convincersi che quell'oggetto fosse molto più in alto della Luna, e fosse quindi un corpo celeste.

Fatto più importante, egli riconobbe gli interrogativi che quell'apparizione faceva nascere anche in relazione alla teoria accettata delle comete. Nei *Meteorologica* Aristotele aveva discusso gli effetti del contatto fra il più alto dei quattro elementi terrestri, ossia il fuoco, e la parte adiacente dei cieli, il concavo lunare in rotazione. Aristotele concepiva il fuoco (un nome insoddisfacente per cui chiese venia) come una sorta di combustibile, «per cui ogni volta che il moto circolare agita in alcun modo questa sostanza, essa si accende nel punto in cui è più infiammabile». In questa concezione l'intero elemento del fuoco, insieme a gran parte dell'elemento sottostante dell'aria, veniva trasportato in cerchio dalla rotazione del cielo, e «nel corso di questo movimento spesso si incendia ogni volta che si trova a essere della giusta consistenza», a volte a causa del moto di una particolare stella o pianeta. Ne risultavano le stelle cadenti, e le comete di varia forma.

Secondo la dottrina aristotelica, perciò, le comete «venivano all'essere e perivano» nel modo caratteristico delle sostanze del mondo elementare, cosicché dovevano essere considerate fenomeni atmosferici e non celesti. Il loro studio apparteneva non all'astronomia ma alla «meteorologia», e gli astronomi medievali avevano visto ben poca utilità nei tentativi di misurare l'altezza delle comete, dal momento che possedevano già la soluzione. Ora, però, Tycho aveva la prova che si verificavano cambiamenti anche in cielo. Si ripromise perciò che, se un giorno fosse apparsa una cometa, ne avrebbe misurato con grande cura l'altezza per verificare se fosse o no un fenomeno terrestre.

La natura si rivelò sensibile a questo desiderio: nel 1577 si presentò una cometa molto luminosa, e le osservazioni di Brahe ne rivelarono la natura celeste. Il suo moto la portava infatti ad attraversare le presunte sfere invisibili che trasportavano i pianeti nel loro moto di rivoluzione intorno alla Terra. Lo stesso Tycho si rese conto dell'implicazione: era chiaro che tali sfere non esistevano.

Questa scoperta avrebbe esercitato un effetto profondo su Keplero, una generazione dopo. Ben pochi avevano visto grandi problemi nello spiegare la rotazione delle sfere che trasportavano i pianeti: se non erano più accettabili intelligenze motrici angeliche, forse aveva ragione Copernico, e le sfere naturali ruotavano perché quello era il loro moto naturale. Ma se le sfere non esistevano, e i pianeti erano corpi isolati che si muovevano nelle loro orbite, diventava molto più difficile spiegare quali fossero le cause dei loro moti. Come si vide poi, per trovare una soluzione di quel problema l'astronomia sarebbe dovuta passare dalla cinematica alla dinamica, dalla geometria alla fisica.

Tycho aveva pubblicato le sue osservazioni della nova del 1572, ma il suo trattato aveva avuto scarso impatto. Sul problema della cometa del 1577 era deciso a parlare chiaro e a farsi ascoltare. Mentre un centinaio di altri autori si affrettarono a far fruttare l'allarme prodotto dalla paurosa apparizione, Tycho preparò una complessa analisi di oltre 200 pagine delle sue osservazioni, in appendice alla quale pubblicò una critica ancora più lunga dei risultati conseguiti da altri osservatori. Era una grossa bomba, e quando il libro apparve infine nel 1588 col titolo *De mundi aetherei recentioribus phaenomenis* il trasferimento delle comete dalla meteorologia all'astronomia fu cosa fatta; con l'identificazione della natura celeste delle comete venne il riconoscimento che i cambiamenti in cielo non sono affatto insoliti. In un secondo studio, questa volta esauriente, della nova del 1572, i contemporanei di Tycho furono di nuovo sottoposti a un severo esame, anche se quest'opera – *Astronomiae instauratae progymnasmata* – non apparve fino al 1602, l'anno successivo alla morte di Brahe.

Questi due trattati – che avrebbero formato il grosso della produzione scientifica di Brahe – annunciarono agli altri osservatori che ora si applicavano nuovi criteri. Le osservazioni della nova e della cometa da parte di Tycho Brahe erano state compiute con strumenti disponibili in commercio; ma al tempo dell'apparizione della cometa del 1577 Tycho era impegnato in una riforma fondamentale sia della strumentazione sia delle tecniche di osservazione. A questo scopo aveva bisogno di finanziamenti a una scala principesca.

L'OSSERVATORIO SULL'ISOLA DI HVEN

Sorprendentemente, Tycho riuscì a trovare il denaro. Nel 1575 aveva fatto visita al Langravio di Assia, Guglielmo IV, che era anche lui un osservatore entusiasta, e fu forse per raccomandazione del langravio che l'anno seguente il re di Danimarca Federico II concesse a Tycho la signoria sull'isola di Hven nell'Øre Sund, lo stretto braccio di mare che divide la Svezia dall'isola danese di Sjælland. Quivi Tycho ebbe lo spazio, il tempo e le risorse finanziarie per fondare il primo importante osservatorio europeo.

Sull'isola di Hven, a partire dal 1576, Tycho costruì un bell'osservatorio, Uraniborg, dotato di tutto ciò che un astronomo poteva desiderare. Al piano più alto di questo «castello celeste» c'erano otto camere da letto per i suoi assistenti. Al piano superiore principale c'erano quattro stanze d'osservazione, nonché altre stanze, fra cui una sala da pranzo estiva con vista sul mare. Al pianterreno c'erano la biblioteca, la cucina e la sala da pranzo invernale, oltre ad altre tre camere da letto, mentre il seminterrato conteneva il laboratorio di alchimia. Altrove sull'isola c'era una cartiera, e in un angolo del terreno dell'osservatorio c'era una piccola tipografia, così che Tycho poteva pubblicare da sé i suoi risultati. In seguito egli attrezzò officine dove abili artigiani erano in grado di costruire strumenti sotto la sua supervisione diretta.

FIGURA 5.2 Il «grande quadrante murale» di Uraniborg era montato su un muro orientato nella direzione nord-sud. Lo strumento stesso consisteva in un quarto di cerchio d'ottone, di più di 1,8 metri di raggio, con divisioni di 10 secondi d'arco. Al centro del cerchio, nel muro a sinistra, c'era un foro che fungeva da mirino anteriore fisso. Sull'arco scorrono due collimatori mobili (alternativi). L'osservatore, forse lo stesso Tycho (che in alcune versioni di quest'incisione è parzialmente visibile all'estrema destra, ma qui è tagliato), quando la stella si avvicina al meridiano porta uno dei collimatori nella giusta posizione, dice ad alta voce il momento esatto del passaggio e legge sulla scala l'altezza; l'ora esatta viene annunciata da un assistente addetto agli orologi (che hanno solo la lancetta oraria), e altezza e ora vengono scritti da un secondo assistente, seduto al tavolo. Benché i due orologi abbiano grande rilievo nell'incisione, sappiamo che Tycho aveva poca confidenza con gli orologi meccanici, e spesso determinava il tempo attraverso misurazioni stellari.

Intorno al 1584, quando anche le ricchissime attrezzature di Uraniborg si rivelarono insufficienti, Tycho costruì nelle vicinanze un osservatorio-satellite, Stjerneborg (il «castello delle stelle»). Costruito completamente in muratura, le sue stanze erano sotto il livello del suolo, cosicché gli strumenti erano protetti dal vento. Tycho tentò di collegare Stjerneborg con Uraniborg per mezzo di un passaggio sotterraneo, che però non fu mai completato. Per recarsi da Uraniborg a Stjerneborg un osservatore doveva perciò scendere nel complesso sotterraneo passando per il locale del riscaldamento. Di qui poteva passare in una qualsiasi di cinque camere ognuna delle quali conteneva un singolo strumento importante; le osservazioni venivano compiute attraverso finestre al livello del suolo o attraverso aperture in un tetto girevole. Sopra il suolo, l'edificio conteneva sostegni su cui potevano essere montate altre apparecchiature. Il possesso di due edifici separati garantiva inoltre a Tycho Brahe la sicurezza che le misurazioni eseguite da gruppi diversi di assistenti fossero effettivamente indipendenti.

Un anno dopo l'altro Tycho costruì, controllò, modificò e ricontrollò i suoi strumenti di molti tipi diversi, fino a quando essi non permisero di misurare angoli con una precisione di meno di un minuto (un sessantesimo di grado). Frattanto lui, e più specialmente i suoi assistenti, portarono avanti un programma d'osservazione intensivo, con un livello di precisione, di attendibilità e di completezza mai raggiunti prima. Dopo il suo successo nello stabilire che la nova del 1572 e la cometa del 1577 avevano una parallasse trascurabile, Tycho si impegnò in un programma di ricer-

Il muro su cui è montato il quadrante è decorato da un affresco. In primo piano è raffigurato Tycho col suo cane fedele; sullo sfondo vediamo, al piano superiore del castello, altri assistenti che compiono osservazioni con vari strumenti; al piano inferiore, nella biblioteca, alcuni studenti che lavorano accanto al grande globo celeste; e le apparecchiature nel seminterrato rimandano agli esperimenti di alchimia di Brahe.
In una nicchia sopra la figura di Tycho c'è un globo di ottone dotato di ruote che poteva rappresentare, fra l'altro, la rotazione della Terra e i moti orbitali del Sole e della Luna. Ai due lati della nicchia ci sono i ritratti del mecenate di Tycho Federico II e di sua moglie, e sopra il globo c'è parte della biblioteca di Brahe. (Da Tycho Brahe, *Astronomiae instauratae mechanica*, 1598, riprodotta per gentile concessione dell'Institute of Astronomy, Università di Cambridge)

ca ancora più ambizioso, quello di trovare la parallasse di Marte. Poiché la distanza del Sole era universalmente sottovalutata di più di un ordine di grandezza, Tycho aveva una speranza ragionevole di poter determinare questa quantità osservando le differenze di posizione di Marte quando si trovava in prossimità dell'orizzonte e allo zenit. Inoltre, secondo il sistema copernicano, Marte poteva avvicinarsi alla Terra il doppio di quanto si supponeva nel sistema tolemaico, cosicché Tycho sperava di fornire il primo test d'osservazione fra le due cosmologie. Dopo quasi un decennio di intenso lavoro, con strumenti sempre più raffinati, il piano di Tycho fallì, ma egli lasciò un'eredità di splendide osservazioni di Marte che sarebbero state sfruttate da Keplero.

Tycho compilò anche un catalogo di 777 stelle, per sostituire i cataloghi esistenti, che derivavano dall'*Almagesto* di Tolomeo. Innanzitutto, lui e i suoi assistenti determinarono le posizioni di stelle «di riferimento» scelte con la massima cura possibile, dopo di che misurarono le posizioni di altre stelle relativamente a stelle di riferimento appropriate. La precisione del catalogo dipendeva perciò in primo luogo dall'esattezza delle posizioni della rete di stelle di riferimento, ed entro la fine degli anni Ottanta Tycho aveva determinato tali angoli con un margine di errore di meno un minuto dai veri valori. Ma benché le posizioni delle stelle più luminose fra quelle non di riferimento siano per lo più corrette a meno di quel minuto d'arco che era il suo standard, le posizioni delle stelle più deboli sono meno corrette e contengono molti errori. Tycho poteva forse avere perso il suo entusiasmo una volta completato il lavoro sulle stelle dello zodiaco, che erano particolarmente importanti come posizioni di riferimento per future osservazioni di pianeti. Il catalogo apparve infine postumo nei già citati *Astronomiae instauratae progymnasmata*, in cui Tycho riconsiderò i problemi posti dalla nova del 1572.

IL SISTEMA TICONICO

In ogni astronomo si cela un cosmologo, e Tycho non fece eccezione. Per noi il suo risultato più importante è la riforma dell'osservazione, in quanto attraverso di essa egli diede all'astronomia quel rispetto per i fatti che è secondo noi alla base della scienza moderna. Quanto a lui, fu probabilmente più orgoglioso della cosmologia espressa nel «sistema ticonico», che sostituì ben presto quello tolemaico come la più popolare fra le visioni del mondo fondate su una Terra centrale. Tycho era senza dubbio in grado di apprezzare i pregi del sistema di Copernico, ma era abbastanza tradizionalista da considerare il prezzo troppo alto. Galileo avrebbe in seguito molto ammirato «come abbia possuto in Aristarco e nel Copernico far la ragion tanta violenza al senso, che contro a questo ella si sia fatta padrona della loro credulità» (*Massimi sistemi*, Giornata III); i piedi di Ticone erano solidamente piantati sulla *terra firma*. In quanto protestante vedeva certe difficoltà per Copernico in alcuni passi dell'*Antico Testamento*. L'antica dimostrazione dell'immobilità della Terra fondata sul comportamento dei proietti – una freccia scoccata verticalmente verso l'alto ricadeva al suolo nel punto da cui era partita, mostrando che il suolo sottostante non si era spostato nel corso del suo volo –, gli sembrava non avesse perso nulla della sua validità. E neppure con l'aiuto della sua superba strumentazione riuscì a scoprire il moto annuo apparente delle stelle (la «parallasse annua») che ci si doveva attendere nell'ipotesi che esse fossero osservate da una piattaforma mobile come la Terra orbitante.

C'erano due possibili spiegazioni per questa impossibilità di misurare una parallasse annua. O Copernico era in errore e gli osservatori sulla Terra erano effettivamente in quiete, o la distanza delle stelle era tale da rendere il loro moto apparente così piccolo da non potere essere rivelato nemmeno con gli strumenti di Tycho. Brahe stimò che, in questo caso, le stelle dovevano trovarsi a una distanza almeno 700 volte maggiore di quella del pianeta più esterno. Questa soluzione avrebbe creato una distanza di una grandezza inimmaginabile fra i pianeti e le stelle, le quali avrebbero dovuto inoltre essere inconcepibilmente grandi per essere ancora visibili a tali distanze. Per Brahe un tale universo non aveva alcun senso.

Come si potevano quindi conservare i vantaggi della cosmologia copernicana senza rimanere impigliati nell'assurdità di una Terra in movimento? Col senno di poi il compromesso sembra ovvio. Qualsiasi moto vediamo compiere a un pianeta è un moto *relativo a noi*, e ogni spiegazione geometrica di ciò che vediamo è irrilevante per il problema se a essere in quiete *assoluta* sia la Terra

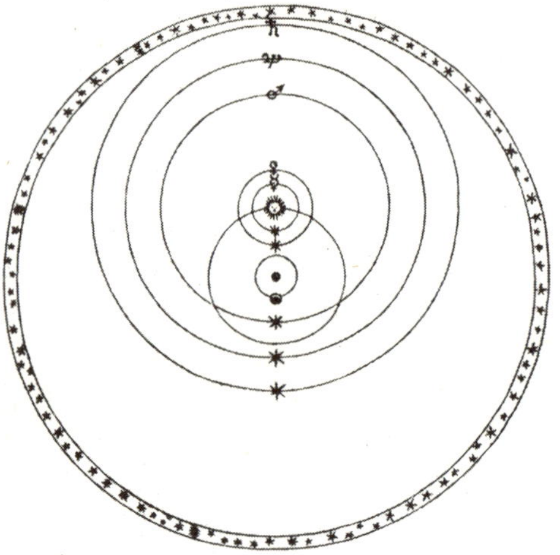

FIGURA 5.3 Il sistema ticonico. La Terra è in quiete al centro del mondo, e intorno a essa orbitano la Luna e il Sole. Gli altri cinque pianeti sono satelliti del Sole e sono trasportati da esso intorno alla Terra, mentre subito al di là delle regioni planetarie si trovano le stelle. La sfera di Marte interseca quella del Sole; ma questo fatto non era più un'impossibilità fisica, poiché il passaggio della cometa del 1577 aveva mostrato che in realtà le sfere celesti non esistevano. I moti relativi sono gli stessi che nel sistema copernicano, cosicché le osservazioni che mostravano solo moti relativi – come le fasi di Venere osservate da Galileo – avevano una valenza neutra nella controversia fra i copernicani e i fautori del sistema ticonico. (Da Tycho Brahe, *De mundi aetherei recentioribus phaenomenis*, 1588)

o il Sole. Perciò, se Tycho conservava la geometria dei moti relativi qual era stata proposta da Copernico, sostenendo però che era la Terra e non il Sole a essere in quiete in modo assoluto, veniva ad avere il meglio dei due sistemi.

Questo passo può sembrare ovvio oggi, ma per Tycho non era affatto tale. Nel 1578 egli aveva raggiunto una via di mezzo, il sistema descritto nel V secolo da Marziano Capella, in cui Venere e Mercurio erano satelliti del Sole, mentre questo, unitamente alla Luna, Marte, Giove e Saturno, orbitava intorno alla Terra centrale. Sei anni dopo Brahe meditò di trasformare in satelliti del Sole tutt'e cinque i pianeti «minori»: Mercurio, Venere, Marte, Giove e Saturno. Ma c'era un problema fisico: la sfera che trasportava Marte avrebbe dovuto intersecare la sfera del Sole.

Infine Brahe capì che l'attraversamento delle regioni planetarie da parte della cometa del 1577, che non aveva trovato alcun impedimento, implicava che le sfere dei pianeti non dovevano esistere, cosicché ora non c'era più nessun impedimento a fare dei cinque pianeti minori altrettanti satelliti del Sole. Nel *De mundi aetherei recentioribus phaenomenis* (1588), sulla cometa, egli pubblicò le grandi linee del suo sistema, insieme a modelli geometrici dettagliati per i moti del Sole e della Luna.

Nel sistema ticonico la Terra era in quiete al centro. Intorno a essa orbitavano la Luna e il Sole. Gli altri cinque pianeti erano satelliti del Sole, e viaggiavano insieme a esso intorno alla Terra. Subito al di là della posizione estrema conseguita dall'ultimo pianeta c'era un sottile guscio di spazio, incentrato sulla Terra, e all'interno di questo spazio erano situate le stelle. L'universo ticonico era rassicurante nella sua compattezza, con un raggio pari a circa 14.000 raggi terrestri, solo il doppio di quello tolemaico.

LA FINE DI UN SOGNO

Il «castello celeste» di Tycho Brahe era sempre vulnerabile, dipendendo per la sua esistenza dal persistere del favore di un mecenate principesco. La morte di Federico II, nel 1588, non determinò un mutamento immediato, poiché il successivo periodo di reggenza, stante la giovane età del suo successore, l'undicenne Cristiano IV, fu dominato dalla famiglia e dagli amici di Brahe. Ma al passare degli anni il giovane Cristiano IV cominciò ad assumere un ruolo crescente nel governo, e ben presto divenne chiaro che il periodo di serenità a Hven era finito. Nel 1597 un Brahe pieno di risentimenti dovette lasciare Uraniborg, e dopo due anni di difficoltà attraversò l'Europa per recarsi a Praga a prendere servizio presso un nuovo mecenate, l'imperatore Rodolfo II.

Rodolfo fece generosamente del suo meglio, ma ora Tycho aveva perso il desiderio di compiere osservazioni. Quattro suoi strumenti erano rimasti a Hven, e i più grandi fra i restanti erano in un magazzino a Magdeburgo. La sua principale preoccupazione era quella di pubblicare i risultati delle sue ricerche passate. A Tycho restavano ormai solo pochi mesi da vivere; ma in quei mesi rinnovò un invito anteriore a Keplero (1571-1630) di raggiungerlo come suo assistente; e questa volta Keplero accettò.

Keplero e l'introduzione della dinamica in astronomia

Gli astronomi dell'inizio e della metà del Seicento furono spesso incerti su come valutare gli scritti di Keplero. Egli fu uno dei pochi astronomi disposti a parlare con franchezza dei propri errori; diversamente dai suoi colleghi, che si guardavano bene dal rendere conto degli errori commessi nelle loro ricerche, dando ai loro scritti una semplicità artificiale, Keplero faceva condividere ai suoi lettori sia i trionfi sia le delusioni in cui si era imbattuto sulla via verso la scoperta. Nelle infinite pagine di calcoli, commise errori che a volte lo condussero a prendere decisioni sbagliate. Non esistendo ancora le tecniche matematiche di cui aveva bisogno, fece ricorso a procedimenti di cui noi oggi possiamo riconoscere l'erroneità.

In dinamica fu una figura di transizione, la cui concezione ancora aristotelica del moto (secondo la quale un pianeta si sarebbe fermato istantaneamente se non fosse stato spinto in ogni istante da una forza esterna) sarebbe stata ripudiata dalla generazione seguente. Egli fu inoltre motivato da una missione religiosa, quella di penetrare la mente del Dio geometra.

Keplero non godette di nessuno dei privilegi sociali di Brahe. Figlio di un padre attaccabrighe e di una madre che in seguito riuscì solo grazie a lui a evitare una condanna a morte per stregoneria, nacque nel 1571 a Weil der Stadt, nei pressi di Stoccarda e studiò all'Università di Tubinga. Intendendo diventare pastore luterano, cominciò a studiare alla Facoltà delle Arti, dove apprese l'astronomia. Il suo docente era Michael Mästlin (1550-1631), un astronomo matematico eccezionalmente ben preparato che – quali che fossero le sue vere preferenze – illustrò ai suoi studenti i meriti dell'ipotesi copernicana. Keplero cominciò a studiare teologia nel 1591, ma durante il suo terzo anno di studio morì un docente di matematica del seminario protestante di Graz, e le autorità di Tubinga, a cui era stato chiesto di proporre un sostituto, designarono Keplero. Questi, pur protestando, finì per accettare.

IL *MYSTERIUM COSMOGRAPHICUM*

Stabilitosi a Graz, Keplero cominciò a riflettere sull'universo creato da Dio, che, come molti altri seguaci della tradizione platonica, ritenne fosse un geometra. Copernico aveva scoperto il piano dell'universo di Dio, ma non che cosa avesse motivato Dio a scegliere quel piano piuttosto che un altro.

Le parti immobili del mondo – il Sole centrale, la sfera esterna, e lo spazio interposto – erano facili da capire: esse riflettevano Dio Padre, il Figlio e lo Spirito Santo. Più difficili da comprendere erano le parti mobili: i pianeti. Perché erano sei (come aveva trovato Copernico), piuttosto che cinque o sette? E che cosa aveva indotto Dio a situare un pianeta dato a una certa distanza dal Sole anziché a un'altra, e a dargli una velocità anziché un'altra?

Retrospettivamente, la risposta alla domanda sui numeri dev'essere parsa ovvia. Come sapeva chiunque avesse studiato Euclide, esistevano esattamente cinque solidi regolari (tetraedro, cubo, ottaedro, dodecaedro e icosaedro). Erano perciò cinque le figure appropriate che il Dio geometra poteva usare per creare intervalli fra le coppie di sfere planetarie adiacenti: cinque figure, cinque spazi e perciò sei sfere planetarie separate da questi spazi.

L'idea di una serie di sfere racchiuse l'una nell'altra, alternate a solidi regolari, offrì a Keplero un modo per spiegare le distanze dei pianeti dal Sole. Dopo un po' di manipolazione creativa, Keplero trovò una particolare sequenza in cui i raggi delle sfere erano in buon accordo con le distanze dal Sole che Copernico aveva derivato dall'osservazione dei pianeti nel mondo reale.

Restava il problema delle velocità dei pianeti nelle loro orbite. Copernico aveva trovato con grande soddisfazione che, quanto più un pianeta era lontano dal Sole, tanto più tempo impiegava a completare il suo circuito. Questa era per lui una dimostrazione dell'armonia geometrica esistente nell'universo. Ma Keplero cominciò a portare l'astronomia su una via decisamente nuova quando si convinse che la sua armonia era determinata attraverso l'influenza fisica – cioè dinamica – del Sole centrale, mentre spingeva i pianeti nel loro moto orbitale. Era chiaro che questa forza solare sarebbe stata meno efficace a distanze maggiori: ecco perché i pianeti più esterni erano meno veloci nelle loro orbite.

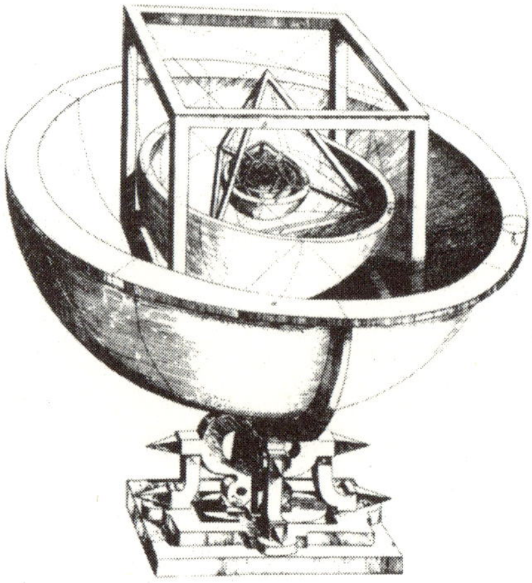

FIGURA 5.4 Un diagramma dal *Mysterium cosmographicum* (1596) di Keplero, in cui egli svela le relazioni geometriche alla base dello schema divino per le orbite planetarie. Ogni orbita è rappresentata da una sfera, e la separazione fra una sfera e la successiva è definita da uno dei cinque solidi regolari. La sfera più esterna è quella di Saturno. In essa è inscritto un cubo, nel quale è inscritta a sua volta la sfera di Giove, cosicché il cubo definisce il rapporto del raggio di Giove a quello di Saturno. Similmente, il tetraedro definisce la relazione del raggio dell'orbita di Marte a quello dell'orbita di Giove, e via dicendo.

L'intuizione fisica di Keplero fu rafforzata dal suo riconoscimento del fatto che il Sole era più grande della Terra, come pure di qualsiasi altro pianeta: era dunque giusto che il Sole, immenso e perciò potente, fosse situato al centro del sistema. Quando la generazione seguente di astronomi accettò l'esistenza di *forze* come la chiave alla comprensione del cielo, riconoscendo sempre più la mole immensa del Sole, i giorni delle cosmologie geocentriche (come quella di Tycho) erano ormai segnati.

Keplero si era calato nella mente di Dio e aveva scoperto le ragioni geometriche alla base della struttura che Dio aveva deciso di dare all'universo. La sua opera *Prodromus dissertationum cosmographicarum*, con l'orgogliosa specificazione *continens Mysterium cosmographicum*, apparve nel 1596, quando Keplero aveva solo venticinque anni. Anche trascurando i primi accenni a una nuova comprensione fisica, l'opera era importante per essere il primo libro decisamente eliocentrico; non esisteva un modo in cui la sequenza di sfere e solidi regolari potesse essere adattata in modo da avere la Terra al centro.

Keplero mandò una copia del libro a Brahe. Tycho aveva già sviluppato i suoi modelli dettagliati per i moti del Sole e della Luna, ma non aveva compiuto progressi con i pianeti. Non lasciandosi spaventare dall'orientamento copernicano del libro di Keplero, Tycho riconobbe in esso l'opera di uno specialissimo talento matematico, e sollecitò Keplero a fargli visita a Hven.

La lontananza dell'isola danese rese però impossibile quella visita, tanto più che Keplero aveva altri impegni. Ben presto però a Graz la situazione prese una brutta piega per i protestanti, e quando Keplero seppe che Tycho aveva lasciato Hven per Praga, decise di fargli una visita esplorativa.

LA GUERRA CON MARTE E L'*ASTRONOMIA NOVA*

Keplero arrivò all'osservatorio di Tycho Brahe nel febbraio 1600, e per tre mesi lavorò sull'orbita di Marte. Eccezion fatta per Mercurio, la cui vicinanza al Sole ne rende difficile l'osservazione, Marte è il pianeta la cui orbita si discosta di più dal cerchio, ed era perciò la più difficile da trattare in termini dei tradizionali moti circolari. Trascorsi i tre mesi, Keplero tornò a Graz, ma in ottobre stava di nuovo bussando alla porta di Tycho. Il danese lo accolse a braccia aperte, e Keplero tornò a lavorare su Marte. Un anno dopo Tycho si ammalò e morì. Entro quarantotto ore, Keplero fu nominato suo successore.

La lotta di Keplero con Marte, il dio della guerra, sarebbe durata per anni. La sua campagna, disse Keplero, aveva tre basi: la visione eliocentrica di Copernico, le incomparabili osservazioni di Tycho Brahe, e la filosofia magnetica dell'inglese William Gilbert (1544-1603). Nel 1600 Gilbert, eminente medico londinese, aveva pubblicato un trattato sperimentale *De magnete*, in cui aveva sostenuto che la Terra stessa era un grande magnete sferico e che aveva una rotazione assiale magnetica. La forza che ne risultava – forza che Gilbert usava per spiegare la caduta dei corpi verso la superficie della Terra, l'orientamento verso nord della bussola e molte altre cose – fornì a Keplero un suggerimento su come considerare l'influenza che il Sole esercitava sui pianeti. Secondo Keplero il Sole, ruotando, emanava un'influenza che spingeva i pianeti facendoli muovere in cerchio; tale influenza si esercitava più fortemente sui pianeti più vicini e più debolmente su quelli più lontani. Poiché le orbite planetarie non sono cerchi perfetti col Sole al loro centro, Keplero dovette fornire una forza per spiegare la variazione delle distanze dei pianeti dal Sole. Adattando un concetto tratto dal magnetismo, ipotizzò che il Sole esercitasse anche un'attrazione su ciascun pianeta in una parte della sua orbita e una repulsione in un'altra.

Quest'intuizione fisica si sarebbe rivelata molto importante. Per esempio, in un momento cruciale condusse Keplero a capire che doveva riferire le orbite dei pianeti al Sole reale, fisico; fino allora, come Copernico prima di lui, egli aveva riferito le orbite planetarie al centro geometrico dell'orbita terrestre. Più in generale, essa indusse Keplero a concentrare la sua attenzione sull'orbita planetaria reale che risultava dalle forze solari, mentre i suoi predecessori si erano preoccupati delle componenti del meccanismo geometrico – epicicli e via dicendo – che generavano l'orbita. Keplero avrebbe quindi potuto accontentarsi solo di un singolo modello che generasse i moti di un pianeta sia in longitudine sia in latitudine, mentre persino Copernico si era rassegnato a lavorare con un modello per il moto in longitudine e con un altro (incompatibile) per il moto in latitudine.

Quest'intuizione fisica avrebbe però potuto rivelarsi anche un ostacolo insormontabile, specialmente quando, dopo avere analizzato i moti di Marte, Keplero tornò al problema della forma esatta della sua orbita. Per un po' di tempo escluse dalla sua considerazione le ellissi, anche se la loro geometria era stata pienamente compresa fin dal tempo di Apollonio, nel III secolo a.C.: un'ellisse aveva due assi di simmetria, mentre considerazioni dinamiche suggerivano che l'orbita ne avesse uno. Ancora oggi può sembrarci bizzarro che un'orbita planetaria – un'ellisse col Sole in uno dei fuochi – abbia una simmetria geometrica rispetto all'asse minore, mentre dinamicamente il Sole si trova a un lato di quest'asse minore e non ha alcun corrispondente fisico nell'altro fuoco, quello «vuoto».

Altrettanto decisiva per le ricerche di Keplero fu l'eredità delle osservazioni di Tycho, anche se il suo copernicanesimo gli causò infiniti problemi diplomatici nelle trattative con gli eredi di Brahe. Già la grande quantità delle osservazioni fu della massima importanza per l'assalto di Keplero a Marte. Per esempio, a un certo punto Keplero si rese conto che qualsiasi osservazione dalla Terra implicava che le posizioni di Marte erano misurate da una base mobile la cui posizione nello spazio era incerta. Riuscì allora ad aggirare questo problema usando dieci osservazioni di Marte all'«opposizione» (quando Sole, Terra e Marte sono perfettamente allineati in quest'ordine): in una tale situazione, infatti, l'osservatore terrestre vede Marte esattamente nella stessa direzione in cui lo vedrebbe un ipotetico osservatore situato sul Sole immobile. E quando, successivamente, Keplero ebbe bisogno di invertire il procedimento e di «osservare» la Terra da una determinata posizione sull'orbita di Marte, trovò che Tycho aveva lasciato abbastanza osservazioni da rendere possibile anche questo procedimento.

Per fortuna le osservazioni di Tycho si rivelarono anche abbastanza esatte da permettere a Keplero di scoprire le sue leggi dei moti planetari. Da un lato, la loro precisione lo costrinse a prendere in considerazione orbite non circolari. Keplero era riuscito a generare il moto di Marte in longitudine con un modello formato da un solo cerchio; ma quando esaminò se quel cerchio potesse spiegare anche il moto del pianeta in latitudine, trovo errori di ben otto minuti d'arco. Prima di Tycho tali errori sarebbero stati accettabili, rientrando ampiamente nel margine d'errore delle osservazioni, ma poiché le osservazioni di Tycho avevano un margine d'errore decisamente inferiore, il cerchio che aveva promesso di essere una soluzione ideale dovette essere abbandonato.

Dall'altro, nel nostro mondo postnewtoniano, noi sappiamo che i pianeti *non* si muovono esattamente su ellissi col Sole in uno dei fuochi. Anche trascurando la presenza degli altri pianeti (la cui attrazione causa in effetti disturbi o «perturbazioni» nell'orbita), un pianeta avrebbe, in un fuoco della sua orbita, non il Sole stesso, bensì il centro di gravità del sistema Sole-pianeta. Se le osservazioni di Tycho fossero state ancora più esatte, avrebbero potuto escludere non solo il cerchio ma anche l'ellisse.

La «prima legge» di Keplero, che l'orbita di un pianeta è un'ellisse col Sole in uno dei fuochi, apparve nell'*Astronomia nova*, il libro in cui egli descrisse la sua guerra con Marte. La legge era una soluzione sorprendentemente elegante e semplice del problema delle orbite, e ruppe l'incantesimo della circolarità che aveva dominato l'astronomia per due millenni.

La «seconda legge» (che in realtà precedette la prima), era invece confusa e tale da suscitare confusione. Keplero propose dapprima una variante dell'«equante» tolemaico, una posizione da cui la velocità del pianeta appariva uniforme. In seguito si sarebbe riconosciuto che tale posizione era il fuoco «vuoto». Suppose poi che la velocità v del pianeta fosse inversamente proporzionale alla sua distanza r dal Sole ($v \infty 1/r$). Infine pervenne alla regola che noi oggi conosciamo come la seconda legge, quella secondo la quale la linea (il raggio vettore) che unisce il pianeta al Sole descrive all'interno dell'ellisse aree uguali in tempi uguali. Era tutt'altro che chiaro agli altri astronomi quale delle tre versioni fosse corretta (ammesso che una lo fosse) e quali fossero semplici approssimazioni, poiché le osservazioni non permettevano di distinguere chiaramente fra loro. Dal punto di vista dinamico, però, le differenze erano profonde, e la situazione si sarebbe chiarita solo dopo il 1687, quando Isaac Newton incluse il moto secondo la regola delle aree in una teoria unificata della dinamica. Frattanto, mentre la forma ellittica delle orbite stesse veniva accettata da molti, la questione di importanza cruciale della velocità sempre variabile del pianeta rimaneva oscura, e molti preferivano lavorare con qualche forma di equante.

L'*Astronomia nova* di Keplero apparve infine nel 1609: era un grosso libro dall'aspetto arcigno, concettualmente sospetto sia nella parte matematica sia nella fisica sottostante. La rivoluzione che esso incarnava era proclamata nel suo titolo completo: *Astronomia nova AITIOLOGETOS, seu Physica coelestis, tradita commentariis de motibus stellae Martis* (Nuova astronomia fondata sulle cause, ovvero Fisica celeste, esposta attraverso i commenti sui moti dell'astro di Marte). Prima di Keplero l'astronomia era una branca della geometria; egli l'aveva trasformata in una branca della fisica.

L'ARMONIA DEL MONDO

Nell'*Astronomia nova* Keplero aveva investigato come un singolo pianeta si comporti nella sua rivoluzione intorno al Sole, ma l'ambizione che egli nutriva da molto tempo di capire la forma complessiva della creazione divina richiedeva la conoscenza dei rapporti fra le varie orbite planetarie. Questo fu uno degli argomenti da lui esplorati nella *Harmonice mundi*. Lo studio dell'armonia cosmica risaliva a Pitagora (vedi p. 46), che unico fra i mortali aveva avuto il privilegio di udire la musica delle sfere celesti. Keplero ricercò l'armonia nei rapporti aritmetici fra i vari aspetti della geometria e dell'astronomia, e nel libro V investigò argomenti come l'accelerazione e il rallentamento dei pianeti nelle loro orbite, da cui credeva potessero derivare le vere note della musica celeste. Cercò anche schemi matematici che potessero rivelare una relazione fra i periodi e le grandezze delle orbite planetarie; e in qualche modo si imbatté nel fatto che il quadrato del periodo di un pianeta sta in un rapporto fisso col cubo del raggio della sua orbita, il semiasse maggiore dell'ellisse (la «terza legge» di Keplero). Copernico era stato deliziato dalla scoperta che, quanto più un pianeta è lontano dal Sole, tanto più tempo impiega a percorrere la sua orbita; ora Keplero conosceva la regola aritmetica esatta.

Quando, nel 1619, apparvero a Linz gli *Harmonices mundi libri V*, Keplero era impegnato in un altro progetto: quello di rendere le sue idee e le sue scoperte disponibili a un pubblico più vasto, in un compendio del sistema copernicano. A causa dello sconvolgimento del suo lavoro causato dal processo per stregoneria a sua madre, e dall'infuriare della Guerra dei Trent'Anni, Keplero dovette pubblicare la sua *Epitome astronomiae copernicanae* a pezzi e bocconi, nel 1618, 1620 e 1621. Questa sarebbe stata la sua opera più ampia. Esposta sotto forma di domande e risposte, copriva l'intera estensione del suo pensiero astronomico, dall'uso dei solidi regolari da parte del geometra divino, passando per le forze quasi magnetiche esercitate dal Sole, per finire con i dettagli delle orbite planetarie. Nel titolo dell'opera appare il nome di Copernico, ma nulla illustra la rivoluzione operata da Keplero con la sua creazione della «fisica celeste» meglio del confronto delle forze dell'*Epitome* con gli epicicli e i deferenti del *De revolutionibus* di Copernico. E benché l'*Epitome* non elenchi ovviamente le «leggi di Keplero» nella forma essenziale tipica di un manuale moderno, in quest'opera esse furono infine rese accessibili a un pubblico più vasto.

L'astronomia di Keplero doveva però fronteggiare ancora il test tradizionale: era in grado di fornire le basi per tavole planetarie più esatte? Brahe era stato attratto verso l'astronomia proprio dall'insoddisfazione per le *Tabule prutenicae* fondate sui modelli copernicani; e nel 1601, quando Tycho aveva presentato Keplero a Rodolfo II, l'imperatore aveva incaricato il giovane matematico tedesco di collaborare con Brahe alle nuove tavole planetarie che egli aveva in progetto. Esse sarebbero state chiamate in suo onore *Tabulae rudolphinae.*

Quando le tavole furono infine pubblicate, nel 1627, Brahe e Rodolfo erano ormai morti da tempo. La loro precisione fu dimostrata, suscitando grande stupore, quattro anni dopo. Il 7 novembre 1631, quando lo stesso Keplero era morto da un anno, l'astronomo francese Pierre Gassendi fu il primo osservatore della storia a vedere un transito di Mercurio sul disco del Sole, verificando così una predizione di Keplero. Le tavole di Keplero erano in errore solo di un terzo del diametro solare, mentre persino le tavole copernicane, che esse sostituivano, sbagliavano di trenta volte tanto. Se le tavole di Keplero erano così esatte, senza dubbio le leggi planetarie su cui si fondavano erano degne di seria considerazione.

Galileo usa il cannocchiale a sostegno di Copernico

Copernico non aveva fatto letteralmente nulla per promuovere la sua visione del cosmo: le idee esposte nel breve libro cosmologico (il I) del *De revolutionibus* erano oscurate dalla grande quantità di matematica che dominava il resto del volume. Non sorprende che alla fine del Cinquecento i copernicani dichiarati fossero rari. Del loro gruppo non faceva ancora parte l'uomo che sarebbe diventato il più efficace propagandista della nuova visione del mondo: Galileo Galilei (1564-1642).

Dopo avere studiato dapprima a Firenze, nel 1581 Galileo, anche se con poco entusiasmo, andò a studiare medicina allo Studio di Pisa. Dopo quattro anni interruppe gli studi e tornò a Firenze, dove studiò privatamente (e insegnò) matematica. Divenuto nel 1589 professore di «matematiche» allo Studio di Pisa, si trasferì poi, con uno stipendio migliore, a Padova, dove avrebbe insegnato per diciotto anni; fu a Padova che utilizzò i due moti diurno e annuo della Terra per formulare una possibile spiegazione del misterioso fenomeno delle maree; e quando, nel 1597, Keplero gli mandò una copia del *Mysterium cosmographicum*, Galileo accennò nella sua risposta a questa teoria. Fino a questo momento, però, il suo copernicanesimo non era molto convinto, tanto che egli lasciò cadere l'invito di Keplero di impegnarsi di più a favore della teoria copernicana. Solo le scoperte astronomiche da lui compiute col cannocchiale nel 1609 eliminarono ogni restante dubbio che potesse avere avuto.

L'ESTENSIONE DEI SENSI UMANI

Se si prescinde da eventi eccezionali come una stella nuova, un astronomo del Rinascimento osservava praticamente lo stesso universo che avevano osservato i suoi predecessori nell'Antichità. Se l'astronomo del Rinascimento aveva una comprensione migliore dell'astronomia, lo si doveva principalmente all'opportunità che aveva avuto di studiare copie stampate dei libri dei suoi predecessori e contemporanei, o i dati delle loro osservazioni: egli aveva avuto il vantaggio di leggere di più, non di vedere di più.

Ora la situazione stava per cambiare radicalmente. Da questo momento in poi gli astronomi di ogni generazione avrebbero avuto sui loro predecessori, per quanto brillanti, un grandissimo vantaggio, grazie al semplice fatto che nuovi strumenti avrebbero permesso loro di vedere oggetti sconosciuti e mai osservati prima, e perciò neppure mai studiati. Essi avrebbero potuto dire dei loro predecessori, come Galileo disse di Aristotele, che «noi aviamo nel nostro secolo accidenti ed osservazioni nuove e tali, ch'io non dubito punto che se Aristotile fusse all'età nostra, muterebbe opinione» (*Massimi sistemi*, Giornata I).

Nell'estate del 1609, mentre Galileo si trovava a Venezia, giunse notizia dall'Olanda di un dispositivo formato da un tubo con due vetri curvi, che veniva usato per vedere oggetti lontani come se fossero molto più vicini. Era ben noto che i vetri curvi, come gli specchi curvi, producevano deformazioni, l'opposto stesso della verità. Era probabile che distorsioni ancora maggiori risultassero dall'uso di due pezzi di vetro curvo in combinazione, cosicché Galileo usò la precauzione di verificare le voci. Solo dopo tale verifica tentò di costruirsi un tale strumento per proprio uso personale.

Il compito presentava poca difficoltà per un uomo dotato di inventiva meccanica come Galileo, che per di più a Padova aveva un meccanico al proprio servizio, e in agosto egli tornò a Venezia dove fece dimostrazioni alle autorità con un cannocchiale di otto ingrandimenti, «con infinito stupore di tutti». A Galileo fu riconfermato il posto di matematico a Padova con un consistente aumento di stipendio. L'anno seguente il granduca di Toscana Cosimo II de' Medici rispose alle sue sollecitazioni facendogli offerte ancora migliori, cosicché nel settembre 1610 Galileo tornò a Firenze, questa volta con una nomina a vita di matematico e filosofo del granduca.

NOTIZIE DALLE STELLE

Verso la fine del 1609 Galileo aveva portato l'ingrandimento del suo cannocchiale a circa 20. Quando lo usò per guardare le stelle, ne vide molte che erano invisibili a occhio nudo: stelle che erano rimaste nascoste dalla creazione, in attesa di essere scoperte da lui. Egli riuscì inoltre a risolvere la misteriosa Via Lattea in una miriade di minuscole stelle, confermando in tal modo la congettura riferita da Aristotele due millenni prima. Egli trovò anche che, mentre i pianeti venivano ingranditi dal cannocchiale nella proporzione prevista, non avveniva lo stesso per le stelle. Questa era una buona notizia per i copernicani. Tycho (vedi p. 135) aveva stimato che, per spiegare la sua incapacità di misurare la parallasse, i copernicani avrebbero dovuto spostare le stelle a una distanza pari ad almeno 700 volte quella di Saturno; e per apparire con la forma di un disco a una tale distanza, le stelle avrebbero dovuto avere dimensioni davvero colossali. Ora, però, l'aspetto in forma di disco delle stelle si rivelava illusorio: le stelle erano puntiformi.

La scoperta più sorprendente di Galileo fu quella concernente il pianeta Giove. Quando lo esaminò per la prima volta, il 7 gennaio 1610, lo trovò in mezzo a tre stelline, curiosamente disposte in linea retta. Giove stava muovendosi allora da est verso ovest (di moto «retrogrado»), e Galileo si attendeva perciò che la notte seguente si trovasse a ovest di quelle stelle, mentre lo ritrovò a est. La notte dopo il cielo fu coperto, ma il 10 Galileo trovò il pianeta

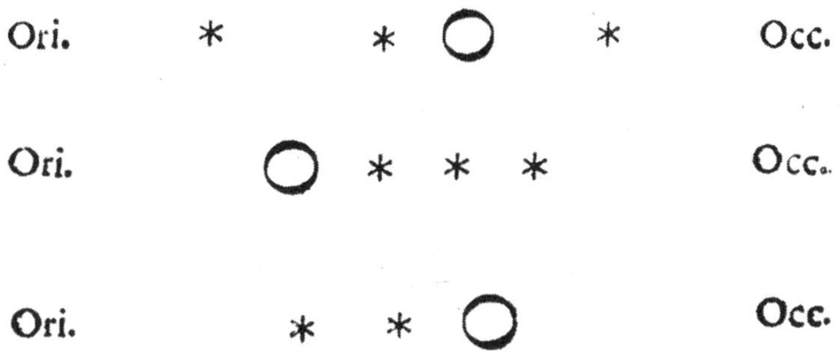

FIGURA 5.5 Le prime osservazioni compiute da Galileo di satelliti di Giove, dal *Sidereus Nuncius*. Lo schizzo in alto mostra Giove il 7 gennaio 1610, in mezzo a tre presunte stelline. Il pianeta sta allora muovendosi di moto retrogrado (da sinistra verso destra). Nello schizzo di mezzo vediamo le presunte stelle l'8 gennaio, con Giove a est (alla loro sinistra), contrariamente a quanto Galileo si aspettava. Lo schizzo in basso mostra la disposizione dei corpi il 10 gennaio. Galileo dedicò quasi metà di questo libriccino all'osservazione dei satelliti di Giove. (Da Galileo, *Sidereus Nuncius*, 1610)

a ovest delle due stelline, mentre la terza non era più visibile. Il 13 il numero delle stelline era cresciuto a quattro; e il 15 Galileo si era ormai reso conto che le presunte stelle dovevano essere satelliti, che orbitavano intorno a Giove e lo seguivano nella sua rivoluzione intorno al Sole.

Queste erano altre buone notizie per i copernicani. Persino il modello schematico del sistema copernicano riprodotto nel libro I del *De revolutionibus* presentava una grave anomalia: mentre, sotto altri aspetti, la Terra, era un comune pianeta, era però unica per avere un satellite, la Luna. Ora il cannocchiale aveva mostrato che un altro pianeta era accompagnato da non meno di quattro satelliti.

Pur essendo gradita ai copernicani, la scoperta non fu certo ben vista da coloro che avevano adottato il sistema di Tycho Brahe, o che accettavano altre soluzioni di compromesso in circolazione. In tali sistemi il Sole orbitava intorno alla Terra centrale, e Giove orbitava intorno al Sole. Ora, però, la gerarchia doveva, in modo poco plausibile, essere portata un passo più avanti oltre al Sole che orbitava intorno alla Terra circondato da tutti i pianeti, ora si

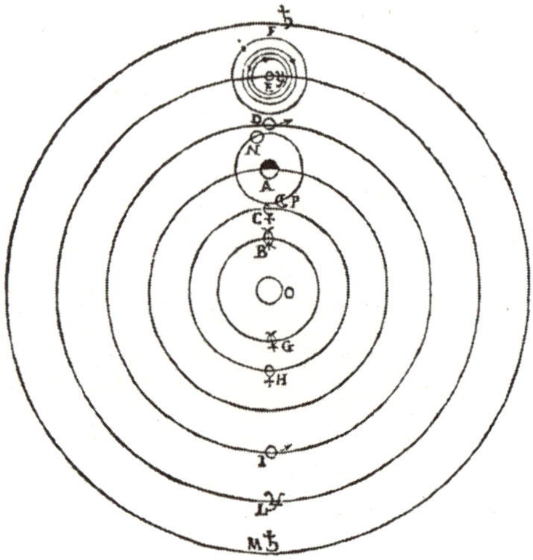

FIGURA 5.6 Lo schema del sistema copernicano presentato da Galileo nel *Dialogo sopra i due massimi sistemi del mondo* (1632). Esso è simile a quello di Copernico (vedi p. 122), ma con la differenza importante che la Terra non è più l'unico pianeta ad avere un satellite. Galileo non fa qui neppure il tentativo di rappresentare le due misteriose appendici di Saturno, scomparse due anni dopo la loro scoperta nel 1610, ma solo per riapparire qualche mese dopo.

sapeva che anche uno di questi, Giove, era un centro di rivoluzione di altri corpi.

La Luna dev'essere stata fra gli oggetti celesti osservati da Galileo con i suoi primi strumenti, ma ora era venuto il momento di un esame approfondito. Nonostante il suo aspetto accidentato, la Luna apparteneva al mondo celeste aristotelico e doveva quindi essere un mondo perfetto; eppure il cannocchiale rivelò a Galileo che la sua superficie era irregolare, con montagne simili a quelle della Terra. Galileo tentò addirittura di convincere i suoi lettori della realtà delle montagne lunari calcolandone l'altezza con metodi trigonometrici, così che il lettore potesse quasi immaginare di tentare di scalarle.

Poiché ciò che gli aveva rivelato il cannocchiale aveva bandito in lui qualsiasi dubbio possibile sulla verità del sistema eliocentrico, Galileo si affrettò a stampare il *Sidereus Nuncius*. Era ansioso di sfruttare le sue scoperte e di accelerare in tal modo la sua carriera. Il *Sidereus Nuncius*, un libriccino di poche decine di pagine scritto e pubblicato nel giro di settimane, proclamò le sue sorprendenti scoperte.

Molti suoi contemporanei rimasero increduli: come si potevano penetrare i segreti del cosmo guardando attraverso un tubo con due pezzi di vetro curvi? Ma un sostegno decisivo venne un anno dopo, quando a Roma quattro gesuiti firmarono una dichiarazione che confermava le sue scoperte. In ogni caso sarebbe stata solo una questione di tempo prima che i telescopi si moltiplicassero, dopo di che chiunque avesse voluto farlo avrebbe potuto verificare le scoperte del matematico toscano.

Nei mesi seguenti Galileo avrebbe fatto altre tre scoperte, la prima delle quali riguardò il Sole. In condizioni appropriate, sul suo disco si possono vedere a occhio nudo delle macchie, ma la prima osservazione telescopica di una macchia solare fu compiuta dall'inglese Thomas Harriot (c. 1560-1621) verso la fine del 1610.* Lo stesso Galileo scoprì le macchie poco dopo, e la primavera seguente, a Roma, le fece vedere ad altri osservatori. Senza che egli ne fosse a conoscenza, l'astronomo olandese David Fabricius e suo figlio Johann stavano facendone osservazioni regolari, e nel

* Su questo problema della priorità nell'osservazione delle macchie solari, in cui Hoskin (come altri storici) dà per scontata la priorità di Harriot, dicendo che Galileo abbia osservato per la prima volta le macchie solari poco dopo lo stesso Harriot («verso la fine del 1610» o «poco dopo»), val la pena di notare che nella prima delle tre lettere *Al Sig. Marco Velseri circa le macchie solari*, in data 4 maggio 1612, Galileo scriveva: «... io le ho osservate da 18 mesi in qua, avendole fatte vedere a diversi miei intrinseci, e pur l'anno passato, appunto in questi tempi, le feci osservare in Roma a molti prelati ed altri signori», indicazione che ci riporta al novembre del 1610. La stessa indicazione dei diciotto mesi compare curiosamente, anche nella lettera a Maffeo Barberini, che è però del 2 giugno 1612: «Sono circa a diciotto mesi, che riguardando con l'occhiale nel corpo del sole, quando era vicino al suo tramontare, scorsi in esso alcune macchie assai oscure... Feci ad alcuni mia amici vedere tale stravaganza, e pur l'anno passato in Roma le mostrai a molti prelati e altri uomini di lettere». Galileo afferma quindi implicitamente di avere osservato per la prima volta le macchie solari intorno al novembre-dicembre 1610. Ma si può pensare a un suo errore di memoria, in quanto in una lettera del 27 settembre 1631 Fulgenzio Micanzio, da Venezia, scriveva a Galileo: «Io ho memoria distintissima che quando V. S. hebbe fabricato qui il primo occhiale, una delle cose che osservò fu le macchie del sole, et saprei dire il luoco di punto ove ella coll'occhiale, su una carta biava, le mostrò al Padre di gloriosa memoria [Paolo Sarpi]...; che poi ella partì» (Galileo, Ed. Naz., XIV, 299).

giugno 1611 Johann completò un trattato in cui sosteneva che le macchie erano effettivamente sulla superficie del Sole, che perciò aveva una rotazione su se stesso.

Nel 1612 Galileo – che non aveva ancora pubblicato niente sull'argomento – ricevette dalla Germania una copia di un altro trattato sulle macchie solari, il cui autore risultò essere il gesuita tedesco Christoph Scheiner (1573-1650). Scheiner, che aveva osservato le macchie per la prima volta nel 1611, credeva che non fossero sul corpo del Sole stesso, ma fossero piuttosto satelliti del Sole. La controversia che ne seguì – infiammata dalla sottostante controversia per la priorità – condusse Galileo a scrivere la sua *Istoria e dimostrazioni intorno alle macchie solari e loro accidenti* nella forma di tre lettere al duumviro di Augusta Marco Welser, nelle quali, come Fabricius, sostenne che le macchie erano sulla superficie del Sole. A quest'epoca si era reso pienamente conto di quale importanza avesse per il copernicanesimo la presenza di macchie sulla superficie stessa del Sole: nel pensiero tradizionale il Sole era il simbolo della perfezione, e un Sole con macchie e impurità rappresentava un altro duro colpo al cosmo tradizionale.

La seconda delle nuove scoperte di Galileo riguardava Saturno. Sembrava che questo pianeta avesse misteriose appendici, che successivamente scomparvero per poi riapparire; questo strano aspetto incuriosì gli osservatori fino a quando il fisico olandese Christiaan Huygens (1629-1695) non trovò la straordinaria spiegazione nell'inverno del 1655-1656, molto tempo dopo la morte di Galileo: il pianeta era «circondato da un sottile anello piano che non lo tocca in alcun punto».

La terza scoperta aveva un'importanza più immediata. Galileo trovò che Venere passava per una sequenza completa di fasi simili

Ora, se Galileo partì dal Veneto agli inizi del settembre 1610, non facendovi mai più ritorno, e se mostrò le macchie solari a Venezia a Paolo Sarpi e ad altri, ciò non avvenne nel novembre 1610 o poco dopo, ma al più tardi nel settembre del 1610. La *memoria distintissima* del Micanzio è del resto confermata nei *Massimi Sistemi* dallo stesso Galileo, che scrive: «Fu il primo scopritore ed osservatore delle macchie solari... il nostro Academico Linceo; e queste scopers'egli l'anno 1610, trovandosi ancora alla letture delle Matematiche nello Studio di Padova, e quivi ed in Venezia ne parlò con diversi, de i quali alcuni vivono ancora» (Galileo, Ed. Naz., VII, 372). [*N.d.T.*]

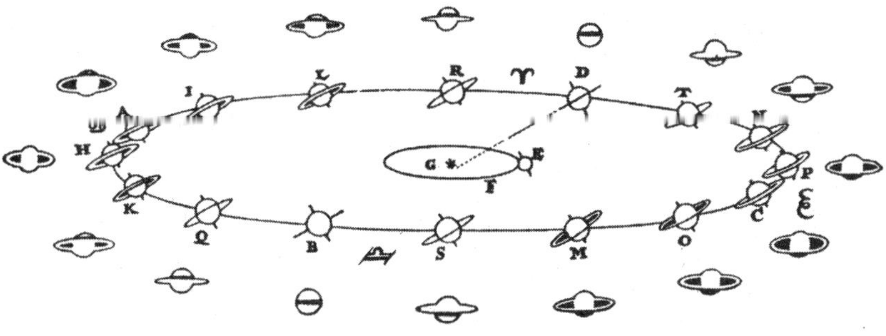

FIGURA 5.7 Il diagramma di Huygens mostra come si potesse spiegare l'aspetto sempre diverso delle appendici di Saturno facendo la supposizione che il pianeta fosse circondato da un anello. Cosa interessante, l'idea venne a Huygens quando l'anello era di taglio, e quindi invisibile. (Da Christiaan Huygens, *Systema saturnium*, 1659)

a quelle della Luna, apparendo a volte nella forma di un disco quasi pieno come la Luna in prossimità del plenilunio, e presentandosi altre volte con una falce sottile, come la Luna in prossimità del novilunio. Questi aspetti erano del tutto incompatibili con la geometria tolemaica di Venere. Il modello di Tolomeo (vedi p. 71) implicava che Venere si trovasse sempre fra la Terra e il Sole (da cui non poteva mai allontanarsi più di 45°, la sua massima elongazione). Di conseguenza l'emisfero di Venere illuminato dal Sole era sempre quello lontano, più o meno totalmente nascosto all'osservatore sulla Terra, che perciò non avrebbe mai potuto vedere il pianeta col disco completo come la Luna piena.

Purtroppo per Galileo come propagandista di Copernico, le fasi di Venere ci parlano solo dei moti *relativi* della Terra, del Sole e di Venere, e non quale di questi corpi sia assolutamente in quiete. E poiché i moti relativi erano gli stessi nel sistema eliocentrico di Copernico e in quello geocentrico di Tycho Brahe, le fasi osservate di Venere non potevano permettere di decidere fra i due sistemi. Galileo non aveva alcuna pazienza con tali arzigogoli logici. Per lui il sistema ticonico era uno sfacciato compromesso, che non doveva essere preso sul serio; Tolomeo era in errore, e quindi doveva avere ragione Copernico. Altri furono meno dogmatici nel loro giudizio.

IL PROPAGANDISTA DI COPERNICO

Sia nel *Sidereus Nuncius* (1610) sia nella *Istoria e dimostrazioni intorno alle macchie solari* (1613), Galileo ebbe cura di non far calcare troppo la mano nel suo sostegno a Copernico. La protezione di persone importanti era altrettanto importante ad astronomi e matematici fuori delle università che a pittori e poeti; e Galileo aveva già affrontato un rischio chiamando i satelliti di Giove «astri medicei»: in quali conseguenze sarebbe infatti incorso se essi si fossero rivelati illusori? In privato, pero, Galileo non faceva mistero della sua adesione a Copernico; e se aveva il dono di farsi amici, aveva purtroppo anche quello di farsi nemici. Nel teso clima teologico della Controriforma, i suoi nemici vedevano buone prospettive di successo nell'accusarlo di negare le verità della Scrittura, con la tesi che il Sole era in quiete.

La questione divenne pubblica nel dicembre 1614, quando Galileo fu denunciato da un pulpito fiorentino. Quel giorno era stato letto un passo scritturale tratto dal libro di Giosuè. Giosuè comandò al Sole di fermarsi, cosa che implicava chiaramente che esso si muovesse. Il predicatore avrebbe fatto allora un gioco di parole citando un passo degli *Atti degli Apostoli* [1, 11]: «Viri Galilaei, quid statis aspicientes in caelum?» (Uomini di Galilea, che cosa state a guardare in cielo?).

Galileo rispose avventurandosi sul terreno insidioso della teologia. In una *Lettera alla Granduchessa madre Madama Cristina di Lorena* (1615) ricordò l'insegnamento cattolico tradizionale che gli autori delle sacre scritture scrivono nel linguaggio comune e che di questo si deve tenere conto; e sostenne che il fine della Scrittura era «d'insegnarci come si vadia al cielo, e non come vadia il cielo». I suoi nemici continuarono però la loro attività, invocando infine l'intervento del Sant'Uffizio a Roma. La figura chiave di questa vicenda fu il cardinale gesuita Roberto Bellarmino (1542-1621), uomo santo e dotto pronto a reinterpretare la Scrittura alla luce di nuove scoperte, ma solo se queste fossero state accertate al di là di ogni possibile dubbio. Nel *De revolutionibus* di Copernico, Bellarmino trovò nella prefazione (che come abbiamo visto era la premessa anonima del curatore Andreas Osiander, vedi p. 120) che persino il canonico polacco aveva assunto – o così sembrava – l'opinione tradizionale: il compito dell'astronomo era quello di fare predizioni esatte, non di proporre verità cosmologiche.

Di conseguenza, nel 1616 fu notificato alle varie branche del Sant'Uffizio che il *De revolutionibus* era sospeso finché non fosse stato corretto, per assicurarne la conformità al ruolo tradizionale dei testi astronomici. Bellarmino intimò privatamente a Galileo di abbandonare l'opinione copernicana, e di impegnarsi a non «insegnarla o difenderla, a parole o con scritti».

Nel 1623 la situazione a Roma parve cambiare in senso favorevole a Galileo, con l'elezione a papa del suo amico e sostenitore Maffeo Barberini, che prese il nome di Urbano VIII. Il ricordo della censura del copernicanesimo del 1616 si sfumò, e dopo una serie incoraggiante di udienze dal papa neoeletto, Galileo ritenne di potere infine procedere senza pericolo col libro sulla cosmologia che aveva progettato da molto tempo. Il *Dialogo sopra i due massimi sistemi del mondo tolemaico e copernicano*, pubblicato nel 1632, fu una discussione dei meriti relativi di Tolomeo e di Copernico. Il titolo era però gravemente sviante: a quel tempo il sistema tolemaico era stato infatti in gran parte abbandonato da coloro che credevano nella centralità della Terra, e la grande maggioranza degli astronomi – che non riusciva a risolversi ad accettare il sistema eliocentrico di Copernico – stava optando per il sistema di Tycho Brahe o per uno degli altri compromessi geocentrici disponibili.

Scritto in volgare, il *Dialogo* fornì una brillante presentazione dei vantaggi della cosmologia copernicana e delle prove a suo favore fornite dal telescopio. Fin qui tutto bene; Galileo dovette però riconoscere che gran parte dei suoi lettori faticavano a immaginarsi su una sfera che, oltre a ruotare su se stessa, si muoveva velocemente in orbita intorno al Sole. E molti autori contemporanei erano d'accordo con Aristotele: la freccia scagliata verticalmente in aria, che ricadeva al suolo esattamente nello stesso punto da cui era stata scoccata, dimostrava che il terreno non si era mosso mentre la freccia era in volo.

La risposta di Galileo comprese una trasformazione del concetto stesso di moto. Per Aristotele un oggetto naturale, vivente o inanimato, rivelava la sua natura attraverso il modo in cui si «muoveva» (ossia cambiava: il cambiamento di luogo, o «moto locale», era solo uno di vari tipi di moto). Il moto, in questo senso generale, era perciò centrale alla sua filosofia naturale, che nel Duecento aveva acquistato maggiore forza attraverso la sua assimilazione in una cornice cristiana.

Per Aristotele il moto locale, come qualsiasi altro genere di moto, richiedeva una causa, e quindi una spiegazione, a differenza della quiete. Galileo si preparò quindi a presentare una visione alternativa del moto locale. Secondo lui non era il moto stesso, bensì la variazione del moto – l'accelerazione – a richiedere una spiegazione. Il moto uniforme – di cui la quiete era semplicemente un caso speciale – era uno stato, e come tale non generava alcuna sensazione di movimento. Ecco perché gli abitanti della Terra non avevano la percezione della velocità con cui essa si muoveva intorno al Sole.

I *Massimi sistemi* si presentano come una discussione fra tre interlocutori: Salviati, che parla per Galileo; Sagredo, l'uomo di buon senso, che tende perciò a concordare con Salviati; e Simplicio, l'aristotelico. Il vero Simplicio era stato un commentatore di Aristotele vissuto nel VI secolo. Ma il nome faceva anche pensare a uno sciocco, e Galileo commise l'errore di mettere proprio in bocca a Simplicio l'opinione del papa: che Dio avrebbe «potuto e saputo» determinare gli effetti osservati in natura «in molti modi, ed anco dall'intelletto nostro inescogitabili». Era stata intenzione di Galileo intitolare l'opera *Dialogo del flusso e reflusso del mare*, titolo che avrebbe concentrato l'attenzione sulla sua convinzione che le maree fornissero una prova chiara del moto della Terra. Aveva poi cambiato il titolo per volere del papa stesso, ma l'argomento delle maree sopravvisse nel testo, e benché esso sia stato presentato come puramente ipotetico, la finzione di Galileo, in considerazione dell'impegno serrato dell'argomentazione, risulta tutt'altro che convincente.

Non sorprende che il papa sia rimasto contrariato, anche se ciò non sembra sufficiente a spiegare la decisione del Sant'Uffizio di convocare Galileo a Roma e accusarlo di avere contravvenuto all'ingiunzione del 1616. Alla fine si arrivò a un «patteggiamento»: Galileo non aveva la stoffa di un martire. Egli abiurò il copernicanesimo in una scena che avrebbe prodotto un danno incalcolabile alla successiva reputazione della Chiesa cattolica, anche se i suoi «arresti domiciliari» significarono per lui una vita confortevole, prima a casa dell'arcivescovo di Siena Ascanio Piccolomini, suo amico, e poi nella sua villa «Il Gioiello» ad Arcetri. Persino la simbolica recitazione settimanale dei salmi penitenziali fu assolta per lui da sua figlia Maria Celeste.

Se Galileo si fosse reso conto dell'importanza dei risultati di Keplero, e avesse avuto la pazienza di studiarne gli scritti, gli argomenti a sua disposizione avrebbero potuto essere molto più forti. Ma benché Keplero avesse confermato entusiasticamente le scoperte divulgate da Galileo nel *Sidereus Nuncius* pubblicando una *Dissertatio cum Nuncio Sidereo*, e benché in una lettera di un amico di Galileo, scritta nel 1612, si parli delle ellissi di Keplero come di una conoscenza comune, Galileo non apprezzò mai le armi intellettuali che Keplero aveva messo a disposizione dei copernicani.

Galileo arretrò senza dubbio dinanzi alla geometria teologica e alle armonie mistiche che permeavano il pensiero di Keplero, e sarebbe stato certamente respinto dalle infinite pagine di calcoli dell'*Astronomia nova*. Un altro fattore di dissenso fu l'incapacità di Galileo, in tutta la sua vita, di sottrarsi alla seduzione del cerchio. Non è vero che per lui (come ci è stato insegnato) una palla avrebbe rotolato indefinitamente su un piano; un tale moto si sarebbe realizzato per lui su una superficie orizzontale liscia; e una tale superficie orizzontale era una superficie che seguiva la curvatura della Terra.

Newton avrebbe sintetizzato i risultati molto diversi ottenuti da questi due grandi contemporanei. Ma prima che ciò fosse possibile, era necessaria un'astrazione e chiarificazione concettuale. Il cosmo galileiano conservava ancora luoghi privilegiati, come il centro della Terra, intorno a cui potevano rotolare indefinitamente delle palle, o il Sole intorno a cui orbitavano i pianeti. Si dovevano ancora bandire queste ultime vestigia di eterogeneità spaziale, e si doveva concepire un universo il cui spazio fosse infinito e perfettamente uniforme: l'universo della fisica cartesiana, che, come spiegò il suo autore, non era altro che geometria.

Descartes e l'universo dei geometri

René Descartes (1596-1650) compose le sue opere principali press'a poco nello stesso tempo di Galileo, ma era più giovane di una generazione, e fra loro c'è un contrasto stilistico stridente. Nelle università medievali Aristotele era stato semplicemente «il Filosofo», e persino al tempo di Galileo la sua influenza era ancora dominante. Galileo vide perciò in lui l'arcinemico, e raramente riusciva a scrivere una pagina senza rivolgergli qualche critica. Descartes, uomo economicamente indipendente che visse la sua vita fuori del sistema universitario, considerò la battaglia contro Aristotele come già vinta, e menziona il Filosofo assai di rado; il compito centrale, per lui, non era la distruzione bensì la ricostruzione: che cosa sostituire al ragionamento rifiutato di Aristotele. La sua spietata metodologia lo condusse a una posizione estrema: che l'universo era infinito e dovunque uniforme, e che lo spazio era totalmente pieno di materia indifferenziata, che si muoveva obbedendo alle leggi dell'impatto.

Descartes era nato nel 1596 alla Haye, fra Tours e Poitiers, ed ebbe la fortuna di studiare al collegio gesuitico della Flèche. I gesuiti non vedevano (e non vedono) alcuna incompatibilità fra l'essere un prete e l'essere un astronomo o un matematico, e gli studenti della Flèche furono informati delle scoperte astronomiche di Galileo pochi mesi dopo il loro primo annuncio.

LA RICERCA DELLA CERTEZZA

I docenti di Descartes instillarono in lui un amore per la matematica, e ancor più un amore per la certezza resa possibile dalla matematica. Dopo avere lasciato la scuola, ed essersi arruolato nell'esercito di Maurizio di Nassau, all'inizio degli anni Venti del Seicento Descartes cominciò a riflettere sempre più sul problema del metodo da usare nel ragionamento se si voleva conseguire fuori della matematica una certezza simile; e pervenne gradualmente alla conclusione che la chiave era il metodo dei geometri. Ma come applicare tale metodo allo studio del mondo naturale?

Nel 1628, a Parigi, il cardinale de Bérulle udì Descartes parlare sull'abisso fra certezza e mera probabilità, e gli disse che aveva il dovere morale di dedicarsi allo sviluppo delle sue idee sul problema del «modo di filosofare». Successivamente Descartes si allontanò dalle distrazioni della vita parigina ritirandosi in Olanda, dove visse fino al 1649, quando si fece tentare ad andare a Stoccolma dall'invito a diventare il filosofo della regina Cristina. Egli soccombette ai rigori dell'inverno svedese nel febbraio 1650.

La difficoltà, in vista di una più vasta applicazione del metodo geometrico, era che il ragionamento geometrico cominciava da verità stabilite, mentre nella vita quotidiana la gente prendeva per vere delle nozioni che potevano anche essere assunti sbagliati adottati nell'infanzia e accettati da allora senza riflessione. Come ci si poteva liberare da tali errori? La soluzione di Descartes – o così almeno egli affermò – era quella di tentare di dubitare di qualsiasi presunta verità, poiché solo quelle che sopravvivevano a un trattamento così drastico dovevano essere genuine. I suoi dubbi non conoscevano limiti; in particolare, Descartes chiese a se stesso se il mondo sensoriale, della cui esistenza era stato fino allora così sicuro, non potesse essere altrettanto illusorio di un sogno.

In mezzo a tutto questo Descartes trovò però qualcosa della cui verità non poteva dubitare: la propria esistenza. *Cogito, ergo sum.* Come avrebbe infatti potuto riflettere su un interrogativo del genere senza esistere? Inoltre era in grado di concepire un essere perfetto (Dio); e un tale concetto di perfezione non poteva avere origine nella sua mente imperfetta, ma doveva venire da fuori di lui, da un tale essere. Inoltre un essere perfetto non si sarebbe fatto beffe di Descartes, dotandolo di un intelletto essenzialmente e irrimediabilmente manchevole.

L'UNIVERSO CARTESIANO

Fiducioso perciò nella possibilità di usare correttamente la ragione umana, Descartes cominciò a sviluppare la sua visione dell'universo fondata sulle idee «chiare e distinte» presenti nella sua mente: quelle idee che erano ancora nella condizione in cui gli erano venute da Dio. Fra di esse c'erano i concetti matematici di spazio e di moto, e Descartes ci dice che gli antichi geometri avevano compreso questi concetti con la stessa mirabile percezione che avevano manifestato nel loro metodo di ragionamento. Lo *spazio* dei geometri – del tutto indifferenziato ed esteso all'infinito in tutte le direzioni – era lo spazio del mondo reale. Il *moto* dei geometri era similmente il moto del mondo reale. Descartes rifiutò come incomprensibile il concetto aristotelico di moto (anche se era stato compreso abbastanza bene per due millenni!). Il moto, ci dice Descartes, risultò ora essere semplicemente uno spostamento da un luogo a un altro, come quando un punto si muoveva per definire una curva, o una curva per definire una superficie.

Descartes analizzò inoltre il suo concetto di materia, e lo confrontò col suo concetto di spazio. Ogni pezzo dato di materia poteva essere di qualsiasi colore: blu, verde o anche incolore. Perciò il colore non faceva parte del reale concetto di materia. Né facevano parte di tale concetto il sapore, l'odore o qualsiasi altra qualità: un pezzo isolato di materia, in quanto tale, aveva figura, grandezza e posizione, e nient'altro. Ma lo stesso valeva per una regione isolata di spazio. Descartes trasse così la sorprendente conclusione che – a prescindere dalla considerazione cruciale che la materia poteva muoversi *nello* spazio – materia e spazio erano identici.

Ne seguivano conseguenze importanti. Essendoci solo un tipo di spazio, c'era un solo tipo di materia; lo spazio non presentava variazioni di densità; doveva perciò valere lo stesso per la materia; e lo spazio senza materia – un vuoto – era concettualmente assurdo. Perciò, se nell'universo non ci fossero stati i moti, non ci sarebbe stata alcuna differenza fra una regione e un'altra: l'intero universo sarebbe stato completamente uniforme.

Il fatto che ci fossero differenze era una conseguenza del moto. Per capire che cosa avesse in mente Descartes, può essere utile immaginare una grande vasca piena di acqua immobile, nella quale sia immersa una massa sferica di ghiaccio. Facciamo ruotare il ghiaccio, che mentre ruota fonde. Supponiamo che la rotazione continui poi all'interno di questo spazio sferico, occupato dall'acqua che in precedenza era ghiaccio. Abbiamo ora una vasca piena d'acqua (che simboleggia la materia indifferenziata di Descartes), all'interno della quale è possibile identificare una sfera, la quale si distingue dall'acqua circostante *grazie ai suoi moti.*

Nel cosmo aristotelico esistevano singoli corpi, che si muovevano in accordo con la loro natura; nei moti di un corpo si rifletteva appunto la sua natura. Il cosmo di Aristotele era molto diverso dall'universo cartesiano: qui i corpi erano definiti – si potrebbe quasi dire creati – dal moto. Che cosa si potrebbe dire di più su questo moto? Dio era soprattutto immutabile, e questa caratteristica si rifletteva nella sua creazione, attraverso quelle che oggi potremmo chiamare le «leggi di conservazione»: si conservava lo spazio/materia e (fatto più interessante) si conservava il moto, sia la quantità totale di moto nell'universo (il prodotto della velocità per la quantità di materia sommato in tutto l'universo) e, almeno tendenzialmente, il moto dei singoli corpi.

Il moto di un corpo tendeva a conservarsi com'era in quel momento, poiché Dio viveva nell'eterno presente. Il corpo si muoveva allora con una certa velocità in una certa direzione, ed era perciò questo moto – in linea retta – che tendeva a conservarsi.

In pratica, però, ciò non poteva accadere, poiché non c'era spazio senza materia, e quindi nessun corpo era isolato: nulla poteva muoversi senza movimenti compatibili nella materia circostante, sia di fronte sia dietro. Di conseguenza, i moti che tendevano in linea di principio a essere rettilinei, in pratica assumevano la forma di una circolazione della materia in «vortici».

Il sistema solare era uno di tali «vortici», composti principalmente da materia i cui moti la rendevano invisibile. Era questa materia invisibile (piuttosto che il magnetismo solare screditato di Keplero, dei cui risultati Descartes sembrava non essere al corrente) a trasportare in giro i pianeti visibili. Frattanto, per una sorta di effetto centrifugo, piccoli pezzi di materia agitata che l'occhio umano percepiva come luminosa, erano costretti a entrare nel centro del vortice, dove si raccoglievano a formare il Sole. Lo stesso accadeva in altri grandi vortici, ognuno dei quali aveva al suo centro un sole (cioè una stella): perciò il Sole era una normale stella.

Descartes credeva di avere derivato questa concezione del mondo dalla sua comprensione della natura immutabile del Dio Creatore. Nella prima esposizione della sua concezione, il *Traité du monde* – che rinunciò a pubblicare dopo avere saputo della condanna di Galileo – aveva fatto un'osservazione significativa, ossia che quest'immutabilità di Dio doveva riflettersi inevitabilmente in qualsiasi mondo fosse stato creato da lui, o che lui avrebbe potuto creare. Perciò, quando Descartes mostrò che nell'immutabilità di Dio era implicato un carattere del nostro mondo, questo carattere non era semplicemente vero del nostro mondo, ma *doveva* essere vero. Le cose non potevano essere diverse, poiché Dio doveva essere fedele alla sua natura.

Con questi ragionamenti Descartes poteva arrivare però solo fino a un certo limite, non solo in pratica ma anche in teoria. Egli spiegò che quando Dio creò la materia/spazio infinita che costituisce il nostro mondo, le impose il moto e lasciò che si sviluppasse in accordo con le leggi del moto. Dio aveva però la libertà di imporre uno qualsiasi di molti tipi di moto, e non si poteva quindi inferire da primi principi quale tipo di moto aveva in effetti scelto. Similmente, i caratteri del mondo intorno a noi sono localizzati nello spazio e nel tempo: per esempio, noi viviamo in un sistema planetario che si trova ad avere un certo numero di pianeti, ma questo numero sarebbe potuto essere diverso, e quindi per imparare qualcosa sul nostro particolare sistema noi dobbiamo servirci dell'osservazione.

Perciò il programma cartesiano nella scienza, nonostante il tentativo del suo autore di pervenire alla certezza, dipendeva dall'osservazione e dall'esperimento, con tutte le incertezze relative. E poiché lo stesso Descartes aveva dedicato molto tempo a gettare le basi metafisiche della sua cosmologia, i suoi discepoli immediati, quando scrissero i loro trattati, sentirono di poter tralasciare la maggior parte di questa metafisica. Per convincere i loro lettori, si fondarono invece sull'appello intuitivo all'uso di materia in moto per spiegare l'universo. Questo approccio alla natura divenne noto come la «filosofia meccanicistica», e ricevette la sua espressione più radicale nei *Principia philosophiae.*

La filosofia meccanicistica era stata ereditata dagli atomisti dell'Antichità. Essa era particolarmente plausibile in un periodo in cui meccanismi di ogni sorta (l'esempio più eminente dei quali era il complesso meccanismo dell'orologio della cattedrale di Strasburgo) offrivano un modello convincente dell'universo: convincente perché un meccanismo a orologeria illustrava quanto potessero essere complessi gli effetti derivabili da un tale meccanismo, i cui singoli componenti avevano tuttavia spiegazioni che erano rassicurantemente chiare e intelligibili.

Descartes non era un astronomo, ma la sua immagine del mondo era così radicale che, mentre tutte le cosmologie precedenti avevano guardato (con approvazione o no) ad Aristotele, ora tutti avrebbero guardato a Descartes. Dalla pubblicazione dei *Principia philosophiae*, nel 1644, fu sempre più accettata l'idea che il Sole fosse una delle innumerevoli stelle nello spazio uniforme e illimitato, e che i pianeti circolassero intorno al Sole in traiettorie che erano la conseguenza di un'inerzia rettilinea (in virtù della quale un corpo non impedito si muove di moto rettilineo uniforme) modificata dalle forze meccaniche dell'urto. Lo stesso Newton fu soggetto nei suoi anni giovanili all'influenza di Descartes, e quando abbandonò infine il «pieno» cartesiano per un universo quasi vuoto tenuto insieme da una misteriosa «attrazione», scandalizzò molti fra i suoi contemporanei.

L'astronomia trasformata

Nel secolo che separa la pubblicazione del *De revolutionibus* di Copernico, nel 1543, da quella dei *Principia philosophiae* di Descartes nel 1644, sia la scienza dell'astronomia sia l'universo studiato dagli astronomi si erano trasformati. Nonostante tutte le sue novità, il libro di Copernico era saldamente inscritto nella tradizione dell'astronomia dei cerchi. Per lui il compito dell'astronomo era quello che era sempre stato: escogitare modelli geometrici che replicassero i moti dei pianeti. Solo pochi suoi contemporanei si resero conto che, nell'assolvere questo compito, egli si era trovato costretto a modificare un aspetto fondamentale del cosmo chiuso, gerarchico, di Aristotele, annullando l'opposizione fra la Terra centrale e le sfere celesti che la racchiudevano.

Nel corso di decenni gli astronomi avevano imparato l'importanza di osservazioni ripetute e accurate, fatte con strumenti progettati e affinati in modo da soddisfare le crescenti esigenze di precisione. Essi avevano scoperto come escogitare apparecchiature che espandessero i sensi umani, e come vedere corpi celesti rimasti nascosti dal tempo della Creazione. E avevano ampliato i loro obiettivi, per includere in essi lo studio non solo di come i corpi celesti si muovono ma anche del perché: l'investigazione delle forze a cui rispondevano i moti planetari.

Nel corso di questo processo l'universo era mutato, e mutato rapidamente. I *Principia* di Descartes segnarono la rottura definitiva col cosmo aristotelico con i suoi luoghi naturali, sostituendogli lo spazio totalmente uniforme e indifferenziato dei geometri, in cui si ridistribuiva senza fine una materia altrettanto omogenea e uniforme.

«La mia fisica non è altro che geometria», scrisse Descartes in una lettera. Ma gli strumenti matematici necessari per studiare l'universo cartesiano non erano ancora stati inventati, cosicché lui e i suoi seguaci furono costretti a usare parole in luogo di simboli. A breve termine questo era un vantaggio: i nobili colti, ma ignoranti di matematica, che frequentavano i salotti di Parigi erano in grado di capire la fisica cartesiana, così come gli studenti di Cambridge, dove il cartesianesimo divenne di gran moda. Ma benché i cartesiani potessero spiegare in modo abbastanza plausibile i corpi celesti, raramente erano in grado di prevederne il comportamento futuro. La capacità di predizione della fisica quantitativa newtoniana si sarebbe col tempo dimostrata irresistibile, e Descartes avrebbe seguito la sorte di Aristotele.

IL TELESCOPIO NEL SEICENTO

J.A. Bennett

Il telescopio a rifrazione

Quando, nel 1609, Galileo puntò verso il cielo un cannocchiale costruito da lui, fece un uso immaginativo di uno strumento che era noto da un decennio circa come dispositivo ottico di possibile importanza militare. Il cannocchiale di Galileo (un telescopio rifrattore semplice) aveva un «obiettivo» biconvesso (che piegava o *rifrangeva* i raggi in modo da farli convergere in un fuoco) e un «oculare» biconcavo, e ingrandiva fino a venti volte. Galileo poté procurarsi facilmente queste lenti, in quanto venivano prodotte per gli occhiali, ma per le esigenze dell'osservazione telescopica la loro qualità era scarsa, e di conseguenza la risoluzione del suo strumento era molto modesta.

Galileo è il più famoso fra coloro che al suo tempo osservarono il cielo con uno strumento ottico, ma non fu l'unico. In Inghilterra Thomas Harriot (c. 1560-1621) fu similmente interessato all'osservazione astronomica, ma essendo al servizio del conte di Northumberland era meno libero di pubblicare i suoi risultati, e ne aveva meno bisogno. Dopo la pubblicazione del *Sidereus Nuncius* di Galileo, un cannocchiale divenne un oggetto estremamente desiderabile per tutti i partecipanti alla controversia sulla cosmologia, cosicché la richiesta dello strumento crebbe, insieme all'interesse per il miglioramento delle sue prestazioni.

Keplero rispose all'iniziativa di Galileo progettando un telescopio di tipo diverso, con un oculare convesso, e il suo schema fu

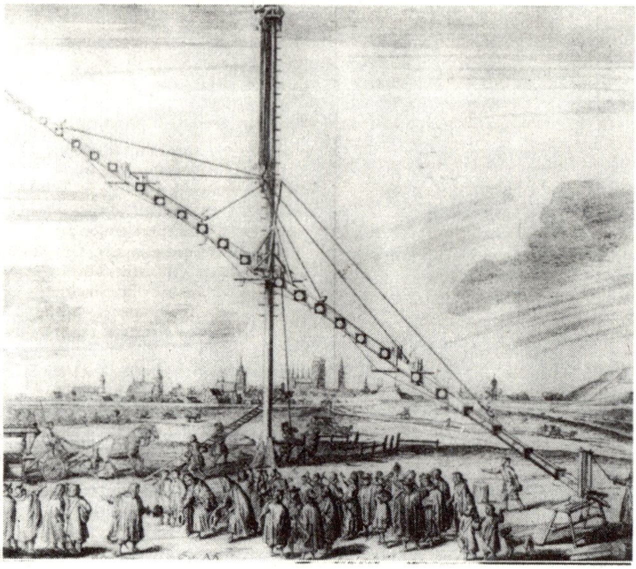

FIGURA 5.8 Uno dei telescopi molto lunghi (e con solo lo scheletro di un tubo, per ridurre il peso e gli effetti del vento) usati da Johannes Hevelius per limitare gli effetti dell'aberrazione cromatica e sferica. (Da J. Hevelius, *Machina coelestis*, 1673)

pubblicato nel 1611. Il suo strumento aveva un campo maggiore e poteva essere usato per proiettare un'immagine su uno schermo; era quindi utile per l'osservazione delle macchie solari. Un carattere che divenne importante in seguito nel corso del secolo fu che un telescopio kepleriano poteva essere dotato di un micrometro nell'oculare (vedi più avanti), oppure poteva essere adattato come mirino telescopico su uno strumento per misurazioni. Questo strumento aveva l'inconveniente di capovolgere l'immagine, cosa peraltro di scarsa importanza in astronomia, dove questo tipo, noto come «telescopio ottico», divenne ben presto il telescopio rifrattore standard.

La sua risoluzione era tuttavia limitata dal fatto, segnalato dallo stesso Keplero, che le lenti di curvatura sferica – l'unico tipo di lenti che si potessero produrre a quel tempo non portavano in un unico fuoco tutti i raggi incidenti paralleli. In altri termini, lo strumento dava un'immagine sfocata in conseguenza di quella che divenne nota come «aberrazione sferica». Nel Seicento tutti i tentativi di molare lenti asferiche fallirono. Ma c'era anche un altro problema, l'«aberrazione cromatica», che non veniva distinta chiaramente dalla prima: quand'anche si fosse riusciti a produrre una lente capace di focalizzare i raggi monocromatici, la diversa rifrazione dei raggi di diverso colore avrebbe continuato a negare agli astronomi un'immagine nitida.

Le uniche misure pratiche che si poterono prendere furono quelle di usare lenti di piccola curvatura, ossia di grande distanza focale, e di introdurre aperture che limitassero la luce incidente sulla regione frontale della lente. Una grande distanza focale significava telescopi lunghi, e alla metà del secolo uno strumento astronomico di buona qualità doveva avere una lunghezza di almeno una decina di metri, che richiedeva strutture di sostegno e sistemi di carrucole per montarlo e manovrarlo. Il principale osservatore astronomico del secolo, il ricco birraio di Danzica Johannes Hevelius (1611-1687), possedette telescopi di lunghezza straordinaria, lunghi fino a 45 metri, ma strumenti di tale mole erano difficilmente manovrabili.

Christiaan Huygens fece ricorso addirittura a montature in cui non c'era alcuna connessione fisica fra obiettivo e oculare, a parte una funicella manovrata dall'osservatore.

Il telescopio a riflessione

La difficoltà pratica di dare all'obiettivo di un rifrattore la forma geometrica ideale, e la lunghezza eccessiva dei tubi usati per aggirare tale inconveniente, indussero nel 1663 il matematico scozzese James Gregory (1638-1675) a proporre un tipo di telescopio alternativo. In esso la luce che entra nel tubo perviene a uno specchio concavo in fondo al tubo, che la riflette all'indietro. Un secondo specchio concavo, più piccolo, situato al centro del tubo, riflette nuovamente la luce verso lo specchio primario. Passando attraverso un foro praticato al centro dello specchio primario, la luce perviene all'oculare.

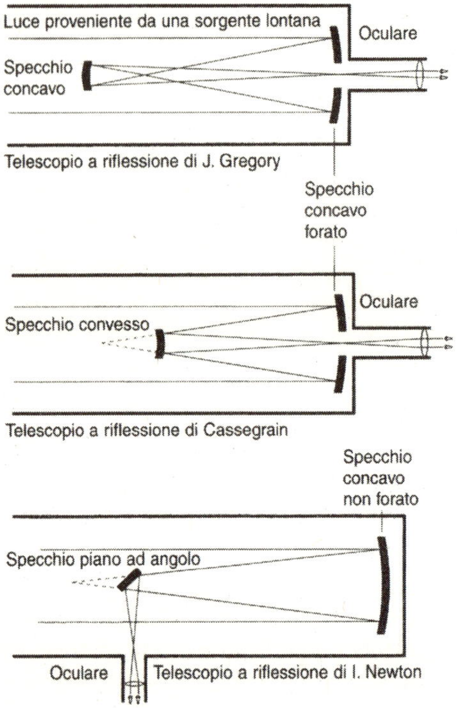

FIGURA 5.9 Le tre forme di telescopio a riflessione inventate fra il 1660 e il 1680. Nel progetto newtoniano (in basso) non era necessario forare lo specchio primario, e lo specchio secondario era piano anziché curvo. Ciò semplificava il compito del costruttore, cosicché questa forma divenne popolare nel Sette-Ottocento, specialmente per grandi strumenti con grossi specchi.

Gregory portò il progetto a un'azienda di ottica londinese, che non si rivelò all'altezza della situazione, ma il tentativo, anche se non andato a buon fine, confermò che il progetto era realizzabile.

Un progetto simile, ma con uno specchio secondario convesso, fu proposto nel 1672 da un francese di nome Cassegrain, su cui non si sa quasi niente. Un secolo dopo si mostrò che lo specchio secondario convesso aiutava a evitare l'«aberrazione sferica» introdotta dalle discrepanze degli specchi concavi di Gregory dalle loro forme ideali, e nei telescopi moderni la soluzione Cassegrain è molto usata.

Frattanto Isaac Newton, a Cambridge, aveva fatto una scoperta di fondamentale importanza (vedi pp. 282-283). Da molto tempo si credeva che la luce bianca fosse semplice, e che i colori fossero sue «modificazioni». Newton dimostrò invece che essa è composta dai colori, ognuno dei quali viene rifratto di un angolo leggermente diverso da un obiettivo. Newton pensava che l'offuscamento causato da quest'«aberrazione cromatica» fosse intrinseco ai telescopi a rifrazione. Lo specchio usato da Gregory in luogo delle lenti evitava questo problema; purtroppo il progetto di Gregory richiedeva un secondo specchio curvo, con la conseguente necessità di forare lo specchio primario.

Nel 1668, perciò, Newton escogitò un piccolo riflettore fondato su un progetto che evitasse queste carenze. Anche in questo caso uno specchio primario in fondo al tubo rifletteva la luce incidente, ma in questo caso il piccolo specchio secondario, che era piano e inclinato di 45° rispetto all'asse del tubo, rifletteva la luce verso un oculare perpendicolare al tubo.

Questo riflettore divenne noto solo a un pugno di conoscenti di Newton a Cambridge, ma nel 1671 egli costruì uno strumento simile, che presentò alla Royal Society. Nessuno di questi due riflettori newtoniani sopravvive, ma si ritiene che parti di un terzo strumento, da lui costruito nell'inverno del 1671-1672, siano state poi incorporate in un riflettore da lui presentato alla Royal Society nel 1776.

Usando un solo specchio curvo, il telescopio newtoniano fu molto usato nel Sette-Ottocento, specialmente nello studio di oggetti deboli per cui si richiedeva uno strumento di grande luminosità.

Newton fu eccessivamente pessimista nel pensare che il problema dell'aberrazione cromatica fosse insolubile. Nel 1729 un avvocato inglese, Chester Moor Hall (1703-1771), escogitò un obiettivo «acromatico» combinando due vetri con proprietà di rifrazione diverse: una lente concava di *flint* e una convessa di *crown glass.* Hall non sfruttò però l'idea commercialmente, cosa che permise all'importante costruttore di strumenti londinese John Dollond (1706-1761) di farla rivivere in una comunicazione presentata nel 1758 alla Royal Society, e di brevettarla. In seguito gli strumenti acromatici di Dollond furono molto ricercati sia dagli osservatori sia dagli astronomi dilettanti.

Misurazioni con telescopi

Il telescopio permetteva di vedere cose nuove, nonché oggetti familiari ingranditi. Di contro, gli strumenti tradizionali dell'astrono-

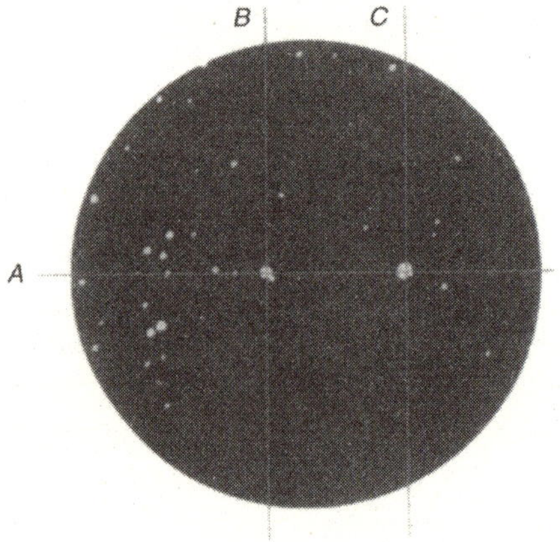

Figura 5.10 Il principio del micrometro a fili. Per misurare l'angolo che separa due stelle, l'osservatore allinea il micrometro così che il filo fisso *A* passi per le due stelle. Regola poi i fili mobili *B* e *C* così che ognuno di essi passi per una delle stelle. La quantità degli spostamenti richiesti fornisce una misura dell'angolo che separa le due stelle. (Da Joseph-Jérôme Lefrançois de Laland, *Traité d'astronomie,* 1771-1781)

mo servivano per lo più per la misurazione di angoli. Non fu immediatamente chiaro che le due cose potevano combinarsi.

Nel telescopio di tipo kepleriano l'immagine veniva messa a fuoco ed esaminata con l'oculare, che funzionava come un microscopio. Intorno al 1640 un astronomo dilettante inglese, di nome William Gascoigne, trovò che un ragno aveva tessuto nel piano focale del suo telescopio una tela, che appariva sovrapposta all'immagine astronomica. Egli si rese conto che si sarebbero potuti inserire nello stesso piano dei fili incrociati, per localizzare il centro esatto del campo visuale e permettere quindi di allineare accuratamente il telescopio all'oggetto osservato. Nella stessa posizione si sarebbe potuto sistemare, alternativamente, un dispositivo di misurazione o «micrometro», per misurare o il diametro apparente di un oggetto come un pianeta o l'angolo fra due oggetti vicini, come due montagne sulla Luna.

Purtroppo Gascoigne rimase ucciso nel 1644 in una battaglia della Guerra civile, ma le sue tecniche furono applicate a Oxford fra il 1650 e il 1660, particolarmente da Christopher Wren, che usò micrometri in uno studio della superficie lunare. Nel 1663 Wren illustrò alla Royal Society anche uno strumento astronomico che incorporava un cannocchiale di mira.

Frattanto nel 1659 Huygens annunciò la scoperta (indipendente) di una forma di micrometro per oculare nel *Systema saturnium*. Altre forme di micrometro furono sviluppate a Parigi negli anni Sessanta, da Adrien Auzout, Pierre Petit e Jean Picard. Ben presto fu completata la trasformazione del telescopio in uno strumento di misurazione.

L'incorporazione di un telescopio in strumenti tradizionali di misurazione, per migliorare la risoluzione dell'occhio nudo, avvenne più lentamente. Una particolare resistenza fu opposta da Hevelius, che era un osservatore molto stimato.

Hevelius si era costruito il migliore osservatorio del tempo (che però sarebbe stato distrutto da un incendio nel 1679), e pur usando ovviamente telescopi per l'osservazione, insistette nel voler compiere misurazioni a occhio nudo. Hooke e altri videro in ciò un cattivo esempio per aspiranti osservatori. Ne seguì una pubblica controversia, e Hevelius si rifiutò di cambiare atteggiamento; neppure una visita e le lusinghe di Halley riuscirono a smuoverlo. Al tempo della sua morte Hevelius era rimasto quasi solo a negare il valore dei cannocchiali di mira.

Le basi dell'astronomia

L'equivalente della longitudine terrestre è noto in astronomia come ascensione retta (AR) e si misura a partire dal punto sull'equatore celeste in cui il Sole passa per l'equatore all'equinozio vernale. Poiché la Terra compie una rotazione al giorno, l'AR può essere espressa in gradi o in una frazione di tempo (con un'ora uguale a 15°) e la misurazione fondamentale è quella del momento in cui l'oggetto celeste attraversa il meridiano dell'osservatorio. Il primo strumento di precisione dedicato alla misurazione dei transiti fu costruito da Ole Rømer dopo il suo ritorno da Parigi in Danimarca nel 1681, per andare a dirigere l'osservatorio di Copenaghen.

La posizione dello strumento dei transiti di un osservatorio venne a definire la longitudine dell'osservatorio, e a partire dal 1884 lo strumento dei transiti di Greenwich ha definito la longitudine zero nel mondo. Gli osservatori astronomici dell'Otto-Novecento videro il loro compito nel registrare le posizioni delle stelle e di altri corpi celesti con una precisione e completezza sempre crescenti. Per misurare l'altezza del corpo celeste nell'istante del transito, e ottenere in tal modo la sua declinazione (l'equivalente celeste della latitudine), gli osservatori seguirono l'esempio di Tycho Brahe e usarono quadranti o altri settori di cerchio montati su un muro orientato esattamente nella direzione nord-sud, ma dotati ovviamente di un cannocchiale di mira. Nell'Ottocento alcuni grandi costruttori di strumenti inglesi, come Edward Troughton, svilupparono un cerchio murale che (come i suoi antecedenti) doveva essere usato in combinazione con lo strumento dei transiti. Questo cerchio murale era però dispendioso, anche come mano d'opera, in quanto richiedeva due osservatori. I costruttori continentali risposero alla domanda costruendo strumenti dei transiti che includevano strumenti di precisione sufficiente per rendere superfluo un arco (o un cerchio) murale, e i costruttori inglesi furono ben presto costretti a seguirne l'esempio.

6

Newton e il newtonianesimo

Michael Hoskin

Noi siamo indotti a pensare anche troppo facilmente che le tre «leggi» dei moti planetari di Keplero siano state semplici generalizzazioni da dati d'osservazione, e che perciò fossero attendibili e al di sopra di qualsiasi controversia. La verità è però molto diversa.

Quella che conosciamo come prima legge, che i pianeti si muovono in ellissi col Sole in uno dei fuochi, fu proposta da Keplero nel 1609 nell'*Astronomia nova* dopo calcoli complessi e confusi, guidati da una dinamica molto dubbia. La legge divenne molto più nota dopo essere stata ripetuta una decina di anni dopo, in modo chiaro e semplice, nell'*Epitome astronomiae copernicanae* dello stesso Keplero. Essa realizzava un sogno dell'astronomo: ogni orbita planetaria era descritta da una curva geometrica semplice, di un tipo familiare, le cui proprietà erano state stabilite già nel mondo antico. Non sorprende che le ellissi di Keplero si siano rivelate attraenti per gli astronomi della metà del Seicento.

Noi che viviamo dopo Newton sappiamo però che la legge non è rigorosamente vera; nel sistema solare reale i pianeti sono «perturbati» dall'attrazione degli altri pianeti, che impediscono loro di seguire orbite ellittiche regolari. Le osservazioni della metà del Seicento non erano abbastanza esatte da rivelare queste complicazioni, ma in verità non lo erano neppure per permettere di scegliere fra un'ellisse e vari ovali molto simili a un'ellisse.

La «seconda legge», proposta anch'essa per la prima volta nell'*Astronomia nova* e ripetuta nell'*Epitome*, dice che il raggio vettore che unisce un pianeta al Sole descrive in tempi uguali aree uguali. Anche in questo caso non solo le perturbazioni fanno di questa legge nulla di più di una semplice approssimazione, ma gli astronomi della metà del Seicento non erano assolutamente in grado di verificare un rapporto matematico così complesso.

C'era tuttavia la possibilità di formulazioni alternative. Poiché le orbite planetarie sono quasi circolari, erano escogitabili numerose teorie con equanti (implicanti luoghi da cui il moto del pianeta *apparirebbe* uniforme), indistinguibili dal punto di vista dell'osservazione dalla legge che conosciamo. Queste teorie avevano il grande merito di possedere una forma familiare e di essere trattabili meccanicamente.

Esse non erano neppure le uniche teorie possibili. La legge delle aree implica in effetti che la velocità v del pianeta sia inversamente proporzionale alla distanza r del pianeta dal Sole ($v \propto 1/r$) solo in due occasioni in ogni orbita, ossia quando il pianeta si trova all'uno o all'altro estremo dell'asse maggiore dell'ellisse. Se però l'ellisse è quasi circolare, la velocità è grossomodo inversamente proporzionale alla distanza dal Sole in tutta l'orbita; e fu questa relazione che gli astronomi considerarono la vera legge, alla quale la legge delle aree doveva essere un'approssimazione.

La «terza legge», annunciata nel 1619 nella *Harmonice mundi*, diceva che il quadrato del periodo di ogni pianeta era in un rapporto fisso al cubo della sua distanza media dal Sole. Ci si sarebbe potuti attendere che questa legge fosse facilmente verificabile, poiché nello studio delle distanze e dei periodi gli astronomi si trovavano su un terreno familiare. Ma anche qui ci furono complicazioni: Mercurio, e persino Venere, essendo sempre vicini al Sole, sono difficili da osservare; le traiettorie dei pianeti sono modificate da perturbazioni; e, come avrebbe fatto vedere Newton, la legge stessa aveva bisogno di modifiche.

La genesi dei Principia *di Newton*

Quali che fossero le loro limitazioni, le «leggi» di Keplero fornirono tuttavia agli astronomi una qualche presa sul modo in cui si muovevano i pianeti. Sul *come* ma non sul *perché*: le leggi non dicevano nulla sulle forze che causavano i moti planetari. Keplero credeva che un pianeta fosse pigro e continuasse il suo moto orbitale solo perché il Sole lo spingeva di continuo in avanti, altrimenti si sarebbe fermato immediatamente. Descartes insegnò invece che – in linea di principio – un pianeta avrebbe continuato a muoversi in linea retta a una velocità uniforme a meno che non fosse stato sottoposto a influenze esterne. Il suo universo era però completamente pieno di materia, cosicché i pianeti in esso presenti erano sottoposti in permanenza a tali influenze. In pratica, perciò, i suoi pianeti erano trasportati in giro dal vortice solare, urtati da ogni parte da materia la cui pressione piegava le orbite planetarie, trasformandole da linee rette in traiettorie quasi circolari.

LA FILOSOFIA MAGNETICA

I membri della Royal Society di Londra (fondata nel 1660) erano però eredi di una tradizione del tutto diversa, derivante da William Gilbert (1544-1603), che nel *De magnete, magneticisque corporibus*, edito nel 1600, aveva sostenuto che la Terra è un'immensa calamita (vedi p. 141). Il suo apparato sperimentale di base era costituito da un pezzo di magnetite, alla quale era stata data la forma di una sfera e che spesso veniva fatta galleggiare sull'acqua. La sfera, chiamata da Gilbert *terrella* (piccola Terra), doveva provare per analogia le proprietà magnetiche della Terra. Gilbert sperava che, se si fossero potuti raccogliere abbastanza dati sulla differenza fra nord magnetico e nord vero, e su quella fra l'«inclinazione» dell'ago di una bussola e l'orizzontale, tali informazioni potessero essere d'aiuto per i naviganti.

Gilbert era un medico, tipico rappresentante di quegli uomini pratici che frequentavano il Gresham College, recentemente fondato dal mercante londinese Sir Thomas Gresham. Il Gresham College era un'istituzione di istruzione superiore molto diversa dalle università di Oxford e di Cambridge. Al Gresham i professori facevano lezione principalmente in inglese, e affrontavano i loro argomenti nel modo appropriato per un pubblico che comprendeva costruttori di strumenti, naviganti, medici e altri esponenti di professioni con importanti aspetti pratici.

Nella prima metà del Seicento e oltre, il Gresham mantenne la sua tradizione di scienza sperimentale, nella quale la «filosofia magnetica» di Gilbert aveva un posto d'onore. Verso la fine degli anni Quaranta, dopo la fine della Guerra civile che avrebbe condotto nel 1649 all'esecuzione del re Carlo I Stuart, il gruppo fu indebolito quando i vincitori imposero ad alcuni suoi membri di andare a insegnare all'Università realista di Oxford, dove essi andarono a occupare posti chiave. La tradizione, però, sopravvisse e, all'avvicinarsi della restaurazione della monarchia nel 1660, il Gresham College divenne ancora una volta il centro focale della vita scientifica londinese. In effetti la riunione informale che, nel novembre di quell'anno, condusse alla fondazione della Royal Society, ebbe luogo dopo una conferenza di astronomia al Gresham College.

Uno fra gli esponenti principali del Gresham alla metà del secolo fu John Wilkins (1614-1672). Nel 1640 egli pubblicò la seconda edizione della sua *Discovery of a World in the Moone*, in cui discusse la possibilità teorica di un viaggio sulla Luna. A suo parere una tale possibilità esisteva; come infatti Gilbert aveva creduto che un magnete sferico fosse circondato da una sfera d'attrazione rigorosamente finita, così Wilkins pensava che il viaggiatore spaziale sarebbe stato in grado di sottrarsi all'influenza magnetica della Terra una volta che si fosse trovato a forse una ventina di miglia al di sopra della sua superficie. Però, come rifletté ulteriormente Wilkins su questa sfera d'influenza, era irragionevole attendersi che ci fosse un confine nettamente definito al di là del quale la gravità non avesse più alcun effetto: «è probabile che questa forza magnetica perda i suoi gradi di intensità proporzionalmente alla sua distanza dalla Terra, che ne è la causa».

ROBERT HOOKE E GLI INIZI DELLA ROYAL SOCIETY

Nel 1648 Wilkins fu imposto alla direzione del Wadham College, a Oxford, dove vennero a trovarsi sotto la sua influenza due fra le menti più brillanti della generazione seguente: Christopher Wren (1632-1723) e Robert Hooke (1635-1703). Wren è ricordato come l'architetto che, in collaborazione con Hooke, ricostruì Londra dopo il Grande Incendio del 1666; ma fu anche il titolare della cattedra di astronomia, prima al Gresham dal 1657 al 1661, e poi a Oxford. Hooke divenne curatore degli esperimenti alla neonata Royal Society nel 1662, e tre anni dopo aggiunse a questo incarico la cattedra di geometria al Gresham. Egli era molto versatile, ma purtroppo i suoi vari doveri come curatore degli esperimenti incoraggiarono la sua tendenza innata a produrre idee senza dar loro un seguito adeguato.

Come i pianeti si muovessero nelle loro orbite, quali traiettorie venissero seguite dalle comete e come l'attrazione magnetica della Terra diminuisse al crescere della distanza erano problemi che furono ripetutamente discussi dai due amici e dalla cerchia dei loro conoscenti. Nel 1662, e di nuovo nel 1664, Hooke tentò di confermare con l'esperimento la tesi che l'attrazione della Terra variasse con l'altezza. Salendo il più in alto possibile sul tetto dell'Abbazia di Westminster o della vecchia cattedrale di St Paul, misurò il peso dei corpi prima accanto a lui e poi sospesi fin quasi a toccare il livello del suolo, ma ovviamente senza riuscire a scoprire alcuna variazione.

Nel 1666, per illustrare le sue idee circa l'interazione del Sole con la Terra e la Luna, Hooke presentò alla Royal Society un pendolo il cui filo era diviso verso la sua estremità in due fili, a uno dei quali era sospesa una massa maggiore (che rappresentava la Terra), mentre all'altro era sospesa una massa minore (la Luna). Questi due pesi venivano messi in rotazione l'uno intorno all'altro, formando congiuntamente un sistema che veniva allora fatto ruotare come un tutt'uno intorno al «Sole».

Dopo di ciò Hooke fece rapidi progressi nella comprensione. Nel 1674 colse l'opportunità di compendiare la posizione da lui raggiunta, esponendola in uno dei passi più notevoli mai pubblicati nell'intera storia dell'astronomia. Era nella forma di tre «supposizioni», pubblicate in appendice al suo *Attempt to Prove the Motion of the Earth*:

> Primo, che tutti i corpi celesti, di qualsiasi natura, hanno una forza d'attrazione o di gravitazione verso il loro centro, per mezzo della quale attraggono non solo le loro parti, impedendo loro di fuggire via, come possiamo osservare che fa la Terra, ma anche tutti gli altri corpi celesti che si trovano entro la sfera della loro attività...

Hooke riteneva che la Terra non solo attraesse il Sole e la Luna e ne fosse attratta, ma che facesse lo stesso con tutti gli altri pianeti, e che questa forza interplanetaria si identificasse con la stessa gravità che manteneva insieme le parti della Terra. La sua menzione della «sfera della loro attività» mostra tuttavia che egli non pensava che queste forze di attrazione fossero universali.

> La seconda supposizione è che tutti i corpi celesti, di qualsiasi natura, che ricevano un moto diretto e semplice, continueranno a muoversi in linea retta fino a quando non vengano, da qualche altra forza, deflessi e deviati in un moto su un cerchio, su un'ellisse o su una qualche altra linea curva più complessa.

Questa era la prima affermazione pubblicata corretta sulla dinamica del moto in un'orbita.

> La terza supposizione è che queste forze d'attrazione siano tanto più intense nel loro operare quanto più il corpo su cui esse operano è vicino al loro centro.

Hooke riteneva che la forza d'attrazione diminuisse al crescere della distanza. Ma variava in ragione inversa alla distanza stessa ($f \propto 1/r$), o al quadrato della distanza ($f \propto 1/r^2$), o a che cosa? Hooke non lo sapeva, ma considerò la distanza relativamente poco importante, semplicemente una delle cose marginali che restavano ancora in sospeso.

> Non ho ancora verificato sperimentalmente quali siano questi vari gradi... Chi comprende la natura del pendolo circolare e del moto circolare, capirà facilmente l'intero fondamento di questo principio.

Fra le leggi possibili, quella più probabile era che la forza variasse in proporzione inversa al quadrato della distanza (la legge dell'«inverso del quadrato»). Dopo tutto, la luminosità del Sole o di un pianeta si riduce esattamente in questa misura. Ma c'era anche un'altra ragione per sospettare la legge dell'inverso del quadrato, ragione che aveva a che fare con i tentativi dei cartesiani di analizzare le forze all'opera nel moto orbitale. Quando un fromboliere cominciava a far ruotare il sasso intorno a lui, sentiva che esso esercitava una forte spinta verso l'esterno. Prima che il sasso venisse liberato, sembrava che la traiettoria circolare percorsa dal sasso fissato all'estremità della funicella fosse la conseguenza di un equilibrio fra l'attrazione della funicella della fionda verso il centro e la tendenza della pietra ad allontanarsi direttamente dal centro. (Oggi possiamo renderci conto che quest'analisi è sviante, essendo il risultato del lavoro con un sistema di riferimento in rotazione: l'analisi implicava una considerazione delle attrazioni – verso l'interno e verso l'esterno – nella direzione della fune, la quale ruotava di continuo.) Nell'opera *Horologium oscillatorium*, edita nel 1673, il fisico olandese Christiaan Huygens (1629-1695) dimostrò che l'attrazione dell'oggetto rotante verso l'esterno era proporzionale alla velocità al quadrato divisa per il raggio (v^2/r).

Ora, la terza legge di Keplero dice che il quadrato del periodo di un pianeta è in un rapporto fisso (diciamo k) al cubo del raggio della sua orbita. Supponiamo che i pianeti si muovano tutti in orbite circolari con velocità costanti, anziché in orbite ellittiche quasi circolari con velocità variabili. Poiché il periodo è uguale alla circonferenza ($2\pi r$) divisa per la velocità v, la legge stabiliva che, per ogni pianeta, $(2\pi r/v)^2 = kr^3$; ossia, v^2/r – l'attrazione di Huygens – sarebbe in un rapporto fisso a $1/r^2$.

La forma più probabile della legge era quindi quella dell'inverso del quadrato. Le vere orbite planetarie non erano però traiettorie circolari con velocità costante, bensì ellissi con velocità variabile. La domanda cruciale, quindi, era: una legge dell'attrazione verso il Sole variabile con l'inverso del quadrato della distanza avrebbe dato orbite ellittiche? Nel gennaio 1684, discutendo alla Royal Society con Wren e col giovane Edmond Halley (c. 1656-1742), futuro professore di geometria a Oxford e futuro astronomo reale, Hooke sostenne di averne una dimostrazione, anche se non la rivelò. Wren, che conosceva Hooke abbastanza da prendere quell'affermazione *cum grano salis*, offrì un libro in premio a lui o a qualsiasi altro avesse veramente prodotto una tale dimostrazione entro due mesi. Il premio non fu reclamato da nessuno.

Più tardi, nel corso di quello stesso anno, Halley si recò da Isaac Newton (1642-1727) a Cambridge, dov'egli insegnava, e gli chiese quale sarebbe stata l'orbita di un pianeta che si muovesse intorno al Sole con un'attrazione inversamente proporzionale al quadrato della distanza. Newton diede a Halley la risposta che egli non aveva quasi osato sperare: l'orbita sarebbe stata un'ellisse.

LA DINAMICA DELLE ORBITE ELLITTICHE

L'Università di Cambridge, nella quale Newton era entrato studente nel 1661, rispettava ancora ufficialmente nel suo insegnamento il primato di Aristotele, ma la semindipendenza dei *tutors* dei college aveva permesso l'introduzione non ufficiale della fisica cartesiana, e con essa della filosofia meccanicistica: la dottrina secondo cui la materia in moto è la spiegazione di tutte le cose e un corpo può influire su un altro solo attraverso un contatto diretto.

Nell'universo di Descartes – secondo il quale l'idea stessa di un vuoto era una contraddizione in termini –, la Terra e gli altri pianeti erano trasportati in giro nell'immenso vortice del sistema solare, e la Terra era a sua volta il centro di un vortice subordinato che trasportava la Luna. Il moto della Luna, perciò, implicava sia il vortice solare sia quello terrestre, cosa che presentava allo scienziato una situazione mal definita.

Per confronto, l'analisi della nozione astratta di moto circolare era semplice, e intorno al 1665 il giovane Newton aveva derivato indipendentemente per la forza centrifuga la stessa formula di Huygens. Successivamente, però, il suo progresso fu lento e incerto. Un ostacolo risiedeva nelle varianti della seconda legge di Keplero: benché al livello dell'osservazione tali varianti fossero quasi indistinguibili l'una dall'altra, concettualmente le differenze erano profonde. Lo stesso Newton, fra il 1665 e il 1679, lavorò con un certo numero di versioni della legge che usavano un equante. Infine, però, si imbatté in una versione pubblicata della legge nella sua forma delle aree.

Nel 1679 Newton era professore di matematica a Cambridge da un decennio. Era ancora un cartesiano nella dinamica planetaria, si sforzava ancora di dare un senso alle complesse interazioni all'interno del vortice solare, e aveva ancora le idee confuse sulla forza d'attrazione e sulla forza centrifuga. Quel novembre ricevette una lettera di Hooke, col quale aveva avuto in precedenza una disputa sulla natura della luce. Hooke era ora il segretario della Royal Society, e il suo intento nello scrivere a Newton era quello di coinvolgere questo genio stizzoso nelle attività della Royal Society. Nella sua lettera invitava Newton a considerare «i moti celesti dei pianeti come composti da un moto diretto per la tangente [il moto inerziale] e un moto di attrazione verso il corpo centrale». Mentre Newton aveva pensato il moto orbitale come una lotta fra forze opposte, Hooke lo trattava invece come un moto in cui un corpo che aveva la tendenza a proseguire in linea retta veniva invece attratto su una traiettoria curva.

Hooke comunicò inoltre a Newton che John Flamsteed (1646-1719), recentemente nominato astronomo reale a Greenwich, aveva confermato un'affermazione da lui fatta nel suo *Attempt to Prove the Motion of the Earth* (1674) di avere scoperto un moto annuo apparente nella stella Gamma Draconis che rifletteva il moto dell'osservatore situato sulla Terra (vedi pp. 234-235) – in realtà entrambe le cose erano sbagliate –; e fu sul problema del moto della Terra che Newton concentrò la sua attenzione nella risposta. La prova tradizionale della quiete della Terra si era fondata su esperimenti mentali con «proietti»: una freccia scagliata verticalmente verso l'alto ricadeva al suolo nello stesso posto, o cannoni sparati con lo stesso alzo avevano la stessa gittata verso oriente e verso occidente. Analogamente, si sosteneva che una pietra lasciata cadere dall'alto di una torre, e quindi in grado di muoversi liberamente, sarebbe caduta in linea retta verso il centro della Terra. Qualora la Terra fosse stata invece in rotazione, durante la caduta della pietra la torre si sarebbe spostata verso est, e quindi la pietra sarebbe caduta al suolo a ovest di essa. Il fatto che il sasso colpisse il suolo al piede della torre era considerato una prova che la torre, e la Terra, *non* si erano spostate durante il tempo della caduta.

Newton comprese il problema in modo più raffinato. Egli sottolineò che la cima della torre era più lontana dal centro della Terra di quanto non fosse la base della torre. Se perciò la Terra era effettivamente in rotazione, un sasso presente sulla sua cima avrebbe avuto un moto «orizzontale» più veloce di quello della base.* Ora, poiché il sasso in caduta avrebbe conservato la sua

* Newton può avere preso lo spunto per questa argomentazione dai *Massimi Sistemi* di Galileo, da lui letti nella traduzione inglese di Thomas Salusbury (*The Systeme of the World in Four Dialogues Wherein the Two Grand Systemes of Ptolomy and Copernicus are largely discoursed of*, London, Printed by William Leybourne, 1661). Galileo scriveva, nella «Giornata II»: «SAGR. ... E non vi parrà un bel pensiero quello che mi sovvenne pur nella medesima navigazione, quando mi accorsi che l'albero della nave, senza rompersi o piegarsi, aveva fatto più viaggio con la gaggia, cioè con la cima, che col piede? perché la cima, essendo più lontana dal centro della Terra che non è il piede, veniva ad aver

velocità orizzontale, il sasso avrebbe colpito in realtà il suolo più avanti, cioè a est della base della torre. Newton suggerì che forse, usando la massima diligenza, si sarebbe potuto misurare tale differenza.

Newton illustrò con un disegno la lettera in cui espose questi concetti, per mostrare quale sarebbe stata la traiettoria del sasso dalla cima della torre al suolo. Prolungando la traiettoria nell'interno di una Terra immaginaria, che suppose non opponesse alcun ostacolo al passaggio del sasso, Newton proseguì affermando che, se la forza che attraeva il sasso verso il centro della Terra fosse stata costante a prescindere dalla distanza, il sasso, nel continuare la sua caduta, si sarebbe avvicinato al centro percorrendo una spirale. Analizzando in questo modo il moto della pietra, Newton spostò il problema di Hooke dalla caduta libera al moto orbitale.

descritto un arco di un cerchio maggiore del cerchio per il quale era passato il piede. SIMP. E così, quand'un uomo cammina, fa più viaggio col capo che co i piedi? SAGR. L'avete da per voi stesso e di vostro ingegno penetrata benissimo» (*Dialogo sopra i due massimi sistemi del mondo*, Ed. Naz, VII, 199; Ed. Einaudi, Torino 1970, p. 212). Dalla stessa «Giornata II», Newton potrebbe avere tratto altri spunti da intuizioni di Galileo, per esempio sviluppando nel *De mundi systemate* il cerchio percorso secondo Galileo dai corpi in caduta («se la linea descritta dal cadente non è questa per l'appunto [ossia la circolare], ella gli è sommamente prossima», VII, 193; Einaudi, p. 205) in una prima intuizione della velocità di fuga e nel moto orbitale dei pianeti. Che Newton, e anche Hooke, abbiano tratto vari spunti dalla lettura dei *Massimi Sistemi*, mi sembra ovvio. Mi limito a citare un solo altro esempio, che può avere condotto all'identificazione, da parte di Hooke e successivamente di Newton, della gravità terrestre con la forza che mantiene i pianeti nelle loro orbite. Galileo scrisse per esempio sulla gravità: «Ma se questo autore sa da che principio sieno mossi in giro altri corpi mondani, che sicuramente si muovono, dico che quello che fa muover la Terra è una cosa simile a quella per la quale si muove Marte, Giove, e che e' crede che si muova anco la sfera stellata; e se egli mi assicurerà chi sia il movente di uno di questi mobili, io mi obbligo a sapergli dire chi fa muover la Terra. Ma più, io voglio far l'istesso s'ei mi sa insegnare chi muova le parti della Terra in giù. SIMP. La causa di quest'effetto è notissima, e ciaschedun sa che è la gravità. SALV. Voi errate, signor Simplicio; voi dovevi dire che ciaschedun sa ch'ella si chiama gravità» (Ed. Naz., VII, 26; Ed. Einaudi, p. 284). Del resto Newton riconosce meriti grandissimi a Galileo, anche oltre quelli che sono disposti a riconoscergli gli storici moderni (che spesso peraltro faticano a mettersi nella sua ottica). Per altri indizi di spunti offerti da Galileo a Newton, si può vedere Stillman Drake, *La mela di Newton e il Dialogo di Galileo*, trad. it. di L. Sosio, in «Le Scienze», 146, ottobre 1980. [*N.d.T.*]

Hooke, in risposta, non poté trattenersi dal sottolineare che Newton, con la sua spirale, aveva commesso un errore elementare; e nulla riusciva a far concentrare Newton più di quando qualcuno dimostrava un suo errore. Ma Hooke si sarebbe stancato ben presto di investigare le conseguenze di quest'attrazione costante che era poco più di un gioco matematico, poiché il problema gli stava a cuore soprattutto dal punto di vista fisico: «la mia supposizione è che l'attrazione sia sempre in proporzione duplicata all'inverso della distanza dal centro»: in altri termini, la legge dell'inverso del quadrato.

A questo punto, però, Newton aveva messo in atto tutti i suoi meccanismi difensivi, e si ritirò nel suo guscio. All'insaputa di Hooke, però, aveva risolto il problema che Hooke gli aveva mandato: l'immaginario pianeta si sarebbe mosso in un'ellisse col corpo centrale in uno dei suoi fuochi, proprio come facevano i pianeti reali secondo la prima legge di Keplero.

LA GRAVITAZIONE UNIVERSALE

Newton, in realtà, si era spinto ancor oltre. Se l'approccio di Hooke all'analisi delle orbite planetarie era valido, si poteva pensare che un'attrazione inversamente proporzionale al quadrato della distanza esercitata dal Sole sui pianeti avrebbe dato orbite planetarie che obbedivano sia alla prima sia alla seconda legge di Keplero, e senza dubbio anche alla terza.

Hooke credeva che l'attrazione operasse fra il Sole, i pianeti e a volte le comete. In realtà il caso delle comete rimaneva dubbio, e nel libro *Cometa* Hooke aveva recentemente ipotizzato che la materia che formava le comete potesse perdere la sua forza di attrazione, forse a causa di un «rimescolamento» delle sue parti interne. Le orbite cometarie avevano presentato da molto tempo una sfida ai matematici, data la difficoltà di derivare un'orbita in tre dimensioni da osservazioni fatte dalla Terra: una difficoltà tanto grande che in seguito Newton avrebbe lottato per mesi col problema mentre stava scrivendo i *Principia*. L'osservazione diceva che le traiettorie apparenti percorse dalle comete in cielo erano grosso modo archi di «cerchi massimi» (cerchi con l'osservatore umano al loro centro) e si riteneva in generale che questi archi fossero proiezioni sulla sfera celeste di traiettorie quasi rettilinee. A quel tempo si pensava che, quando appariva una cometa diretta verso il sistema solare, essa si avvicinasse in linea retta con moto accelerato; e che poi, dopo una piccola sterzata in prossimità del suo passaggio accanto al Sole, essa proseguisse in linea retta uscendo dal sistema solare con moto sempre più lento.

Flamsteed fu uno fra gli astronomi che adottarono una diversa opinione. Nel 1680 era apparsa una cometa diretta verso il Sole, e il 10 dicembre dello stesso anno fu vista per la prima volta un'altra cometa che si allontanava dal Sole in direzione opposta. Flamsteed ritenne che non si trattasse di due comete distinte, bensì della stessa cometa. Per spiegare l'inversione di direzione, sostenne che la cometa, nel corso del suo moto verso l'interno in risposta all'attrazione del Sole, fosse stata spinta fuori della sua traiettoria dal vortice solare. Infine si era trovata in una nuova relazione magnetica col Sole, ed era stata respinta. Di conseguenza era stata immessa su un'altra traiettoria ancora prima di giungere all'altezza del Sole.

Flamsteed si discostò dal suo comportamento abituale per informare Newton della sua teoria e per fornirgli i dati d'osservazione su cui essa si basava. Nello scambio di lettere che ne seguì, Newton avanzò il suggerimento alternativo che la cometa fosse passata dietro il Sole. Può darsi che egli si sia chiesto se la cometa fosse attratta dal Sole in accordo con la legge dell'inverso del quadrato; in questo caso le orbite delle comete non sarebbero state diverse in linea di principio da quelle dei pianeti. Infine, però, concluse che i dati d'osservazione dicevano qualcosa di diverso.

Noi sappiamo ben poco oltre a questo sul modo in cui Newton sviluppò le proprie idee fra lo scambio di lettere con Hooke nell'inverno del 1679-1680 e l'arrivo di Halley a casa sua nel 1684: una visita che fece rinascere il suo interesse per la dinamica delle orbite planetarie. Halley gli chiese «quale curva avrebbero descritto secondo lui i pianeti nell'ipotesi che la forza d'attrazione verso il Sole fosse il reciproco del quadrato della loro distanza da esso». Newton rivelò al giovane e simpatico Halley ciò che aveva nascosto al battagliero Hooke: che tale curva sarebbe stata un'ellisse.

Halley fu «colpito da gioia e stupore». Quando riprese l'uso della parola, cosa che possiamo supporre abbia richiesto un po' di tempo, gli chiese di poter vedere «senza indugio» i calcoli. Newton non riuscì a trovarli, ma gli promise che glieli avrebbe mandati.

PHILOSOPHIAE NATURALIS PRINCIPIA MATEMATICA

Quello che Halley ricevette era un abbozzo di trattato di sole nove pagine, dedicato in gran parte al moto di corpi in uno spazio vuoto. L'ipotesi 2 era una formulazione del principio d'inerzia: «Ogni corpo, a meno che non ne sia impedito da qualcosa di esterno, si muove all'infinito di moto uniforme, lungo una linea retta, in virtù della sua sola forza innata». L'ipotesi è formulata in termini di linee rette infinite, che erano state inconcepibili in universi chiusi finiti, come quelli di Keplero e di Galileo.

Newton dimostrò – o ritenne di avere dimostrato – una serie di proposizioni relative alle leggi di Keplero o a loro generalizzazioni. Se un corpo si muoveva in conseguenza di un'attrazione verso un «centro», doveva obbedire alla legge delle aree. Se l'attrazione era inversa al quadrato della distanza, l'orbita doveva essere una sezione conica (probabilmente, ma non necessariamente, un'ellisse); e viceversa. Se dei corpi si muovevano su orbite ellittiche, e l'attrazione era diretta verso un loro fuoco, le orbite dovevano obbedire alla terza legge di Keplero; e viceversa.

Questi risultati astratti di meccanica potevano essere applicati al sistema solare, elevando allo status di vere leggi quelle che erano state considerate finora generalizzazioni kepleriane di discutibile attendibilità: «I pianeti principali orbitano, perciò, percorrendo ellissi che hanno un fuoco nel centro del Sole [la prima legge di Keplero], e col prolungamento dei loro raggi verso il Sole descrivono aree proporzionali ai tempi [la seconda legge], esattamente come suppose Keplero».

Notiamo l'affermazione che un fuoco di un'orbita planetaria si trova «nel centro del Sole». Newton pensava ancora che fosse il Sole a esercitare l'attrazione e che il pianeta fosse semplicemente attratto. Egli non aveva ancora adottato l'intuizione espressa, per quanto ancora imperfettamente, da Hooke, nella prima delle sue «supposizioni» del 1674: che l'attrazione fra corpi celesti è reciproca.

La cosa è un po' sorprendente, vista l'affermazione di Newton che la terza legge di Keplero si applica anche ai satelliti di Giove scoperti da Galileo, come pure ai satelliti di Saturno (Titano era stato scoperto da Huygens nel 1655, e recentemente a Parigi Gian Domenico Cassini ne aveva scoperti altri quattro). I satelliti di Giove e Saturno erano dunque soggetti all'attrazione del pianeta maggiore secondo la legge dell'inverso del quadrato. Ma se Saturno attraeva Titano, perché non doveva attrarre anche il Sole?

In un abbozzo riveduto, completato qualche settimana dopo, Newton aveva compiuto il passo cruciale: i corpi celesti si attraggono reciprocamente. Egli era ora impegnato sulla via che lo avrebbe condotto all'attrazione universale. Concettualmente, la confusione stava lasciando spazio alla chiarezza, a una scala e a un ritmo unici nella storia delle scienze fisiche. Ma persino Newton era atterrito dalle implicazioni che ciò comportava per lo sfortunato ricercatore. In presenza di un così gran numero di corpi celesti, ognuno dei quali attraeva tutti gli altri, come si poteva sperare di padroneggiare la matematica in gioco? «Ma considerare simultaneamente tutte queste cause di moto e definire questi moti con leggi esatte che ammettano un calcolo facile eccede, se non sono in errore, la forza di qualsiasi mente umana.»

La trasformazione che si era verificata recentemente nell'immagine del mondo di Newton non avrebbe potuto essere più drastica. All'inizio degli anni Ottanta il suo mondo era stipato di materia, un pieno cartesiano confuso in cui i corpi entravano in collisione senza soste contro i corpi vicini. Alla metà del decennio il suo mondo si era quasi completamente svuotato; in esso, corpi isolati venivano deviati dai loro percorsi dall'attrazione di altri corpi isolati, che agiva su di loro attraverso lo spazio apparentemente vuoto.

Halley non faticò a capire il significato rivoluzionario di tutto questo, e cominciò a cercare di convincere Newton a pubblicare le sue idee. Sapeva che Newton era una persona un po' difficile, che doveva essere trattata con grande delicatezza. Era inoltre un inveterato perfezionista, un autore che raramente considerava un'opera pronta per la pubblicazione nel suo stato presente. Newton divenne però sempre più ossessionato dal compito che si era assunto, e il trattato proposto andava crescendo sempre più.

Un obiettivo a portata di mano era una teoria delle comete: mentre scriveva il primo abbozzo Newton aveva già riveduto la sua opinione sulla cometa del 1680 e ora credeva che essa avesse effettivamente aggirato il Sole. Ora era perfettamente convinto che le comete obbedissero alla legge dell'inverso del quadrato. Le loro traiettorie dovevano essere altrettanto regolari di quelle dei pianeti, e una volta risolti i problemi matematici, sarebbe stato possibile «accertare... se una stessa cometa ritorni da noi con una certa frequenza». Le ricerche di Newton avrebbero condotto a una proposizione dei *Principia* in cui si diceva che le comete si muovono su sezioni coniche – forse, ma non necessariamente, su ellissi – col Sole in un fuoco (una generalizzazione della prima legge di Keplero), e che il raggio vettore Sole-cometa descrive in tempi uguali aree uguali (la seconda legge).

Nella sua prima «supposizione» del 1674, Hooke aveva identificato l'attrazione che la Terra esercita su altri corpi celesti a grandi distanze con l'attrazione che essa esercita sui sassi che cadono al suolo da pochi metri. La stessa idea venne ora a Newton. Non poteva essere che la legge dell'attrazione dell'inverso del quadrato si applicasse a materia grande e piccola? In particolare, la Terra esercitava la stessa forza d'attrazione su un sasso e sulla Luna?

Prima di poter tentare di rispondere a questa domanda, Newton doveva sottoporre a un test la sua fede nella legge. Si poteva sostenere seriamente che due masse di materia uguali alla stessa distanza da un sasso (o dalla Luna), di cui una sepolta in profondità nelle viscere della Terra e l'altra giacente sulla sua superficie, attraessero il sasso (o la Luna) esattamente con la stessa forza? Nel caso della massa sepolta nelle viscere della Terra, la schermatura fornita dalle rocce circostanti avrebbe potuto ridurne l'attrazione? Quest'obiezione parve così degna di considerazione ad alcuni dei posteriori discepoli di Newton da indurli a dichiarare che, se l'attrazione dipendeva dalla sola distanza, e se gli ostacoli interposti non facevano alcuna differenza, l'attrazione doveva essere una legge imposta direttamente da Dio.

Dando quindi per scontato che l'attrazione variasse esattamente con l'inverso del quadrato della distanza, Newton dovette superare un ostacolo matematico prima di poter fare il test lunare. L'attrazione totale della Terra su un sasso in caduta era la combinazione di innumerevoli attrazioni singole, alcune su distanze di alcuni metri, altre su distanze di migliaia di chilometri. Come si potevano sommare gli effetti combinati di tutte quelle attrazioni, operanti in diverse direzioni e su distanze tanto disparate? Newton riuscì a dimostrare un teorema notevolissimo: che in un corpo sferico uniforme (com'è approssimativamente la Terra), la somma di tutte quelle attrazioni equivalente all'attrazione di tutta la materia immaginata come concentrata nel centro della sfera. Il sasso in caduta distava, in effetti, quasi esattamente un raggio terrestre dal punto in cui si esercitava l'attrazione della Terra intera.

Fatto questo, Newton poté confrontare l'attrazione della Terra sul sasso (alla distanza di un raggio terrestre) con l'attrazione della Terra sulla Luna (a una distanza sessanta volte circa maggiore). L'attrazione esercitata sul sasso era la causa della sua accelerazione nella caduta libera; l'attrazione sulla Luna la faceva «cadere» dal suo moto inerziale in linea retta, costringendola a orbitare intorno alla Terra. I calcoli di Newton mostrarono che le attrazioni erano in effetti nel rapporto di $1 : 60^2$. Era il colpo finale alla dicotomia aristotelica fra mondo terrestre e celeste: i pianeti di Keplero e i gravi in caduta libera studiati da Galileo si muovevano per effetto della stessa legge della forza.

Al crescere della mole del trattato di Newton, cresceva anche il numero dei fatti osservati per i quali emergeva ora l'attrazione come causa. Per esempio, Newton diede la prima spiegazione soddisfacente delle maree come conseguenza delle differenze nel modo in cui la Terra solida e le acque fluenti del mare venivano attratte dalla Luna e dal Sole. E sottolineò che, in conseguenza della sua rotazione, la Terra avrebbe dovuto avere un lieve rigonfiamento all'equatore e un lieve appiattimento ai poli; in conseguenza di questa imperfetta sfericità, l'attrazione lunisolare avrebbe dovuto fare oscillare la Terra come una trottola, causando in tal modo quella precessione degli equinozi che era stata scoperta nell'Antichità da Ipparco (vedi p. 62).

Data la vicinanza della Luna alla Terra, i suoi complessi movimenti possono essere studiati in modo particolarmente dettagliato; ed essendo la massa della Luna significativamente grande rispetto a quella della Terra (situazione molto diversa, per esempio, da quella dei satelliti di Giove), la sua interazione dinamica con la Terra è eccezionalmente complicata. Nel Settecento la Luna sarebbe diventata in effetti un banco di prova per la dinamica newtoniana: la legge d'attrazione poteva spiegare, non solo qualitativamente ma anche quantitativamente, le molte deviazioni della Luna da un'orbita semplice?

Tycho Brahe, per esempio, aveva trovato che, una volta che si fosse tenuto conto di altri fattori, nella velocità del moto della Luna in cielo (ossia in longitudine) c'era una variazione residua, tale che gli spostamenti che ne risultavano raggiungevano massimi positivi e negativi alterni nei quattro «ottanti» (le posizioni a metà fra i quarti e la Luna piena o nuova). Egli aveva trovato anche che la posizione della Luna in longitudine manifestava una quarta irregolarità annua, che ammontava fino a 11 minuti d'arco.

Nei *Principia*, Newton riuscì spiegare perché si verificassero questi effetti. In prima approssimazione il centro di gravità del sistema Terra-Luna si muoveva intorno al Sole su un'ellisse, mentre Terra e Luna si muovevano su ellissi intorno al comune centro di gravità, la Terra su un'ellisse più piccola e la Luna su una più grande, l'una opposta all'altra. Ma il Sole interferiva con questo quadro semplice: esso attraeva infatti i due corpi con forze d'attrazione di intensità disuguale se la loro distanza dal Sole era diversa, e li attraeva in direzioni differenti quando le loro posizioni formavano un angolo col Sole. Questi diversi effetti modificavano l'attrazione esercitata dalla Terra sulla Luna.

Due volte al mese, intorno al novilunio e al plenilunio, l'effetto dell'attrazione solare era quello di diminuire l'attrazione della Terra sulla Luna, e altre due volte al mese, intorno ai quarti, era quello di accrescerla. Mentre la Luna passava dai quarti al novilunio o al plenilunio, la sua velocità lineare aumentava, mentre quando passava dal novilunio o dal plenilunio ai quarti diminuiva. In conseguenza di queste variazioni, la posizione angolare della Luna subiva deviazioni che presentavano valori estremi quattro volte al mese, negli ottanti, proprio come aveva trovato Tycho Brahe.

Nel corso della sua rivoluzione annua intorno al Sole su un'orbita ellittica, il sistema Terra-Luna variava ovviamente la sua distanza dall'astro centrale. Quando il sistema era più vicino al Sole, l'attrazione solare era più intensa del solito, e ciò tendeva a far diminuire l'influenza della Terra sulla Luna, mentre quando il sistema era più lontano dal Sole si aveva l'effetto inverso. Ciò causava l'ulteriore irregolarità annua che aveva notato Tycho Brahe.

Le derivazioni qualitative a opera di Newton di queste e altre irregolarità lunari (compresa l'«evezione» di Tolomeo, vedi p. 67) si trovano nel libro I dei *Principia.* I suoi tentativi di ottenere risultati quantitativi nel libro III e altrove ebbero però un successo solo parziale. *I Principia* segnarono in effetti la fine di un'èra nella storia dell'astronomia, ma furono anche l'inizio di un'altra. Essi fissarono il programma dei grandi matematici che si occuparono di «meccanica celeste» dei decenni seguenti.

La legge d'attrazione diede a Newton una conoscenza più approfondita del sistema planetario. Dalle accelerazioni della Luna verso la Terra e degli altri satelliti allora noti verso i loro pianeti (Giove e Saturno), Newton poté calcolarne le cause, ossia le masse dei pianeti stessi. Risultò così che la Terra era piccola rispetto a Giove e a Saturno. C'era ragione di pensare che anche gli altri tre pianeti fossero piccoli, nel qual caso l'esempio principale di interazione gravitazionale fra pianeti sarebbe stata l'attrazione fra i pianeti giganti Giove e Saturno. Gli astronomi provavano in effetti difficoltà a lavorare a lungo termine su Giove e Saturno con teorie di stile kepleriano: c'erano problemi, anche se per chiarirne l'esatta natura si sarebbe dovuto attendere un altro secolo.

Newton credeva che la previdenza del Creatore nel costruire un universo meccanico stabile fosse dimostrata dalla struttura del sistema solare: le orbite planetarie erano disposte su piani quasi paralleli, tutti i pianeti si muovevano nella stessa direzione, e i due pianeti maggiori (che avrebbero potuto sconvolgere il sistema planetario) erano stati relegati nelle regioni più esterne. Eppure nemmeno questo grado di pianificazione avrebbe potuto scongiurare per sempre (secondo lui) il collasso del sistema solare. Per impedire questo disastro, la Provvidenza doveva avere previsto di intervenire di tanto in tanto, per mettere riparo allo sconvolgimento conseguente alle perturbazioni. Per coloro che sapevano leggere il Libro della Natura, questo era un esempio della cura che Dio aveva per la sua creazione. Ne vedremo un altro quando verremo a discutere il modello newtoniano di universo stellare (vedi pp. 246-247).

Frattanto, mentre il trattato di Newton andava prendendo forma sotto l'ansioso incoraggiamento di Halley, a Hooke venne in mente di avere già annunciato in passato in suoi scritti alcuni elementi importanti di questo puzzle concettuale, e chiese che questo fatto venisse riconosciuto nell'opera di Newton.

Toccò a Halley annunciare questa richiesta a Newton. Questi aveva poche simpatie per altri scienziati, e fra gli scienziati che vedeva di buon occhio non c'era certamente Hooke. Secondo lui, Hooke era un matematico mediocre e un filosofo della scienza ancora più scarso, che non sapeva apprezzare la differenza fra speculazioni più o meno indimostrate e una teoria matematica pienamente sviluppata nella quale le ipotesi venivano usate per spiegare una vasta gamma di fenomeni. Il mite Halley versò molto olio sulle onde tempestose e la crisi fu superata. Quando però Newton riscrisse la sezione che aveva deciso di chiamare *De mundi systemate*, scelse di sostituirla con materiale matematico a un livello così alto che Hooke non avrebbe potuto scrivere niente a un tale livello, e neppure capirlo.

L'impatto dei Principia

I *Principia* di Newton apparvero nel 1687. Il titolo, nella sua forma estesa *Philosophiae naturalis principia mathematica*, era una chiara sfida alla visione della natura generalmente accettata, qual era incarnata nel trattato sistematico di Descartes *Principia philosophiae*. Le due opere erano in forte contrasto fra loro. Mentre Descartes aveva usato un linguaggio ambiguo, Newton offrì la precisione della matematica; e dove Descartes si era accontentato del livello della spiegazione, la geometria di Newton aprì la strada a predizioni quantitative.

Ma la visione del mondo di Descartes aveva il grande merito dell'intelligibilità: nell'universo cartesiano una massa di materia poteva influire su un'altra solo se esse erano in diretto contatto fra loro, come gli ingranaggi di un orologio. Descartes aveva insegnato ai filosofi naturali a rifiutare le «tendenze», gli «appetiti», le «attrazioni» e simili, come parole coniate per nascondere l'ignoranza. Per i cartesiani, perciò, l'«attrazione» newtoniana era un concetto arcaico. Lo stesso Newton tentò varie volte di trovare una causa fisica per la gravità, ma con scarso successo. Egli poté solo sottolineare che la forza doveva essere reale, dato che le sue conseguenze erano evidenti. Era una sottile osservazione metodologica che non tutti erano disposti ad accettare.

Un altro problema per i newtoniani derivò dall'antiquato stile geometrico che Newton aveva scelto di usare. La matematica dei *Principia* rendeva la sua argomentazione incomprensibile tranne che a pochissimi. Alla svolta fra Sei e Settecento Newton non era più a Cambridge: uomo di molti interessi, la «scienza» quale la conosciamo oggi non era per lui più importante dello studio dell'alchimia e della cronologia biblica, e dopo la pubblicazione dei *Principia* egli aveva cominciato a cercare un lavoro fuori dell'ambito accademico. Nel 1696 fu nominato direttore (e poi Master) della Zecca di Londra, dove esercitò la sua supervisione sulla nuova coniatura che stava cominciando proprio allora. Infine nel 1701 si dimise dalla sua cattedra di Cambridge, ma nel frattempo il suo vice, William Whiston (1667-1752), fu avvicinato da un giovane che aveva un dilemma morale: il suo tutor al college, uno zelante cartesiano, gli aveva chiesto di preparare una nuova edizione latina del classico trattato scolastico della fisica cartesiana: il *Traité de physique* di Jacques Rohault (1620-1675). Era moralmente accettabile perpetuare in tal modo una fisica falsa? Whiston gli rispose che, essendo l'opera di Newton attualmente inintelligibile, ed essendo la fisica cartesiana un grande progresso rispetto alla fisica aristotelica che l'aveva preceduta, lo studente – che era Samuel Clarke (1675-1729) – poteva procedere con la coscienza tranquilla.

In realtà, nelle edizioni posteriori della sua traduzione, Clarke lenì i suoi scrupoli usando note editoriali a piè di pagina per combattere una continua battaglia contro l'argomentazione cartesiana del testo. Egli non esitò a rifiutare certe considerazioni di Rohault con l'espressione «*Hoc falsum est*», offrendo in lunghe note la spiegazione alternativa newtoniana. Così, in questo modo indiretto, gli studenti cominciarono a familiarizzarsi con gli elementi basilari del newtonianesimo.

Per i suoi seguaci, Newton era unico fra i mortali, l'unico uomo nella storia ad avere il privilegio di rivelare al resto della specie umana le verità fondamentali sull'universo. Nell'epitaffio in versi scritto dal poeta inglese Alexander Pope per la tomba di Newton a Westminster,

Natura e le sue leggi eran nel buio.
Dio disse: «Newton sia!», e luce fu.

Una volta accettata la cornice newtoniana, il programma era chiaro: dimostrare matematicamente che *tutti* i moti osservati dei corpi celesti erano il risultato dell'attrazione gravitazionale.

Ma anche fra coloro che erano pronti ad accettare l'attrazione come concetto valido in fisica, una scelta fra le due filosofie della natura non era affatto chiara, così come non era evidente l'impossibilità di compromessi. Una scelta diretta era tanto più difficile in quanto il cartesianesimo non si prestava a predizioni quantitative, cosicché erano pochi i problemi in cui l'esperimento potesse aiutare a decidere fra previsioni contraddittorie. Uno di tali problemi concerneva, però, la forma della Terra.

I NEWTONIANI CONTRO I CARTESIANI SULLA FORMA DELLA TERRA

Dall'Antichità in poi, tutte le persone colte avevano sempre saputo che la Terra era grosso modo sferica (vedi pp. 45-47): Cristoforo Colombo sapeva perfettamente che la Terra non aveva bordi oltre i quali le sue caravelle potessero cadere, e anche la grandezza approssimativa della Terra era nota dal tempo di Eratostene, nel III secolo a.C. Più difficile era determinare con precisione la forma della Terra; questa impresa richiedeva un'organizzazione che disponesse di fondi sufficienti per attrarre i talenti necessari e per affrontare le considerevoli spese richieste.

Un'organizzazione del genere esisteva dal 1666, anno della fondazione dell'Académie des Sciences a Parigi, a opera del ministro delle finanze di Luigi XIV Jean-Baptiste Colbert. Una conseguenza immediata dell'attività dell'Accademia delle Scienze fu la fondazione dell'Osservatorio astronomico di Parigi, cui seguì il reclutamento di astronomi da tutt'Europa. La direzione dell'osservatorio fu affidata al ligure Gian Domenico Cassini (1625-1712) da Perinaldo, fondatore di una dinastia di astronomi e noto perciò anche come Cassini I.

Forse l'astronomo più eminente reclutato dall'Accademia, acquisito con grandi costi, fu l'olandese Christiaan Huygens. Un altro fu il francese Adrien Auzout (1622-1691), che aveva svolto un ruolo centrale nello sviluppo del micrometro a fili; questo permise agli astronomi di misurare angoli molto piccoli spostando due fili nel campo visuale finché venivano a coincidere con l'angolo da misurare (vedi pp. 170-171). Auzout promosse a sua volta il reclutamento di Jean Picard (1620-1682), che apportò nell'esame del problema delle dimensioni della Terra le capacità di un grande osservatore.

Huygens aveva supposto che il tempo impiegato da un pendolo di una lunghezza data a compiere un'oscillazione fosse lo stesso dappertutto sulla Terra; in tal caso la lunghezza di un pendolo che impiegava un secondo a compiere un'oscillazione era un'unità naturale. Nel 1661 Huygens propose alla Royal Society di considerare tale lunghezza un'unità standard. Vari ricercatori cominciarono però a ottenere lunghezze significativamente diverse. La situazione si chiarì dopo l'invio, nel 1671, di Jean Richer da parte dell'Académie des Sciences nell'isola di Caienna nell'Atlantico, al largo della Guayana francese, con l'incarico di fare osservazioni, specialmente del grande avvicinamento di Marte alla Terra dell'anno seguente. Richer portò con sé un pendolo che a Parigi batteva il secondo. Alla Caienna trovò però che esso batteva il secondo solo se lo si accorciava di un quarto di centimetro.

Newton, nei *Principia*, offrì una spiegazione: la Terra aveva un rigonfiamento equatoriale. Huygens, lavorando nella tradizione cartesiana, pervenne a una conclusione simile, che differiva però nella stima quantitativa dell'entità del rigonfiamento.

Ne seguì una lunga controversia per stabilire chi avesse ragione. Infine l'Académie decise di usare le sue risorse finanziarie per comporre la disputa, finanziando spedizioni per andare a misurare la lunghezza di un grado di latitudine in due località molto lontane fra loro: la Lapponia e il Perù. La conclusione fu che la Terra aveva effettivamente un rigonfiamento equatoriale, la cui entità rimaneva però incerta. Si fecero allora altre misurazioni, ma ancora senza raggiungere una conclusione ben definita.

Questo tentativo di decidere fra Newton e Descartes non aveva avuto un esito chiaro. Il problema sarebbe stato però risolto ben presto, fra gli astronomi come fra il pubblico generico, grazie all'apparizione di una cometa nel 1759. Questa avrebbe condotto all'apoteosi di Newton, essendo stata prevista, due generazioni prima, da Edmond Halley: un newtoniano aveva predetto l'imprevedibile.

IL RITORNO DELLA COMETA DI HALLEY

Newton aveva mostrato, nei *Principia*, che le comete obbedivano a regole e si muovevano nel sistema solare su sezioni coniche, anche se le loro orbite erano molto diverse dalle ellissi quasi circolari percorse dai pianeti. Le orbite delle comete erano così allungate che in prossimità del Sole si avvicinavano a una parabola.

Se una cometa non arrivava al perielio – il punto della sua orbita più vicino al Sole – con una velocità abbastanza elevata, non poteva, dopo averlo aggirato, sottrarsi totalmente al suo dominio perdendosi nello spazio interstellare. Essa si allontanava invece su un'orbita ellittica destinata a riportarla un giorno all'interno del sistema planetario, anche se su una traiettoria modificata rispetto a quella della visita precedente nel caso che le fosse accaduto di passare accanto a un pianeta gigante. Nonostante tali modifiche, però, l'orbita di una cometa doveva conservare caratteri simili in ogni apparizione, e queste apparizioni dovevano essere separate nel tempo di periodi simili. La documentazione storica forniva qualche esempio in proposito?

Halley intraprese la ricerca necessaria, e trovò rapidamente un primo esempio possibile nella cometa del 1682: la sua orbita era retrograda (ossia la cometa si muoveva in senso opposto ai pianeti), come quella delle comete del 1531 e del 1607. Ulteriori ricerche mostrarono che tali orbite avevano in comune vari altri caratteri, e nel 1695 Halley disse a Newton di essere certo che si trattasse di riapparizioni della stessa cometa.

Il problema consisteva nel fatto che gli intervalli fra tali apparizioni erano simili ma non identici. Halley si rese conto che l'orbita della cometa doveva essere stata modificata dall'attrazione di uno o più pianeti, e predisse che la cometa sarebbe ricomparsa «attorno alla fine dell'anno 1758 o all'inizio dell'anno seguente».

Nella mente popolare le comete sono state sempre considerate annunciatrici di sventure, mentre persino per gli astronomi la loro natura e il loro ruolo nell'ordine cosmico erano ancora avvolti nel mistero. All'avvicinarsi del 1758, perciò, il ritorno della cometa era atteso con un crescente interesse. Alcuni paventavano che essa potesse addirittura entrare in collisione con la Terra e mettere fine al genere umano.

Nella sua predizione, Halley aveva tenuto conto dell'accelerazione sperimentata dalla cometa a opera dell'attrazione di Giove, quando si era avvicinata a esso nel corso del suo passaggio verso il Sole del 1682, ma non aveva preso in considerazione le conseguenze opposte in occasione della sua uscita dal sistema solare. Per rimediare a questo fatto si richiedevano calcoli dettagliati e laboriosi, compito affrontato nel giugno 1757 a Parigi da Alexis-Claude Clairaut (1713-1765) e da due suoi collaboratori. Essi analizzarono dapprima l'orbita della cometa mentre usciva dal sistema solare dopo l'incontro del 1531, e su questa base ne «predissero» il ritorno nel 1607, confrontando poi la loro predizione con i dati storici registrati. Poi analizzarono l'orbita della cometa in uscita nel 1607, «predicendone» similmente il ritorno del 1682. Imparando da questi quasi-esperimenti, predissero in modo analogo il prossimo ritorno: la cometa sarebbe passata intorno al Sole alla metà dell'aprile 1759, con un margine di incertezza di un mese.

Fu una buona previsione. La cometa fu osservata per la prima volta la notte di Natale del 1758 da un astronomo dilettante nei dintorni di Dresda, mentre il primo astronomo di professione a osservarla fu il cercatore di comete parigino Charles Messier (1730-1817), quattro settimane dopo. La cometa passò al perielio il 13 marzo.

I parametri dell'orbita della cometa furono molto simili a quelli delle comete del 1531, 1607 e 1682. Era chiaro che erano altrettanti passaggi della stessa cometa. La predizione di Halley si era dimostrata corretta, e il newtonianesimo aveva avuto il suo massimo trionfo pubblico.

IL PROGRAMMA NEWTONIANO

Mentre stavano avendo luogo queste dimostrazioni pubbliche molto seguite dell'attrazione gravitazionale newtoniana, un gruppo ristretto di grandi matematici lavoravano a tavolino, esplorando le conseguenze dell'attrazione fra il Sole, i pianeti e i loro satelliti. Per realizzare questo programma newtoniano, la Provvidenza fornì alla metà del Settecento un gruppo straordinario di talenti: Jean le Rond d'Alembert (1717-1783), che prese il nome dalla chiesa parigina sui cui gradini era stato esposto neonato, e che in seguito dedicò tutta la sua esistenza alla matematica, vivendo a Parigi di una rendita lasciatagli dal suo padre naturale; lo svizzero Leonardo Eulero (1707-1783), che attratto a San Pietroburgo dalle lusinghe di Caterina II la Grande, e poi a Berlino da Federico II il Grande, tornò infine nella città russa, dove morì; il precoce parigino Alexis-Claude Clairaut, la cui associazione con l'Académie des Sciences di Parigi, durata tutta la vita, ebbe inizio quando aveva solo dodici anni; e il torinese Joseph-Louis Lagrange (1736-1813), che fu convinto a stabilirsi prima a Berlino e poi a Parigi. Gli ultimi decenni del Settecento e i primi dell'Ottocento sarebbero stati dominati da Pierre Simon de Laplace (1749-1827), che sopravvisse alla Rivoluzione francese e fu infine creato marchese.

Spesso in competizione fra loro, questi matematici affrontarono un problema di «astronomia fisica» dopo l'altro. Nel corso del loro lavoro andarono sviluppando gli strumenti matematici necessari, man mano che il macchinoso approccio geometrico di Newton veniva sostituito da tecniche implicanti serie, che potevano essere trattate in modo astratto. Nonostante questi progressi, però, i ricercatori furono costretti a procedere con approssimazioni, e nel trattamento di serie dovettero spesso valutare quali termini in una serie fossero significanti e quali potessero essere trascurati senza danno.

Un esempio delle difficoltà comportate da questo modo di procedere ci è fornito dall'investigazione da parte di Clairaut del moto dell'apogeo lunare (il punto dell'orbita della Luna in cui questa è più lontana dalla Terra). Nel 1747 Clairaut annunciò che l'attrazione spiegava solo per metà il moto osservato (conclusione raggiunta indipendentemente anche da Eulero e d'Alembert), e suggerì di aggiungere alla legge dell'inverso del quadrato un termine alla quarta potenza. Un anno dopo, però, avendo portato più avanti l'approssimazione, trovò che in realtà la legge enunciata da Newton spiegava per intero il moto osservato.

Gli astronomi avevano uno speciale interesse per la Luna, non solo perché disponevano di dati d'osservazione eccezionalmente completi sulle molte irregolarità nel suo moto, ma anche per la speranza che una perfetta spiegazione di tali irregolarità permettesse ai matematici di risolvere il problema urgente che si poneva a tutti i naviganti che viaggiavano lontano dalle coste: come determinare la propria longitudine. La determinazione della longitudine era molto importante anche per geografi e astronomi: i geografi ne avevano bisogno per preparare carte geografiche accurate, e gli astronomi per poter correlare osservazioni fatte in osservatori diversi.

LA DETERMINAZIONE DELLA LONGITUDINE

La latitudine a nord dell'equatore è, per definizione, uguale all'altezza del Polo nord celeste, il punto del cielo intorno al quale ruotano le stelle, e quindi sulla terraferma la determinazione della latitudine non presentava alcun problema. Persino in mare, i naviganti del Rinascimento potevano derivare la loro latitudine da misurazioni dell'altezza della Stella polare o del Sole a mezzogiorno (vedi p. 110).

Molto più difficile era la determinazione della longitudine: la distanza angolare, a est o a ovest, di una città o di una nave da un luogo di riferimento standard, come Greenwich (luogo del meridiano 0). Le differenze nel tempo locale corrispondono a differenze di longitudine (un'ora equivale a 1/24 di cerchio, ossia a 15°), e determinare il tempo locale per mezzo del Sole o delle stelle era semplice: per esempio, quando il Sole si trova esattamente nella direzione sud è mezzogiorno. Per determinare la differenza nel tempo locale fra due luoghi era però necessario determinarne *simultaneamente* l'ora locale. Come si poteva fare?

Nell'Antichità Ipparco aveva sottolineato che un'eclisse lunare era una sorta di segnale orario visibile simultaneamente in tutti i luoghi della Terra da cui si poteva osservare la Luna. Di tanto in tanto nel corso dei secoli accadde che in almeno due luoghi sulla Terra venisse registrata non solo l'osservazione di un'eclisse di Luna, ma anche la data e l'ora: dalla differenza di tempo si poté in seguito calcolare la differenza di longitudine. Per esempio, in previsione di un'eclisse di Luna nel 1631, il professore di astronomia al Gresham College a Londra, Henry Gellibrand (1597-1636), prese accordi con un capitano di marina che partiva per andare a cercare il Passaggio di Nord-ovest: entrambi si impegnarono a osservare l'eclisse e ad annotare l'ora in cui si verificava. In una *Appendix concerning latitude* a *The Strange and Dangerous Voyage of Captaine Thomas James*, pubblica nel 1633, Gellibrand concluse che la differenza di longitudine fra Londra e Charlton Island, nella James Bay in Canada, era di 79° 30' (un valore sbagliato di circa 15'). Ma le eclissi lunari erano troppo rare per poter essere utili ai naviganti in alto mare, e persino gli osservatori sulla terraferma trovavano il momento dell'eclisse non definito in modo sufficientemente netto.

La scoperta di quattro satelliti di Giove nel 1610 a opera di Galileo dischiuse prospettive migliori. Le loro eclissi erano definite molto più chiaramente di quelle della Luna, ed erano molto più frequenti. Purtroppo però, pur potendo risultare preziose sulla terraferma, tali eclissi non erano abbastanza frequenti per soddisfare i bisogni dei marinai. D'altra parte, potevano fornire un'alternativa utile (anche se meno precisa) le tavole che precisavano il variare delle configurazioni dei satelliti gioviani.

Nel 1598 il re di Spagna, le cui navi solcavano gli oceani del mondo, aveva offerto un ricco premio a chiunque avesse trovato un modo per «determinare la longitudine» in mare. Galileo, che era sempre molto sensibile al problema di come monetizzare le sue scoperte, dopo avere accertato nel 1611 i periodi dei quattro satelliti di Giove da lui scoperti, già l'anno seguente si offrì di cedere alla Spagna un metodo per usare le loro eclissi («che nissuna notte passa che non se ne abbino due, tre ed anco tal volta quattro e più») al fine di determinare la longitudine in mare. Ma dal ponte di una nave soggetta a rollio non sempre si poteva vedere Giove con un telescopio, e tanto più i suoi satelliti; e nonostante i tentativi di attrezzare per l'osservatore una piattaforma oscillante che riducesse il movimento, le difficoltà pratiche si dimostrarono troppo grandi per l'adozione del metodo in mare.

Per l'uso sulla terraferma, in cui l'osservatore aveva tutto il tempo che gli serviva e in cui la cosa più importante era la precisione, il metodo di Giove richiedeva tavole attendibili di eclissi dei satelliti; ma tavole della precisione richiesta divennero disponibili solo nel 1668, attraverso le osservazioni di Gian Domenico Cassini. Gli astronomi francesi, in particolare, furono pronti a sfruttare la nuova tecnica. Per esempio, per poter mettere in correlazione le osservazioni compiute nel secolo precedente da Tycho Brahe sull'isola di Hven con osservazioni in corso a Parigi, si doveva prima determinare con la massima precisione possibile la differenza di longitudine fra i due siti. Nel 1671 Jean Picard ricevette questo compito dall'Académie des Sciences di Parigi e, in compagnia dei danesi Erasmus Bartholin e Ole Rømer, trascorse otto mesi sull'isola di Hven, dove fece una serie di osservazioni di eclissi del primo satellite di Giove. Frattanto Cassini fece lo stesso a Parigi e, al ritorno di Picard, un confronto dei loro dati diede la differenza di longitudine richiesta.

Furono presi in considerazione anche metodi del tutto diversi. Ci furono periodi, nel Cinque-Seicento, in cui parve che i naviganti dotati di carte adatte potessero usare la differenza fra nord magnetico e nord vero, o fra l'inclinazione magnetica e l'orizzontale, come coordinata in sostituzione della longitudine; ma queste speranze non si realizzarono. Frattanto i naviganti continuavano a fare affidamento sulla stima della posizione, in altri termini su congetture più o meno fondate.

I rischi della navigazione in alto mare, fuori della vista della terra, venivano spesso ricordati al pubblico dalla regolare perdita di navi, militari e mercantili. Per la Gran Bretagna il peggiore di tali disastri si verificò nel settembre 1707, quando una flotta partita da Gibilterra, che navigava verso est nella convinzione di trovarsi già nella Manica, perse quattro navi, naufragate alle isole Scilly, sulla punta della Cornovaglia, e duemila uomini.

Nel 1713 William Whiston e un maestro di scuola di nome Humphrey Dutton annunciarono di avere trovato una soluzione del problema della longitudine in mare, soluzione che avrebbero rivelato dietro pagamento di un compenso adeguato. Il metodo era pura fantasia – si trattava di ormeggiare navi in posizioni fisse negli oceani – ma la loro rivendicazione stimolò il Parlamento britannico a fondare un Board of Longitude, con l'autorità di pagare un ricchissimo premio di 10.000 sterline a chiunque avesse prodotto un metodo pratico per determinare la longitudine in mare col margine di errore di un grado, o un premio doppio per chi avesse trovato un metodo con una precisione doppia.

La competizione si svolse principalmente fra due metodi. Il primo era una questione di tecnologia: come sviluppare un orologio di precisione in grado di resistere ai moti di una nave investita da forti venti. Questo metodo avrebbe fornito all'ufficiale di rotta un tempo standard, che si poteva confrontare con l'ora locale. Christiaan Huygens aveva escogitato un orologio a pendolo che sperava potesse funzionare con precisione anche in mare agitato, ma gli esperimenti compiuti nel 1668-1670 in viaggi fra la Francia e il Mediterraneo, e anche fino al Nordamerica, mostrarono che il problema non era stato ancora risolto.

L'altro metodo importante in gara aveva una grande complessità scientifica: era il metodo delle distanze lunari. La Luna si muove rapidamente, percorrendo ogni ora l'equivalente del suo diametro rispetto allo sfondo di stelle. Si sperava perciò di poter usare il nostro satellite mentre si muoveva fra le stelle per sapere l'ora, proprio come le lancette di un orologio convenzionale ci dicono l'ora muovendosi attraverso i numeri stampati sul quadrante.

Per determinare l'ora con l'orologio lunare, il navigante aveva bisogno di tre cose: I) uno strumento esatto e comodo per misurare l'angolo fra la Luna nella sua posizione attuale e una stella idonea; II) un catalogo esatto delle posizioni stellari; e III) tavole accurate del moto lunare. Alla fine del Seicento non si disponeva di nessuna di queste cose. Non esisteva nessuno strumento adatto; quelli disponibili, come la ballestriglia, richiedevano che l'utente potesse usare entrambi gli oggetti simultaneamente, ed era difficile farlo con qualche precisione. Quanto alle posizioni delle stelle, il catalogo di 777 stelle di Brahe era stato compilato prima dell'invenzione del telescopio, mentre Johannes Hevelius (1611-1687) aveva rifiutato l'uso di cannocchiali di mira quando aveva compilato il catalogo di più di 1500 stelle pubblicato postumo nel 1690. Ma era la mancanza di tavole attendibili del moto lunare a creare il problema maggiore. Persino dopo che Newton ebbe rivelato la dinamica che è alla base dei complessi moti lunari, gli errori risultanti dalla sua teoria lunare, esposta nell'edizione del 1713 dei *Principia*, ammontavano ancora a vari minuti d'arco, e questo errore da solo avrebbe portato facilmente a un'incertezza di centocinquanta chilometri nella posizione di una nave.

Su due di queste tre cose la situazione migliorò all'inizio del Settecento. L'invenzione, nel 1731, di un quadrante a doppia riflessione, l'antenato dell'attuale sestante, fornì un metodo per misurare angoli fra corpi celesti che era sia accurato sia utilizzabile in mare. Le posizioni di 3000 stelle erano disponibili nel *British Catalogue* di John Flamsteed, pubblicato postumo nel 1725 per soddisfare il mandato emanato mezzo secolo prima, con cui si chiedeva all'astronomo reale «di applicarsi immediatamente con la più esatta cura e diligenza a rettificare... le posizioni delle stelle fisse, onde poter trovare la tanto desiderata longitudine di luoghi per perfezionare l'arte della navigazione».

Toccò a questo punto ai matematici approfondire la conoscenza del moto della Luna e servirsene per calcolare tavole di posizioni lunari. Attorno alla metà del secolo tanto l'Académie des Sciences di Parigi quanto l'Accademia delle Scienze di San Pietroburgo richiamarono l'attenzione su problemi concernenti la teoria lunare per mezzo di concorsi a premio; e fu usando equazioni sviluppate in questa connessione da Leonardo Eulero che il professore di Gottinga Tobias Mayer (1723-1762) – un astronomo di propensioni pratiche – produsse tavole del Sole e della Luna che inviò a Londra nel 1755. Il controllo delle tavole fu interrotto dalla Guerra dei Sette Anni (1756-1763), e Mayer preparò tavole migliorate poco prima della sua morte. Queste fruttarono alla sua vedova 3000 sterline da parte del Parlamento inglese (altre 300 andarono a uno stupito Eulero) e permisero all'astronomo reale Nevil Maskelyne (1732-1811) di pubblicare nel 1766 il primo volume della pubblicazione annuale *The Nautical Almanac*, destinata a facilitare agli ufficiali di rotta la determinazione della longitudine per mezzo delle distanze lunari.

Frattanto alcuni progressi conseguiti in tecnologia stavano offrendo un'alternativa più semplice. Nel 1735 l'orologiaio inglese John Harrison (1693-1776) produsse il suo primo cronometro di marina (noto oggi come H1), che fu provato l'anno seguente in un viaggio Londra-Lisbona e ritorno. Il Board of Longitude concesse allora a Harrison 250 sterline per incoraggiarlo a perfezionare il cronometro; e le cose continuarono ad andare in questo modo, con successivi miglioramenti e altri finanziamenti, per una trentina d'anni.

Nel 1764 Harrison e il suo H4 partirono per le Barbados su una nave da guerra. Lo H4 fece tutto quello che gli era stato chiesto, ma il Parlamento decise che Harrison doveva avere 10.000 sterline subito e le altre 10.000 dopo che ne fossero stati prodotti e controllati altri esemplari. Un esemplare fu portato con sé dal capitano James Cook nel suo viaggio ai tropici e nell'Antartide (1772-1775), e la «nostra guida fidata, l'Orologio» si comportò in modo ineccepibile. Non appena si poterono costruire cronometri adatti, essi divennero la soluzione preferita per il problema della longitudine. Furono stabiliti osservatori astronomici accanto a porti importanti, e gli astronomi trovarono un nuovo ruolo, compiendo osservazioni accurate dell'ora a mezzogiorno (o all'una del pomeriggio) e lasciando cadere immediatamente delle speciali palle, che dovevano fungere da segnale visivo per permettere il controllo dei cronometri delle navi.

In terraferma, però, la cattiva qualità del fondo stradale tendeva a disturbare il funzionamento dei cronometri quando venivano portati da un luogo a un altro. Coppie di osservatori erano tuttavia sempre impegnate nel tentativo di stabilire le loro differenze di longitudine per poter correlare le loro osservazioni. A volte si usavano mezzi artificiali – come il lancio di razzi da una collina – per generare segnali che potessero essere visti simultaneamente da due luoghi diversi. Greenwich e Parigi, per esempio, furono connessi in questo modo nel 1825 da una successione di tali segnali, e a tale scopo agli astronomi fu assegnato un gran numero di aiutanti. Ma ben presto l'introduzione del telegrafo elettrico risolse il problema della longitudine sulla terraferma, esattamente come il cronometro aveva risolto il problema in mare.

IL PASSATO E IL FUTURO DEL SISTEMA SOLARE

Alla metà del Settecento la «meccanica celeste» fondata su principi newtoniani aveva registrato molti successi. In particolare, le nuove tavole solari e lunari tenevano conto delle perturbazioni, ed erano molto più esatte delle tavole che sostituivano. Rimanevano però due anomalie sconcertanti: un'apparente accelerazione di Giove e decelerazione di Saturno, note dal tempo di Tycho Brahe, e un'apparente accelerazione della Luna, che come aveva mostrato Halley era in corso dall'Antichità in poi. Queste tendenze avevano implicazioni profonde: se fossero continuate indefinitamente – se Giove avesse continuato a scendere a spirale verso il Sole, Saturno ad allontanarsene e la Luna a cadere verso la Terra – il sistema solare era condannato a cambiare drasticamente, e forse a perire.

Eulero (che fu fra i più pronti ad accettare la possibilità di una tale catastrofe), Lagrange e Laplace distinsero fra due tipi di variazioni nei moti dei pianeti: «periodiche» e «secolari». Le variazioni periodiche erano viste come oscillazioni – paragonabili a quelle del pendolo – in longitudine, latitudine e distanza dal corpo cen-

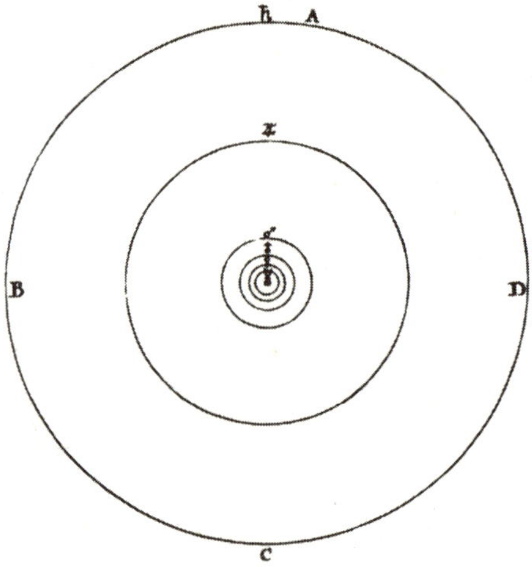

FIGURA 6.1 Diagramma del sistema solare, tratto dagli *Astronomiae physicae & geometricae elementa* (1702) di David Gregory. Le orbite di Mercurio, Venere, Terra e Marte sono affollate in centro, mentre fra le orbite di Marte e di Giove c'è quello che sembra un vuoto sproporzionatamente grande.

trale, che venivano corrette in tempi relativamente brevi. Le variazioni secolari erano invece mutamenti a lungo termine, ed Eulero le concepì dapprima come operanti sempre in una direzione. Esse influivano sulla forma e sull'orientamento dell'orbita: sulla sua eccentricità, sulla posizione dell'asse dell'ellisse, sull'inclinazione del piano orbitale rispetto all'eclittica (il piano dell'orbita terrestre), sulla posizione della linea dei nodi (i punti in cui l'orbita intersecava l'eclittica) e forse anche sulla distanza media dal Sole.

Nel 1772 Laplace, allora solo ventitreenne, dimostrò, con un alto grado di approssimazione, che le attrazioni fra due pianeti non potevano causare un mutamento unidirezionale permanente nella distanza media Sole-pianeta. Alla luce della terza legge di Keplero (qual era stata corretta da Newton), ciò implicava che queste attrazioni non potevano causare un mutamento a senso unico nei periodi dei pianeti. Laplace ne trasse la conclusione che l'apparente accelerazione di Giove e decelerazione di Saturno non potevano essere dovute alla loro reciproca interazione gravitazionale, ma pensò che questi effetti fossero dovuti con ogni probabilità a interazioni con comete.

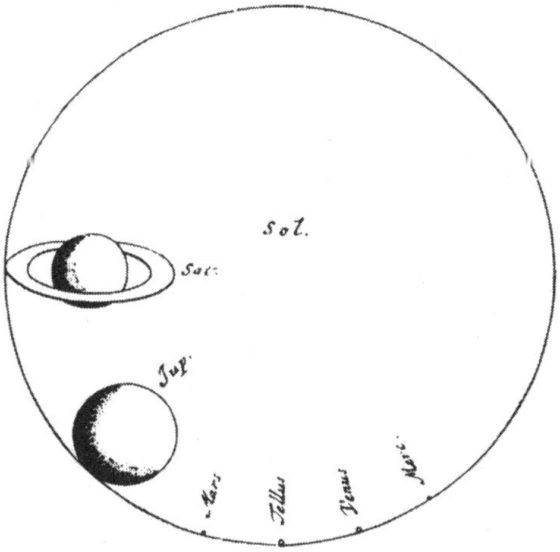

FIGURA 6.2 Il Sole (*Sol*) e i pianeti disegnati in scala, dal *Cosmotheoros* (1698) di Christiaan Huygens. Giove e Saturno sono giganteschi rispetto a Mercurio, Venere, la Terra (*Tellus*) e Marte.

Nel 1774 Lagrange mostrò che le variazioni secolari nelle inclinazioni delle orbite dei pianeti rispetto all'eclittica e nella posizione della linea dei nodi erano, in prima approssimazione, oscillatorie e periodiche, anche se con periodi che si misuravano in migliaia di anni. Avendo letto la dimostrazione di Lagrange, Laplace applicò immediatamente il medesimo tipo di analisi ad altri aspetti delle orbite planetarie. Ora parve che tutti i mutamenti a lungo termine nelle orbite planetarie risultanti dalle loro reciproche attrazioni fossero oscillatori e periodici.

Nel 1785 Laplace scoprì la causa dell'accelerazione di Giove e della decelerazione di Saturno: la variazione non era unidirezionale bensì periodica, con un periodo di circa 900 anni. Essa differiva dalle variazioni secolari, ancora a più lungo termine, in quanto dipendeva dal rapporto di posizione fra i due pianeti interagenti (Giove e Saturno) e il Sole. Per trovare quest'effetto, Laplace dovette trovare le approssimazioni di serie all'ordine della terza potenza delle eccentricità e delle inclinazioni: un'impresa che richiedeva finezza ma implicava anche una grande quantità di lavoro ingrato di calcolo.

Nel 1787 Laplace identificò una causa per l'accelerazione secolare della Luna. Questa era un effetto secondario, derivante dalla riduzione corrente dell'eccentricità dell'orbita terrestre, che conduceva a una riduzione netta dell'azione del Sole sulla Luna. Quest'effetto sarebbe stato rovesciato qualora, nella sua oscillazione a lungo termine, l'eccentricità avesse smesso di diminuire e avesse ricominciato a crescere. (Fra il 1850 e il 1860 si sarebbe trovato che la spiegazione di Laplace spiegava solo metà circa dell'accelerazione apparente della Luna; l'altra metà sarebbe stata attribuita al rallentamento della rotazione terrestre, causata dall'attrito delle maree prodotte dalla Luna in mari poco profondi.)

Queste scoperte condussero a un quadro del sistema solare i cui moti interni e i cui parametri geometrici erano soggetti solo a oscillazioni minori sui loro valori medi. Laplace credeva in effetti di avere dimostrato che il sistema solare era un sistema stabile, dotato di un'autoregolazione simile sotto questo aspetto a quella della natura vivente (anche se, come vedremo a p. 217, verso la fine del Novecento sarebbe diventato chiaro che nella spiegazione di Laplace c'era solo parte della verità).

Laplace descrisse questo quadro di un sistema solare stabile in una brillante opera divulgativa, l'*Exposition du système du monde*, che apparve nel 1796. Ma fece anche dell'altro: tentò di spiegare come tale sistema potesse avere avuto origine. Poteva esserci stata, ai primissimi inizi del sistema solare, una gigantesca nebulosa o un vortice rotante intorno al Sole, e i pianeti e i loro satelliti potevano essersi condensati da questa materia turbinante e dalle miriadi di particelle che si attraevano reciprocamente. Questa supposizione spiegava come mai tutti i pianeti e i satelliti allora noti orbitassero intorno al Sole nella stessa direzione, da ovest verso est, e quasi nello stesso piano. Ammessa questa spiegazione, le oscillazioni ben bilanciate nei moti del sistema solare sarebbero la conseguenza di relazioni spaziali persistite dalle origini caotiche del sistema.

L'*Exposition du système du monde* fu tradotta in molte lingue, ed ebbe un grandissimo pubblico di lettori. L'«ipotesi nebulare» di Laplace sul sistema del mondo si conciliava bene con la teorizzazione contemporanea di Wilhelm Herschel sull'origine dei sistemi stellari, di cui ci occuperemo nel prossimo capitolo, e contribuì a preparare la via alla promulgazione da parte di Darwin, nel 1859, della sua teoria dell'evoluzione organica. Oggi l'ipotesi nebulare è la spiegazione universalmente accettata degli inizi del sistema solare, e una fra le principali preoccupazioni dei teorici del nostro sistema planetario è quella di capire come il sistema solare si sia evoluto, per mezzo di interazioni di marea e di altre interazioni gravitazionali.

Il magistrale *Traité de mécanique céleste* (1799-1825) di Laplace, in cinque volumi – specialmente nella traduzione inglese dell'americano Nathaniel Bowditch (1773-1838), contenente molte utili note esplicative – divenne il libro prediletto di astronomi e specialisti di meccanica celeste, descrivendo i metodi e fissando i problemi per la ricerca futura.

I pianeti «mancanti»

All'inizio del suo tentativo di scoprire che cosa avesse motivato il Geometra Divino nella scelta del piano del sistema solare, Keplero era stato turbato da quello che gli era parso un vuoto sproporzionatamente grande fra il quarto pianeta, Marte, e il quinto, Giove; e si era baloccato con l'idea che quel vuoto apparente potesse essere in realtà occupato da un pianeta non ancora scoperto. Un secolo dopo, Newton vide in quel vuoto una prova di come avesse operato la Provvidenza per limitare gli sconvolgimenti che potevano essere causati alla struttura del sistema solare dall'attrazione dei due pianeti giganti, Giove e Saturno, isolandoli nelle regioni esterne del sistema.

Altri scienziati, più prosaici, offrirono spiegazioni fisiche di come potesse essersi prodotto quel vuoto. L'erudito alsaziano Johann Heinrich Lambert (1728-1777) pensò che Giove e Saturno potessero avere «razziato» i pianeti un tempo presenti in quel vuoto, mentre l'eccentrico dilettante inglese Thomas Wright di Durham (1711-1786), in un'ipotesi inedita, si chiese se un pianeta un tempo esistente in tale vuoto non fosse stato per caso distrutto da una collisione con una cometa.

LA «LEGGE» DI BODE

L'ipotesi che il vuoto contenesse (o avesse contenuto) un pianeta «mancante» fu incoraggiata da una relazione aritmetica che emerse nel Settecento. Nell'opera *Astronomiae physicae & geometricae elementa* del 1702, il professore di Oxford David Gregory (1659-1708) notò che i raggi delle orbite planetarie erano grosso modo proporzionali ai numeri 4, 7, 10, 15, 52, 95. Il divulgatore filosofico tedesco Christian Wolff ripubblicò queste cifre in un'opera che pervenne all'attenzione di Johann Daniel Tietz (più noto come Titius, 1729-1796), professore di fisica all'Università di Wittenberg. Nel 1766 lo stesso Titius tradusse in tedesco la *Contemplation de la nature* dell'eminente naturalista francese Charles Bonnet, nel testo del quale interpolò un paragrafo in cui, cambiando il 15 di Gregory in 16 e il 95 in 100, presentò la sequenza nella forma 4, 4 + 3, 4 + 6, 4 + 12, 4 + 48 e 4 + 96.

Nessuno dei pianeti noti corrispondeva al termine mancante nella sequenza, 4 + 24. Bonnet commentò: «Ma il Divino Architetto avrebbe lasciato vuoto questo spazio? Mai!». La sua soluzione per colmare il vuoto era decisamente assurda: egli pensava a satelliti di Marte non scoperti. Nel 1772 una copia della seconda edizione della traduzione tedesca capitò sotto gli occhi del giovane astronomo Johann Elert Bode (1747-1826), che stava dando gli ultimi ritocchi a una nuova edizione della sua fortunata introduzione all'astronomia. Bode lasciò cadere l'idea stravagante dei satelliti di Marte, ma fu affascinato dalla relazione e concordò sulle osservazioni concernenti l'inopportunità di quel vuoto: «Si può credere che il Creatore dell'universo abbia lasciato vuota questa posizione? Certamente no!». Bode si convinse che nello spazio apparentemente vuoto fra Marte e Giove dovesse celarsi un pianeta primario non ancora scoperto, a circa 4 + 24 unità dal Sole (posta la distanza Sole-Terra, come si è visto, pari a 4 + 6 unità).

LA SCOPERTA DI URANO

L'inclusione della relazione nel libro di Bode le garantì una vasta pubblicità, e nel 1781 essa ricevette un impulso sensazionale e del tutto inatteso quando Wilhelm Herschel (1738-1822), organista nato a Hannover ma trasferitosi nella stazione termale inglese di Bath, divenne la prima persona nella storia a scoprire un pianeta.

Quando si imbatté in Urano non stava cercando un pianeta; astronomo dilettante autodidatta, non era neppure al corrente dell'esistenza di congetture su pianeti «mancanti». Egli era interessato particolarmente alle stelle, non al sistema solare, e a quell'epoca stava usando un telescopio a riflessione che si era costruito da sé per familiarizzarsi con le stelle più luminose, che stava esaminando una a una. Il 13 marzo 1781 la sua esplorazione sistematica del cielo lo condusse nella costellazione dei Gemelli. Quivi si imbatté in un oggetto che astronomi di professione avevano poco prima scambiato per una stella. Ma il telescopio di Herschel era così buono, ed egli era così abile come osservatore, che fu istantaneamente in grado di riconoscere la natura anomala dell'oggetto. Era, come notò nel suo diario, «un oggetto curioso, o una stella nebulosa o forse una cometa».

Se apparteneva al sistema solare, poteva darsi che si muovesse in modo percettibile contro le stelle dello sfondo. Herschel tornò perciò sull'oggetto quattro giorni dopo, e vide che i suoi sospetti erano giustificati, poiché l'oggetto si era mosso. Poiché non era uno dei pianeti noti, suppose che dovesse essere una cometa. Un amico che aveva conoscenze scientifiche importanti informò dell'avvistamento l'astronomo reale Nevil Maskelyne e il professore di astronomia a Oxford Thomas Hornsby. Pur osservando con strumenti di livello professionale, nessuno dei due riuscì a vedere alcun oggetto insolito in quella regione del cielo, e trascorse un po' di tempo prima che essi potessero identificare la «cometa» di Herschel. Risultò che essa era invece un pianeta, il primo scoperto dagli albori della storia.

Quella clamorosa scoperta diede agli alleati di Herschel l'opportunità di assicurargli un vitalizio reale, cosa che gli permise di mettere in secondo piano la musica e di dedicarsi professionalmente all'astronomia. Herschel volle dimostrare la sua gratitudine al suo reale protettore chiamando in suo onore il nuovo pianeta *Georgium sidus*, ma gli astronomi del Continente preferirono continuare la tradizione mitologica col nome di Urano, e fu questo a prevalere.

Si trovò – sorprendentemente – che l'orbita di Urano corrispondeva bene al termine successivo nella sequenza: 4 + 192 = 196. L'astronomo di corte a Gotha, il barone Franz Xaver von Zach (1754-1832), divenne ora un convinto assertore della relazione aritmetica, e nel 1787 intraprese la ricerca di un pianeta nel vuoto Marte-Giove, ma senza successo. Nel 1799 Zach si reco in visita presso vari colleghi tedeschi, e dalle loro discussioni cominciò a svilupparsi l'idea di un attacco concertato al problema. Il 21 settembre 1800 Zach si incontrò con altri cinque astronomi a Lilienthal, patria del grande astronomo dilettante J.H. Schröter (1745-1816). Essi decisero di assicurarsi la cooperazione dei principali astronomi di tutt'Europa per formare un gruppo di ventiquattro «poliziotti del cielo», a ognuno dei quali sarebbe stata assegnata una parte dello zodiaco, col compito di mantenere una costante vigilanza sugli estranei eventualmente presenti nel suo distretto.

LA SCOPERTA DEI PIANETINI

I loro piani furono superati dagli eventi. Uno dei membri da cooptare doveva essere il valtellinese Giuseppe Piazzi (1746-1826), direttore dell'Osservatorio di Palermo, l'osservatorio europeo più a sud. Nel corso di un soggiorno a Greenwich-Londra negli anni Ottanta, Piazzi aveva convinto il famoso costruttore di strumenti Jesse Ramsden a realizzare per lui un superbo cerchio altazimutale di un metro e mezzo di nuova concezione, e non gli aveva dato requie finché il lavoro non era stato portato a termine. Alla svolta del secolo Piazzi era impegnato a usare il cerchio verticale per compilare un nuovo grande catalogo stellare, di precisione superiore a quella di tutti i cataloghi precedenti.

Il 1 gennaio 1801 Piazzi, ancora all'oscuro del compito che stava per essergli assegnato dagli astronomi di Lilienthal, era al lavoro come al solito sul suo catalogo. Misurò la posizione della stella zodiacale n. 87 del catalogo di Nicolas-Louis de Lacaille, e colse l'opportunità di misurare una (presunta) stella di magnitudine 8 circa che la precedeva. Il suo accurato metodo di lavoro comportava che egli rimisurasse le sue posizioni in una notte successiva; e quando lo fece trovò che la «stella» di ottava grandezza sembrava essersi mossa, movimento di cui egli poté trovare conferma le notti seguenti. Non era perciò una stella, bensì un corpo appartenente al sistema solare.

Nell'intero mese di gennaio 1801 Piazzi continuò a osservare il nuovo oggetto del sistema solare da lui scoperto ogni volta che le condizioni meteorologiche lo permettevano, e il 24 scrisse a Bode e ad altri annunciando la sua scoperta. Nella lettera a Bode parlò solo del ritrovamento di una cometa, mentre in una all'amico

Barnaba Oriani, dell'Osservatorio milanese di Brera, confidò che «il non essere essa accompagnata da alcuna nebulosità e più il suo moto così lento e uniforme, mi ha fatto più volte cadere nell'animo che forse possa essere qualche cosa di meglio di una cometa».*

Alla metà di febbraio l'oggetto era troppo vicino al Sole per continuare a essere visibile, cosicché Piazzi cominciò a investigarne l'orbita sulla base delle ventiquattro osservazioni che era riuscito a fare. Tentò di applicare parabole, prima a una triade di osservazioni e poi a un'altra, perché si sapeva che una parabola era una buona approssimazione all'orbita allungata di una cometa quando essa era vicina al Sole, ma nessuna parabola si conciliava, neppure in modo approssimativo, con tutte le posizioni osservate. Piazzi provò poi con cerchi, ed ebbe risultati promettenti per un raggio dell'ordine di 2,7 volte la distanza Terra-Sole, per un valore vicino al (4 + 24)/(4 + 6) implicato dal termine non assegnato nella «legge» di Bode. Sembrava dunque che l'oggetto dovesse essere un pianeta, in moto su un'orbita ellittica (ma quasi circolare). Il problema era come determinarne l'orbita con precisione sufficiente perché gli astronomi potessero ritrovarlo quando fosse riemerso dal bagliore del Sole, dato che era stato osservato solo per breve tempo, durante il quale si era mosso su un arco molto corto.

Una malattia impedì a Piazzi di fare altri progressi nell'analisi matematica delle sue osservazioni, cosicché nel mese di aprile egli inviò i suoi dati a Oriani a Milano, a Bode a Berlino e a Lalande a Parigi, affidando in tal modo il problema alla comunità astronomica europea. Per fortuna era emerso un brillante nuovo talento matematico nella persona di Carl Friedrich Gauss (1777-1855); entro novembre Gauss escogitò un metodo che gli permise di calcolare le caratteristiche dell'orbita. Sulla base di queste informazioni, Zach iniziò la ricerca del pianeta perduto, che trovò l'ultima notte dell'anno, esattamente nella posizione predetta da Gauss.

L'oggetto, chiamato da Piazzi Cerere, in onore della dea protettrice della Sicilia, risultò trovarsi press'a poco alla distanza predet-

* Giuseppe Piazzi e Barnaba Oriani, 24 gennaio 1801, in *Corrispondenza astronomica tra Giuseppe Piazzi e Barnaba Oriani: pubblicata per ordine di S.E. il Ministro della Pubblica Istruzione*, Hoephi, Milano 1874. [*N.d.T.*]

ta dalla «legge» di Bode, e dapprima parve non ci fosse ragione di dubitare del fatto che, come Urano, dovesse essere un vero pianeta. Herschel trovò però, con grande sorpresa, di non riuscire a scorgere il disco del pianeta, neppure col suo grande telescopio. Pensò perciò che il pianeta dovesse essere ancora più piccolo della Luna. Peggio ancora, in marzo H.W.M. Olbers trovò un altro corpo mobile, che chiamò Pallade. Herschel misurò anche il suo diametro, e pensò che dovesse essere inferiore a 300 chilometri. Era chiaro che Pallade non era un pianeta. Come termine descrittivo di questa nuova specie di corpo celeste, Herschel propose la parola «asteroide».

Per salvare la «legge», Olbers suggerì che i due asteroidi fossero frammenti di un vero pianeta che un tempo doveva avere occupato quel vuoto. In questo caso, dovevano esserci altri frammenti in attesa di essere scoperti. Questa previsione fu confermata: entro il 1807 furono scoperti anche Giunone e Vesta.

Per molto tempo non furono poi identificati altri asteroidi, e ben presto gli astronomi si stancarono della ricerca. Questa fu ripresa dal tedesco Karl Ludwig Hencke (1793-1866), ex funzionario delle poste. Hencke era un uomo di straordinaria dedizione: cominciò infatti le sue ricerche nel 1830 e lavorò per più di quindici anni prima di godere del suo primo successo. Trovò infine un altro asteroide nel 1847, scoperta che indusse i principali astronomi a riprendere la caccia.

Entro il 1891 furono scoperti più di 300 asteroidi, e la frequenza delle scoperte aumentò di molto con l'uso della fotografia. Max Wolf a Heidelberg fotografò un grande campo stellare con un'esposizione di varie ore. Poiché il suo telescopio seguiva esattamente la rotazione del cielo, sulla fotografia le stelle apparivano come immagini puntiformi, mentre gli asteroidi tradivano la loro identità attraverso piccoli tratti luminosi causati dalla distanza percorsa durante l'esposizione.

Se, come aveva sostenuto Olbers, gli asteroidi erano effettivamente i frammenti di un pianeta esploso che aveva obbedito alla «legge» di Bode, le loro orbite (almeno all'inizio) avrebbero dovuto intersecarsi tutte quante, sia nel luogo dell'esplosione sia di nuovo dal lato opposto del Sole. Ma nel corso della seconda metà dell'Ottocento, man mano che andava crescendo il numero degli asteroidi noti, ci si rese conto che la situazione era ben diversa. Gli astronomi moderni preferiscono una teoria opposta: essi pensano che gli asteroidi, la cui massa complessiva dovrebbe essere solo una frazione di quella della Luna, siano i superstiti di una miriade di piccoli oggetti che non sono riusciti ad aggregarsi a formare un pianeta a causa della forte attrazione del vicino Giove, che si era formato da poco tempo.

LA SCOPERTA DI NETTUNO

Herschel aveva scoperto il pianeta Urano, e Piazzi il pianetino Cerere, imbattendosi in essi in modo inatteso mentre erano impegnati in studi sulle stelle. Ma alla metà dell'Ottocento sarebbe stato trovato un altro pianeta, questa volta compiendo osservazioni in una regione indicata da teorici che avevano lavorato esclusivamente con carta e penna sulla base della sola conoscenza della dinamica newtoniana.

Poco dopo la scoperta di Urano nel 1781, Bode trovò che la posizione del pianeta era già stata registrata da Tobias Mayer nel 1756, e addirittura da John Flamsteed nel 1690, che lo avevano scambiato entrambi per una stella. Queste osservazioni aggiuntive permisero all'amico di Bode Placidus Fixlmillner e ad altri di determinare i parametri dell'orbita di Urano e di calcolare tavole delle sue posizioni future.

Ben presto il pianeta cominciò però a deviare dall'orbita prevista. La situazione migliorò nel 1790, quando l'astronomo matematico francese Jean-Baptiste-Joseph Delambre (1749-1822) pubblicò tavole che sembravano corrispondere abbastanza bene alle osservazioni, ma fra il 1820 e il 1840 la teoria dell'orbita di Urano riprese a discordare dalle osservazioni.

Furono proposte varie spiegazioni, alcune delle quali furono prontamente rifiutate: per esempio che il pianeta fosse impedito nel suo moto da un fluido cosmico, che esso avesse un satellite invisibile ma di grande massa, o che fosse stato colpito da una cometa press'a poco al tempo della sua scoperta. Altre due erano però maggiormente degne di considerazione: forse a grandi distanze la legge di attrazione si discostava dalla proporzionalità inversa al quadrato della distanza, o forse Urano era soggetto all'influenza gravitazionale di un pianeta più esterno non ancora scoperto.

La possibilità che la legge di attrazione dovesse essere modificata era stata considerata di tanto in tanto nel Settecento, ma ora la legge sembrava saldamente stabilita. Si ritenne perciò più probabile che il comportamento anomalo di Urano fosse dovuto a perturbazioni causate da un pianeta non ancora scoperto.

Nel 1845 i moti di Urano furono esaminati da un astronomo che conosceva meglio di ogni altro le tecniche della meccanica newtoniana: Urbain-Jean-Joseph Le Verrier (1811-1877), dell'Osservatorio di Parigi. Egli presentò una prima comunicazione sull'argomento all'Académie des Sciences di Parigi nel novembre di quell'anno, e una copia di essa pervenne ben presto all'astronomo reale a Greenwich, George Biddell Airy (1801-1892). Nel giugno dell'anno seguente Le Verrier presentò la seconda comunicazione, nella quale fece l'ipotesi che il pianeta ignoto occupasse il posto successivo nella sequenza della «legge» di Bode, concludendo infine che il pianeta, visto dal Sole, doveva trovarsi allora a pochi gradi dalla longitudine di 325°.

All'insaputa di Le Verrier, stava lavorando sullo stesso problema un giovane laureato di Cambridge, John Couch Adams (1819-1892). Anche lui aveva supposto che il pianeta obbedisse alla «legge» di Bode, ed era arrivato a una soluzione approssimata per la posizione del pianeta nell'ottobre 1843. Distratto da compiti d'insegnamento, non derivò un risultato più preciso fino al settembre 1845, quando calcolò che la longitudine eliocentrica del pianeta il 1 ottobre doveva essere di 323° 34'.

Fornito di una lettera di presentazione del professore di astronomia a Cambridge James Challis (1803-1882), Adams fece visita ad Airy per presentargli la sua analisi, ma a causa di una serie di incidenti non riuscì a parlare con lui. Gli lasciò tuttavia un compendio dei suoi risultati.

L'arrivo, l'estate seguente, della comunicazione di Le Verrier, con la sua predizione quasi identica della longitudine eliocentrica, stimolò Airy all'azione. A suo giudizio la ricerca di un pianeta non ancora scoperto non era compito dell'Osservatorio Reale, che era finanziato con fondi pubblici, ma egli convinse Challis a fare una ricerca a Cambridge, cosa che egli fece. Purtroppo Challis non disponeva di carte abbastanza precise di quella regione del cielo. L'unico modo in cui poteva identificare un pianeta – un visitatore temporaneo di quell'area – consisteva quindi nell'osservare la regione in varie occasioni, per vedere se nel frattempo qualcuna di quelle «stelle» si fosse spostata. Fu un lavoro che Challis affrontò senza alcun senso d'urgenza.

Questo scarso impegno costò ad Adams la priorità. Nel frattempo Le Verrier aveva infatti convinto a compiere una ricerca gli astronomi dell'Osservatorio di Berlino, i quali disponevano di una risorsa importante: il foglio del nuovo Atlante stellare dell'Accademia di Berlino – non ancora distribuito – della regione in oggetto. Pochi minuti dopo l'inizio della loro ricerca, il 23 settembre 1846, gli osservatori berlinesi si imbatterono in una «stella» che non era presente sul foglio. Era il pianeta mancante.

La scoperta di Nettuno, nel 1846, fu l'ultimo trionfo della meccanica newtoniana: due astronomi matematici, seduti a tavolino, erano risaliti col calcolo dagli effetti – le deviazioni di Urano dall'orbita predetta – alla causa, e avevano predetto dove doveva trovarsi il colpevole, un pianeta la cui esistenza nessuno aveva fino allora mai sospettato.

NON SI RIESCE A TROVARE VULCANO

Nel 1846 la meccanica celeste era la regina delle scienze, il maggior successo della matematizzazione e la scienza più esatta nelle sue predizioni.

La sorte, però, aveva in serbo un tiro mancino. Come Urano, Mercurio presentava nel suo moto orbitale un fenomeno inspiegato: il suo punto di massimo avvicinamento al Sole (il «perielio») avanzava in longitudine più rapidamente del previsto, di circa mezzo minuto d'arco ogni secolo.

Che una discrepanza così piccola – di circa un grado ogni 100 secoli – dovesse suscitare tanto interesse è una testimonianza sorprendente del successo dei matematici nello spiegare i moti dei pianeti con principi newtoniani. Le Verrier, com'è ovvio, si pose la domanda se la causa non potesse essere anche in questo caso un pianeta non ancora scoperto, orbitante all'interno dell'orbita di Mercurio, e nel settembre 1859 annunciò i risultati dei suoi calcoli. Un tale avanzamento del perielio poteva essere causato da un corpo avente le stesse dimensioni di Mercurio, ma situato a una distanza dal Sole pari a metà della sua, oppure da un anello di asteroidi alla stessa distanza. Un'altra possibilità era che il Sole avesse una forma non esattamente sferica.

Si dà il caso che un po' di tempo prima, nello stesso anno, nella cittadina francese di Orgères un medico altrimenti ignoto di nome Edmond Lescarbault, avesse visto quello che credeva fosse un pianeta intramercuriale attraversare il disco del Sole. Non ne disse nulla in quell'occasione, ma in dicembre, avendo appreso della predizione di Le Verrier, gli scrisse per informarlo della cosa. Le Verrier si precipitò a Orgères, si convinse dell'affidabilità del medico e chiamò il pianeta Vulcano, calcolandone il periodo in poco meno di 20 giorni.

Nel 1876 qualcuno si convinse di avere visto un'altra volta Vulcano passare sul disco del Sole, ma successive ricerche dimostrarono che l'oggetto era in realtà una macchia solare. Entro quest'epoca erano state registrate una ventina di possibili osservazioni del presunto pianeta, cinque delle quali Le Verrier era pronto ad accettare come autentiche. Sulla base di esse egli calcolò che il pianeta avrebbe attraversato il disco del Sole nel marzo 1877 e poi di nuovo nell'ottobre 1882, ma queste predizioni non furono confermate dall'osservazione.

Le ricerche condotte durante eclissi solari non approdarono a nulla, anche se le prove dell'avanzamento del perielio di Mercurio divennero ancora più forti. Alla fine del secolo si accettò infine l'idea che Vulcano non esistesse, e l'avanzamento del perielio tornò a essere un problema non risolto di meccanica celeste, una rara eccezione alla sequela apparentemente senza fine di successi della dinamica newtoniana. Curiosamente, però, quel fenomeno che si pensava avrebbe condotto a un altro trionfo per la teoria di Newton ebbe un effetto del tutto contrario. Come vedremo nel capitolo 8, Albert Einstein mostrò nel 1915 che la sua teoria generale della relatività, fondata su una revisione radicale dei concetti fondamentali di Newton, implicava che il perielio di Mercurio avanzasse quasi esattamente della quantità osservata.

Lo sconcertante movimento del pianeta era stato infine spiegato, ma non sulla base di principi newtoniani. Il distico di Pope in lode di Newton richiedeva una correzione:

Ma non durò. Satana disse: «Ohibò,
Sia Einstein», e tornò lo status quo.

La meccanica celeste nel XX secolo

Nonostante la rivoluzione di Einstein, la maggior parte delle ricerche di meccanica celeste – per esempio il calcolo delle orbite dei satelliti artificiali – ha però continuato a fondarsi sulle equazioni newtoniane. Tali calcoli non sono inevitabilmente nient'altro che approssimazioni, ma la teoria newtoniana dà risultati che sono del tutto adeguati a molti fini.

Lo stesso non vale, però, per la misurazione accurata del tempo. Fino alla metà del XX secolo si considerò come unità di tempo il giorno solare medio, ma il riconoscimento del ruolo dell'attrito di marea nel rallentare la rotazione della Terra – per non parlare dei cambiamenti nella velocità di rotazione dovuti alla forma della Terra – ha reso obsoleta quest'unità di tempo. Oggi gli orologi atomici hanno sostituito la rotazione della Terra nel fornire un'unità di tempo standard. Tuttavia, come tutti gli orologi della Terra, gli orologi atomici esistono in un sistema di riferimento accelerato, e sono perciò soggetti ad alterazioni di ritmo predette dalla teoria generale della relatività di Einstein. Gli specialisti di meccanica celeste devono perciò includere questi effetti relativistici nei programmi per computer per mezzo dei quali generano predizioni di posizioni dei pianeti e dei satelliti.

Verso la fine del Novecento la meccanica celeste ha dovuto far fronte a un'altra sfida ancora, forse ancora più sconcertante di quella lanciata da Einstein. Nella visione della meccanica celeste promulgata da Laplace, e accettata fino a poco tempo fa, si potevano fare predizioni con la stessa precisione delle osservazioni. Come si espresse Laplace, un intelletto che, in un momento dato, conoscesse le posizioni e velocità esatte di tutti i corpi presenti nell'universo, e che fosse abbastanza vasto per poter eseguire tutti questi calcoli, conoscerebbe l'intero futuro e passato dell'universo stesso. L'astronomia umana era solo una «pallida immagine» di una tale conoscenza, ma pur sempre un'immagine. Se le osservazioni avessero fornito le posizioni dei pianeti con una certa precisione, si sarebbero potute predire con una precisione simile le loro posizioni future.

Nell'ultimo decennio dell'Ottocento il matematico francese Henri Poincaré (1854-1912) aveva introdotto un nuovo modo di pensare sui problemi della meccanica celeste. Invece di concentrarsi su problemi che sembravano risolvibili col metodo tradizionale delle approssimazioni per mezzo di equazioni con una serie infinita di termini, Poincaré usò metodi quasi geometrici per verificare l'assunto che piccoli mutamenti nei parametri delle equazioni dessero solo piccole differenze nei numeri che formavano la soluzione. Trovò invece che, nel caso di molti sistemi dinamici, piccole differenze nelle condizioni iniziali potevano condurre a differenze molto grandi nei risultati.

L'avvento, negli ultimi decenni, di computer elettronici di potenza sempre crescente ha reso possibile un'esplorazione quantitativa di tali sistemi. Consideriamo, per esempio, un sistema consistente in un pendolo semplice il cui punto di sospensione venga messo in oscillazione; se la frequenza naturale del pendolo e la frequenza dell'oscillazione imposta sono abbastanza vicine, la sensibilità del comportamento alle condizioni iniziali risulta essere indefinitamente grande. Essendoci un limite alla precisione con cui le condizioni iniziali possono essere misurate, il moto del sistema diventa imprevedibile, anche se in linea teorica è completamente determinato. La connessione fra determinismo e prevedibilità assunta da Laplace viene in questo caso spezzata, e abbiamo una situazione del tipo noto oggi come «caos dinamico».

Recentemente è stato dimostrato che i pianeti interni – Mercurio, Venere, Terra e Marte, oltre al pianeta esterno Plutone – forniscono esempi di caos dinamico. Certe perturbazioni del moto della Terra, per esempio, sono quasi in risonanza col suo moto annuo, in stretta analogia col caso del pendolo semplice menzionato sopra. Noi non possiamo mai sapere esattamente dall'osservazione – con precisione illimitata – dove si trovi un qualsiasi pianeta; e nel caso dei pianeti interni e di Plutone l'ambito di incertezza iniziale cresce rapidamente nel corso del tempo. I calcoli eseguiti per mezzo di computer hanno mostrato che le incertezze iniziali per la Terra crescono di un fattore 3 ogni cinque miliardi di anni, cosicché un errore iniziale di 10 metri produce dopo 100 milioni di anni un errore di un milione di chilometri.

Un'implicazione della scoperta del «caos» fra i pianeti è che i tentativi anteriori di dimostrare la stabilità del sistema solare sono fondamentalmente sbagliati. I sistemi soggetti al caos dinamico sono sensibili a perturbazioni casuali: noi viviamo in un mondo meno certo di quello immaginato da Laplace.

Gli specialisti di meccanica celeste – pur avendo assistito alla dissoluzione del loro sogno di una certezza deterministica – hanno tuttavia ancora prospettive elettrizzanti per future ricerche. Fra i loro compiti c'è l'esplorazione delle implicazioni dettagliate del «caos» planetario, l'affinamento delle predizioni pur con i limiti ora rivelati, e lo sviluppo di scenari plausibili per l'evoluzione del sistema solare e dei suoi subsistemi.

7
L'astronomia dell'universo stellare

Michael Hoskin

Nel 1833 l'astronomo inglese John Herschel pubblicò *A Treatise on Astronomy*, testo introduttivo per gli appassionati di astronomia. Pur essendo la massima autorità mondiale sull'universo fuori degli angusti confini del sistema solare, Herschel si occupò delle stelle solo in uno dei tredici capitoli del libro: l'astronomia continuava a dedicare gran parte del suo interesse dei moti della famiglia dei pianeti e delle comete del sistema solare. Eppure erano trascorsi quasi due secoli da quando Descartes aveva raffigurato un universo infinito in cui non c'era più un centro e neppure un confine esterno; un universo in cui il Sole era solo la nostra stella locale, e le stelle erano soli il cui fulgore era attenuato dalle loro distanze immense.

Durante quei due secoli le stelle avevano continuato a svolgere il loro umile ruolo tradizionale, come punti di riferimento in cielo per misurare le posizioni variabili dei membri del sistema solare. Non sorprende la mancanza di interesse per loro come corpi liberi di muoversi nello spazio. Data la loro grandissima distanza, i loro moti per l'osservatore sulla Terra sono infinitesimi: così piccoli che ancora alla fine del Seicento non si conosceva alcuna stella che avesse modificato la sua posizione in cielo da quando erano stati compilati i primi cataloghi stellari nell'Antichità. Le stelle erano troppo lontane e apparivano troppo statiche per potere suscitare la curiosità di molti astronomi.

L'astronomia stellare divenne importante solo con lo sviluppo dell'astrofisica nella seconda metà dell'Ottocento. Oggi la situazione è mutata radicalmente, ed è il sistema solare ad avere perso relativamente interesse. Di conseguenza le ricerche iniziate nei secoli scorsi da un pugno di astronomi – molti dei quali dilettanti – che ebbero il coraggio di affrontare lo studio delle stelle si sono rivelate di immensa importanza per il futuro sviluppo dell'astronomia.

Il vicinato del Sole nell'universo stellare

A seconda del loro temperamento, questi uomini adottarono una di due impostazioni possibili. Alcuni spiriti audaci – che spesso mescolarono l'astronomia con la teologia – cercarono di comprendere il cosmo nella sua totalità. Altri preferirono procedere in modo più graduale, avanzando dal sistema solare verso l'esterno, a cominciare dalle stelle più vicine a noi. Cominceremo la nostra storia esponendo le ricerche di questi ultimi, più prudenti.

STELLE DALLA LUMINOSITÀ VARIABILE

Può sembrare sorprendente che gli astronomi dell'Antichità e del Medioevo giudicassero le stelle non solo immobili ma anche immutabili nella loro luminosità. Ci sono stelle la cui luce varia regolarmente, e alcune di queste variazioni non sono difficili da scoprire a occhio nudo, una volta che si sappia dove guardare e, soprattutto, una volta che si sappia che tali variazioni esistono e che possono essere osservate. Esse sfuggirono così a lungo all'attenzione perché nessuna delle stelle più luminose presentava variazioni tali da imporsi all'attenzione degli osservatori più antichi.

La vistosa «stella nuova» del 1572 (la «nova di Tycho», vedi p. 129) costrinse gli astronomi a riconoscere l'esistenza delle variazioni di luminosità. Cosa degna di nota, la natura ribadì questa lezione solo una generazione dopo, nel 1604, quando nella costellazione dell'Ofiuco («*in pede Serpentarii*») sfolgorò la seconda stella nuova, la cosiddetta «nova di Keplero».

A quel tempo tali fenomeni parvero avere un grandissimo significato astrologico. Giove impiegava quasi dodici anni e Saturno quasi trenta a percorrere l'intero zodiaco, cosicché le loro congiunzioni avvenivano a intervalli di una ventina d'anni. A causa della loro rarità, erano considerate astrologicamente «grandi». Nei vent'anni che intercorrevano fra due grandi congiunzioni, Saturno percorreva due terzi dello zodiaco, nei successivi vent'anni altri 2/3, e in altri vent'anni altri 2/3. A quest'epoca aveva completato due rivoluzioni complete ed era tornato in prossimità del luogo della prima congiunzione.

Le posizioni di tre grandi congiunzioni consecutive formavano perciò (grosso modo) i vertici di un triangolo equilatero in cielo, e i segni dello zodiaco in cui esse avvenivano erano normalmente il primo, il quinto e il nono dei dodici segni, oppure il secondo, sesto e decimo, e così via. Questi gruppi di tre segni erano noti come «trigoni» (ossia triangoli), e ogni trigono era associato a uno dei quattro elementi (il più portentoso era il trigono igneo).

Le congiunzioni scivolavano in pratica da un trigono al successivo ogni due secoli circa, cosicché, dopo otto secoli, le congiunzioni tornavano al trigono originario. Si dà il caso che, intorno alla nascita di Cristo, le congiunzioni entrassero nel trigono igneo (e alcuni interpretano oggi con questa congiunzione di Giove e Saturno la cosiddetta Stella di Betlemme); e nel 1603, dopo due di tali cicli di otto secoli, stava accadendo di nuovo lo stesso portentoso evento.

Nell'autunno dell'anno seguente Giove e Saturno erano stati raggiunti dal terzo dei pianeti più lenti, Marte. D'improvviso, in mezzo ai tre pianeti, e in quest'occasione di grandissimo significato astrologico, sfavillò una stella nuova.

Alcuni pensarono che fosse venuta a preannunciare la fine del mondo. Altri si attesero la dissoluzione del regno dei turchi, o l'apparizione di un nuovo grande monarca: «*nova stella, novus rex*». Il matematico imperiale Keplero si affrettò a pubblicare un trattatello sulla nova, e due anni dopo pubblicò il trattato definitivo, *De stella nova in Pede Serpentarii et... Trigono igneo*, in cui esaminava tutti i problemi in gioco, astronomici e astrologici.

Brahe, Keplero e i loro contemporanei sono stati dei privilegiati: da quasi quattro secoli, infatti, gli astronomi venuti dopo di loro hanno atteso invano l'apparizione nella nostra galassia della prossima «supernova», come sono classificati oggi questi spettacoli pirotecnici cosmici.

Quando apparve la supernova del 1604, si era peraltro già parlato di un'altra stella nuova: nel 1596 l'astronomo frisio David Fabricius (1564-1617) sostenne che una nova era apparsa nella costellazione della Balena (Cetus). Poi, nel 1638, un altro osservatore frisio, Johannes Phocylides Holwarda, notò che una stella, anch'essa nella Balena, già registrata nei cataloghi di Tolomeo e di Brahe, era scomparsa, ed era quindi anch'essa presumibilmente una nova. Le pagine della relazione di Holwarda erano già state stampate quando egli fu sorpreso nel constatare che la stella era riapparsa.

Infine ci si rese conto che la nova di Fabricius e quella di Holwarda erano la stessa stella. Le riapparizioni della *mira stella* («stella mirabile») sembravano però capricciose. Nel 1662 Johannes Hevelius raccolse tutte le osservazioni note, comprese quelle accumulate da lui stesso in tre anni di attento esame. Purtroppo, però, tre anni non furono sufficienti per scoprire che, benché Mira Ceti variasse la sua luminosità non solo all'interno di ogni ciclo, ma anche nelle fasi corrispondenti di un ciclo e poi del seguente, presentava una regolarità significativa nel suo comportamento. Essa raggiungeva una luminosità massima ogni undici mesi, e almeno in questo senso il suo comportamento era prevedibile.

Fu il sacerdote e astronomo francese Ismael Boulliau (1605-1694) ad annunciare questa scoperta nell'opera *Ad astronomos monita duo* pubblicata nel 1667. Boulliau offrì anche una spiegazione fisica delle «stelle variabili» che avrebbe resistito fino all'Ottocento inoltrato. Il Sole, ricordò Boulliau ai lettori, era una stella che ruotava; inoltre aveva sulla sua superficie delle macchie di estensione variabile. Ogni variazione regolare nella stella era dovuta alla sua rotazione, e ogni variazione irregolare ad alterazioni delle sue regioni oscure.

Era una spiegazione che poteva spiegare facilmente – forse troppo facilmente – quasi tutte le variazioni osservate in tali stelle. Frattanto la caccia era aperta. Un astronomo poteva diventare famoso da un giorno all'altro grazie alla scoperta di (presunte) stelle variabili. Nella loro fretta, gli osservatori erano spesso ingannati da variazioni non nella luminosità della stella bensì nelle condizioni di visibilità, o forse anche dal desiderio di compiere una scoperta importante, e gli scettici non avevano alcun modo di dimostrare che alcune di tali scoperte erano fasulle. In ogni caso però le scoperte – anche se genuine, come quella di Algol (β Persei) fatta nel 1669 da Geminiano Montanari – sembravano non condurre l'astronomia da nessuna parte, cosicché alla fine del

Seicento questa parte dell'astronomia non godeva più di molto favore.

Il problema risiedeva in parte nella mancanza di una tecnica abbastanza precisa per controllare la luminosità apparente di una stella. Le stelle venivano semplicemente raggruppate secondo la rozza classificazione ereditata dall'Antichità, per cui le stelle più luminose erano di prima grandezza e le meno luminose fra quelle visibili a occhio nudo di sesta. Alla metà dell'Ottocento furono inventati nuovi strumenti per determinare in modo obiettivo la luminosità delle stelle e fu introdotta una nuova definizione della magnitudine (vedi pp. 322-323). Ma già prima di allora, verso la fine del Settecento, gli astronomi poterono finalmente disporre di un metodo semplice per stabilire se una stella avesse effettivamente modificato la sua luminosità, quando il padre di John Herschel, Wilhelm, nel suo osservatorio nei pressi del castello di Windsor, preparò una serie di *Catalogues of the Comparative Brightness of the Stars.* In questi cataloghi ognuna delle stelle principali di ogni costellazione veniva confrontata con stelle vicine che erano state scelte per avere una luminosità quasi uguale a quella della stella elencata; qualsiasi futuro mutamento nella luminosità di ogni stella elencata si sarebbe rivelato attraverso il confronto con le stelle di riferimento.

La tecnica di Herschel della luminosità comparata era un affinamento di un metodo semplice che usava sequenze di stelle disposte in ordine di luminosità, metodo che era stato sviluppato negli anni Ottanta del Settecento da due osservatori dilettanti a York, nel nord dell'Inghilterra: Edward Pigott (1753-1825), il cui padre aveva fondato recentemente un osservatorio privato nella città, e un suo vicino, il giovane sordomuto John Goodricke (1764-1786). Nel 1781 Pigott decise di dedicarsi alla ricerca di stelle nuove e variabili, e l'estate seguente i due amici riesaminarono le variabili note, fra cui specialmente Mira, ma anche Algol, che in due occasioni nel Seicento era apparsa di magnitudine 4 anziché, come al solito, di magnitudine 2.

Il 7 novembre 1782 Algol era di magnitudine 2 come al solito, ma cinque notti dopo Goodricke trovò con sorpresa che si era ridotta alla magnitudine 4. La notte seguente era tornata di nuovo alla magnitudine 2, con un cambiamento così repentino da non avere riscontri nella letteratura.

Nelle settimane che seguirono i due amici sorvegliarono indipendentemente la stella, e il loro impegno fu premiato il 28 dicembre, quando entrambi la videro, all'inizio della notte, di magnitudine 3 o 4, per passare poi alla magnitudine 2 davanti ai loro stessi occhi. Pigott sospettò subito che «l'alterazione della luminosità di Algol potesse essere stata causata da un pianeta, di grandezza pari a metà della sua, che orbitasse intorno a essa, e perciò a volte la occultasse in parte»; e calcolò addirittura per esso possibili periodi orbitali.

Seguirono altre di queste presunte eclissi, e il periodo orbitale più lungo in grado di spiegarle tutte si accorciò sempre più, finché, in aprile, si era ridotto a sole 69 ore! Pigott permise generosamente a Goodricke di apparire come unico autore della comunicazione alla Royal Society che annunciava i loro risultati; ma il giovane si concentrò su fatti d'osservazione, e menzionò l'ipotesi delle eclissi solo come alternativa alla spiegazione usuale in termini di chiazze scure.

Mentre le chiazze scure potevano spiegare quasi tutto, ed era quindi molto difficile verificarle o confutarle, l'ipotesi delle eclissi faceva predizioni esatte: che la luminosità al minimo sarebbe sempre stata la stessa, che la durata del tempo occupato da un ciclo di variazione sarebbe stata sempre la stessa, e che la curva di luce sarebbe stata simmetrica. Cosa curiosa, in seguito i due amici abbandonarono questa spiegazione corretta per Algol. Forse furono ingannati da variazioni nelle condizioni di visibilità che li indussero a pensare che le predizioni non si fossero realizzate, o forse furono influenzati dall'impossibilità di usare l'ipotesi delle eclissi per spiegare le altre tre variabili di breve periodo che avevano scoperto: una di queste, la Beta Lyrae, era costituita da due stelle che si pensa siano molto vicine fra loro e che abbiano forma ellissoidale in conseguenza di distorsioni di marea, mentre le altre due – la Delta Cephei e la Eta Aquilae – sono stelle singole (del tipo noto come cefeidi) che pulsano, salendo rapidamente alla luminosità massima e poi declinando in modo più lento. In ogni modo, nei loro pochi anni di attività i due amici avevano arricchito lo studio delle variabili con una classe nuova e del tutto insospettata di stelle, i cui periodi si misuravano in giorni, anziché in mesi o in anni.

La loro collaborazione ebbe termine nel 1786, quando i Pigott lasciarono York e Goodricke morì precocemente di malattia. Dopo di loro lo studio delle variabili avrebbe conosciuto un periodo di ristagno, fino a quando lo sviluppo dell'astrofisica non offrì la possibilità di capire gli sviluppi fisici sottostanti.

IN CHE DIREZIONE SI MUOVE IL SISTEMA SOLARE

Benché nell'universo newtoniano le stelle fossero corpi isolati, liberi di muoversi in qualsiasi direzione, agli occhi dello stesso Newton continuavano a essere «fisse» e immobili come sempre. Il primo annuncio della scoperta di moti di singole stelle – i cosiddetti «moti propri» – apparve nelle «Philosophical Transactions of the Royal Society of London» nel 1718. A Oxford Edmond Halley (c. 1656-1742) aveva confrontato le posizioni di alcune stelle, desunte dall'osservazione, con quelle registrate per le stesse stelle nell'Antichità. Egli trovò che le latitudini attribuite da Tolomeo a tre delle stelle più splendenti potevano spiegarsi solo supponendo che nel millennio e mezzo intercorso le stelle si fossero mosse. Dopo tutto «queste stelle, essendo le più splendenti in cielo, sono con ogni probabilità le più vicine alla Terra, e se hanno un qualsiasi moto proprio è più probabile che si percepisca in queste che in altre».

Ci si sarebbe potuti attendere che, dopo di allora, il numero dei moti propri noti crescesse rapidamente, man mano che altri astronomi avessero confrontato posizioni contemporanee con quelle registrate da osservatori anteriori. Ma non fu così. I mutamenti di posizione risultanti dai moti propri si accumulavano da un secolo all'altro, cosicché la conoscenza di tali moti dipendeva da due fattori: l'esattezza delle posizioni registrate in passato e la lunghezza del tempo trascorso fra le osservazioni passate e quelle presenti. Purtroppo la ricerca della precisione in astronomia era stata inaugurata da Tycho Brahe solo poco più di un secolo prima, e ciò era avvenuto prima dell'invenzione del telescopio e dell'uso di congegni di mira telescopici, e prima che si possedesse una comprensione appropriata della rifrazione atmosferica.

La posizione osservata di un corpo celeste è la direzione da cui proviene la sua luce nel momento in cui raggiunge l'osservatore. Eccezion fatta per il caso in cui il corpo in oggetto si trovi esattamente allo zenit, la sua luce entrerà nell'atmosfera obliquamente, e negli ultimi pochi chilometri del suo viaggio la traiettoria dei raggi sarà deviata dalla rifrazione.

Gli astronomi si sono resi conto di questo problema già dall'Antichità. Cleomede, vissuto forse nel II secolo d.C., disse di aver visto la Luna eclissata quando Sole e Luna erano entrambi sopra l'orizzonte (anche se, per il verificarsi di un'eclisse, si richiede che Sole, Terra e Luna siano perfettamente allineati). Egli spiegò (correttamente) che il fenomeno era dovuto al fatto che la luce proveniente dal Sole e quella proveniente dalla Luna erano entrambe sollevate dalla rifrazione durante il passaggio nell'atmosfera terrestre. In effetti l'immagine del Sole all'orizzonte è innalzata di una quantità pari press'a poco alla sua grandezza, cosicché nel momento in cui un osservatore su una Terra ipoteticamente priva di atmosfera vedrebbe sparire gli ultimi raggi del Sole, un osservatore sulla Terra reale vede ancora l'intero disco solare.

L'effetto della rifrazione atmosferica su un corpo vicino all'orizzonte è perciò considerevole, ma non è facile stabilire esattamente di quanto la posizione osservata di un corpo differisca da quella che «dovrebbe» essere la sua posizione reale. Tycho Brahe tentò di redigere delle tavole della rifrazione, ma credette che questa avesse effetti diversi sul Sole, sulla Luna e su altri corpi; pensò inoltre che essa fosse nulla al di sopra di un certo angolo rispetto all'orizzonte, angolo che ritenne fosse di 45° per il Sole, ma solo di 20° per le stelle. La precisione del suo catalogo stellare soffrì di quest'opinione erronea.

A peggiorare le cose per gli studiosi dei moti propri, una fonte grande e imprevista di errore nelle osservazioni anteriori fu identificata nel 1728 dal professore saviliano di astronomia a Oxford e futuro astronomo reale James Bradley (1693-1792), attraverso la scoperta dell'«aberrazione della luce». Questo è il nome assegnato all'effetto per cui la posizione osservata di qualsiasi stella è alterata costantemente dalla velocità sempre variabile dell'osservatore terrestre mentre viene trasportato intorno al Sole, nello stesso modo in cui la direzione della pioggia sul finestrino di un treno risente del movimento del treno. Un altro problema fu rivelato dalla posteriore scoperta di Bradley che l'asse della Terra oscilla o «nuta» (principalmente in conseguenza dell'attrazione gravitazionale della Luna sul rigonfiamento equatoriale della Terra), cosa che incide sul sistema stesso di coordinate che noi usiamo per misurare le posizioni delle stelle.

In che modo Bradley sia pervenuto a scoprire l'aberrazione e la nutazione è una storia affascinante di cui ci occuperemo più avanti (vedi p. 238). In conseguenza delle sue scoperte, gli astronomi seguenti seppero di dover correggere i dati bruti delle loro osservazioni per tener conto di questi effetti, cosa che introdusse un'epoca di precisione molto maggiore. Lo stesso Bradley assunse in seguito una posizione di guida in questo campo, raccogliendo un patrimonio di posizioni stellari che gli osservatori posteriori avrebbero usato per determinare i moti propri. Come astronomo reale a Greenwich a partire dal 1742, egli prima arricchì l'osservatorio di nuovi strumenti e poi, dal 1750 fino a quando la sua salute cominciò a declinare, condusse un intenso programma di osservazioni durante il quale registrò con cura tutte le informazioni accessorie utili per correggere i dati grezzi, e derivare in tal modo posizioni stellari di una precisione senza precedenti.

Lo stesso Bradley non visse abbastanza per compiere queste «riduzioni», ma le sue osservazioni non ridotte furono pubblicate alla fine del secolo. L'astronomo e matematico tedesco Friedrich Wilhelm Bessel (1784-1846) intraprese in seguito le riduzioni necessarie, e nel 1818 pubblicò un catalogo di più di 3000 posizioni stellari per il 1755, una conveniente data di mezzo nel programma di osservazioni di Bradley. Il volume di Bessel aveva il titolo orgoglioso di *Fundamenta astronomiae*, e la sua pubblicazione permise agli studiosi dei moti propri di usare l'anno 1755 come punto di partenza nel tempo a partire dal quale determinare futuri mutamenti nelle posizioni stellari.

Frattanto furono compiuti tentativi per determinare moti propri, per quanto in via provvisoria, e per cercare di spiegarli. Il compito non era facile. Nel 1748 lo stesso Bradley sottolineò, nelle «Philosophical Transactions» della Royal Society, che tali moti apparenti erano relativi e potevano essere dovuti o a moti nelle stelle stesse, o al moto del sistema solare, o a una combinazione delle due cose.

Tobias Mayer (1723-1762), di Gottinga, spiegò nel 1760 come si potesse distinguere fra le due cause. Un effetto costante di un certo tipo nei moti osservati doveva essere attribuito a una singola causa, il moto dell'osservatore attraverso lo spazio. I *moti residui* dovevano invece essere attribuiti a moti delle singole stelle.

Ma quale tipo di effetto costante doveva essere quello risultante dal moto dell'osservatore nello spazio insieme al sistema solare? Mayer osservò che chi cammina in una foresta vede gli alberi dinanzi a lui aprirsi e passargli accanto mentre egli procede oltre. Nello stesso modo, se il sistema solare si muoveva verso un particolare punto della sfera celeste (il cosiddetto «apice solare»), le stelle dovevano dare l'impressione di muoversi lateralmente, ossia di allontanarsi da tale apice lungo un «cerchio massimo», dirette verso il punto opposto del cielo (l'«antiapice»).

Lo stesso Mayer non riuscì a identificare un tale effetto costante nei moti propri (spesso inattendibili) a lui noti, e ne concluse che il Sole stesso doveva essere in quiete. «Forse la ragione vera e genuina di questi movimenti» scrisse, «rimarrà ignota per molti secoli.»

Mayer non poteva prevedere la grande inventiva di Wilhelm Herschel. In una ricerca condotta a tavolino, sulla base dei dati limitati disponibili a chiunque, nel 1783 Herschel riuscì a trovare indicazioni del fatto che il Sole si muove in direzione della costellazione di Ercole. L'astronomo reale Nevil Maskelyne (1732-1811) aveva pubblicato i moti propri di sette stelle molto luminose, e le direzioni di tutte le sette componenti in ascensione retta (AR) potevano essere spiegate con l'assunto di un apice entro una certa zona della sfera celeste. La stessa zona poteva spiegare la componente in AR della maggior parte dei dodici fra i moti propri di Mayer che erano stati ripubblicati dall'astronomo francese J.-J.L. de Lalande (1732-1807) che li aveva giudicati convincenti, in quanto mostravano (su un periodo di mezzo secolo circa) un cambiamento di almeno 18 secondi d'arco in almeno una delle due coordinate. Fra i moti propri ripubblicati da Lalande c'era quello di Aldebaran, anche se la sua variazione registrata in AR era di soli 3 secondi, molto al di sotto del livello dell'errore strumentale.

Herschel, però, insensibile a tali considerazioni, prestò il massimo credito all'AR di Aldebaran, cosicché fu in grado di ridurre di molto la zona che aveva derivato dai dati di Maskelyne. Dopo avere usato le variazioni in declinazione per ridurre ulteriormente la zona, propose un apice accanto alla stella Lambda Herculis.

Per ragioni che non sono mai state spiegate compiutamente, Bessel una generazione dopo non riuscì a trovare un tale effetto costante nei dati più estesi e attendibili contenuti nei suoi *Fun-*

damenta astronomiae. L'effetto costante scoperto da Herschel e da altri poteva essere illusorio? Ogni anno che passava, però, la quantità e l'attendibilità dei dati miglioravano, e nel 1837 Friedrich Wilhelm August Argelander (1799-1875), professore di astronomia a Bonn, pubblicò i risultati di una lunga ricerca su non meno di 390 moti propri, un numero abbastanza grande per permettergli di dividere i moti in tre gruppi di diversa grandezza, che trattò separatamente. Ogni gruppo fornì un apice solare non lontano da quello proposto da Herschel.

Risultati simili ottennero ben presto analisi analoghe compiute da altri astronomi; tutte le analisi dipendevano però dalle osservazioni di Bradley, ed erano tutte limitate a stelle visibili dall'Europa. Per fortuna, a partire dal 1750 divennero disponibili posizioni di stelle australi registrate da Nicholas-Louis de Lacaille dal Capo di Buona Speranza (vedi pp. 272-273); e posizioni moderne attendibili erano disponibili presso il New Royal Observatory al Capo e presso l'osservatorio della Compagnia delle Indie Orientali sull'isola di Sant'Elena.

Nel 1847 Thomas Galloway (1796-1851), un attuario che esercitava la sua professione a Londra, analizzò i moti propri di 81 di queste stelle, e benché questo numero fosse relativamente basso, l'apice che egli ottenne da questi dati completamente indipendenti corrispondeva alle posizioni derivate dalle stelle boreali: una forte conferma della realtà del fenomeno.

Da allora i miglioramenti nei dati, e nel livello dei procedimenti matematici usati per analizzarli, hanno permesso di precisare sempre meglio la posizione dell'apice solare. La realtà del moto solare, e la sua direzione generale, non sono mai stati messi in discussione.

LE DISTANZE CHE CI SEPARANO DALLE STELLE PIÙ VICINE

Le stelle ci appaiono come punti di luce, di cui misuriamo le posizioni sulla superficie bidimensionale della sfera celeste. Per investigare la distribuzione delle stelle nello spazio tridimensionale, e scoprire quindi la struttura del sistema stellare a cui appartiene il Sole, dobbiamo determinarne in qualche modo la terza dimensione: quella delle loro distanze da noi.

Secondo il sistema introdotto da Copernico nel Cinquecento, la Terra orbita intorno al Sole. Ciò comportava che due misurazioni della posizione di una stella data eseguite a sei mesi di distanza fossero eseguite da due luoghi piuttosto lontani fra loro, posti a due estremi dell'orbita solare (lontani quindi 2 unità astronomiche). Gli oppositori di Copernico, abbastanza ragionevolmente, domandavano perché mai, posto il moto di rivoluzione della Terra intorno al Sole, la posizione della stella apparisse sempre la stessa: perché la stella non presentava una «parallasse annua»?

Galileo riconobbe che nessuna prova a favore di Copernico sarebbe stata più convincente della scoperta di uno o più esempi di parallasse annua. Perciò nel *Dialogo sopra i due massimi sistemi del mondo*, edito nel 1632, suggerì un modo per eseguire misurazioni tanto delicate. Supponiamo che due stelle *appaiano* molto vicine in cielo, ma che la loro vicinanza sia solo casuale, trattandosi di due stelle poste press'a poco nella stessa direzione rispetto all'osservatore sulla Terra, pur essendo in realtà l'una sei volte più lontana dell'altra. Nel corso del moto di rivoluzione della Terra intorno al Sole, le due stelle sembrerebbero al nostro osservatore muoversi su orbite di forma esattamente simile, ma l'orbita della stella più vicina sarebbe a una scala sei volte maggiore di quella dell'orbita più lontana.

Perciò, misurando la posizione della stella più vicina – rispetto alla stella più lontana considerata come un punto di riferimento quasi fisso fornito dalla natura – la «diversità di apparenza» misurata sarebbe in effetti pari a cinque sesti della parallasse vera della stella più vicina. Questa lieve diminuzione nella quantità da misurare era un prezzo accettabile per la grande comodità di misurare piccoli angoli relativi in luogo di grandi angoli assoluti.

Un vantaggio ancora maggiore di questo metodo era che le posizioni delle due stelle sarebbero state modificate in ugual misura dalla rifrazione atmosferica (nonché dall'aberrazione e dalla nutazione, fattori sconosciuti a Galileo), cosicché, misurando la posizione di una stella relativamente all'altra, tali sgradite complicazioni sarebbero state evitate per intero. Tipicamente, però, Galileo non fece alcun tentativo di dare seguito a questo brillante suggerimento, mentre nell'Ottocento le misurazioni della parallasse annua con riferimento a stelle dello sfondo sarebbero diventate una routine.

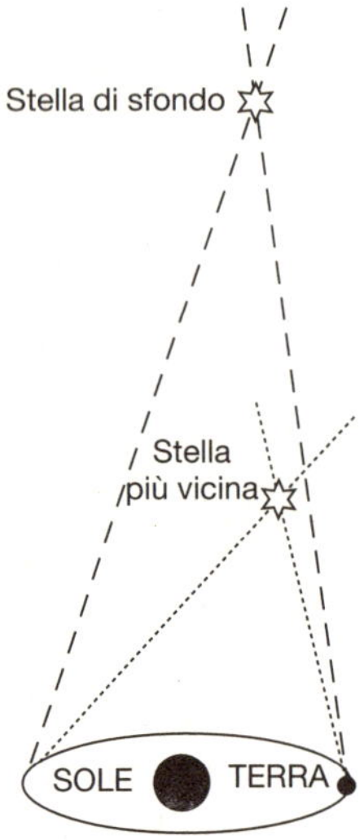

FIGURA 7.1 Il metodo di Galileo per il rilevamento della parallasse annua. La determinazione diretta di una parallasse stellare, attraverso la misurazione delle piccole variazioni nelle coordinate di una stella nel corso dell'anno era impossibile: la rifrazione atmosferica variava, e lo stesso strumento di misurazione sarebbe stato soggetto a cambiamenti di forma in risposta a variazioni nella temperatura e nell'umidità. Questi problemi si potevano evitare adottando come punto di riferimento quasi fisso una stella dello sfondo, in quanto le posizioni delle due stelle venivano modificate in ugual modo dalla rifrazione e da altri fattori.

Nel corso del Seicento mutò il contesto della ricerca della parallasse annua. Quando lo studio delle forze all'opera in cielo fu accettato come parte integrante dell'astronomia, divennero sempre più convincenti i vantaggi dell'ipotesi copernicana, secondo la quale il sistema planetario aveva il proprio centro nel corpo di grande massa del Sole anziché in quello relativamente piccolo della Terra. La ricerca della parallasse annua divenne perciò meno controversa, e si concentrò piuttosto sul problema inverso, quello della distanza delle stelle, poiché quanto più vicina fosse stata una stella, tanto maggiore sarebbe stato il suo moto apparente. La misurazione della parallasse annua di una stella avrebbe fornito la sua distanza (in multipli del raggio dell'orbita terrestre, ossia in «unità astronomiche», simbolo UA).

Mentre gli osservatori ponderavano sul problema di come individuare piccole variazioni angolari a una scala di tempo di sei mesi, con strumenti che risentivano delle variazioni stagionali, la tesi di Descartes che il Sole è semplicemente la stella più vicina alla Terra sembrava offrire un approccio in grado di rivelare almeno la scala della distanza di una stella dall'altra.

Supponiamo che le stelle (compreso il Sole) non siano semplicemente simili fra loro per la loro natura fisica, ma siano virtualmente identiche. Supponiamo inoltre che la loro luce raggiunga la Terra senza essere stata indebolita nel suo cammino dall'interposizione di qualche corpo o da qualche altra malaugurata complicazione. In tal caso, poiché l'intensità della luce diminuisce in ragione del quadrato della distanza (raddoppiando la distanza di una candela, la sua luminosità apparente si ridurrà a un quarto), se riusciremo in qualche modo a misurare la luminosità relativa del Sole e di una stella data – per esempio Sirio – potremo derivarne le distanze relative. Così, se la luminosità apparente del Sole risulterà essere un milione di volte maggiore di quella di Sirio, Sirio sarà mille volte più lontana del Sole (ossia a 1000 UA da noi).

Il fisico olandese Christiaan Huygens (1629-1695) tentò di compiere questa misurazione interponendo fra il Sole e se stesso uno schermo, e facendo in esso un foro di grandezza tale che il Sole, osservato attraverso di esso, avesse lo stesso splendore apparente di Sirio. La misurazione della frazione totale della superficie del Sole vista attraverso il buco avrebbe dovuto fornire il risultato desiderato.

Purtroppo il Sole si rivelò troppo luminoso per quanto piccolo potesse essere il buco praticato nello schermo. Huygens ridusse ulteriormente la luce del Sole ponendo dinanzi al buco una lente, ma poté solo stimarne l'effetto. Infine concluse che Sirio si trova a 27.644 unità astronomiche.

Questo risultato rendeva la scala dell'universo stellare sorprendentemente grande. All'insaputa di Huygens e della maggior parte dei suoi contemporanei, Newton stava lavorando nella stessa direzione e con una tecnica più attendibile, pervenendo a un risultato ancora maggiore.

In un libro edito nel 1668, il matematico scozzese James Gregory (1638-1675) aveva suggerito una soluzione brillante al problema di come comparare la luminosità del Sole con quella di Sirio. Essa implicava l'uso di un pianeta come termine di riferimento intermedio: si attendeva fino a quando il pianeta avesse una luminosità apparente uguale a quella di Sirio, dopo di che si trascurava Sirio e ci si concentrava sul pianeta. Il problema si riduceva allora a quello di confrontare la luminosità del Sole – ossia la luce del Sole che ci raggiunge direttamente – con la luminosità del pianeta, ossia la luce del Sole che ci perviene dopo essere stata riflessa dal pianeta.

Per eseguire i calcoli, si dovevano conoscere le distanze fra i vari membri del sistema solare; occorreva stimare anche la frazione della luce incidente che veniva riflessa dal pianeta; e si doveva supporre che le regioni planetarie fossero libere da materia oscurante. Concesso tutto questo, i calcoli erano semplici.

Gregory pervenne a un valore di 83.190 UA per la distanza di Sirio. Egli sottolineò però espressamente di avere lavorato con una scala del sistema solare che aveva bisogno di una revisione verso l'alto, e che con un valore migliorato la distanza sarebbe risultata molto maggiore. Newton usò un tale valore nel 1685 mentre scriveva il *De mundi systemate*, e applicando il metodo di Gregory pervenne per la distanza di Sirio a una stima da capogiro di un milione di UA (quasi il doppio del valore reale).

Newton aveva concepito il *De mundi systemate* come parte dei *Principia*, che furono pubblicati nel 1687; ma decise di sostituirlo con materiale più tecnico, e la scala delle distanze interstellari fu uno degli argomenti che vennero sacrificati nell'occasione. Di conseguenza, la percezione che Newton aveva dell'immensità delle distanze che separano le stelle l'una dall'altra fu nota solo ai membri della sua cerchia più ristretta, fino a quando non apparve postumo il *De mundi systemate* nel 1728. Frattanto tenne il campo la stima di Huygens (pubblicata nel 1698 e molto inferiore, in entrambi i sensi della parola).

I metodi usati da Huygens, Gregory e Newton avevano rivelato, per la prima volta, l'inimmaginabile immensità dell'universo stellare. I loro metodi si fondavano però sull'ipotesi discutibile dell'uniformità fisica delle stelle; e nessuno poteva considerare le loro conclusioni un sostituto legittimo della misurazione della parallasse annua di stelle specifiche. Il primo a condurre un attacco strumentale ben ponderato al problema fu Robert Hooke (1635-1703). Egli prestò attenzione ai pericoli derivanti dall'incertezza degli effetti della rifrazione atmosferica, ma per fortuna la natura gli aveva fornito una soluzione del problema. Una stella molto splendente, la Gamma Draconis (di magnitudine 2,2) passava direttamente allo zenit sopra i suoi alloggi al Gresham College a Londra. Quando la stella era allo zenit, la sua luce entrava nell'atmosfera ad angolo retto, e quindi la sua direzione non veniva modificata dalla rifrazione.

Ma c'era un'altra difficoltà: il suo telescopio sarebbe dovuto restare immobile, e indisturbato da variazioni climatiche, per tutti i mesi in cui egli conduceva la sua osservazione. Hooke decise perciò di incorporare uno strumento appositamente costruito nella struttura stessa della sua casa.

L'astronomia telescopica era ancora nella sua infanzia, ed è quindi sorprendente trovare un programma di ricerca così finalizzato da richiedere la costruzione di una forma speciale di telescopio, progettato espressamente per misurare la posizione di una singola stella, e solo quando la stella era in prossimità dello zenit. Purtroppo la brillante idea fu vanificata dalla pochezza dell'esecuzione: nel 1669 Hooke poté compiere solo quattro misurazioni prima di ammalarsi, e un incidente all'obiettivo del telescopio mise fine alla sua ricerca. Hooke, che non era mai tipo da sottovalutare i suoi risultati, si dichiarò convinto che quella «macchina archimedea che doveva muovere la Terra» (dimostrando l'ipotesi copernicana) avesse svolto il suo compito, ma ben pochi ne furono convinti.

Mezzo secolo dopo un osservatore dilettante ricco che abitava nei pressi di Londra, Samuel Molyneux (1689-1728), decise di fare un altro tentativo di misurare la parallasse della Gamma Draconis. Egli si assicurò l'aiuto di James Bradley, e commissionò al costruttore di strumenti George Graham un telescopio progettato espressamente per misurare la posizione di stelle quasi allo zenit. Verso la fine del 1725 questo «settore zenitale» fu montato a contatto con un camino a casa di Molyneux, in modo che potesse muoversi di molto poco ai due lati dello zenit in direzione nord-sud. Mentre la Gamma Draconis passava allo zenit, il telescopio fu inclinato leggermente in modo che la stella passasse esattamente al centro del campo visuale, e si misurò l'angolo dell'inclinazione rispetto alla verticale.

Come Hooke prima di loro, Molyneux e Bradley misurarono la posizione della Gamma Draconis in una sola coordinata, la direzione nord-sud. Un semplice calcolo mostrò che, in conseguenza della parallasse annua, questa particolare stella avrebbe dovuto raggiungere una posizione estrema verso sud il 18 dicembre, attorno alla quale data il suo moto da un giorno all'altro sarebbe stato estremamente piccolo. Fu perciò con grande sorpresa che il 21 dicembre Bradley osservò che la stella passava più a sud di qualche giorno prima. Questo fenomeno proseguì nelle settimane seguenti, finché in marzo la stella si trovava circa 20 secondi d'ar-

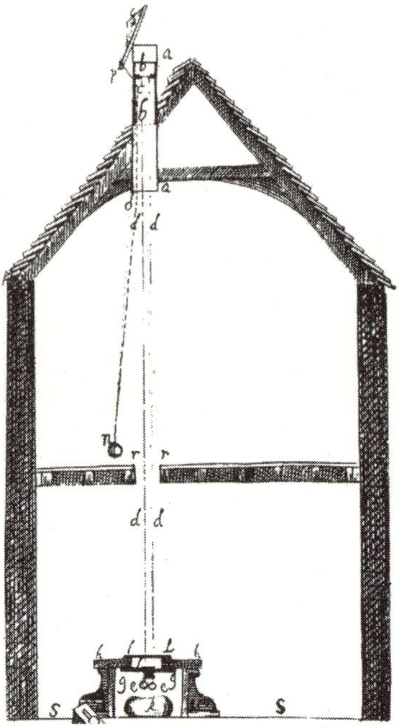

FIGURA 7.2 Il telescopio zenitale di Hooke, uno strumento fisso progettato per scoprire la parallasse annua attraverso la misurazione di variazioni nella posizione di una stella che passava allo zenit dell'osservatore. Le misurazioni allo zenit evitavano le complicazioni causate dalla rifrazione atmosferica. (Da Robert Hooke, *An Attempt to Prove the Motion of the Earth*, 1674)

co a sud della sua posizione di dicembre, mentre, in conseguenza della sua parallasse annua, avrebbe dovuto muoversi verso nord. Poi la stella si fermò e cominciò a muoversi verso nord, passando per la sua posizione di dicembre in giugno, e raggiungendo una posizione estrema a nord in settembre.

Il loro primo pensiero fu che fosse l'asse della Terra a cambiare direzione, nel qual caso cambiava direzione anche la verticale in cui era orientato il telescopio di Molyneux. I cambiamenti osservati sarebbero stati quindi non nella stella, bensì nel sistema di coordinate in relazione al quale veniva misurata la sua posizione. Per fortuna stava passando allo zenit anche un'altra stella, dall'altra parte del Polo nord rispetto alla Gamma Draconis, e benché essa non fosse abbastanza luminosa da poter essere osservata di giorno, la si poté seguire abbastanza per mostrare che i suoi cambiamenti non corrispondevano a quelli della Gamma Draconis nel semplice schema richiesto dalla loro ipotesi.

I due amici stavano considerando al tempo stesso una spiegazione alternativa. Essi avevano seguito l'esempio di Hooke nell'osservare stelle allo zenit perché credevano che in tal modo avrebbero evitato la complicazione della rifrazione atmosferica. Questa convinzione si fondava però sull'assunto che l'atmosfera fosse un involucro rigorosamente sferico che circondava la Terra, così che la luce proveniente da stelle allo zenit incontrasse tale involucro ad angolo retto e non ne venisse deflessa. Ma supponendo che la Terra si muovesse attraverso un mezzo resistente che deformasse l'atmosfera, dandole una forma non sferica, anche la luce proveniente da una stella allo zenit avrebbe potuto essere rifratta, di quantità variabili col ciclo annuo della rivoluzione della Terra intorno al Sole. Questa ipotesi ingegnosa incoraggiò gli osservatori a ricercare nei moti che stavano osservando certi effetti costanti, ma senza successo. Gli straordinari movimenti della Gamma Draconis sembravano inspiegabili.

Bradley decise che si dovevano compiere ricerche anche su altre stelle, e a questo scopo commissionò a Graham un altro settore zenitale, simile come costruzione ma più piccolo e con un campo visuale più ampio. Ben presto la regola dei movimenti divenne chiara: le stelle raggiungevano le loro posizioni estreme quando passavano allo zenit alle sei, di mattina o del pomeriggio, muovendosi verso sud quando passavano allo zenit di mattina e verso nord quando passavano del pomeriggio. Ma perché?

Secondo un racconto probabile, la spiegazione fisica venne in mente a Bradley mentre stava facendo una gita in barca sul Tamigi. Egli notò che la banderuola segnavento della barca cambiava direzione ogni volta che la barca virava di bordo, non perché il vento avesse preso a spirare da un'altra direzione, ma perché la direzione in cui la banderuola era orientata non dipendeva solo dalla velocità del vento ma anche da quella della barca.

L'astronomo danese Ole Rømer (1644-1710) aveva dimostrato già nel 1675 che la velocità della luce, pur essendo molto grande, era finita: le eclissi dei satelliti di Giove venivano osservate dalla Terra in anticipo rispetto alle previsioni se il pianeta era più vicino del solito alla Terra, ma in ritardo se il pianeta era insolitamente lontano. Bradley si rese conto che, essendo la velocità della luce finita, la posizione di una stella – la direzione da cui la sua luce arrivava all'osservatore – dipendeva, per analogia con la banderuola, non solo dalla velocità della sua luce, ma anche da quella della Terra. Invece della parallasse annua, l'effetto risultante dal fatto che a distanza di sei mesi l'osservatore terrestre veniva a trovarsi ai due estremi del diametro dell'orbita terrestre, Bradley aveva trovato l'«aberrazione della luce», causata dalla velocità dell'osservatore situato sulla Terra, velocità che è tangenziale all'orbita terrestre. Raggio e tangente sono perpendicolari: ecco perché aberrazione e parallasse erano sfasate di tre mesi.

La scoperta di Bradley aveva profonde implicazioni. Innanzitutto egli aveva identificato un errore insospettato nelle precedenti misurazioni di coordinate stellari, comprese quelle del grande *British Catalogue* di John Flamsteed, pubblicato nel 1725. In conseguenza dell'aberrazione della luce, la posizione apparente di una stella poteva cambiare anche di 40 secondi su un periodo di sei mesi.

La scoperta di Bradley – unitamente alla successiva dimostrazione della nutazione dell'asse terrestre – diede quindi inizio all'epoca dell'astronomia di posizione esatta.

In secondo luogo, era una prova – anche se in una forma del tutto inattesa – del moto della Terra intorno al Sole.

In terzo luogo, poiché tutte le stelle risentivano nello stesso modo dell'aberrazione, la loro luce doveva giungere sulla Terra con la stessa velocità, indipendentemente dalla distanza che essa aveva percorso, e, come dimostrava l'analisi dei tempi delle eclissi dei satelliti di Giove, indipendentemente dal fatto che essa fosse diretta o riflessa. La velocità della luce era una costante della natura, e Bradley calcolò che essa impiega 8 minuti e 12 secondi a raggiungere la Terra dal Sole, con un errore di soli 8 secondi rispetto al valore moderno.

Il fatto che Bradley non fosse riuscito a misurare la parallasse annua era dovuto, in quarto luogo, al fatto che questa era troppo piccola per poter essere rivelata, anche con i suoi strumenti di grande precisione: essa doveva essere inferiore a un secondo d'arco! Un semplice calcolo mostrò che le stelle da lui esaminate dovevano trovarsi quindi a una distanza almeno 400.000 volte maggiore di quella del Sole.

I risultati di Bradley furono letti alla Royal Society nel gennaio 1729, qualche mese dopo la pubblicazione del *De mundi systemate* di Newton. Erano apparsi così, in rapida successione, due importanti contributi al problema delle distanze stellari: Newton, fondandosi sull'ipotesi che le stelle fossero fisicamente uniformi, aveva concluso che le stelle più vicine (e più luminose) si trovavano a una distanza di un milione circa di unità astronomiche; e Bradley, fondandosi sull'osservazione, aveva dimostrato che certe stelle si trovavano ad *almeno* 400.000 UA da noi. La convergenza di queste due ricerche stabilì una volta per tutte che le distanze interstellari dovevano essere misurate in milioni di UA. Essa mostrò anche che la misurazione della parallasse annua era una sfida tecnica di straordinaria delicatezza: quella di misurare, su un lungo periodo di mesi, un moto equivalente a non più di quello del diametro di una monetina alla distanza di vari chilometri.

Non sorprende che queste conclusioni abbiano indotto la comunità astronomica a esitare prima di condurre un nuovo assalto alla misurazione della parallasse annua. Persino il metodo di Galileo delle stelle doppie fu minato nel 1767, quando il geologo e astronomo di Cambridge John Michell (c. 1724-1793) usò per la prima volta un'argomentazione probabilistica per dimostrare che le stelle doppie erano così numerose che non poteva trattarsi semplicemente di stelle a distanze molto diverse da noi che si trovavano casualmente sulla stessa linea visuale, e che nella maggior parte dei casi esse dovevano essere compagne legate fisicamente (sistemi binari), alla stessa distanza dalla Terra e perciò inutili per l'applicazione del metodo di Galileo.

Questa era una cattiva notizia per la misurazione della parallasse annua, ma una buona notizia per i teorici newtoniani. Se infatti la maggior parte delle stelle doppie – e la maggior parte degli ammassi stellari aperti, come le Pleiadi – erano sistemi legati da forze di attrazione, era evidente che tali forze attrattive (presumibilmente, anche se non con certezza, la gravitazione newtoniana) operavano anche fuori dei confini del sistema solare. Lo stesso Newton aveva dichiarato che l'attrazione gravitazionale era una forza universale, ma non aveva offerto prove per distanze superiori a quelle delle orbite planetarie.

Nel 1779 Wilhelm Herschel, che era all'oscuro del saggio di Michell, cominciò a raccogliere esempi di stelle doppie con l'intenzione di usarle nella misurazione della parallasse annua, e tre anni dopo pubblicò il suo primo catalogo. Michell pubblicò perciò un secondo saggio nel 1784, ripetendo le sue conclusioni, e aggiungendo: «i prossimi anni ci porteranno probabilmente l'informazione che alcune del gran numero di stelle doppie, triple ecc., che sono state osservate dal signor Herschel, sono sistemi di corpi che orbitano l'uno intorno all'altro».

Nel 1802 Herschel cominciò a riesaminare le stelle doppie che aveva scoperto due decenni prima. Trovò che in vari casi le due stelle componenti avevano modificato la loro posizione relativa, in modo tale da rivelare che erano effettivamente compagne legate da una forza d'attrazione. Le prove dettagliate necessarie per mostrare che questa forza era l'attrazione gravitazionale non sarebbero state disponibili per un'altra generazione. Infine, nel 1827 l'astronomo parigino Félix Savary poté confermare che le due stelle del sistema binario Xi Ursae Maioris si muovevano su orbite ellittiche intorno al loro comune centro di gravità, come richiedeva la teoria newtoniana.

Frattanto la precisione degli strumenti astronomici stava migliorando grazie a una nuova generazione di costruttori, e all'inizio dell'Ottocento gli astronomi stavano di nuovo pensando a misurare la parallasse annua. Era ovviamente cruciale scegliere le stelle più vicine alla Terra, che perciò presentavano la parallasse maggiore. Il criterio ovvio per scegliere le stelle più vicine era stato, in passato, la loro luminosità: a parità di tutto il resto, era ovvio che le stelle più luminose dovevano essere anche le più vicine. Ma – anche dall'osservazione delle differenze fra le compagne in sistemi binari – stavano accumulandosi prove del fatto che le stelle presentavano grandissime differenze di «luminosità» (la «magnitudine assoluta» delle stelle); e gli astronomi stavano convincendosi sempre più che un grande moto proprio fosse una guida più attendibile per giudicare la maggiore vicinanza di una stella.

Fra tutti i moti propri allora noti il maggiore era, sorprendentemente, quello di una stella di luminosità relativamente debole (di magnitudine 5) nella costellazione del Cigno, la 61 Cygni, che si muoveva in cielo alla velocità di oltre 5 secondi d'arco all'anno. Il suo moto era stato notato già nel 1804 da Giuseppe Piazzi, ma egli era isolato a Palermo, e la «stella fuggitiva» non ricevette l'attenzione che meritava fino al 1812, quando F.W. Bessel pubblicò indipendentemente la notizia del suo grande moto proprio. Ciò nonostante, vari tentativi di misurarne la parallasse si rivelarono infruttuosi, così come gli sforzi dedicati a una quantità di altre stelle.

Era venuto il momento di riorganizzarsi e di considerare la strategia. Per mezzo di quali criteri si potevano identificare le stelle più vicine? I criteri erano tre, secondo l'astronomo di origine tedesca Friedrich Wilhelm Gustav Struve (1793-1864), che li elencò in un articolo edito nel 1837, quando era direttore dell'osservatorio di Dorpat (oggi Tartu in Estonia): una grande luminosità, un grande moto proprio e, nel caso che la stella fosse una binaria, una grande separazione delle due componenti rispetto al tempo che impiegavano a orbitare l'una intorno all'altra. Struve elencò le stelle che soddisfacevano ognuno di questi criteri, e richiamò l'attenzione su quelle che ne soddisfacevano più di uno; se si confronta l'elenco delle stelle di Struve con un elenco moderno delle stelle più vicine, risulta evidente che ora gli astronomi stavano orientandosi per le loro misurazioni della parallasse sulle stelle che promettevano effettivamente i risultati migliori.

Altrettanto importante era la qualità degli strumenti disponibili. A Dorpat Struve possedeva un magnifico rifrattore di 24 cm di apertura, opera del teorico e costruttore di strumenti tedesco Joseph Fraunhofer (1787-1826). Non solo l'obiettivo era eccezionalmente grande e di ottima qualità, ma la montatura era un esempio maturo di un «equatoriale» moderno. In termini tecnici, la montatura più semplice per un telescopio, riflettore o rifrattore, è quella «altazimutale»: un tale strumento può essere ruotato orizzontalmente (in azimut) e verticalmente (in altezza). Il cielo ruota però intorno ai poli celesti: ciò significa che un osservatore che segua un oggetto con un telescopio altazimutale deve regolarlo costantemente in entrambe le direzioni. Di contro, un telescopio con montatura «equatoriale», con un asse puntato verso un polo celeste, dev'essere regolato solo in una direzione. I vantaggi di questa montatura erano stati ben riconosciuti a partire dal tempo di Tycho Brahe, ma solo nel Settecento le tecniche di costruzione migliorarono in misura tale che essa poté avere vasta diffusione, anche se solo per gli strumenti portatili apprezzati dagli osservatori dilettanti. Nell'Ottocento tale montatura divenne standard per rifrattori e riflettori, e lo sarebbe rimasta fino a quando moderni sistemi di guida controllati da computer fornirono una soluzione alternativa al problema dell'inseguimento continuo di un corpo celeste.

Frattanto a Königsberg, in Germania, Bessel poté disporre di un rifrattore di Fraunhofer di 16 cm del tipo noto come «eliometro». Se un obiettivo viene tagliato lungo un diametro in due semicerchi, ogni semicerchio formerà un'immagine completa dell'oggetto osservato, anche se con una luminosità pari solo alla metà di quella dell'immagine precedente. Se le due metà dell'obiettivo vengono spostate di lato l'una rispetto all'altra, saranno spostate corrispondentemente anche le immagini. Questo fatto può essere usato per misurare angoli molto piccoli, come quello fra due stelle così vicine fra loro da essere considerate una «stella doppia». Dapprima l'osservatore vede semplicemente le due stelle nel modo normale; ma quando le due metà dell'obiettivo vengono spostate, appaiono due immagini di ogni stella. La quantità dello spostamento richiesto per far coincidere un'immagine della prima stella con l'altra immagine della seconda è una misura dell'angolo che le separa. Nel 1753 il costruttore di strumenti londinese John Dollond (1706-1761) fece di tale soluzione la base di un micrometro a obiettivo-diviso, che ben presto divenne un accessorio venduto con molti riflettori; essendo appropriati a misurare il diametro apparente del Sole in diverse epoche dell'anno, questi strumenti furono chiamati spesso «eliometri». All'inizio dell'Ottocento, grazie particolarmente al lavoro di Fraunhofer e dei suoi successori a Monaco di Baviera, la tecnica fu applicata anche agli obiettivi dei rifrattori, benché per tagliare a metà un grande obiettivo acromatico (vedi p. 169) di alta qualità si richiedesse la freddezza di un tagliatore di diamanti.

Struve e Bessel decisero, quindi, indipendentemente di misurare la posizione della loro stella bersaglio con riferimento a stelle vicine in cielo di cui avevano buone ragioni per credere che fossero lontanissime dalla Terra: un adattamento del metodo di Galileo. L'eliometro di Bessel era stato progettato proprio per eseguire tali misurazioni, mentre Struve era l'esperto principale nella misurazione del piccolo angolo che separava due stelle: egli aveva trascorso due anni a esaminare con il rifrattore di Dorpat 120.000 stelle per accertare quali fossero doppie, e ora stava misurando le doppie che aveva trovato, studio che avrebbe condotto nel 1837 alla pubblicazione di dati su più di 3000 di tali stelle.

Nel 1835 Struve scelse come oggetto della sua ricerca Vega, la stella più splendente dell'emisfero boreale. Vega ha un grande moto proprio, cosicché soddisfaceva ampiamente due dei suoi tre criteri di vicinanza. Nel 1837 Struve annunciò i risultati di diciassette osservazioni, da cui inferì per Vega una parallasse di un ottavo di secondo d'arco (una stima vicina al valore moderno). Egli promise però che avrebbe continuato le sue misurazioni, e nel 1840 fornì i risultati di quasi 100 misurazioni, da cui inferì ora una parallasse doppia. Data la lunga storia di asserzioni sbagliate sulla misurazione di parallassi, gli astronomi accolsero le affermazioni di Struve con un certo scetticismo.

Frattanto Bessel stava puntando il suo eliometro sulla 61 Cygni. Egli iniziò le osservazioni nel 1834 ma fu ben presto distratto dall'arrivo della cometa di Halley, e riprese il suo lavoro solo nel 1837. Incoraggiato dai risultati preliminari dell'esame di Vega da parte di Struve, per più di un anno sottopose la 61 Cygni a un intenso esame, ripetendo le sue osservazioni per ben 16 volte (!) ogni notte, e ancor più quando la trasparenza del cielo era particolarmente buona. Alla fine del 1838 annunciò che la parallasse della stella era di circa un terzo di secondo d'arco. Quel che convinse di più fu il modo in cui i risultati delle sue molte osservazioni confermarono le predizioni teoriche. John Herschel, Presidente della Royal Astronomical Society, si rallegrò con i membri della società per essere vissuti fino a vedere il giorno in cui lo scandaglio nell'universo stellare aveva finalmente toccato il fondo. Era, disse, «il trionfo più grande e più glorioso a cui l'astronomia pratica abbia mai assistito».

Solo qualche settimana dopo l'astronomo scozzese Thomas Henderson (1798-1844), che era stato astronomo reale al Capo di Buona Speranza, annunciò una parallasse di poco più di un secondo d'arco per la stella australe Alpha Centauri. Questa stella molto splendente ha un grande moto proprio, ed è una stella binaria le cui compagne hanno una grande separazione angolare. Essa soddisfaceva perciò tutt'e tre i criteri di Struve per la vicinanza. A quanto sappiamo, questa stella e la sua compagna più debole, Proxima Centauri, sono le stelle più vicine al sistema solare.

I BUCHI NERI

Lo studio delle forze d'attrazione fra stelle non fu l'unico argomento introdotto da Michell a cui Herschel avrebbe dato un contributo. Michell fu anche il primo a considerare la possibilità di quelli che noi oggi chiamiamo «buchi neri»: corpi celesti invisibili perché la loro massa è così grande da impedire alla luce di uscirne. Nella sua memoria del 1784 Michell stimò che, se una stella della stessa densità del Sole avesse un raggio 500 volte maggiore, «tutta la luce emessa da un tale corpo sarebbe costretta a tornare verso di esso per effetto della sua gravità». Un tale corpo potrebbe però rivelare la sua presenza attraverso gli effetti della sua gravitazione sui corpi vicini: «ma se qualche corpo luminoso dovesse trovarsi a orbitare intorno a esso, noi potremmo forse, attraverso i moti di questi corpi, inferire con un certo grado di probabilità l'esistenza del corpo centrale, poiché l'esistenza di un tale corpo invisibile potrebbe aiutarci a spiegare alcune delle irregolarità apparenti dei corpi orbitanti, difficilmente spiegabili con qualsiasi altra ipotesi...».

Riprendendo questo tema e applicandolo a una scala cosmologica, nel 1791 Wilhelm Herschel scrisse della «grande azione contraria della forza d'attrazione unita di interi sistemi siderei, che devono esercitare continuamente la loro forza sulle particelle [di luce] mentre tentano di fuggire via». L'idea ricevette grande pubblicità nel 1796, quando Pierre Simon de Laplace (1749-1827) incluse un concetto simile a quello di Michell nella sua *Exposition du système du monde.* Laplace lasciò però questo argomento fuori dall'edizione del 1808 del suo libro, forse perché era in contrasto con la concezione generale che la velocità della luce era costante, e il concetto di «buco nero» fu relegato allo status di una concezione bizzarra, e non fu più ripreso in considerazione fino a tempi recenti.

Struttura e storia dell'universo stellare

Mentre si facevano tentativi per misurare le distanze dei nostri vicini più prossimi fra le stelle, e per capire i mutamenti che hanno luogo fra loro, filosofi e teologi si sforzavano di capire il cosmo nella sua totalità. Uno di loro stimolò Isaac Newton a tentare un'analisi della struttura dell'universo stellare che avrebbe avuto conseguenze per la cosmologia attuale.

L'UNIVERSO NEWTONIANO E IL BUIO DEL CIELO NOTTURNO

Se leggiamo i *Principia* (1687) di Newton sperando di scoprire la concezione che l'autore aveva dell'universo stellare, rimaniamo delusi. Newton, in effetti, non ha quasi niente da dirci sulle stelle, né come corpi singoli né come insieme. Per lui le stelle avevano un interesse limitato: nonostante quasi duemila anni di osservazioni non c'era la minima prova a contraddire l'antica convinzione dei greci che le stelle fossero «fisse», immobili l'una relativamente all'altra.

Raramente si vede ciò che non ci si attende di vedere: anche Newton, come i suoi predecessori e i suoi contemporanei, usava per designare una stella la parola latina *fixa* (ossia *stella fixa*), e questo stesso termine deve avere contribuito a chiudere la sua mente alla possibilità che le stelle potessero muoversi. Pur essendo stato la prima persona nella storia a comprendere che anche le stelle più vicine si trovano a distanze immense da noi, non gli venne mai in mente di poter discutere la supposta fissità delle stelle: che le stelle potessero sembrare immobili non perché lo fossero davvero, ma che i loro moti non fossero mai stati scoperti a causa della loro enorme distanza.

Né gli era mai accaduto di pensare che la fissità delle stelle ponesse una minaccia alla sua legge della gravitazione: egli sostenne infatti che la gravità era una forza universale, e che le forze generano moti; eppure tutte le stelle sembravano in quiete. Fu un giovane teologo, Richard Bentley (1662-1742) a costringere nel 1692 Newton ad affrontare il problema. Bentley era stato incaricato di tenere una serie di sermoni – in realtà di conferenze – sulla compatibilità fra scienza e religione. Sapeva che il professore lucasiano di Cambridge (cioè Newton) aveva scritto un'opera che aveva implicazioni importanti per la cosmologia, ma il libro era impenetrabilmente matematico, cosicché egli prese il coraggio a due mani e scrisse direttamente al suo autore.

Bentley rifiutava la concezione cartesiana di un Dio che aveva creato l'universo, lo aveva messo in moto e poi gli lasciava seguire il suo corso senza più occuparsene. Voleva però sapere che cosa si potesse dire a sostegno di tale concezione, e chiese perciò a Newton che cosa sarebbe accaduto se la materia fosse stata distribuita uniformemente nello spazio infinito, e poi le si fosse concesso di muoversi liberamente sotto l'azione dell'attrazione gravitazionale. Newton, pensando che Bentley, con l'espressione «uniformemente», intendesse una distribuzione più o meno regolare della materia, rispose che nei luoghi in cui ci fosse stata più materia rispetto alla norma la gravità sarebbe stata maggiore che altrove, e quindi la materia circostante sarebbe stata attratta verso tali regioni, contribuendo ad aumentarne la concentrazione. Questo fatto avrebbe potuto condurre alla formazione di stelle.

Bentley aveva invece inteso l'avverbio «uniformemente» in senso assoluto, matematico; e Newton dovette concedere, in seguito alla precisazione di Bentley, che la simmetria avrebbe costretto la materia all'immobilità, non essendoci ragione perché si muovesse in un modo piuttosto che in un altro. Ma un tale universo, ammonì, sarebbe stato estremamente artificiale: un universo così poco plausibile come una quantità infinita di spilli tutti in equilibrio sulla punta sulla superficie di uno specchio infinito. Bentley, pensando alle infinite stelle, tutte apparentemente in quiete, replicò in modo molto ragionevole: «Non è altrettanto difficile che un numero infinito di tali masse, in uno spazio infinito, possano conservare un equilibrio?».

La corrispondenza ebbe termine, ma Newton non poté più ignorare tale interrogativo: se la gravità è universale, com'è possibile che le stelle siano in quiete? Egli stava lavorando su materiali da includere nella seconda edizione dei *Principia*, e in una successione di abbozzi di un nuovo teorema possiamo osservare come si sforzasse di rispondere alla sfida.

La sua soluzione fu che la Provvidenza aveva concepito all'inizio un sistema infinito di stelle immobili, un sistema che era (quasi) simmetrico e quindi stabile (tranne che a lunghissima scadenza); e quando, dopo un lungo intervallo di tempo, la mancanza di una simmetria perfetta avesse condotto a movimenti rilevanti, che minacciassero di distruggere l'ordine originario attraverso quello che noi oggi chiameremmo il «collasso gravitazionale», la Provvidenza sarebbe intervenuta riportando le stelle nella loro posizione originaria. In questo modo Newton manteneva la fede in Dio come il grande orologiaio, il cui universo era una macchina capace di conservarsi nel tempo. Newton era grato a Dio per avere permesso a lui e ad altri studiosi del Libro della Natura di apprezzare come – lungi dal volgere le spalle alla creazione come supponevano i cartesiani – egli intervenisse di tanto in tanto provvidenzialmente in essa, mantenendo in ordine la macchina del sistema stellare, così come manteneva in ordine quella dei pianeti (vedi p. 190). Dio, nella concezione di Newton, aveva una sorta di contratto di manutenzione con la sua creazione.

Per giustificare la sua asserzione che il sistema delle stelle fosse (quasi) simmetrico, Newton dovette confrontare il suo modello dell'universo stellare con i dati contenuti nei cataloghi delle stelle. Per ogni stella elencata i cataloghi fornivano le coordinate (ossia la sua direzione visuale rispetto alla Terra) e la sua luminosità apparente. Il suo modello si occupava però di posizioni tridimensionali, gli equivalenti della direzione visuale dalla Terra e della distanza (relativa) dalla Terra. Perciò il modello non poteva essere confrontato con le osservazioni senza fare qualche assunto sulla luminosità e la distanza. Newton suppose perciò che le stelle fossero fisicamente uniformi, così che ci fosse una correlazione diretta fra luminosità e distanza; specificamente, egli suppose che le stelle di magnitudine 1, 2, 3... si trovassero a 1, 2, 3 unità di distanza dal sistema solare.

L'osservatore impegnato nella compilazione di un catalogo di stelle guardava fuori del sistema solare nello spazio circostante, dando inevitabilmente al nostro sistema planetario uno speciale significato nei dati d'osservazione risultanti sull'universo stellare. Per rendere realizzabile il test, Newton doveva perciò modificare il suo modello simmetrico dell'universo, in modo da conferire al sistema solare un significato comparabile. Egli usò quindi un modello in cui si immaginava che il Sole fosse circondato da sfere di 1, 2, 3... unità di raggio, su ciascuna delle quali fossero localizzate rispettivamente stelle di magnitudine 1, 2, 3..., e in cui si richiedeva che ogni stella su ogni sfera data si trovasse ad almeno 1 unità di distanza dalle stelle più vicine sulla stessa sfera.

Le stelle più vicine (e più luminose) si trovavano quindi a 1 unità dal Sole, ma dovevano anche essere separate fra loro da almeno 1 unità. Newton sapeva che, su una sfera di raggio 1, potevano esserci 12 (o forse 13?) punti separati in questo modo, e si attendeva quindi che esistessero 12 o 13 stelle di magnitudine 1. La sfera successiva, di 2 unità di raggio, aveva una superficie quattro volte maggiore, e aveva quindi spazio per 4 × 12 o per 13 (diciamo 50) di tali punti; Newton si attendeva perciò che esistessero una cinquantina di stelle di magnitudine 2. Similmente, sulle sfere di 3, 4, 5 e 6 unità di raggio c'era spazio per circa 110, 200, 310 e 450 punti rispettivamente, e Newton si attendeva che esistessero gli stessi numeri di stelle delle magnitudini 3, 4, 5 e 6.

Negli abbozzi del teorema, noi troviamo un Newton dapprima così fiducioso in questo modello da non sentire alcun bisogno di controllare i dati così ottenuti: egli pensava che i numeri potessero essere integrati dopo. Ma quando infine controllò i dati d'osservazione, trovò che esistevano 15 o 16 stelle di magnitudine 1, che le stelle di magnitudine 2 erano 63, quelle di magnitudine 3 erano 220, e quelle di magnitudine 4 erano 500: a questo punto capì che questi numeri erano troppo grandi.

La sua prima reazione fu quella di fermarsi, eliminando ogni menzione alle magnitudini 5 e 6. Come giustificazione pensava al fatto che i cataloghi stellari erano incompleti quando elencavano stelle deboli; ma il problema, semmai, era che sembravano *troppo* completi! Poi gli venne in mente che il suo assunto che una stella di magnitudine *n* si trovasse a *n* unità di distanza era stato troppo frettoloso (in effetti la definizione moderna collocherebbe una stella di magnitudine 6 a 10 unità di distanza). Adottò perciò un approccio più flessibile; e dopo un po' di manipolazione creativa si convinse di avere salvato il suo teorema.

Le speculazioni di Newton sulla struttura dell'universo stellare erano note solo a pochi intimi, ma la sua convinzione che Dio intervenisse periodicamente per prevenire il collasso sia del sistema planetario sia di quello stellare è accennata nelle *Queries* da lui pubblicate in appendice all'edizione latina del 1706 dell'*Opticks* (*Optice*). Questa tesi suscitò l'ira del suo grande contemporaneo tedesco, Gottfried Wilhelm Leibniz (1646-1716). Leibniz era d'accordo che Dio fosse una sorta di orologiaio. Ma un orologiaio perfetto, sostenne Leibniz in un famoso carteggio (1714-1716) col portavoce di Newton Samuel Clarke, avrebbe costruito un orologio perfetto, che non avesse bisogno di riparazioni né di manutenzione. Gli interventi divini suggeriti da Newton erano per Leibniz i miracoli di un Dio costretto a rimedi disperati, e quindi egli condannò la concezione newtoniana di Dio come del tutto inadeguata. Per i newtoniani, invece, gli interventi della Provvidenza non erano una questione di emergenza, miracoli *ad hoc* motivati da una situazione di panico, bensì parte di un piano divino stabilito fin dal principio.

Gli scambi fra Clarke e Leibniz, come accade alla maggior parte di tali controversie, continuarono fino alla morte di uno dei due contendenti, nella fattispecie Leibniz. Infine l'immutabile universo meccanico avrebbe perso attrattiva, per essere sostituito da uno in cui mutamenti determinati dalla gravità e da altre forze sarebbero stati considerati naturali e attesi. Ma tutto questo apparteneva al futuro; al momento l'universo simmetrico di Newton fu sfidato da una direzione imprevista.

Nell'abbozzare il suo teorema, nell'ultimo decennio del Seicento, Newton si era convinto che nel vicinato del Sole ci fosse un ragionevole accordo fra modello e osservazione. Egli aveva però ignorato un fatto d'osservazione fondamentale, concernente l'universo stellare nel suo complesso, ossia la concentrazione di stelle nella Via Lattea. (In questo Newton non fu solo: tanto gli astronomi contemporanei quanto i cosmologi speculativi manifestarono una strana mancanza d'interesse per la Via Lattea.)

Quest'obiezione all'universo simmetrico di Newton fondata sull'osservazione gli fu infine sottoposta dal giovane fisico e antiquario William Stukeley (1687-1765). Stukeley immaginò che il Sole e le altre stelle che vediamo formino un ammasso sferico. Intorno a questo ammasso, e separato da esso da uno spazio vuoto, c'era un anello appiattito in cui si raccoglievano insieme le stelle della Via Lattea. Il sistema stellare di Stukeley, visto dall'esterno, sarebbe apparso non diverso da Saturno (l'ammasso sferico) e dal suo anello (la Via Lattea). Quando Stukeley propose questo modello dell'universo a Newton nel corso di una conversazione, nel 1720 o attorno a quell'anno, il grand'uomo rispose accennando cautamente ai meriti del proprio modello, un universo simmetricamente popolato da un numero infinito di stelle.

Stukeley era però in procinto di avviare la cosmologia in direzione di quello che è diventato noto come il «paradosso di Olbers», concentrandosi non sull'effetto della *gravità* (cosa impossibile da investigare nel suo universo perché secondo lui Dio stava estendendo di continuo la Via Lattea attraverso la creazione di nuove stelle), bensì sulla *luce* che le stelle emettono collettivamente. Egli disse a Newton che, se il sistema delle stelle fosse stato simmetrico e infinito, «l'intero emisfero [del cielo] avrebbe l'aspetto di quella debole luce della Via Lattea». Pare che Newton, non sapendo che cosa rispondere a questa obiezione, abbia fatto quel che fanno tutte le persone intelligenti in una situazione del genere, ossia si astenne da qualsiasi commento.

All'inizio del 1721 Stukeley fece colazione con Newton in compagnia di Edmond Halley, che era stato appena nominato astronomo reale, e i tre discussero di argomenti astronomici. Non si sa quale sia stato il contributo di Stukeley alla discussione, ma sarebbe stato naturale per lui accennare alla sua teoria dell'universo. Qualche giorno dopo Halley lesse alla Royal Society la prima di due brevi memorie sulla cosmologia, notando che: «Un altro ragionamento che ho sentito fare è che, se il numero delle stelle fisse fosse più che finito, l'intera superficie della loro sfera apparente sarebbe luminosa», una formulazione così vicina alle parole di Stukeley che Halley potrebbe proprio averla udita da lui nella loro recente colazione insieme.

Halley cominciò poi a esporre un'argomentazione matematica (erronea) secondo la quale, in un universo simmetrico, le stelle lontane, nonostante il loro numero, ci manderebbero solo una quantità di luce trascurabile. Ma più importante dei dettagli della sua risposta confusa è il fatto che, con la pubblicazione delle sue due memorie nelle «Philosophical Transactions», la discussione del modello newtoniano di un universo stellare simmetrico emerse infine – in forma anonima – in pubblico.

Un'analisi succinta e accurata del comportamento della luce in un tale universo apparve nel 1744, a opera dell'astronomo svizzero Jean-Philippe-Loÿs de Chéseaux (1718-1751). In un universo stellare simmetrico, sottolineò Chéseaux, a una distanza doppia di quella delle stelle più vicine alla Terra c'era spazio per un numero di stelle quattro volte maggiore (dal momento che la superficie di una sfera è proporzionale al quadrato del raggio); ma questo aumento di numero era esattamente controbilanciato dal fatto che la luminosità di ogni stella ci apparirebbe quattro volte più debole (perché la luminosità diminuisce col quadrato della distanza). In altri termini, c'era sì spazio per un numero di stelle quattro volte maggiore, ma la luminosità di ogni stella si sarebbe ridotta a un quarto del precedente splendore. Nel complesso, quindi, le stelle più vicine avrebbero contribuito allo splendore del cielo notturno esattamente con la stessa quantità di luce fornita dalle stelle che si trovano alla distanza doppia.

Una generalizzazione di quest'argomento mostrava che valeva la stessa cosa per le stelle a ognuna delle distanze progressivamente maggiori. Il lettore doveva perciò immaginare che il cielo notturno si riempisse gradualmente di luce man mano che si teneva conto della luminosità di stelle sempre più lontane, fino a quando l'intero cielo sfolgorasse con una luce corrispondente a quella del Sole.

Bastava dare un'occhiata al cielo notturno per rendersi conto che ciò non avveniva nel mondo reale. La ragione di questa discordanza parve ovvia a Chéseaux: nel suo ragionamento egli aveva supposto che *tutta* la luce partita da una stella arrivasse a destinazione. Se invece la trasparenza dello spazio fosse stata men che perfetta – e così doveva essere senza dubbio nell'universo reale –, una certa frazione della luce stellare sarebbe andata perduta nel percorrere una certa distanza. Una frazione simile sarebbe andata perduta nel percorrere una distanza simile immediatamente successiva, un'altra parte nel coprire la distanza ancora seguente, e così via. Di conseguenza, anche se la perdita di luminosità nell'attraversamento di ciascuna di tali distanze era piccola, questa perdita ripetuta per ognuna delle distanze considerate sarebbe stata sufficiente a far perdere in viaggio quasi tutta la luce proveniente dalle stelle remote; perciò tali stelle potevano aggiungere ben poco allo splendore del cielo notturno.

Un'opinione simile fu adottata dal medico tedesco in pensione e astronomo dilettante Heinrich Wilhelm Matthäus Olbers (1758-1840), che nel 1823 espose le sue idee in proposito in un articolo pubblicato nel «Berliner astronomisches Jahrbuch». Olbers dimostrò che, anche se nel corso del viaggio della luce da una stella a un'altra si fosse perso solo 1/800 della sua luce, questa perdita sarebbe stata sufficiente a spiegare l'apparenza del cielo notturno.

Alla metà dell'Ottocento i fisici avevano capito abbastanza della conservazione dell'energia da rendersi conto che, se la luce fosse stata assorbita da un mezzo interstellare, questo mezzo si sarebbe riscaldato e avrebbe cominciato a irraggiare luce. Di conseguenza la spiegazione di Chéseaux-Olbers non era più adeguata. Erano però disponibili varie altre spiegazioni: per esempio l'esistenza fra un sistema stellare e il successivo di un vuoto senza etere, attraverso il quale non poteva passare alcuna luce. E fu così che nell'Ottocento fu spiegata semplicisticamente, come nel Settecento, l'oscurità del cielo notturno. Solo al nostro tempo essa è venuta a svolgere un ruolo significativo nel pensiero cosmologico.

LA COSMOLOGIA SPECULATIVA NEL SETTECENTO

Per Stukeley e per altri teorici gravitanti intorno alla Royal Society nel Settecento non era facile capire l'universo stellare. Eccezion fatta per la Via Lattea, le stelle sembravano disseminate nell'intero cielo, senza alcun ordine percepibile e senza ragione. Ma forse il disordine era più apparente che reale. Dopo tutto, Copernico aveva dimostrato che il bizzarro comportamento dei pianeti non era nient'altro che un insieme di moti ordinati osservati da una posizione sfavorevole: la Terra in movimento. Così. William Whiston, il successore di Newton a Cambridge, osservò che «è molto razionale concludere che deve esistere un qualche ordine regolare anche fra le stelle fisse. Potrebbe esserci una certa disposizione ordinata e armonica delle stelle fisse fra loro qualora venissero osservate da un qualche altro luogo, più appropriato, anche se tale ordine non appare quando vengono osservate dalla Terra».

Ma quale forma poteva assumere quest'ordine? Stukeley, in privato, fece più di un tentativo per identificarla Un altro tentativo fu fatto da un individuo ugualmente improbabile: Thomas Wright (1711-1786), di Durham, nel Nord dell'Inghilterra. Wright era stato apprendista da un orologiaio dall'età di tredici armi, ma era fuggito dal suo padrone dopo uno scandalo. Imparò l'arte della navigazione come autodidatta, e a sua volta la insegnò a marinai nel porto di Sunderland. Cominciò così una carriera di insegnante itinerante, e fu in questa veste che nel 1734 preparò una conferenza pubblica di cosmologia.

Fu anche una specie di sermone. Wright era convinto che il Sole e le altre stelle occupassero uno spazio in forma di guscio sferico, con la sede di Dio nel centro del guscio. Fuori c'era il Buio, dove i dannati potevano avere al massimo una debole visione delle stelle raccolte intorno alla sede di Dio.

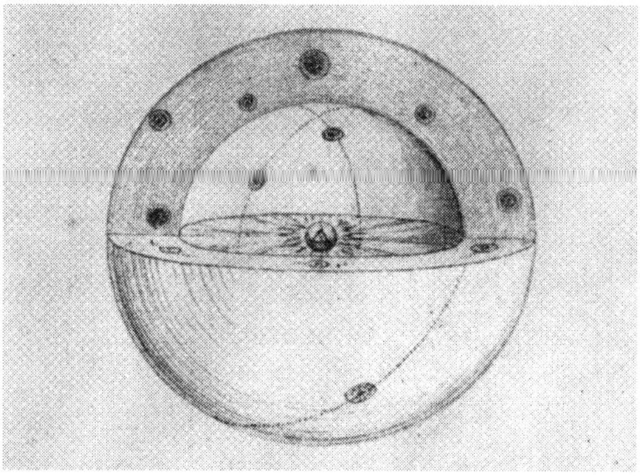

FIGURA 7.3 La prima concezione dell'universo di Wright. L'intera creazione era incentrata sulla dimora di Dio (la Trinità, indicata da un triangolo). Il Sole e le altre stelle erano distribuiti intorno a questo centro da ogni lato, occupando un volume di spazio in forma di un guscio sferico. Se ogni stella, nel momento della sua creazione, fosse stata immobile, le attrazioni gravitazionali delle altre stelle l'avrebbero fatta cadere immediatamente verso la sede di Dio. Per scongiurare questa possibilità, all'atto della creazione ogni stella dovette essere immessa in un'orbita stabile, intorno alla dimora di Dio. I tentativi di Wright per esprimere questa concezione sono fra i primissimi disegni a presentare stelle in moto. (Figura riprodotta per gentile concessione dell'University Library, University of Durham)

Per illustrare la sua concezione, Wright preparò un grande ausilio visivo sotto forma di una sezione dell'universo, e per far capire ai suoi uditori il loro impegno personale nell'universo, si permise la licenza artistica di ritrarre la regione immediatamente intorno al sistema solare quale appare di fatto a noi qui sulla Terra. Egli disegnò perciò le poche stelle vicine come molto splendenti e isolate, mentre mostrò che le numerose stelle al limite della nostra visibilità si fondevano a formare un «debole cerchio di luce»: la Via Lattea.

Dopo qualche anno Wright si rese conto dell'erroneità di questa spiegazione della Via Lattea. La sezione dell'universo da lui disegnata era semplicemente una di molte sezioni possibili, mentre la Via Lattea segue un cerchio unico in cielo. Infine Wright vide un modo che gli permetteva di adattare il suo modello precedente per far fronte alla difficoltà, e fece del modello riveduto il centro del suo bel volume *An Original Theory or New Hypothesis of the Universe*, pubblicato nel 1750. Il Sole era di nuovo una delle innu-

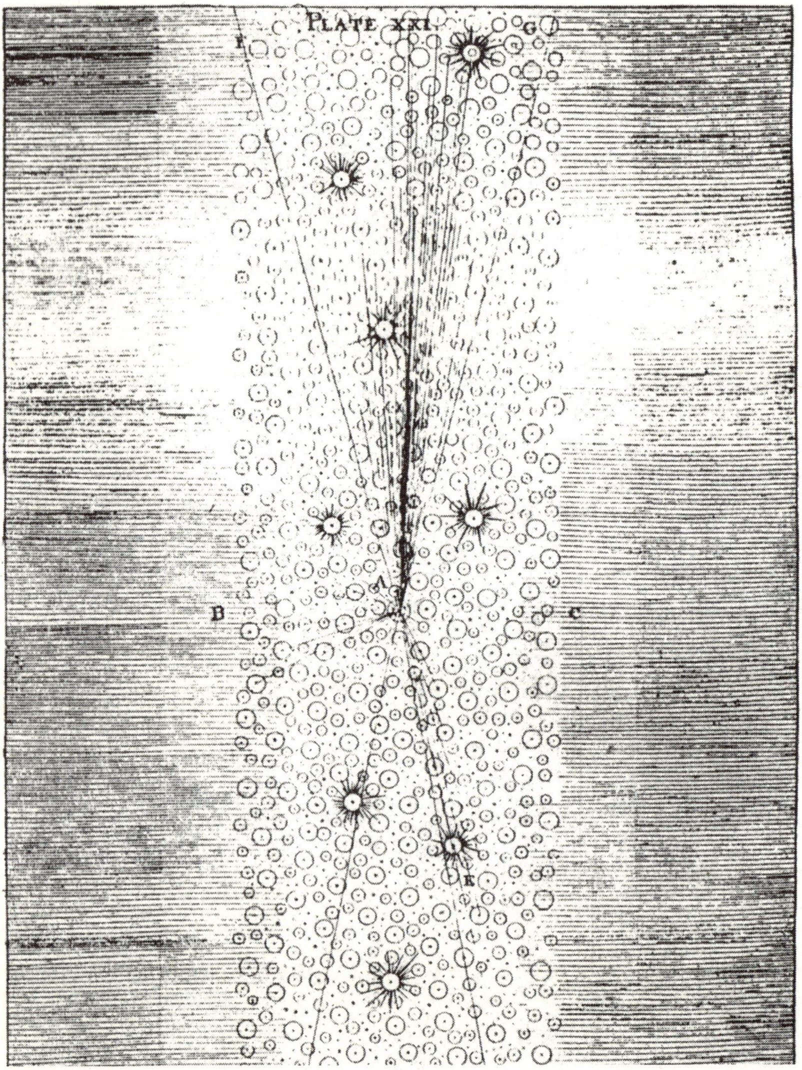

FIGURA 7.4 Disegno usato da Wright per aiutare i suoi lettori a capire la spiegazione del suo modello preferito di universo. Il Sole e le altre stelle sono compresi fra due piani paralleli (che vediamo di taglio, come confini verticali ai due lati delle stelle). Un osservatore situato sulla Terra (*A*, in centro), guardando nelle direzioni *B* e *C*, vedrebbe solo un pugno di stelle vicine, mentre guardando in direzioni all'interno dello strato, per esempio verso *D*, *E*..., vedrebbe una quantità innumerevole di stelle e la luce di queste si fonderebbe creando l'apparizione di una via lattea attraverso il cielo. (Da Thomas Wright, *An Original Theory or New Hypothesis of the Universe*, 1750)

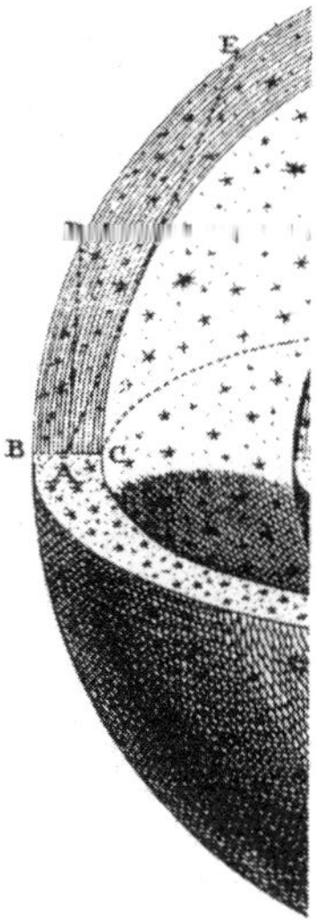

FIGURA 7.5 Il modello preferito di Wright. Le stelle, abbastanza vicine da poter essere viste da noi formano un piccolo segmento di un vasto sistema sferico, il cui raggio è così grande che i confini del segmento si discostano di poco da piani paralleli. Di nuovo, un osservatore in A, quando guarda verso *B* o verso *C*, vede solo un pugno di stelle vicine, mentre vede un chiarore diffuso lattiginoso quando guarda verso *D, E*... (Da Thomas Wright, *An Original Theory or New Hypothesis of the Universe*, 1750)

merevoli stelle che formavano un sistema sferico intorno al centro divino (o piuttosto, visto che ora c'erano molti di tali sistemi e centri, al nostro centro divino locale). Il guscio di spazio sferico occupato dalle stelle del nostro sistema aveva un raggio immenso, così grande che la parte del guscio immediatamente circostante a noi, di cui gli astronomi potevano vedere le stelle, sembrava piatta.

Il guscio era anche sottile, col risultato che quando, dalla loro posizione al suo interno, gli abitanti della Terra guardavano verso l'interno o verso l'esterno, il loro sguardo emergeva rapidamente dallo strato di stelle nello spazio vuoto. Perciò in tali direzioni si vedevano solo alcune stelle, che erano relativamente vicine e perciò molto luminose. Per contrasto, quando guardavano in giro all'interno del guscio la loro linea visuale incontrava dapprima le stelle vicine, e poi un numero sempre maggiore di stelle a distanze crescenti, e la luce di queste innumerevoli stelle si fondeva creando l'immagine della Via Lattea. Il piano della Via Lattea era, quindi, il piano tangente al guscio sferico nel punto in cui era situato il sistema solare.

Wright riconobbe che c'era un modello alternativo che poteva spiegare la Via Lattea: un modello in cui il nostro sistema stellare formava un anello appiattito intorno al Centro Divino. Le stelle effettivamente visibili a noi terrestri occuperebbero uno spazio discoidale situato da un lato dell'anello. Questo modello non offriva però una spiegazione su che cosa avesse indotto Dio a scegliere quel particolare piano su cui si trovava l'anello. Poiché la simmetria sferica del modello rivale non lasciava una tale incertezza, Wright preferiva il modello sferico.

Separata dal suo contesto, la spiegazione di Wright della Via Lattea come effetto ottico della nostra immersione in uno strato di stelle suona sorprendentemente moderna. Questa percezione era però inquadrata in una visione teologica del cosmo poco meno che bizzarra, e il libro di Wright avrebbe avuto ancora meno influenza di quella che ebbe effettivamente se non fosse stato presentato in un'ampia recensione uscita su un periodico di Amburgo qualche mese dopo la sua pubblicazione.

Quel compendio capitò sotto gli occhi del grande filosofo tedesco Immanuel Kant (1724-1804). Oggi, anche avendo sotto mano le illustrazioni di Wright, gli storici moderni faticano a capire ciò che Wright tentava di comunicare; senza le illustrazioni, poi, il compito è pressoché disperato. Kant non poteva credere che Wright proponesse effettivamente un universo con innumerevoli Centri divini, circondati ognuno da un suo sistema stellare; egli pensava invece che Wright dovesse intendere un singolo Centro divino, lontano dal nostro sistema stellare, e perciò non pertinente per la discussione della struttura di questo sistema. Kant credette perciò che, per spiegare l'apparenza della Via Lattea, Wright stesse offrendo due spiegazioni alternative, entrambe nell'ordine naturale: una implicante stelle che occupavano un guscio di spazio sferico, e l'altra con le stelle disposte su un anello piano. Per Wright il centro di questo anello era necessariamente vuoto di stelle, perché in esso era situato il nostro Centro divino. Kant, fraintendendo su questo punto Wright, non vedeva alcuna ragione per cui le stelle non dovessero continuare all'interno dell'anello fino al centro, convertendo in tal modo l'anello in un disco continuo.

Ma il nostro sistema stellare era sferico o in forma di disco? Kant credeva che nell'universo ci fossero altri sistemi del genere, e che alcuni di essi fossero risultati avere forma ellittica (dalle osservazioni del francese Pierre-Louis Moreau de Maupertuis, 1698-1759). I dischi, visti obliquamente, possono avere forma ellittica ma le sfere appaiono sempre circolari. I sistemi ellittici osservati da Maupertuis, perciò, erano discoidali e non sferici, e lo stesso doveva valere per il nostro sistema stellare, la Galassia. Con tale ragionamento si era pervenuti al primo modello essenzialmente corretto della Galassia!

Frattanto era al lavoro anche un altro cosmologo dedito alla speculazione: Johann Heinrich Lambert (1728-1777). Questo alsaziano che trascorse tutta la sua vita ai margini della comunità scientifica credeva fermamente in un universo meccanico stabile, una sorta di grande meccanismo a orologeria. Quando sviluppò la sua concezione della struttura del nostro universo non si era ancora imbattuto nello scritto di Halley del 1718 che annunciava la scoperta dei moti propri di certe stelle. Diversamente da Newton, però, si rendeva conto che l'immensità delle distanze che separavano da noi le stelle più vicine ne aveva già minato la presunta «fissità».

L'universo di Lambert aveva una struttura gerarchica, con un numero grande ma finito di passi nella gerarchia: satelliti, pianeti, stelle, gruppi di stelle, galassie... A ogni livello dato l'unità constava di un numero finito di membri formati da oggetti appartenenti al livello sottostante, ognuno in un'orbita stabile intorno a un corpo centrale. La Via Lattea era composta da gruppi di stelle, ognuno dei quali circolava intorno al corpo centrale (oscuro) della Via Lattea come i pianeti intorno al Sole.

Nessuna delle cosmologie speculative che ho descritto sommariamente ebbe ampia circolazione, cosicché non è facile stimare il loro impatto. L'apparizione in rapida successione di tre opere dedicate alla cosmologia speculativa mostra comunque che, mentre gli astronomi professionali continuavano a occuparsi del sistema solare, qualche pensatore, fuori dei loro ranghi, sentiva il bisogno di comprendere l'universo nel suo insieme. L'uomo che avrebbe riorientato l'astronomia in modo da rispondere a questo bisogno si trovava allora nel Nord dell'Inghilterra, e stava guadagnandosi da vivere come musicista immigrato.

WILHELM HERSCHEL E LA STRUTTURA DEL CIELO

Wilhelm (poi William) Herschel (propriamente Friedrich Wilhelm Herschel, 1738-1822) crebbe a Hannover, e all'età di quattordici anni entrò a far parte, come già il padre, della banda musicale delle Guardie di Hannover. Nel 1757, dopo la vittoria dei francesi nella

Guerra dei Sette Anni, Herschel (che essendo un ragazzo non aveva ancora prestato giuramento ed era perciò libero di andarsene) fuggì in Inghilterra, dove si guadagnò da vivere prima copiando musica a Londra e poi come organista e insegnante di musica nel Nord dell'Inghilterra.

Nel 1766 la sua situazione cambiò in meglio dopo la sua nomina a organista in una cappella alla moda nella località termale di Bath.

La sicurezza così conseguita gli diede l'opportunità di ampliare i suoi interessi. In particolare, esplorò il testo classico in due volumi *Opticks* di Robert Smith, di Cambridge, che istruiva il lettore nella teoria dell'ottica e nella pratica di costruire telescopi e microscopi. L'opera si concludeva con un capitolo intitolato *Telescopical Discoveries in the Fixt Stars*, e questi pochi paragrafi furono sufficienti a focalizzare il crescente interesse di Herschel per l'astronomia.

Nel 1772 Herschel fece un viaggio a Hannover. Il padre era morto, e gli altri membri della famiglia avevano ridotto sua sorella Caroline (1750-1848), una giovane di talento, a poco più che una massaia. Promettendo loro un aiuto economico per pagare una domestica, Wilhelm li convinse a permettere a Caroline di andare con lui a Bath. Sulla via del ritorno a Bath passarono per Londra, e Caroline scrisse in seguito: «Ricordo solo i negozi di ottica; penso infatti che non ci fermammo in alcun altro negozio».

Caroline divenne la padrona di casa (fino al matrimonio di Wilhelm nel 1788). Essa sperava di poter fare carriera come cantante, ma Wilhelm era già ossessionato dall'astronomia, e Caroline fu sempre più coinvolta come sua assistente. Infine sarebbe diventata famosa come astronoma in proprio, quando suo fratello le affidò la ricerca di nuove comete; fra il 1786 e il 1797 essa divenne la scopritrice (o coscopritrice) di non meno di otto di questi viaggiatori spaziali.

Nel 1773 Herschel comprò una copia dell'*Astronomy Explained upon Sir Isaac Newton's Principles*, un best-seller del famoso divulgatore dell'astronomia James Ferguson (1710-1776). Il libro aggiunse ben poco alla sua conoscenza per quanto frammentaria dell'astronomia stellare, ma lo introdusse alla conoscenza di alcuni dei problemi più vasti della cosmologia. Ferguson, come molti suoi contemporanei, riteneva che tutti i sistemi planetari associati alle stelle fossero «forniti di condizioni adatte per la vita di abitanti razionali», e che persino le comete (che secondo un'idea esposta un tempo da William Whiston sarebbero state «altrettanti inferni per tormentarvi i dannati con perpetue vicissitudini di caldo e di freddo») fossero probabilmente popolate da esseri capaci di apprezzare l'opera di Dio. Herschel avrebbe esteso questo popolamento dell'universo al Sole stesso, che giunse a credere fosse un corpo freddo come un pianeta, ma circondato da nubi che ne proteggevano gli abitanti dal guscio esterno di fuoco.

Ferguson non era un Newton, dogmaticamente fiducioso che la Provvidenza sarebbe intervenuta a restaurare la struttura del sistema solare o quella dell'universo stellare ogni qualvolta si fosse presentata la minaccia del caos: l'universo, scrisse, «durerà per il tempo previsto dal suo autore, che non dovrebbe essere ritenuto colpevole per avere creato un'opera così effimera più di quanto non sia ritenuto tale per avere fatto l'uomo mortale». Herschel imparò bene la lezione.

Per osservare gli oggetti descritti da Smith e da Ferguson, Herschel sperimentò dapprima con telescopi a rifrazione. L'apertura dei rifrattori era però gravemente limitata dalla grande difficoltà (e dai costi) della produzione di lenti di qualità appropriata, e un obiettivo all'altezza delle ambizioni di Herschel era tecnicamente impossibile. Per la sua artiglieria cosmologica Herschel si volse perciò ai telescopi a riflessione, nei quali la luce cade su uno specchio alla base del tubo e viene riflessa in un fuoco. Gli specchi promettevano molto di più delle lenti, e Herschel aveva inoltre un aiuto prezioso nel libro di Smith, che gli diceva come fare a molarli e a levigarli.

Nel novembre 1773 Herschel aveva fatto ordinazioni per vari dischi, uno dei quali era per un riflettore di 1,68 cm di lunghezza focale. E fu proprio mentre usava questo strumento, il 1 marzo 1774, che egli decise di iniziare a tenere un libro di osservazioni. La prima pagina di questo libro doveva segnare l'inizio più portentoso in una carriera in astronomia d'osservazione.

Sei delle chiazze celesti lattiginose note come «nebulose» erano state elencate da Edmond Halley nelle «Philosophical Transactions» del 1716, e discusse poi da Smith nell'*Opticks*. Il termine «nebulosa» si riferiva semplicemente all'aspetto sfocato degli oggetti, e non implicava un giudizio sulla loro natura.

Su questo argomento c'era una controversia che durava da molto tempo. Era ovvio che un ammasso stellare lontano sarebbe apparso nebuloso se osservato con un telescopio di potenza insufficiente a «risolverlo» nelle stelle componenti. Il problema era se esistessero anche vere nebulose, formate da una qualche sorta di un fluido luminoso diffuso, o se tutte le nebulose non fossero altro che sistemi stellari la cui vera natura era occultata solo dalla loro grande distanza dagli osservatori terrestri. Halley adottò il primo punto di vista: secondo lui le nebulose «non sono in realtà altro che la luce proveniente da uno spazio straordinariamente grande nell'etere, attraverso cui si diffonde un mezzo luminoso, che risplende di una luce propria».

L'osservazione avrebbe potuto dare un contributo alla controversia in due modi. In primo luogo, un telescopio più potente avrebbe potuto risolvere in stelle un sistema che appariva nebuloso se osservato con strumenti inferiori. In secondo luogo, se una nebulosa risultava cambiare forma da un decennio a un altro, o anche da un secolo a un altro, non poteva essere un sistema stellare. In effetti un sistema stellare così esteso da apparire allo spettatore una chiazza diffusa in cielo, e tuttavia così lontano da non poter essere risolto in singole stelle, doveva essere in effetti molto vasto: troppo per poter cambiare forma così rapidamente.

Herschel conosceva bene il grossolano abbozzo della Nebulosa di Orione che Smith aveva riprodotto nell'*Opticks* da un disegno del 1656 di Christiaan Huygens. Osservando la nebulosa col suo riflettore fatto in casa, Herschel giunse alla conclusione che essa dovesse avere cambiato forma, e ne vide immediatamente le implicazioni: «... possiamo inferirne che ci sono indubbiamente mutamenti fra le stelle fisse, e forse da un'osservazione accurata di questa chiazza potremmo trarre qualche conclusione concernente la sua natura».

Ma erano anni fitti di impegni, e Herschel – organista, compositore, direttore d'orchestra e insegnante di musica – dedicò la maggior parte del tempo che poteva dedicare all'astronomia a migliorare i suoi telescopi. A volte, mentre stava molando uno specchio, e non osava staccarne le mani per evitare che si raffreddasse, Caroline era accanto a lui e lo imboccava. Nel 1779 Herschel decise che era venuto il momento di familiarizzarsi con le stelle più splendenti, cosicché cominciò a esaminarle sistematicamente a una a una, usando un riflettore portatile di 2,1 metri di lunghezza focale che si era costruito da sé. Si dedicò poi a una seconda esplorazione sistematica, molto più approfondita e questa volta con un obiettivo in più: l'identificazione di stelle doppie che potessero essere usate nel rilevamento della parallasse annua (vedi pp. 230-232). Come abbiamo visto, Herschel era allora all'oscuro della memoria di Michell in cui si diceva che la maggior parte delle stelle doppie erano in realtà binarie, e quindi inutili a questo scopo. In questa esplorazione Herschel registrò 269 stelle doppie e multiple, moltiplicandone di molte volte il numero precedentemente noto agli astronomi e introducendo nella scienza una nuova metodologia.

Coloro che avevano ricevuto un'istruzione scientifica ortodossa pensavano che il compito dell'astronomo fosse quello di studiare i corpi celesti familiari: Sole, Luna, pianeti e satelliti, comete, stelle molto luminose, ognuna col proprio nome e con le sue caratteristiche individuali. Herschel, che non aveva ricevuto una tale istruzione, si comportò da naturalista, collezionando un gran numero di esemplari, contandoli e classificandoli. Ben presto avrebbe ordinato le nebulose secondo la fase che avevano raggiunto nel loro ciclo vitale.

Frattanto, verso il 1780 aveva cominciato a diffondersi in ambienti astronomici la fama di questo straordinario organista. L'astronomo reale Nevil Maskelyne e altri importanti astronomi si recarono a fargli visita, ne riconobbero il grande talento e fecero quel che poterono per spianargli la strada. Un suo vicino a Bath trasmise le sue memorie alla Royal Society a Londra, ma alcuni membri della società – mescolando l'incredulità per le sue affermazioni col disprezzo per la sua ignoranza dei modi di procedere e delle convenzioni più elementari – dichiararono che era pronto per il manicomio.

La sua scoperta del pianeta Urano (vedi pp. 208-210) – avvenuta nel 1781 in occasione della sua seconda campagna di osservazione sistematica – fu tuttavia un trionfo che nessuno poté negare, e ben presto tutti gli astronomi europei conobbero il suo nome. Il re Giorgio III, che si sentiva particolarmente legato a Herschel attraverso la propria appartenenza al casato di Hannover, gli concesse un vitalizio che avrebbe dovuto permettergli di rinunciare alla musica per dedicarsi all'astronomia. Il vitalizio era modesto

FIGURA 7.6 Il «grande» telescopio riflettore di 6 metri di Wilhelm Herschel, completato nel 1783. Gli specchi erano più grandi di quelli del «piccolo» riflettore di 6 metri, ma i progressi maggiori furono quelli realizzati nella montatura, stabile e sicura, e nei controlli disponibili all'osservatore. (Da un'incisione non datata pubblicata da Wilhelm Herschel, Collezione privata)

– 200 sterline all'anno –, ma diede a Herschel l'indipendenza: il suo unico obbligo era quello di abitare nei pressi del castello di Windsor e di essere a disposizione per mostrare il cielo alla famiglia reale ogni volta che gli fosse stato richiesto. Il re gli concesse poi due sovvenzioni di 2000 sterline ciascuna, e un'assegnazione annua di 200 sterline, per aiutarlo ad affrontare la spesa del gigantesco riflettore di 12 metri di lunghezza focale, con specchi di 1,2 metri di diametro, che Herschel terminò nel 1789. Due anni prima Caroline aveva ricevuto una pensione personale di 50 sterline in riconoscimento del suo lavoro come assistente del fratello.

La scoperta di un pianeta era senza dubbio una cosa a cui Herschel era ben lungi dal pensare quella sera fatale, ma non fu un semplice caso: egli stava esplorando sistematicamente il cielo, e la sua duplice eccellenza come costruttore di telescopi e come osservatore gli permise di riconoscere immediatamente che l'oggetto che stava osservando non era una normale stella. La costruzione di telescopi era sempre stata alla base del suo successo come astronomo, e ora egli divenne un costruttore di telescopi professionale, integrando il suo vitalizio con la produzione di riflettori da vendere. Benché il suo listino offrisse un 12 metri completo per 8000 ghinee, lo strumento più grande da lui venduto, e anche il migliore da lui costruito, fu un riflettore di 7,6 metri e 60 cm di apertura, prodotto per il re di Spagna; esso fu installato a Madrid nel 1804, ma la sua montatura fu distrutta dalle truppe napoleoniche quattro anni dopo.

Un buon riflettore era compendiato da tre componenti chiave: innanzitutto uno specchio della forma giusta – in realtà due specchi, così che se ne potesse usare uno mentre si rimolava l'altro, per eliminarne l'ossidazione causata dall'esposizione all'aria notturna; poi una varietà di oculari per ingrandire l'immagine; e in terzo luogo una montatura stabile ma adattabile. Persino quando Herschel abitava a Bath, la sua ambizione di avere grandi specchi di grande luminosità per potere studiare oggetti molto lontani e quindi debolmente luminosi era superiore alla capacità delle fonderie locali di fornire i pezzi grezzi da lavorare. Tetragono alle avversità, nell'agosto 1781 Herschel aveva convertito il seminterrato della sua casa in una fonderia, e aveva tentato due volte di fondere un disco di 90 cm di diametro, che avrebbe fatto di lui il proprietario del massimo telescopio a riflessione del mondo. La prima volta lo specchio si incrinò durante il raffreddamento; la seconda volta del metallo fuso cadde sulle piastrelle del pavimento, che, espandendosi, cominciarono a volare in tutte le direzioni. A questo punto lo stesso Herschel ammise la sua temporanea sconfitta.

Pare che egli abbia avuto successo più facilmente nella costruzione di oculari. In effetti i suoi ingrandimenti – di centinaia e addirittura di migliaia di volte – furono citati da lui senza particolari commenti, anche se per molti queste asserzioni ben giustificate erano semplicemente incredibili.

Herschel si dimostrò particolarmente innovativo nella montatura di grandi riflettori. Un riflettore di 6 metri costruito da lui nel 1776 fu appeso a un palo, come i lunghissimi rifrattori di generazioni passate. Una volta diventato libero di dedicarsi a tempo pieno all'astronomia, impiegò solo un anno per costruirsi un nuovo telescopio di 6 metri. Questa volta gli specchi avevano un diametro di 46 cm anziché di 30, ma, fatto più importante, la montatura era stabile, e l'osservatore poteva osservare comodamente da una piattaforma sicura.

Herschel era ora equipaggiato di tutto l'occorrente per affrontare l'enigma delle nebulose. Benché avesse osservato la Nebulosa di Orione già vari anni prima, nel 1774, entro il dicembre 1781 aveva visto solo altre tre nebulose. Fu allora che gli fu regalata una copia di un catalogo di circa 68 fra nebulose e ammassi stellari. Esso era stato compilato dal cercatore di comete francese Charles Messier (1730-1817), che vedeva in questi oggetti diffusi una sgradita distrazione nella ricerca di comete. (A quest'epoca, in realtà, Messier aveva già pubblicato la seconda edizione del suo catalogo, comprendente più di 100 nebulose; il catalogo di Messier è usato ancor oggi dagli astronomi quando indicano una «nebulosa» importante con la lettera M seguita dal numero che l'oggetto ha nel catalogo di Messier.)

Herschel prese la storica decisione di usare il nuovo 6 metri per esplorare sistematicamente l'intero cielo visibile dall'Inghilterra, nell'intento di collezionare il maggior numero possibile di esemplari di nebulose. Nelle notti in cui la visibilità era buona, puntava il telescopio verso sud, e alzava il tubo a un qualche angolo particolare. Lasciava poi che il cielo scorresse davanti all'obiettivo del telescopio, tendendo imboscate a tutte le nebulose che fossero capitate nel campo visivo. Quando ne vedeva una attraversare il meridiano, la descriveva ad alta voce perché Caroline potesse prendere nota delle sue caratteristiche, oltre che dell'angolo e del tempo. Il lavoro continuò per due lunghi decenni. Quando il lavoro ebbe termine, l'équipe formata da fratello e sorella aveva accresciuto il numero delle nebulose note da un centinaio a 2500.

Ma tutte le nebulose erano semplicemente vasti ammassi stellari a grandi distanze, o alcune erano davvero oggetti nebulosi, formati da un fluido luminoso? Subito prima di iniziare la sua esplorazione, Herschel ebbe conferma della variabilità (da lui sospettata) della Nebulosa di Orione, che trovò «sorprendentemente cambiata»; questa doveva quindi essere una vera nebulosa. Ma come si potevano distinguere in generale le vere nebulose da ammassi stellari lontani?

Herschel aveva notato che alcuni oggetti simili a nebulose avevano un'apparenza uniformemente lattiginosa, mentre altri erano screziati. Giudicò che i primi fossero vere nebulose, mentre la nebulosità screziata degli altri indicava che dovevano essere «risolvibili»; dovevano essere cioè ammassi che un telescopio abbastanza potente avrebbe potuto risolvere nelle stelle componenti.

Nel giugno 1784 fu letta alla Royal Society una comunicazione di Herschel che descriveva le sue ricerche recenti sulle nebulose. In capo a pochi giorni egli si imbatté in due nebulose che contraddicevano la sua teoria appena pubblicata, in quanto sembravano contenere entrambe le forme di luminosità. In una di esse egli credette, in effetti, di vedere anche stelle mischiate con la nebulosità. Pensò che le stelle si trovassero nella regione della nebulosa più vicina all'osservatore, e che la nebulosità fosse composta in realtà da stelle più lontane, troppo lontane per essere risolvibili individualmente. La nebulosità lattiginosa non poteva quindi essere composta semplicemente da stelle ancora più lontane, piuttosto che dal fluido luminoso, o «vera nebulosità», che Herschel aveva fino allora postulato?

Ignorando i mutamenti che credeva di avere osservato in precedenza nella Nebulosa di Orione, Herschel abbandonò ora la sua credenza nel fluido luminoso e concluse che tutte le nebulose dovevano essere ammassi stellari a grandi distanze.

Gli ammassi implicano però una tendenza a raggrupparsi, una concentrazione di stelle dovuta alla loro reciproca attrazione gravitazionale. Perciò in una memoria fondamentale intitolata *On the Construction of the Heavens*, edita nel 1785 nelle «Philosophical Transactions», Herschel esaminò l'argomento «da un punto di vista a considerevole distanza sia di spazio sia di tempo».

Egli immaginò un universo in cui le stelle fossero distribuite dapprima con buona regolarità, dopo di che passò a tratteggiare come, nel corso del tempo, l'attrazione gravitazionale avrebbe con ogni probabilità determinato raggruppamenti di stelle qua e là, formando ammassi di vari tipi, di cui aveva già osservato esempi. Egli considerò addirittura la possibilità che l'azione continua della gravità potesse condurre infine al collasso gravitazionale, seguito da una qualche forma di rigenerazione. «Questi ammassi potrebbero essere *laboratori* dell'universo... in cui si preparano i rimedi più salutari per la degenerazione del tutto.» Non potremmo essere più lontani dall'universo meccanico stabile dell'inizio del secolo.

Nella sua memoria del 1785, Herschel promosse anche l'uso della statistica in astronomia, mostrando come il naturalista del cielo potesse derivare nozioni preziose dal semplice conteggio delle stelle. Il problema che egli si pose fu quello di determinare la forma del nostro sistema stellare: la Galassia.

Come Wright, Kant e Lambert, Herschel si rese conto che la Via Lattea era solo l'effetto ottico della nostra immersione in una struttura stratiforme di stelle. Ma qual era la forma precisa di questo strato? Era chiaro che Herschel non avrebbe neppure tentato di rispondere a questa domanda se non avesse potuto supporre che il suo telescopio fosse in grado di raggiungere i limiti della Galassia in ogni direzione. Ma, in tal caso, come si poteva procedere? Herschel decise che il modo giusto fosse quello di supporre che le stelle fossero distribuite uniformemente in tutta la Galassia: che lo spazio galattico fosse occupato uniformemente da stelle. Era chiaro che l'assunto non era vero in senso generale; Herschel sperò che lo fosse almeno abbastanza ai suoi fini.

Dando questo per scontato, nel campo visivo di Herschel il numero di stelle in una direzione data era proporzionale al volume di spazio galattico entro quel campo visuale, ossia a un volume di spazio in forma di cono il cui vertice si trovava nel telescopio, e il cui asse coincideva con la linea di mira dall'osservatore al

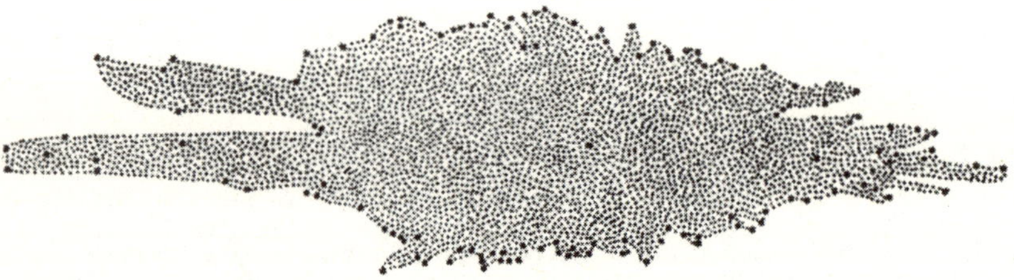

FIGURA 7.7 La sezione della Galassia risultante dai conteggi di stelle di Wilhelm Herschel. Il Sole è il punto scuro vicino al centro, e le distanze (relative) dal Sole delle stelle che segnano il bordo della Galassia sono inferite dai conteggi delle stelle interposte: quanto maggiore è il numero di stelle in una direzione data, tanto maggiore è la distanza. Si noti la biforcazione a sinistra. (Da «Philosophical Transactions of the Royal Society of London», 75, 1785)

bordo della Galassia. Herschel si propose di contare le stelle per avere un numero proporzionale al volume del cono: un semplice calcolo gli avrebbe dato allora la lunghezza (relativa) dell'asse. Il tempo non gli permise di portare avanti compiutamente il suo programma, ma per illustrare il suo metodo egli contò le stelle in un cerchio intorno al cielo e abbozzò la sezione risultante della Galassia.

In seguito egli avrebbe abbandonato entrambi gli assunti su cui si fondava questa famosa figura: il mastodontico riflettore di 12 metri completato nel 1789 avrebbe reso visibili molte altre stelle, cosicché, dopo tutto, non si poteva certo dire che il suo telescopio di 6 metri fosse penetrato in tutte le direzioni fino agli orli della Galassia; e la crescente familiarità con gli animassi stellari lo rese consapevole di quanto poco uniforme fosse la distribuzione delle stelle. Ma gli astronomi, come la natura, aborrono il vuoto. La sezione della Galassia di Herschel poteva anche essere stata sconfessata dal suo autore, ma per molto tempo non ci fu nulla in grado di sostituirla, cosicché la troviamo riprodotta in libri di testo fin verso la fine dell'Ottocento.

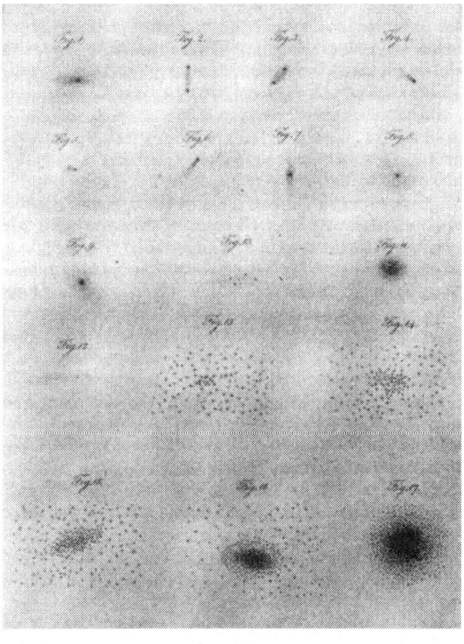

FIGURA 7.8 Questi schizzi di Herschel mostrano oggetti dai suoi cataloghi di nebulose e ammassi stellari, disposti in sequenza in modo da illustrare le fasi della condensazione di stelle dalla nebulosità, e la successiva formazione di ammassi stellari, che diventano sempre più concentrati al passare del tempo. (Da «Philosophical Transactions of the Royal Society of London», 104, 1814)

Nel novembre 1790 Herschel era come al solito alla ricerca di nebulose quando si imbatté in «un fenomeno singolarissimo! Una stella press'a poco di magnitudine 8 con un'atmosfera debolmente luminosa...». Herschel si era imbattuto nella sua prima «nebulosa planetaria» – un oggetto debole come una nebulosa ma con la forma a disco di un pianeta – nel 1782, e da allora ne aveva trovato molte altre. Quella in cui era incappato ora era un oggetto appartenente alla stessa classe, ma appariva insolitamente grande, ed egli poteva vederne la struttura e in particolare la stella centrale. Decise perciò che l'oggetto doveva essere una «stella nebulosa»: una stella circondata da una nube di (vera) nebulosità, da cui la stella stava condensandosi. Di fronte a questa nuova prova, Herschel rovesciò istantaneamente la posizione che aveva tenuto dal 1784, che tutte le nebulose non fossero altro che ammassi stellari a grandi distanze. La nebulosità, dopo tutto, esisteva, e rappresentava una fase prestellare nell'evoluzione del cielo.

Questo cambiamento di opinione contribuì senza dubbio ai deludenti risultati che Herschel ottenne dal riflettore di 12 metri. Si poteva tentare di verificare la teoria che tutte le nebulose fossero ammassi stellari lontani attraverso la «risoluzione» di altre nebulose nelle loro stelle componenti per mezzo di un nuovo potente strumento; ma con l'abbandono di questa teoria da parte di Herschel, una tale ragione d'essere non si applicava più. Inoltre lo strumento era macchinoso e scomodo da usare, e gli specchi, che dovevano essere fatti di una lega modificata per non deformarsi in conseguenza del loro peso, si ossidavano facilmente.

La teoria finale dell'evoluzione dell'universo sviluppata da Herschel cominciava con nubi diffuse che gradualmente si condensavano sotto l'effetto della gravità, formando nebulose più concentrate dalle quali nel corso del tempo si formavano singole stelle. Queste, a loro volta, si riunivano dapprima in ammassi molto diffusi, che nel corso del tempo si condensavano sempre più. Dal collasso catastrofico di tali ammassi, e anche dalla luce che tutti i corpi luminosi emanavano nell'universo, veniva il materiale che formava nuove nubi diffuse, le quali potevano dare inizio a un nuovo ciclo.

Nel 1811 Herschel illustrò come – nonostante la breve durata della loro vita – gli astronomi riuscissero a capire lo sviluppo delle nebulose. Si trattava di scegliere un certo numero di esemplari che si trovassero in fasi di sviluppo diverse. Li si doveva poi ordinare e classificare per età, tenendo conto che ogni classe rappresentava una delle fasi successive nell'evoluzione di una nebulosa: «non c'è forse tanta differenza fra loro [le nebulose ordinate in varie classi], se mi è lecito fare questo confronto, quanta ce ne sarebbe in una descrizione annuale della figura umana, dalla nascita di un bambino a un uomo nel pieno del suo vigore».

Anche lo status della nostra galassia fu modificato dalle osservazioni del 1790. Alla metà degli anni Ottanta Herschel aveva ritenuto che essa fosse un ammasso stellare, di dimensioni note e quindi limitate, e che tutte le nebulose fossero ammassi stellari simili, anche se di varia forma e grandezza. Perciò la Nebulosa di Orione, che egli vedeva estesa in cielo anche se (presumibilmente) così lontana che non si riusciva a risolverla in singole stelle, doveva essere molto grande; essa poteva addirittura «competere in grandezza con la nostra Via Lattea». Nelle sue teorizzazioni dopo il 1790, però, la Nebulosa di Orione tornò a essere una nebulosità vicina situata ben all'interno della Galassia, mentre questa divenne «il sistema sidereo più splendente, e di gran lunga il più esteso di tutti».

«Una conoscenza della struttura del cielo» scrisse Herschel nel 1811, «è sempre stata il fine ultimo delle mie osservazioni...» Herschel era riuscito a trasformare quest'obiettivo in una vera scienza perché riuniva in sé i tre talenti necessari: quelli di costruttore di strumenti, di osservatore e di teorico. Egli costruiva strumenti che erano ideali per il compito che si era imposto: essi incorporavano grandi specchi, oculari che ingrandivano centinaia di volte e montature stabili: tutte cose fatte con le sue mani o sotto la sua diretta supervisione. Con questi strumenti svolse i compiti di un naturalista del cielo, collezionando centinaia di stelle doppie e migliaia di nebulose, nel corso di campagne di osservazione che si protrassero per molti anni. E, cosa insolita per un uomo così dedito a raccogliere fatti, vide come suo compito quello di non esitare a fare congetture: meglio troppe che troppo poche.

Fra i suoi contemporanei, Herschel esercitò un impatto misto. Le nebulose, in particolare, erano il suo dominio privato: nessun altro aveva telescopi uguali ai suoi, cosicché nessun altro aveva accesso ai dati di osservazione. Ben pochi, perciò, sapevano come valutare lui e le sue congetture. Ma le sue memorie pubblicate nelle «Philosophical Transactions» furono facilmente disponibili alla generazione seguente di astronomi, che sarebbero stati più aperti alle sue idee. Una figura di spicco fra loro fu suo figlio John.

JOHN HERSCHEL E IL CIELO AUSTRALE

Quando Wilhelm Herschel cominciò a studiare astronomia era un musicista provinciale nato in Germania. Suo figlio John (1792-1871) – nato quando suo padre aveva già 53 anni – portava un nome già molto famoso in astronomia, e fin dagli anni dei suoi studi universitari a Cambridge fu membro della comunità scientifica. Dopo un periodo di studio del diritto, John Herschel si dispose a una carriera di docente a Cambridge. Nel 1816 il padre, le cui energie stavano scemando, lo convinse a tornare a casa, per trasmettergli le sue capacità di costruttore di telescopi e di osservatore prima che fosse troppo tardi. «Mi si spezza il cuore» scrisse John quando lasciò Cambridge. Una volta compiuto tale sacrificio, però, si vide affidare una missione sacra, quella di completare e condurre a perfezione l'opera del padre.

Le stelle doppie erano la cosa più ovvia da cui cominciare: i telescopi di suo padre erano stati progettati come grandi strumenti di ricerca, mentre l'osservazione delle stelle doppie riusciva meglio con strumenti di precisione. Per fortuna fra i molti amici scienziati di John Herschel c'era James South (1785-1867). La ricchezza conseguita da South attraverso il matrimonio gli aveva permesso di rinunciare alla chirurgia per l'astronomia, ed egli era diventato un abile osservatore, nonché proprietario di due «equatoriali» (vedi p. 241) di qualità eccezionale. Dal 1821 al 1823 i due amici collaborarono, anche se con interruzioni, osservando spesso lo stesso oggetto con strumenti diversi e poi confrontando i loro appunti. I loro sforzi ebbero come risultato un catalogo di 380 stelle doppie, ricco di dettagli e opportunamente ordinato per poter essere usato dagli osservatori.

La principale eredità del padre di Herschel erano stati, però, i suoi studi sulla «costruzione del cielo», e i cataloghi di nebulose e ammassi di nebulose su cui questi studi si fondavano. Tali cataloghi elencavano gli oggetti celesti per classe anziché per posizione, ed erano perciò molto scomodi da usare per altri osservatori. Inoltre, quando Caroline aveva messo per iscritto i dati sulle osservazioni di nebulose gridati da Wilhelm, c'erano state ampie possibilità di errore. Per fortuna John aveva rimesso completamente a nuovo il riflettore di 6 metri del padre sotto la supervisione del vecchio, cosicché possedeva lo strumento ideale con cui riesaminare le nebulose catalogate da Wilhelm. Caroline risistemò pazientemente i cataloghi del fratello in una forma che facilitasse il riesame di John, compito per cui le fu in seguito assegnata la medaglia d'oro della [Royal] Astronomical Society. Scrivendole nel 1825 per ringraziarla, John le disse: «Questi curiosi oggetti... Ora me ne occuperò particolarmente: nessun altro può vederli». I suoi sforzi condussero a un catalogo di 2306 nebulose e ammassi, che fu pubblicato nel 1833 nelle «Philosophical Transactions»; esso divenne l'opera di riferimento standard, e contribuì a trasformare lo studio delle nebulose da una delle varie ricerche più o meno strane di Wilhelm a una parte dell'astronomia ufficiale.

Fino a questo punto l'esperienza delle nebulose di John Herschel era stata poco diversa da quella del padre: lo stesso cielo e in gran parte gli stessi strumenti. Non sorprende che anche il suo atteggiamento teorico fosse lo stesso. Egli si era imbattuto in un solo oggetto nuovo importante: aveva osservato varie volte la nebulosa M51 (nota oggi come la galassia Vortice, nei Levrieri), che aveva visto composta di stelle, nella forma di un ammasso centrale circondato da un anello diviso. John si rese immediatamente conto che un osservatore situato nell'ammasso centrale avrebbe visto un cielo sorprendentemente simile a quello che vediamo noi dalla Terra: da tutti i lati un certo numero di stelle vicine (e quindi molto splendenti) e, nel piano dell'anello e nei pressi di esso, una via lattea divisa composta da innumerevoli stelle deboli. «Forse» notò, «questo è il nostro Sistema Fratello.»

Suo padre aveva osservato solo il cielo visibile dall'Inghilterra; per completarne l'opera John Herschel aveva bisogno di trasportare i suoi telescopi a sud dell'equatore. Così, declinando offerte ufficiali di aiuti finanziari, nel novembre 1833 si imbarcò per il Capo di Buona Speranza. Per l'esplorazione del cielo profondo aveva il riflettore di 6 metri; come strumenti di precisione aveva un equatoriale che aveva comprato da South; e come strumento di ricognizione preliminare un «cercatore di comete» che suo padre aveva costruito per Caroline.

Il cielo australe aveva da offrire all'osservatore molto di più del cielo boreale, contenendo le dense nubi stellari della Via Lattea in direzione del centro galattico, oltre a meraviglie come le due Nubi di Magellano. Ma poiché l'astronomia si era sviluppata in Europa, e nei secoli scorsi era difficile viaggiare a sud dell'equatore, nell'emisfero australe non esistette alcun osservatorio pubblico fino all'arrivo nel 1821 al Capo di Buona Speranza, come astronomo di Sua Maestà, di Fearon Fallows (1789-1831). Prima di allora la conoscenza del cielo australe era dipesa dai racconti dei marinai, e da due spedizioni, di Edmond Halley nel Seicento e di Nicolas-Louis de Lacaille (1713-1762) nel Settecento.

Halley godeva già di una buona reputazione nell'ambiente della Royal Society quando era poco più di un ragazzo. All'inizio del 1676, quando non aveva ancora vent'anni, stava tenendo un carteggio sui siti più adatti per una spedizione astronomica a sud dell'equatore; alcuni di tali siti erano però in mani straniere, e la sua scelta cadde infine sull'isola di Sant'Elena, nel sud dell'Atlantico, usata come tappa dalla Compagnia delle Indie Orientali (Britannica). Il re fu convinto a chiedere alla Compagnia di concedere il viaggio gratis a Halley e ai suoi colleghi, e il padre di Halley accettò di contribuire alle spese della spedizione.

Halley arrivò sull'isola nel febbraio 1677 e vi rimase per quasi un anno. Aveva a sua disposizione una varietà di strumenti fra cui un sestante di 1,7 metri di raggio con cannocchiali di mira telescopici per misurare la distanza angolare fra coppie di stelle. Il clima era meno favorevole di quanto Halley avesse sperato, ma egli riuscì a compilare un catalogo di 341 stelle, elencandone le posizioni relativamente a due delle stelle fondamentali di Tycho Brahe.

Halley osservò anche tre «nebulose», compreso l'ammasso stellare aperto nello Scorpione noto oggi come M7 e il bell'ammasso sferico («globulare») di Omega Centauri. Le Nubi di Magellano, scrisse, «riproducono esattamente il biancore della Via Lattea ed, esaminate al telescopio, presentano qua e là piccole nubi e qualche stella, dal concorso delle quali si ritiene che venga prodotto il loro colore bianco, come nel caso della Galassia». Il 7 novembre egli vide Mercurio transitare sul disco solare.

Sarebbero passati più di settant'anni prima che il cielo australe fosse riesaminato sistematicamente, cosa che accadde in occasione del soggiorno al Capo di Buona Speranza di Lacaille, nel 1751-1753.

In meno di due anni Lacaille determinò le posizioni di quasi diecimila stelle. Egli conseguì questo straordinario livello di produttività applicando un piccolo telescopio di grande apertura a un quadrante murale, e collocando un diaframma di forma rombica nel campo visuale dello strumento. Il telescopio veniva immobilizzato in corrispondenza di una certa elevazione nel meridiano. Quando una stella passava per il campo visuale, Lacaille annotava i tempi (siderei) nei quali entrava nel rombo e ne usciva; la media dei tempi dava una delle coordinate della stella e la differenza nei tempi dava l'altra.

Nel 1757 Lacaille pubblicò le posizioni di quasi quattrocento delle più splendenti di tali stelle, stabilendo così il sistema di riferimento dell'astronomia dell'emisfero australe. Le sue osservazioni di diecimila stelle australi apparvero postume, nel 1763, ma egli lasciò la maggior parte delle sue misurazioni di posizione nel loro stato grezzo («non ridotto»), e un catalogo definitivo delle sue stelle australi non fu pubblicato fino al 1847. Egli raccolse informazioni anche su 42 oggetti nebulosi, e assegnò nomi alle costellazioni australi, la maggior parte dei quali sono usati ancor oggi.

Era quindi questo tutto ciò che si sapeva sul cielo australe prima dell'arrivo di John Herschel nel gennaio 1834. Nei successivi quattro anni, senza una Caroline ad aiutarlo, John esplorò i cieli australi con una dedizione forse addirittura superiore a quella del padre. Il volume che ne conseguì, *Results of Astronomical Observations Made During the Years 1834, 5, 6, 7, 8 at the Cape of Good Hope*, apparve, dopo considerevoli ritardi, nel 1847. Questa, che può essere considerata la più estesa pubblicazione singola nell'intera storia dell'astronomia di osservazione, aveva un sottotitolo orgoglioso: *Being a completion of a telescopic survey of the whole surface of the visible heavens, commenced in 1825*, poiché John Herschel era e sarebbe rimasto l'unico astronomo della storia a esaminare sistematicamente l'intero cielo con un grande telescopio. Il libro elenca più di 1700 nebulose e più di 2100 stelle doppie, oltre a migliaia di conteggi stellari, estese sequenze della luminosità relativa delle stelle, e molte altre cose.

Nel marzo 1838, dopo avere nobilmente assolto il debito alla memoria del padre, John Herschel si imbarcò per l'Inghilterra. Il suo lavoro futuro in astronomia sarebbe stato fatto a tavolino: nel 1864 egli pubblicò un catalogo unificato di più di 5000 nebulose e ammassi, l'antenato del *New General Catalogue*, noto con la sigla

NGC, che gli astronomi usano oggi. In ogni caso, in capo a un anno o due dal suo ritorno dal Capo sarebbe terminato il monopolio dei grandi riflettori da parte degli Herschel, e con esso il periodo in cui, come si espresse Wilhelm Struve, lo studio del cielo delle nebulose era parso «quasi dominio esclusivo degli Herschel».

IL LEVIATANO DI PARSONSTOWN

Nel 1839 William Parsons (1800-1867), il futuro terzo conte di Rosse, costruì un grande riflettore di 91 cm di apertura sul terreno del suo castello a Parsonstown (oggi Birr) nell'Irlanda Centrale. Il suo primo specchio era composto da sedici segmenti, ma l'anno seguente Rosse riuscì a fondere uno specchio in un pezzo unico con l'aiuto di lavoratori locali. Il telescopio fu montato alla maniera del riflettore di 6 metri di Herschel, ma il suo specchio aveva un diametro doppio e una superficie quadrupla. Il telescopio non era ancora completato quando Rosse cominciò a lavorare alla costruzione di un riflettore mostruoso, con un diametro incredibile di 183 cm. Col tubo orientato verso sud rozzamente appeso fra due muri massicci in muratura, il «Leviatano di Parsonstown» era progettato per portare un attacco finale al problema classico dell'astronomia nebulare: tutte le nebulose sono semplicemente ammassi stellari lontani?

Il Leviatano fu pronto all'inizio del 1845. John Herschel dichiarò il suo completamento «un'impresa di tale grandezza... che mi mancano le parole per esprimere la mia ammirazione». In poche settimane Rosse poté annunciare la notevole scoperta che la nebulosa M51 ha una forma a spirale. Un confronto del superbo disegno fatto da Rosse col modesto abbozzo di Herschel ci dà una misura convincente della potenza del Leviatano.

Eppure, in molti anni di lavoro il Leviatano non realizzò mai le sue potenzialità. Una terribile carestia, dovuta alla perdita dei raccolti di patate, colpì l'Irlanda verso il 1850, quando lo strumento era nelle sue condizioni migliori. Rosse, che era un'importante figura pubblica e uno fra i principali proprietari terrieri, non poteva dedicarsi con grande impegno alle stelle mentre i suoi fittavoli morivano di fame. Inoltre, per Rosse la costruzione del grande riflettore – con tutte le sfide tecniche che comportava – era un fine

FIGURA 7.9 Il «Leviatano di Parsonstown». Il primo specchio fu fuso nel 1842, il lavoro alla montatura cominciò più avanti nel corso dello stesso anno, e il telescopio fu pronto nel febbraio 1845. In aprile Rosse aveva già scoperto la struttura a spirale della M51. (Per gentile concessione del Museum of the History of Science, Oxford)

in sé. Rosse non era uno Herschel. Compiva le sue osservazioni di tanto in tanto, permetteva ai suoi visitatori di usare lo strumento, e i suoi assistenti erano persone degne ma non particolarmente brillanti; tutto questo non bastava per sostituire la dedizione degli Herschel.

Il test decisivo venne quando lo strumento fu puntato verso la Nebulosa di Orione. Se tutte le nebulose erano ammassi stellari, sicuramente anche questa – dall'estensione apparente così grande, e quindi relativamente vicina –, osservata col Leviatano, avrebbe rivelato la sua natura stellare.

Nel marzo 1846, Rosse annunciò che numerose stelle erano effettivamente visibili nella nebulosa. In realtà le stelle descritte da Rosse sono vere stelle, ma sono racchiuse in quella che nel suo insieme è una nebulosa gassosa. Questo fatto non fu compreso a quel tempo, cosicché la presunta risoluzione di questa e di altre grandi nebulose convinse quasi tutti, con l'eccezione di pochi scettici, che l'ipotesi nebulare – ossia che esista una vera nebulosità, che tende a condensarsi in stelle – fosse stata screditata.

Pochi, ma c'erano. Come Wilhelm Herschel nel lontano decennio 1771-1780, anche Michail V. Ljapunov, dell'Università di Kazan', sul Volga, si era convinto – e aveva convinto l'influente Wilhelm Struve – che nella Nebulosa di Orione fossero in corso grandi mutamenti. Stando così le cose, i «presunti miracoli di risoluzione», come li chiamò Struve, «non sono altro che illusioni».

In effetti la realtà di tali mutamenti poteva essere oggetto di controversie, ma non la totale scomparsa di una nebulosa. Nel 1852 John R. Hind (1823-1895), astronomo all'osservatorio privato di George Bishop a Regent's Park, a Londra, riferì la scoperta di una piccola nebulosa nel Toro. Essa fu osservata varie volte negli anni seguenti, ma nell'ottobre 1861 l'astronomo dell'Università di Copenaghen Heinrich Louis d'Arrest (1822-1875), nato in Germania, che stava compiendo uno studio accurato della posizione e apparizione di nebulose, non riuscì a trovarne traccia. In seguito alla notizia della sua sparizione, questa nebulosa sarebbe diventata nota come la «favolosa nebulosa di Hind».

Si era finalmente trovato un esempio di un mutamento incontestabile. Altre asserzioni del genere cominciarono a essere prese maggiormente sul serio, e si cominciò a non essere più tanto certi che tutte le nebulose fossero aggregazioni di stelle. Ma la prova decisiva, ottenuta nel 1864, dell'esistenza di vere nebulose – che la luce di certe nebulose ha origine nel loro gas e non in stelle – sarebbe venuta non dai metodi d'osservazione tradizionali, bensì dall'uso di una tecnica della fisica di laboratorio che stava aprendo un nuovo capitolo nella storia dell'astronomia.

8

Il messaggio della luce stellare: la nascita dell'astrofisica

David Dewhirst e Michael Hoskin

Dall'Antichità al Rinascimento, il compito principale dell'astronomia era stato quello di escogitare modelli geometrici in grado di riprodurre i moti dei pianeti contro lo sfondo immutabile delle stelle «fisse». Nel Seicento Keplero insegnò agli astronomi a investigare le forze che causavano tali moti, e dopo la pubblicazione dei *Principia* di Newton nel 1687 il programma della «meccanica celeste» fu quello di dimostrare che questi e tutti gli altri moti nel sistema solare avevano una singola causa fisica: l'attrazione risultante dalla legge dell'attrazione gravitazionale inversamente proporzionale al quadrato della distanza. Di contro, ancora alla metà dell'Ottocento l'astronomia stellare consisteva principalmente nella paziente compilazione di cataloghi sempre più accurati e generali di posizioni e magnitudini, un compito tedioso che aveva avuto inizio nell'Antichità con Ipparco e Tolomeo.

La situazione sarebbe mutata completamente nella seconda metà del secolo, quando, applicando dei prismi agli oculari dei telescopi, si cominciarono ad analizzare gli spettri risultanti per estrarne le informazioni che contenevano. L'astronomo del Medioevo era stato un geometra, l'astronomo del Settecento uno specialista di meccanica celeste; e ora, verso la fine dell'Ottocento, l'astronomo doveva padroneggiare anche le capacità dei fisici di laboratorio specializzati nella misurazione e nell'analisi della luce. Le teorie e le tecniche usate dai fisici furono adattate allo studio della luce stellare, cosa che permise all'«astrofisico» di penetrare i segreti dei processi fisici all'opera nelle stelle, e di determinarne i moti nello spazio tridimensionale. Vennero a trovarsi ora al centro dell'interesse le stelle e le arcane nebulose, e persino la disciplina marginale della cosmologia fu ora integrata nell'astronomia ufficiale.

Pubblicazioni astronomiche e organizzazioni di astronomi (1665-1950)

Uno sviluppo importante nell'organizzazione dell'astronomia era stato, alla metà del Quattrocento, l'invenzione della stampa a caratteri mobili, che aveva reso possibile la rapida pubblicazione di volantini e opuscoli che esponevano le ultime meraviglie dell'astronomia; ma progressi importanti nel sapere continuavano a essere pubblicati in libri, e in generale i libri richiedevano anni per essere scritti e poi stampati.

Il ritmo del progresso scientifico si accelerò vistosamente con la pubblicazione, a partire dal 1665, delle «Philosophical Transactions» della Royal Society di Londra. Queste si svilupparono grazie alla corrispondenza del segretario della società, Henry Oldenburg, con scienziati stranieri, ma furono ben presto adottate dalla società come sua pubblicazione mensile ufficiale.

La scoperta che è al cuore della spettroscopia fornisce un buon esempio della rapidità con cui potevano ora essere diffuse le notizie scientifiche. All'inizio del 1672 Newton venne convinto a condividere con i lettori delle «Philosophical Transactions» la sua scoperta (vedi pp. 168-169) che la luce del Sole non è semplice, bensì è composta da una combinazione di molti colori. Subito Newton – stupito e offeso – si trovò al centro di un diffuso attacco da parte di critici sia in patria sia sul Continente.

Le effemeridi (tavole delle posizioni dei corpi celesti calcolate in anticipo per un certo numero di anni) erano da molto tempo uno strumento essenziale per gli astronomi come per gli astrologi. La pubblicazione del primo annuario dedicato all'astronomia, che ignorò deliberatamente l'astrologia, ebbe inizio a Parigi nel 1679, col titolo «La Connoissance des Temps» (*connoissance* è una grafia arcaica per *connaissance*). Il suo obiettivo primario era quello di pubblicare tavole delle future posizioni del Sole, della Luna e dei pianeti e altre tavole che potevano interessare a osservatori e navigatori, ma ben presto cominciò a comprendere articoli d'attualità su argomenti affini. La pubblicazione inglese simile *Nautical Almanac and Astronomical Ephemeris*, edita a Londra, cominciò a uscire nel 1767. Presto volumi di interesse più duraturo cominciarono ad apparire altrove, quando gli osservatori pubblici fondati verso la fine del Seicento e nel Settecento videro come un loro dovere la diffusione a stampa delle osservazioni, che erano la loro ragione d'essere. Nell'Ottocento era normale per un osservatorio presentare copie delle sue pubblicazioni ad altri osservatori del livello appropriato e riceverne in cambio le loro comunicazioni.

Un mensile tedesco, la «Monatliche Correspondenz», con l'obiettivo di provvedere alla rapida diffusione di notizie scientifiche in generale e di astronomia in particolare, fu fondato nel 1800 da Franz Xaver von Zach (1754-1832), astronomo del duca di Sassonia-Coburgo. Il primo periodico destinato alla pubblicazione rapida di articoli di astronomia furono le «Astronomische Nachrichten», iniziato nel 1823 dall'astronomo e topografo tedesco Heinrich Christian Schumacher (1780-1850). Schumacher era stato chiamato «il ministro delle poste dell'astronomia», che «scriveva a tutti e mandava copie di lettere di ciascuno a ciascun altro». Per alleggerire il peso di tutta questa corrispondenza, egli la faceva stampare da uno stampatore locale e la faceva circolare spedendola ogni poche settimane a una *mailing list* internazionale. Il periodico, con lo stesso titolo, ha continuato le pubblicazioni fino a oggi, anche se i telegrammi e, più recentemente, la posta elettronica si sono assunti i suoi compiti più urgenti.

La Royal Society di Londra aveva iniziato la sua attività nel 1660 come società di dilettanti che si occupava di interessi scientifici (e quasi scientifici) di ogni genere, e continuò a rimanere non professionale fino alla metà dell'Ottocento. Lo status sociale di un membro (*fellow*) e la sua capacità di pagare i contributi erano non meno importanti della sua conoscenza scientifica. Entro i primi anni dell'Ottocento il numero degli astronomi impegnati in Inghilterra – accademici come i professori di Oxford e Cambridge, osservatori professionali come l'astronomo reale, e dilettanti di grande livello e dedizione come gli Herschel – era cresciuto al punto da creare il bisogno del tipo di tribuna che solo una società specificamente astronomica poteva fornire. Nonostante l'opposizione dell'allora presidente della Royal Society, che temeva ogni forma di concorrenza, l'Astronomical Society di

Londra fu fondata nel 1820, ricevendo undici anni dopo il suo statuto reale e diventando così la Royal Astronomical Society. La RAS tenne riunioni regolari, nelle quali venivano presentate e discusse le scoperte più recenti. Il suo edificio ospitava anche una biblioteca di ricerca, e i risultati più importanti venivano premiati con medaglie della società. Questa cominciò a pubblicare le sue *Memoirs* a pochi mesi dalla sua fondazione, a fornire un veicolo per la diffusione di tavole e di risultati d'osservazione e di materiali di livello paragonabile. C'era bisogno anche di un organo per la rapida pubblicazione di notizie astronomiche, di note di ricerca minori e simili, e a questo scopo la società istituì nel 1827 le «Monthly Notices».

Società e periodici simili, di livello sia nazionale sia locale, cominciarono a nascere in tutt'Europa e nel Nuovo Mondo. In America Benjamin Apthorp Gould (1824-1896), che aveva preso il dottorato in astronomia l'anno precedente sotto C.F. Gauss a Gottinga ed era tornato in patria con l'intenzione espressa di promuovere l'astronomia negli Stati Uniti, fondò nel 1849 l'«Astronomical Journal». Non essendo l'organo di una società ufficiale, il periodico era vulnerabile a eventi esterni, e la sua pubblicazione fu interrotta dalla Guerra civile americana; ma lo stesso Gould riuscì infine a richiamarlo in vita, dopo un letargo di un quarto di secolo.

Sul continente europeo il 1863 fu l'anno della fondazione, a Heidelberg, della Astronomische Gesellschaft. Pur essendo primariamente tedesca, era esplicitamente aperta anche ad astronomi di altre nazioni, e assunse una posizione di guida in progetti di carattere internazionale. Dal 1881 fu impegnata nella pubblicazione delle «Astronomische Nachrichten», e nel 1898 contribuì alla fondazione della pubblicazione annuale «Astronomischer Jahresbericht», che intendeva dare riassunti di ogni pubblicazione astronomica. Questo aiuto prezioso alla ricerca (noto come «Astronomy and Astrophysics Abstracts» a partire dal 1969, quando l'editore tedesco si piegò al predominio della lingua inglese fra gli astronomi) pubblica oggi più di 6000 pagine all'anno.

Il corpo dei ventiquattro «poliziotti celesti» organizzato nel 1800 a Lilienthal per cercare un pianeta nell'intervallo fra Marte e Giove (vedi p. 209) fu forse il primo vero esempio di cooperazione internazionale. La seconda metà dell'Ottocento avrebbe visto vari altri progetti per conseguire risultati che andavano oltre le risorse di qualsiasi singola istituzione. Fra il 1859 e il 1862 Friedrich Wilhelm August Argelander (1799-1875), direttore dell'osservatorio di Bonn, pubblicò un catalogo in tre volumi di quasi un terzo di milione di stelle, noto come la *Bonner Durchmusterung*, corredata da un atlante di quaranta tavole. La *Durchmusterung* (l'equivalente tedesco dell'inglese *survey*) era opera di un piccolo gruppo di osservatori di Bonn, e le posizioni in essa elencate erano necessariamente imprecise (essa si sarebbe ciò nonostante rivelata preziosa ai futuri osservatori). Nel 1867, perciò, Argelander propose all'Astronomische Gesellschaft di organizzare un progetto per misurare – questa volta con grande precisione – le posizioni delle stelle della *Durchmusterung* fino alla magnitudine 9. Il compito fu infine suddiviso fra sedici osservatori, che dovevano cooperare tutti in vista di un risultato comune.

Il lavoro, tuttavia, procedette lentamente. Istituzioni che si erano impegnate non tennero fede alle loro promesse; e il progetto stesso fu in qualche misura superato da un nuovo sviluppo: l'applicazione della fotografia all'astronomia (vedi pp. 293-294). Questo fatto condusse nel 1885 il direttore dell'Osservatorio di Parigi, l'ammiraglio Ernest-Amédée-Barthélemy Mouchez (1821-1892), a suggerire la possibilità di una grande carta stellare fotografica dell'intero cielo. Le prime risposte pervenute da colleghi stranieri furono incoraggianti, cosicché l'Académie des Sciences emanò inviti a un convegno da tenersi a Parigi nell'aprile 1887. Furono presenti 56 scienziati di 19 nazioni, e fu costituita una commissione permanente per promuovere una *Carte du ciel* – una carta fotografica del cielo (delle stelle fino alla magnitudine 14) – e per realizzare, a partire da misurazioni sulle fotografie, un catalogo di precisione di stelle fino alla magnitudine 11. Per assicurare la necessaria uniformità si dovettero prendere molte decisioni, alcune delle quali richiesero ricerche intensive; e fino alla Prima guerra mondiale il Comitato Internazionale Permanente della *Carte du ciel* occupò una posizione unica nella comunità astronomica internazionale. Il lavoro stesso, però, si imbatté in difficoltà, poiché alcuni osservatori si ritirarono, mentre altri produssero risultati inferiori ai livelli fissati, e la pubblicazione del catalogo non fu completata fino al 1964.

Nel 1904 fu realizzato un progresso importante nella cooperazione internazionale con la formazione dell'International Union for Cooperation in Solar Research, per iniziativa del fisico solare americano George Ellery Hale, e con l'attivo sostegno dell'US Academy of Sciences. I benefici apportati dal lavoro di quest'organizzazione e del Comitato della *Carte du ciel* nei rispettivi campi resero gli astronomi moderni più sensibili alle proposte di una cooperazione internazionale organizzata, avanzate da scienziati di molte discipline dopo la Prima guerra mondiale. Nel 1919 fu fondata l'Unione Astronomica Internazionale, la quale avrebbe svolto un ruolo centrale nell'organizzazione dell'astronomia. Essa è articolata in numerose «commissioni», ognuna delle quali è dedicata a un campo dell'astronomia e comprende i membri dell'UAI che operano in quel campo. Queste commissioni incoraggiano la collaborazione nella ricerca, e decidono su norme e terminologia. Per esempio, le costellazioni, che in precedenza non avevano limiti ben definiti, hanno ricevuto confini precisi nel 1930. Ogni tre anni si tiene un'Assemblea Generale dell'UAI in cui astronomi di quasi tutte le nazioni si incontrano per discutere le ricerche più recenti; oltre a queste grandi conferenze, l'UAI ha sviluppato anche il patrocinio di frequenti simposi e colloqui specialistici.

L'UAI può parlare per l'astronomia sulla scena internazionale, difendendo per esempio gli interessi della scienza contro l'eccessivo inquinamento luminoso del cielo notturno in prossimità di città, o combattendo l'ingombro dell'atmosfera esterna della Terra per mezzo di detriti non necessari che interferiscono con la ricerca. Dopo un inizio guastato dall'esclusione degli astronomi delle nazioni sconfitte, e nonostante la difficoltà di assicurarsi i fondi necessari dai paesi aderenti, oggi l'Unione Astronomica Internazionale è il cuore dell'organizzazione dell'astronomia a livello mondiale.

Il Sole e le origini dell'astrofisica

Fino alla pubblicazione della *New Theory about Light and Colours* di Isaac Newton nel 1672, si pensava che la luce bianca fosse una luce semplice ed elementare, e che i colori fossero «modificazioni» della luce bianca: che alla luce bianca dovesse capitare qualcosa per farla trasformare in luce rossa, o in luce blu.

C'erano varie teorie su come ciò potesse accadere. Curioso di verificarle, Newton comprò un prisma a Cambridge, si ritirò nella sua stanza al Trinity College e predispose un esperimento. Chiuse le imposte, lasciò entrare la luce del Sole solo attraverso un piccolo foro circolare; la luce solare che entrava per il buco passava per il prisma, e lo spettro risultante cadeva su uno schermo posto da Newton a una certa distanza.

Nei colori dell'iride dello spettro solare non c'era niente di nuovo; essi erano «famosi», come disse Newton. Fu invece la forma dello spettro ad attrarre la sua attenzione, in quanto era incompatibile con la teoria tradizionale delle modificazioni. Dopo una serie di altri esperimenti, Newton concluse che la luce bianca, lungi dall'essere semplice, era in realtà composta da tutti i colori, e continuò dimostrando che, attraverso l'uso di una lente, era possibile riconvertire lo spettro solare colorato in luce bianca.

Nel 1802 il chimico inglese William Hyde Wollaston (1766-1828) ripeté una parte della ricerca di Newton, ma in un modo più raffinato, sostituendo al foro circolare di Newton una stretta fenditura, della larghezza di poco più di un millimetro. Lo spettro luminoso, in cui ora i colori non si sovrapponevano più, presentava sette righe più o meno scure, che Wollaston interpretò come una sorta di confine naturale fra un colore e l'altro.

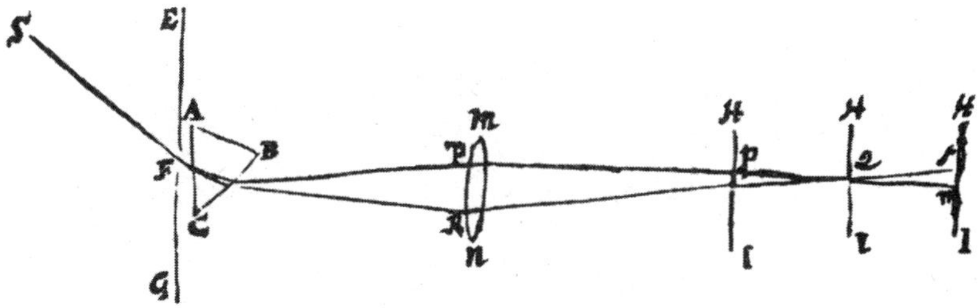

FIGURA 8.1 Questo diagramma di Newton mostra in che modo egli ricombinò i colori dello spettro per riottenere la luce bianca. La luce del Sole (a sinistra) entra per il foro circolare *F* e viene scomposta dal prisma in vari colori. La lente ricompone i colori, i quali cadono sullo schermo *HI*, e se questo si trova in *Q* producono luce bianca. (Da «Philosophical Transactions», 80, 19 febbraio 1672)

Che questa semplice spiegazione fosse inadeguata divenne evidente quando il costruttore di strumenti bavarese, Joseph Fraunhofer (1787-1826), nel tentativo di migliorare la progettazione delle lenti, sviluppò il primo semplice «spettroscopio». La luce solare, fatta entrare nella stanza attraverso una sottile fenditura, fu fatta poi passare attraverso un prisma, dopo di che lo spettro fu esaminato da Fraunhofer con l'aiuto di un telescopio messo a fuoco sulla fenditura. Fraunhofer fu stupito di vedere non le sette righe di Wollaston, bensì molte centinaia. Ne contò circa 600, e disegnò una carta, assegnando alle righe più scure ed evidenti, a partire dall'estremo rosso, delle lettere dell'alfabeto, cominciando con A, B, C..., lettere che vengono usate ancor oggi. Lo spettro del Sole divenne noto come lo «spettro di Fraunhofer».

Fraunhofer era un ottico pratico, non uno «scienziato». Egli notò con interesse che la riga D nel giallo sembrava coincidere esattamente con una riga splendente che appariva nella luce di molte fiamme. Tale riga gialla onnipresente di colore molto puro era stata osservata per la prima volta alla metà del Settecento da un giovane scozzese di grandi doti, Thomas Melvill, che morì nel 1753 all'età di ventisette anni. La scoperta di Melvill fu pubblicata, ma solo in

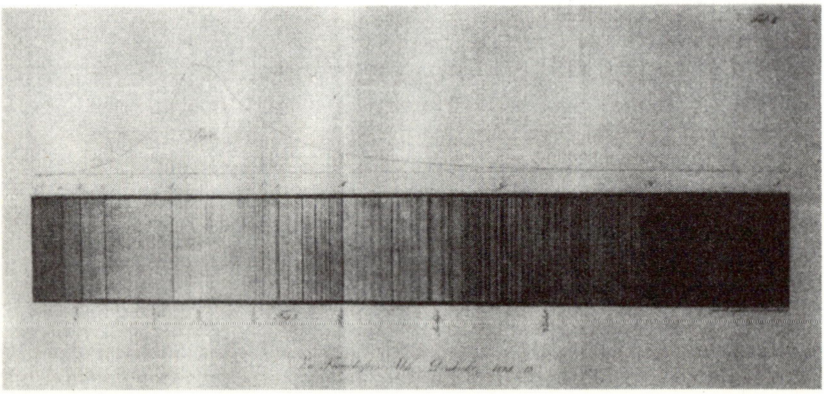

FIGURA 8.2 Parte di un diagramma dello spettro solare pubblicato da Fraunhofer nel 1817 (fig. 5 in questa illustrazione). Fraunhofer segnò con cura le posizioni di più di 300 righe, e introdusse le altre a occhio. Sopra lo spettro appare una curva che indica la luminosità dello spettro qual è giudicata a occhio (fig. 6), col picco nel giallo-verde. (Per gentile concessione dell'Istituto di Astronomia, Università di Cambridge)

un'oscura collezione di saggi, cosicché passò quasi inosservata. Le scoperte di Fraunhofer suscitarono invece un diffuso interesse.

Fra le molte ricerche seguite a queste indicazioni, alcuni esperimenti cruciali furono compiuti, fra gli altri, dal chimico di Heidelberg Robert Bunsen (1811-1899) e dal fisico Gustav Kirchhoff (1824-1887), suo collega nella stessa università. La prima delle scoperte derivanti dalla loro collaborazione, annunciata nel 1859, fu che particolari insiemi di righe sono associati a singoli elementi chimici. William Miller (1817-1880), del King's College a Londra, aveva già notato che la luce emessa da archi elettrici scoccati fra due aste metalliche differiva da un metallo all'altro. Compiendo molte misurazioni in laboratorio, Bunsen e Kirchhoff identificarono varie righe con determinati metalli e confermarono clamorosamente i loro risultati identificando due nuovi elementi, il cesio (dalla parola latina *caesius*, che significa grigio-bluastro) e il rubidio (rosso), con righe in quelle parti dello spettro. Un problema di difficile risoluzione era stato, per i molti ricercatori, il fatto che la riga D di Fraunhofer apparisse nello spettro anche quando si introducevano nella fiamma campioni di metalli purissimi. Solo gradualmente ci si rese conto – e fu una grande scoperta – che il test dello spettro era di grande sensibilità, e che producevano tale riga anche le tracce più infinitesime di sodio, che è presente per esempio nel comune sale da cucina. La grande purezza dei metalli e dei composti provenienti dal laboratorio chimico di Bunsen era un carattere essenziale di questa ricerca.

Un altro esperimento compiuto a Heidelberg, questa volta a opera di Kirchhoff nel 1859 nel laboratorio di fisica, condusse a capire come si producono le righe. Kirchhoff osservava lo spettro del Sole attraverso una fiamma gialla di sodio, attendendosi che la riga brillante del sodio occultasse la riga scura nel Sole: invece la riga divenne ancora più scura. Anche un esperimento simile, in cui il Sole come fonte di luce fu sostituito da una lampada a incandescenza bianca dalla luce molto intensa, presentò una riga nera. Kirchhoff ne inferì, e la sua interpretazione fu generalmente accettata, che la riga scura D di Fraunhofer era causata dall'assorbimento della luce di quella particolare lunghezza d'onda da parte di vapori di sodio, presenti nell'atmosfera luminosa che circondava il Sole. Tali righe scure divennero note perciò come «righe di assorbimento».

Anche qui Kirchhoff era stato in parte anticipato dieci anni prima da osservazioni molto simili fatte dal fisico francese Jean-Bernard-Léon Foucault (1819-1868), che però non aveva tentato di darne una spiegazione teorica.

Ne seguiva la possibilità di applicare al Sole l'analisi spettrale: le righe brillanti che si osservavano nelle fiamme e negli archi in laboratorio (ossia le «righe di emissione») erano le stesse righe che apparivano scure nello spettro del Sole, e lo stesso Fraunhofer era riuscito a osservare alcune fra le righe più vistose, compresa la riga D, nello spettro delle stelle più splendenti. In precedenza il filosofo francese Auguste Comte, nel *Cours de philosophie positive* (1835), aveva citato la composizione chimica dei corpi celesti come un esempio di cose intrinsecamente inconoscibili. Ora essa *era conoscibile*: nel Sole erano stati identificati vari metalli, e in capo a pochi anni l'elenco sarebbe stato molto ampliato.

Julius Plücker (1801-1868) studiò anche lo spettro di gas naturali rarefatti contenuti in stretti tubi di vetro sottoposti a scariche elettriche. Questi tubi a scarica a bagliore erano stati inventati dal suo collega all'Università di Bonn Johann Geissler (1815-1879), abile artigiano del vetro: le familiari insegne luminose con tubi al neon rossi ne sono solo uno sviluppo moderno. Plücker fu il primo a suggerire che le righe C e F di Fraunhofer fossero dovute all'idrogeno. Una difficoltà, a quel tempo, era la mancanza di una scala accurata e accettata universalmente delle lunghezze d'onda delle righe spettrali, che permettesse ai ricercatori di vari laboratori di correlare le loro osservazioni. Questo problema fu risolto in gran parte da Anders J. Ångström (1814-1874) di Uppsala, le cui monumentali *Recherches sur le spectre normal du Soleil* del 1868 fornirono molte lunghezze d'onda migliorate per un migliaio di righe di Fraunhofer. Benché queste siano state ancor più affinate in anni recenti, l'unità angstrom ($1 \text{ Å} = 10^{-10}$ metri) divenne universalmente accettata per designare le lunghezze d'onda delle righe. Per esempio, il suo valore per la riga rossa C dell'idrogeno fu fissato in 6561,8 Å, con una differenza dal valore moderno di solo 1/7000.

Quest'assimilazione della spettroscopia del Sole con quella di laboratorio, fra il 1850 e il 1870, fu una delle grandi conquiste dell'astrofisica. Entro il 1891 erano stati identificati nel Sole 36 elementi, per lo più metalli.

HEINRICH SCHWABE E LA SCOPERTA DEL CICLO DELLE MACCHIE SOLARI, 1843

Abbiamo visto nel capitolo 5 che le macchie solari (osservate spesso, in modo piuttosto rischioso, sul disco arrossato del Sole al tramonto) furono fra i primi oggetti a essere studiati dopo l'introduzione del telescopio, e vari fatti importanti sulle macchie solari furono stabiliti sorprendentemente presto nei primi decenni del Seicento. Le macchie non erano oggetti nello spazio interplanetario, ma erano in qualche modo legate al Sole, essendo o nuvole scure nella sua atmosfera, o aggregati di scorie galleggianti sulla sua superficie incandescente, o forse la superficie scura del Sole vista attraverso buchi in un'atmosfera luminosa che era la sorgente della sua luce. Il Sole ruotava intorno a un asse che aveva una direzione fissa nello spazio, con un periodo di rotazione stimato intorno a ventisei giorni, con un margine di errore di un giorno o due, e le macchie raramente apparivano a più di 30° a nord o a sud dell'equatore.

Ma le macchie solari erano fenomeni sporadici su cui non si poteva apprendere molto di più; in effetti, pare che entro il 1618 fossero diventate piuttosto infrequenti. Perciò se ne fece ben poco studio sistematico almeno fino al Settecento, quando apparvero macchie particolarmente grandi o numerose.

Un mutamento nella situazione fu introdotto da Heinrich Schwabe (1789-1875) di Dessau, una cittadina a sudovest di Berlino. Schwabe cominciò a interessarsi all'astronomia all'Università di Berlino, dove studiava farmacia per prepararsi a entrare nell'azienda di famiglia. Tornato a Dessau, nel 1826 comprò un piccolo telescopio e, su consiglio dell'amico K.L. Harding dell'Osservatorio di Gottinga, cominciò a osservare regolarmente il Sole ogni volta che poteva (condizioni meteorologiche permettendo). La cosa che gli stava più a cuore era la ricerca di un possibile pianeta interno a Mercurio non ancora scoperto. Prima o poi un tale corpo sarebbe sicuramente passato dinanzi al disco del Sole sotto forma di un piccolo punto nero, ma solo un'osservazione costante avrebbe permesso di registrarlo, e solo registrazioni regolari avrebbero permesso di distinguerlo da una piccola macchia solare. Nel 1829 Schwabe poté liberarsi del suo lavoro di farmacista e dedicare il resto della sua vita all'astronomia e ad altri studi scientifici.

Con lodevole pazienza osservò e registrò. Dopo diciassette anni non aveva ancora scoperto alcun pianeta, ma poté annunciare che le macchie solari sembravano formarsi e dissolversi in modo piuttosto sistematico, e che il disco del Sole era maggiormente coperto di macchie a intervalli di una decina d'anni, con minimi corrispondenti nel periodo intermedio. La sua modesta nota pubblicata nel 1843 nelle «Astronomische Nachrichten» attrasse relativamente poca attenzione, ma egli continuò a raccogliere osservazioni, e nel 1851 il famoso viaggiatore e naturalista tedesco Alexander von Humboldt (1769-1859) richiamò l'attenzione sulla loro importanza nel libro *Kosmos*. Nel 1857 il dilettante di Dessau ricevette la medaglia d'oro della Royal Astronomical Society, che allora come oggi era un grande onore nel mondo astronomico, e in seguito avrebbe donato alla Società le sue meticolose registrazioni, che coprivano quarantadue anni di osservazioni. A lungo termine la durata media del ciclo delle macchie solari è risultata essere di un po' più di undici anni, ma l'intervallo non è esatto, ed era più vicino a dieci anni quando fece le sue prime osservazioni Schwabe.

LE MACCHIE SOLARI E IL CAMPO MAGNETICO TERRESTRE

Per capire l'importanza attribuita da Humboldt alla scoperta di Schwabe, dobbiamo tornare al tempo in cui questi fece le sue prime osservazioni, e a eventi naturali che in un primo tempo parvero non avere alcuna attinenza con l'astronomia in generale. La proprietà dell'ago della bussola di segnare il nord era usata da secoli in mare. Ma la bussola indica un polo magnetico, che non coincide col Polo nord geografico; inoltre il polo magnetico si sposta lentamente sulla superficie della Terra. Queste non sono, inoltre, le uniche complicazioni; già nel 1722 si sapeva che c'era una variazione minore, ma con un periodo diurno.

Nel 1828 Humboldt diede il via a un grande studio internazionale del magnetismo terrestre, con sede centrale all'Osservatorio dell'Università di Gottinga diretto da C.F. Gauss. Entro pochi anni era entrata in funzione una rete di osservatori magnetici su scala mondiale. Nel 1851 John Lamont (1805-1879), il direttore scozzese dell'Osservatorio di Monaco di Baviera, scoprì nelle osservazioni magnetiche compiute fra il 1835 e il 1850 chiare prove di una variazione delle costanti magnetiche con un periodo di circa 10 anni e un terzo. Del tutto indipendentemente, e usando dati diversi, Sir Edward Sabine (1788-1883), ufficiale dell'esercito britannico e futuro presidente della Royal Society, trovò che le improvvise e più violente vibrazioni dell'ago calamitato (che Humboldt aveva chiamato tempeste magnetiche) erano più violente e più frequenti a intervalli di una decina d'anni.

Fu Sabine ad annunciare nel 1852 che fra il ciclo delle macchie solari e queste attività magnetiche c'era una notevole coincidenza, da lui trovata per paziente deduzione da molte centinaia di migliaia di osservazioni raccolte per più di vent'anni. La sua scoperta elevò lo studio del Sole dalla semplice curiosità al livello dell'utilità pratica; se infatti il Sole poteva influire su un ago magnetico, su quali altre cose poteva influire? Sui fenomeni meteorologici? Sulla possibilità di predire carestie causate da mancati raccolti in India?

L'esistenza di relazioni fisiche fra Sole e Terra fu drammaticamente confermata da due osservazioni indipendenti del Sole, fatte dagli astronomi dilettanti inglesi Richard Christopher Carrington (1826-1875) e Richard Hodgson (1804-1872) una mattina del settembre 1859. Un'eruzione di due grandi chiazze di luce bianca in prossimità di un grande gruppo di macchie, della durata di cinque minuti, fu così notevole che entrambi ne registrarono con cura l'apparizione. Simultaneamente ci fu una violenta tempesta magnetica, le comunicazioni telegrafiche furono interrotte, e quella notte danzò in cielo una delle più splendide aurore boreali che fossero mai state osservate.

Con le scoperte spettroscopiche dello stesso anno era arrivata la fisica solare. La spiegazione fisica di come cause visibili sul Sole potessero esercitare effetti sulla Terra – attraverso raggi X, radiazione ultravioletta estrema e flussi interplanetari di particelle fondamentali cariche emessi dalle perturbazioni solari – sarebbe stata ottenuta solo un secolo dopo.

SPEDIZIONI PER OSSERVARE ECLISSI DI SOLE

La spiegazione data da Kirchhoff delle righe scure di assorbimento nello spettro solare richiedeva l'esistenza di una qualche atmosfera, presumibilmente debole e tenue, di gas caldissimi intorno al Sole. Le conoscenze della fisica di quel tempo, però, rendevano difficile capire la natura della superficie del Sole. In laboratorio lo spettro continuo della luce bianca veniva prodotto solo da corpi solidi incandescenti o da liquidi come metalli fusi, e la luce bianca del Sole proveniva presumibilmente da una tale superficie. Eppure molte delle cose osservate in luce bianca sul disco del Sole – le macchie solari, le aree decisamente più chiare che le circondavano, dette facole («piccole fiaccole») e i dettagli fini osservati entro le macchie stesse – sembravano essere di natura atmosferica.

La soluzione di queste difficoltà sarebbe venuta da osservazioni compiute durante eclissi di Sole totali. Per una curiosa coincidenza la Luna e il Sole – pur essendo due corpi di grandezza molto diversa – si trovano a distanze tali da noi da avere una grandezza apparente simile, con un diametro angolare apparente di circa mezzo grado. Poiché l'orbita della Luna (intorno alla Terra) e quella della Terra (intorno al Sole) sono entrambe ellittiche, la grandezza apparente dei due corpi celesti varia un po' nel corso del tempo, e in circostanze favorevoli il disco della Luna è più grande di quello del Sole quanto basta per far durare l'eclisse di Sole fino a sette minuti. Quando la Luna comincia a coprire il disco del Sole, il cielo si oscura, e all'inizio della totalità la Luna copre lentamente gli strati esterni del Sole, che si osservano al margine del suo disco, per scoprirli di nuovo progressivamente, dall'altro lato, al termine della totalità. Questo evento bellissimo e solenne è raro in ogni località della Terra, ma ogni anno la stretta zona attraversata dall'ombra della Luna incrocia qualche parte ragionevolmente accessibile della Terra.

Nella seconda metà dell'Ottocento ci furono varie eclissi favorevoli, e proprio in quel periodo i viaggi cominciarono a diventare più facili ed economici. Aumentarono perciò le possibilità, per gli astronomi, di stabilire osservatori temporanei, con strumenti sempre più complessi, lungo il percorso delle eclissi, per studiare scientificamente nei particolari quello che in precedenza era stato considerato solo poco più di uno spettacolo.

L'eclisse dell'8 luglio 1842 aveva portato astronomi di vari paesi europei in località dell'Europa centrale e meridionale. I più non avevano mai visto prima un'eclisse totale. Essi furono tutti stupiti dall'estensione e dalla luminosità della «corona» bianca che circonda il Sole eclissato, e notarono con sorpresa ancora maggiore tre piccole protuberanze, simili a montagne che si ergevano dal bordo del Sole o della Luna, di un colore sorprendente, descritto in generale come rosso sfumato di lillà.

Altre eclissi favorevoli si sarebbero avute in seguito in Svezia e Norvegia nel 1851, in Nordamerica e in Spagna nel 1860 e in India e Malesia nel 1868, per menzionare solo le prime e più significative.

Ogni eclisse apportò importanti scoperte. Emerse in modo sempre più chiaro che tutti i fenomeni significativi avevano luogo nei vari strati dell'atmosfera solare (e non, come si era sospettato un tempo, in una presunta atmosfera della Luna). Le fiamme rosse furono viste come estensioni sporadiche di uno strato inferiore, chiamato nel 1868 «cromosfera» dall'allora dilettante inglese J. Norman Lockyer (1836-1920), che circondava l'intero Sole; e lo spettroscopio mostrò che il suo colore lillà-rosso derivava da varie righe di emissione molto luminose, fra cui in particolare quelle dell'idrogeno nel rosso (la riga C di Fraunhofer) e nel blu. Durante l'eclisse del 1870 l'americano Charles A. Young (1834-1908) del Dartmouth College fece la scoperta spettroscopica cruciale di uno «strato di inversione» ancora più basso e più stretto: negli ultimi secondi prima della sparizione del bordo del Sole sparivano anche le righe scure e lo spettro continuo, e per due o tre secondi si osservavano centinaia di righe luminose lampeggianti, presumibilmente nelle posizioni dello spettro in cui c'erano state le righe scure di Fraunhofer.

Tali osservazioni permisero la graduale costruzione di un quadro piuttosto complicato della struttura degli strati esterni del Sole. Ma restavano ancora degli enigmi. Uno curioso era che, osservando con buoni telescopi – in condizioni di osservazione eccellenti il bordo del Sole continuava ad apparire perfettamente netto anche a forte ingrandimento, mentre ci si sarebbe potuti attendere che sfumasse gradualmente nello spazio. La vera spiegazione della natura della «fotosfera» – lo strato apparentemente molto sottile da cui veniva emessa la luce bianca del Sole – sarebbe dipesa da una comprensione dettagliata dei processi atomici operanti in generale negli strati esterni delle stelle, comprensione che sarebbe stata conseguita solo nel XX secolo inoltrato. In breve, la transizione dallo strato gassoso indistinto allo strato superiore chiaro è così brusca che il bordo del Sole sembra solido, un po' come il bordo di una nube temporalesca lontana illuminata dal Sole.

Meritano una particolare menzione due scienziati quasi contemporanei agli inizi della fisica solare. J. Norman Lockyer, nato nel 1836 a Rugby in Inghilterra, nel 1857 fu assunto come impiegato al Ministero della Guerra. Cominciò a dedicare il suo tempo libero alla spettroscopia, e nel 1885 la sua continua ascesa nella considerazione degli scienziati nonostante la sua condizione di dilettante indusse infine il governo a nominarlo direttore dell'Osservatorio di Fisica Solare a South Kensington, Londra, posizione che tenne fino al 1911. Fu infaticabile nel sollecitare il sostegno per questa istituzione innovativa e diede contributi importanti non solo alla fisica solare ma anche a quella stellare. Nel 1869 fondò il settimanale ancora oggi molto importante «Nature», e lo diresse per mezzo secolo, ritirandosi solo nel 1919, l'anno prima della sua morte. Fu fatto cavaliere nel 1897.

Il suo contemporaneo un po' più vecchio Pierre-Jules-César (Jules) Janssen (1824-1907), nato a Parigi, studiò scienze nella stessa città. Le scoperte di Kirchhoff indirizzarono i suoi interessi verso la spettroscopia e l'astrofisica. Le sue notevoli ricerche indussero il governo francese a fondare nel 1876 un nuovo osservatorio per l'astronomia fisica – da lui diretto fino alla sua morte – a Meudon, alla periferia sudoccidentale della capitale. La sua vita fu notevolissima. Pur essendo zoppo in conseguenza di un incidente nell'infanzia, viaggiò molto partecipando a spedizioni scientifiche (nel 1870 fuggì in pallone dalla città di Parigi assediata dai tedeschi, per poter andare a osservare con una spedizione l'eclisse di Sole di quell'anno), e fondò osservatori spettroscopici a grande altezza sul Monte Bianco.

Durante l'eclisse solare del 1868 da lui osservata in India, Janssen fu così impressionato dall'intensità delle righe colorate nello spettro delle protuberanze da concepire l'idea che, usando uno spettroscopio di elevato potere di dispersione (che avrebbe diffuso lo spettro continuo della fotosfera, ma non le intense linee monocromatiche), sarebbe stato possibile vedere tali righe anche in assenza di un'eclisse. La stessa idea era venuta, indipendentemente, anche a Lockyer. Le comunicazioni dei due scienziati che descrivevano la scoperta furono lette nella stessa seduta dell'Académie des Sciences di Parigi, la quale commissionò alla Zecca francese una bella medaglia commemorativa con i ritratti dei due scienziati. Gli esperimenti compiuti successivamente dimostrarono che la loro idea era ben fondata, e da allora in poi fu possibile studiare la cromosfera e le protuberanze di giorno in giorno. Ben presto tali ricerche sarebbero state affrontate in modo sistematico in vari osservatori di fisica solare.

La capacità che ne conseguì di compiere accurate misurazioni a proprio arbitrio, anziché solo nei pochi frenetici minuti di un'eclisse, condusse alla scoperta della splendente riga arancione che si era supposto fosse la riga D del sodio, mentre in realtà aveva una lunghezza d'onda un po' minore e non poté essere identificata in alcuno spettro di laboratorio: essa fu attribuita a un elemento sconosciuto a cui fu dato il nome di «elio», dalla parola greca per il Sole. L'elemento fu infine isolato in laboratorio nel 1895 dal chimico scozzese William Ramsay (1852-1916), che lo estrasse in forma di gas da minerali radioattivi nei quali si era formato come prodotto di decadimento.

Altre righe luminose nello spettro della corona si sarebbero dimostrate meno facilmente identificabili: attribuite a un elemento sconosciuto battezzato «coronio», non poterono essere spiegate fino al 1941. Ciò avvenne quando l'astronomo svedese Bengt Edlén (1906-1993) mostrò con considerazioni teoriche che erano dovute in realtà ad atomi di ferro, ma in condizioni estreme di alta temperatura e bassa densità che non sono riproducibili in laboratorio. In effetti la natura della corona rimase un enigma per una durata di tempo analoga: oggi si sa che essa è luce solare diffusa in parte da una vera atmosfera di elettroni liberi intorno al Sole, e in parte da particelle di polvere meteoritica vaganti nello spazio fra il Sole e la Terra.

LA FOTOGRAFIA ENTRA IN ASTRONOMIA

La comprensione della natura del Sole migliorò anche grazie al nuovo contributo dato alla ricerca astronomica dalla fotografia. Lo splendore stesso del Sole faceva di quest'astro un oggetto attraente per i lentissimi e inefficienti processi della fotografia ai suoi inizi. Il primo dagherrotipo del disco solare fu eseguito da Jean-Bernard-Léon Foucault (1819-1868) e dal suo collega Armand-Hippolyte-Louis Fizeau (1819-1896) a Parigi nel 1845. Il processo al collodio, più veloce, inventato nel 1850 dallo scultore inglese F.S. Archer (1813-1857), fu usato dal fotografo e astronomo dilettante, suo connazionale, Warren De La Rue (1815-1889), per fotografare le macchie sul disco solare con una macchina fotografica appositamente costruita al Kew Observatory, nei pressi di Londra. De La Rue fotografò per la prima volta le macchie nel 1858, solo pochi anni dopo la pubblicità fatta da Humboldt alla scoperta del ciclo delle macchie solari da parte di Schwabe. Ebbe inizio quasi immediatamente la registrazione «autografa» dello stato quotidiano del disco solare, che proseguì in modo più o meno uniforme fino al 1872, quando l'osservazione del Sole fu ampliata da grandi programmi di registrazione quasi continua su base mondiale, non solo delle macchie nella fotosfera, ma anche della cromosfera sul disco e al suo bordo.

La lastra di gelatina secca, che rappresentò un netto miglioramento, divenne disponibile verso il 1880. Essa era abbastanza sensibile da registrare lo spettro-lampo del Sole – lo spettro di emissione della cromosfera, che si osserva solo per pochi secondi prima e dopo la totalità di un'eclisse –, permettendo così di misurarne con calma le righe in un secondo tempo in laboratorio. Fatto più importante, queste lastre furono infine abbastanza sensibili per poter essere usate anche di notte, per fotografare oggetti molto più deboli, come stelle e nebulose.

LA SORGENTE DI ENERGIA DEL SOLE

Nonostante i progressi conseguiti nella conoscenza degli strati esterni del Sole, rimaneva in parte senza una risposta un interrogativo più fondamentale: qual era la sorgente dell'energia che il Sole emetteva in quantità così prodigiosa sotto forma di luce e di calore? Alla metà dell'Ottocento, grazie in parte agli studi dei fisici e in parte all'interesse degli ingegneri per l'efficienza delle macchine a vapore, c'era una comprensione abbastanza buona del flusso di calore e del modo di misurarlo. Il medico tedesco Julius Robert von Mayer (1814-1878) di Heilbronn si pose tale do-

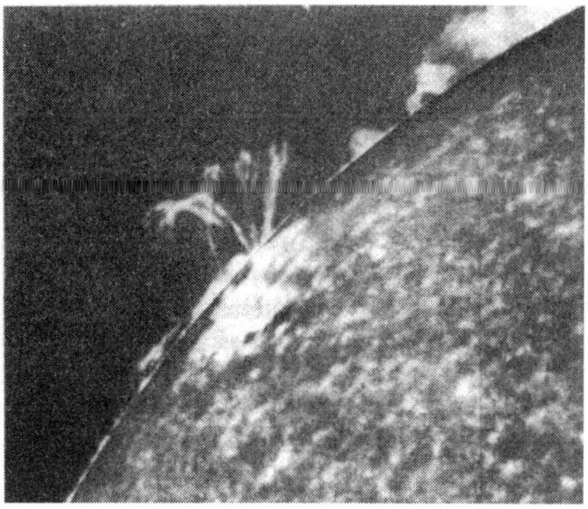

FIGURA 8.3 Montaggio fotografico del 1907 in cui si vede uno spettroeliogramma del disco solare combinato con una protuberanza al bordo del disco. (Per gentile concessione dell'Istituto di Astronomia dell'Università di Cambridge)

manda sulla sorgente di energia del Sole e calcolò che – anche supponendo che il Sole fosse fatto di carbone e avesse una scorta illimitata di ossigeno per bruciarlo – il forno solare avrebbe avuto combustibile da bruciare solo per poche migliaia di anni.Egli suggerì un'altra sorgente di energia: la continua caduta nel Sole di particelle solide provenienti dallo spazio interplanetario, che avrebbero liberato la loro energia entrando in collisione col Sole.

Il fisico di origine irlandese William Thomson (1824-1907), il futuro Lord Kelvin, si accontentò di far notare che anche quest'ipotesi era insoddisfacente: qualora fosse stato disponibile materiale a sufficienza, infatti, esso avrebbe accresciuto sensibilmente la massa del Sole, e questa, attraverso la sua maggiore forza gravitazionale, avrebbe accorciato l'anno terrestre di settimane, cosa che chiaramente non stava avvenendo. Una soluzione non facile, di natura più sostenibile, fu sviluppata nel 1854 dal fisico tedesco Hermann von Helmholtz (1821-1894), e fu studiata anche da Thomson: la massa del Sole non mutava, ma il nostro astro andava lentamente contraendosi: il mutamento risultante nella grandezza del Sole era troppo lento per essere misurabile, e la produzione di energia con questo meccanismo avrebbe potuto continuare almeno per vari milioni di anni. Anche questa scala di tempo, per quanto molto maggiore, era però insufficiente per far fronte alle richieste della storia geologica della Terra, e il problema rimase privo di soluzione fino alla scoperta di sorgenti di energia nucleare nel XX secolo.

Sviluppi nella costruzione dei telescopi

La principale attività degli osservatori pubblici – ossia statali e universitari – all'inizio dell'Ottocento continuò a essere la determinazione delle posizioni esatte delle stelle in cielo, al fine di creare un sistema di riferimento col cui aiuto misurare i moti apparenti del Sole, della Luna e dei pianeti. Gli strumenti usati (vedi p. 172) erano «cerchi dei transiti», telescopi a rifrazione di modesta grandezza montati su pilastri in muratura e dotati di cerchi accuratamente graduati per poter eseguire le necessarie misurazioni angolari. Ma gli interessi di astronomi dilettanti come Wilhelm e John Herschel, Lord Rosse e William Lassell (1799-1880) richiedevano telescopi più grandi di quelli che potevano essere forniti dai costruttori professionali di telescopi e, come abbiamo visto, furono proprio tali dilettanti a sviluppare il telescopio a riflessione, usando specchi di bronzo (una lega di rame e stagno) fusi nelle loro officine. Questi erano però strumenti capricciosi e difficili da usare: diversamente dalle lenti di vetro, gli specchi si ossidavano facilmente, e per mantenerli in perfetta efficienza gli astronomi dovevano essere abili nella molatura e levigatura di superfici ottiche.

Per fortuna si presentò una soluzione. Sottoposti a pressione dagli ottici e vedendo la prospettiva di una nuova attività redditizia, i vetrai (specialmente in Svizzera e poi anche in Francia) cominciarono a sperimentare la fabbricazione di dischi più grandi di vetro ottico di buona qualità per telescopi, e gli ottici svilupparono a loro volta modi migliori per dare forma alle superfici perfettamente sferiche delle lenti. Come abbiamo visto (a p. 241), prima della morte di Fraunhofer nel 1826 le sue officine avevano completato per l'Osservatorio di Dorpat un ottimo rifrattore di 24 cm di apertura. Da questo momento in poi molti fra i nuovi osservatori che erano sorti e che stavano sorgendo in Europa, e ben presto anche in America, cominciarono a includere nei loro elenchi di strumenti desiderabili un telescopio a rifrazione così grande come poteva permettere il loro bilancio o la generosità dei loro benefattori. Le dimensioni aumentarono di pochi centimetri per volta, dal rifrattore di 38 cm di Merz & Mahler (i successori di Fraunhofer) per l'Osservatorio di Pulkovo, vicino a San Pietroburgo in Russia, e da un suo gemello costruito nel 1847 per l'Osservatorio dello Harvard College da poco fondato, fino a culminare nel 1897 con l'obiettivo di 1 metro di diametro per il telescopio dello Yerkes Observatory dell'Università di Chicago. Molti di questi grandi telescopi esistono ancora, anche se non sono più all'altezza della maggior parte delle esigenze dell'astronomia moderna, ma si conservano come superbi esempi della costruzione di strumenti nell'Ottocento.

Questi grandi rifrattori avrebbero avuto i loro problemi quando la fotografia cominciò a entrare nell'astronomia stellare e planetaria e nella fisica solare, col rapido sviluppo del processo a lastra di gelatina secca a partire dal 1880 circa. I grandi obiettivi formati da coppie di lenti incollate (*douplets*, vedi p. 169), pur essendo detti «acromatici» (senza aberrazione di colore), non portavano la luce di tutte le lunghezze d'onda nello stesso fuoco. Essi erano stati progettati per l'uso visuale e fornivano immagini nitide nella parte giallo-verde dello spettro. Ogni stella veniva vista però circondata da un alone colorato di luce rossa e blu fuori fuoco, e l'immagine blu a cui l'emulsione fotografica era sensibile era meno nitida e non si trovava alla stessa distanza dall'obiettivo; non c'era, inoltre, una posizione in cui si potesse focalizzare tutta la luce di una stella per farla passare attraverso la stretta fenditura di uno spettrografo.

Una scoperta chimica fornì un modo per aggirare questi problemi. Attorno al 1853 il chimico tedesco Justus von Liebig (1803-1873) sviluppò un processo per mezzo del quale, a partire da una soluzione acquosa contenente nitrato d'argento in soluzione, si poteva depositare uno strato molto sottile di argento metallico su una superficie di vetro. Questa scoperta fu usata da K.A. Steinheil a Monaco di Baviera e da J.-B.-L. Foucault a Parigi per produrre i primi telescopi a riflessione in cui gli specchi erano fatti, non del consueto bronzo per specchi, ma di vetro con argento depositato sulla superficie ottica frontale.

L'invenzione fu considerata dapprima con sospetto: la pellicola d'argento era delicata e si opacizzava anch'essa rapidamente, ma aveva un maggior potere di riflessione, e il processo chimico non influiva sulla figura ottica dello specchio. Era più facile dare la forma voluta al vetro che al bronzo; inoltre non occorreva neppure che il vetro fosse di alta qualità perché la luce non lo attraversava, e c'era una sola superficie ottica a cui dare la forma voluta, mentre in una lente acromatica ce n'erano almeno quattro.

FIGURA 8.4 II telescopio a rifrazione di 76 cm installato all'Osservatorio di Pulkovo nel 1885. La montatura era di Repsold e figli ad Amburgo, l'ottica di Alvan Clark e figli a Cambridge, Massachusetts. Il telescopio fu per breve tempo il più grande rifrattore del mondo. (Per gentile concessione dell'Istituto di Astronomia dell'Università di Cambridge)

FIGURA 8.5 L'estremità con l'oculare del rifrattore di 76 cm di Pulkovo. I numerosi controlli per il puntamento, la messa a fuoco, la regolazione e la registrazione sono a portata di mano dell'osservatore. Con questa strumentazione, il controllo del telescopio raggiunse un nuovo livello di complessità. (Per gentile concessione dell'Istituto di Astronomia dell'Università di Cambridge)

L'ultimo grande telescopio con specchio in bronzo fu un 1,2 metri prodotto nel 1862 dalla ditta di Thomas Grubb, di Dublino, per l'Osservatorio di Melbourne. La sua manutenzione si rivelò difficile, cosicché la soluzione dell'argento su vetro divenne quella preferita per i riflettori, specialmente in funzione della fotografia e della spettroscopia. Il riflettore Crossley di 91 cm, donato da un dilettante inglese al Lick Observatory in California nel 1895, dimostrò per la prima volta l'efficacia dei riflettori per la fotografia delle nebulose, e il riflettore di 1,5 metri (commissionato nel 1909) e quello di 2,5 metri (1917), entrambi del Mount Wilson Observatory, nei pressi di Los Angeles, avrebbero stabilito la superiorità di questa forma di telescopio per l'astrofisica del XX secolo.

Una figura importante in questi sviluppi fu George Ellery Hale (1868-1938), di cui abbiamo già visto le funzioni nell'Unione Internazionale per la Ricerca Solare e nell'Unione Astronomica Internazionale. Figlio di un ricco uomo d'affari di Chicago, nacque nel 1868 e studiò al Massachusetts Institute of Technology.

In gioventù migliorò ulteriormente il metodo dell'«eclisse solare artificiale» di Janssen e Lockyer inventando lo spettroelioscopio, e mentre era professore straordinario di astrofisica a Chicago fondò l'«Astrophysical Journal», che per comune consenso è ancora la rivista principale sull'argomento. Uomo influente e di grande capacità di persuasione, riuscì ad assicurarsi importanti aiuti finanziari da magnati come Charles T. Yerkes e John D. Hooker, e dalle fondazioni Carnegie e Rockefeller, per finanziare quelli che sarebbero stati successivamente i quattro telescopi più grandi del mondo: il rifrattore di 1 metro, i riflettori di 1,5 e 2,5 metri, e infine il riflettore di 5 metri di Monte Palomar, che fu completato dopo la morte di Hale nel 1938. Si può sostenere che Hale abbia fatto per la promozione dell'astronomia più di qualsiasi altra persona nella storia.

Studi sul sistema solare

Oltre a essere appropriati per la misurazione esatta di stelle doppie (vedi p. 242), i grandi rifrattori della fine dell'Ottocento si prestavano bene allo studio della natura fisica di oggetti del sistema solare. Curiosamente, in questo periodo apparve un numero di comete di grande spettacolarità superiore alla media.

LE COMETE: TESTA E CODA

La natura delle comete è stata sempre enigmatica, ma ora ci fu disponibilità di comete e ci furono potenti telescopi per osservarle. Le «grandi» comete, quelle che si impongono anche all'osservatore occasionale e che dominano il cielo notturno per giorni o anche per settimane, sono quasi sempre quelle che hanno un periodo orbitale di migliaia di anni; perciò non ci sono registrazioni di loro passaggi precedenti e le loro riapparizioni sono imprevedibili. C'erano state comete del genere nel 1811 e nel 1843, ma esse furono almeno uguagliate dalla cometa scoperta dall'astronomo pisano Giovanni Battista Donati (1826-1873) all'inizio del 1858. Nelle settimane seguenti, nel corso del suo avvicinamento al Sole, divenne sempre più luminosa, e in settembre divenne visibile a occhio nudo; all'inizio di ottobre la sua testa era più splendente della stella Arturo, e la sua coda si inarcava su circa 30° di cielo. La sua posizione fu particolarmente favorevole per gli osservatori dell'emisfero boreale, che la osservarono minuziosamente (figure 8.6 e 8.7).

Come nel caso di altre comete molto luminose, sia la coda sia la testa avevano strutture complicate che cambiavano di giorno in giorno e anche di ora in ora. C'era una coda rettilinea orientata in direzione opposta a quella del Sole, e una serie di altre code più o meno incurvate. Heinrich W.M. Olbers aveva suggerito nel 1812 che queste forme della testa e della coda fossero una conseguenza di vari tipi di materiali espulsi dalla testa della cometa nel suo avvicinamento al Sole, materiali che si allontanano dal Sole lungo diverse traiettorie, dipendenti dalla velocità dell'espulsione, dalla traiettoria della cometa nello spazio e dalle forze agenti sulle particelle.

F.A. Bredichin (1831-1904), direttore dell'osservatorio di Mosca e poi di quello di Pulkovo, raccolse disegni delle comete più luminose e sviluppò una classificazione delle forme delle code che è in uso ancor oggi. La sua teoria, essenzialmente corretta, fu ostacolata solo dall'ignoranza delle forze in gioco. In effetti lo sviluppo dettagliato di queste idee feconde avrebbe richiesto molto tempo. Le principali forze repulsive agenti sulle comete contro l'attrazione gravitazionale del Sole sono la pressione di radiazione, che si esercita su piccole particelle solide (la quale non fu misurata in laboratorio fino all'anno 1901), e il «vento solare» di particelle ionizzate emesse dalla corona del Sole (l'esistenza del quale fu riconosciuta dai fisici solari solo dopo il 1950).

La testa di queste grandi comete era abbastanza luminosa da potere essere esaminata con lo spettroscopio. Il primo a farlo fu G.B. Donati, che il 5 agosto 1864 esaminò una cometa che era allora di magnitudine 2. Si era pensato che le comete splendessero di luce solare riflessa e che avessero perciò lo stesso spettro di Fraunhofer del Sole: Donati fece l'importante scoperta che nello spettro c'erano tre bande luminose separate da ampi intervalli scuri, cosa che indusse a pensare che parte della luce provenisse da gas incandescente di natura ignota, presente nella cometa stessa. Le comete molto luminose degli anni seguenti e l'uso crescente dello spettroscopio sia in unione al telescopio sia in laboratorio

FIGURA 8.6 Disegno della testa della Cometa di Donati, eseguito il 29 settembre 1858 da G.P. Bond dell'Osservatorio dello Harvard College. La cometa era particolarmente ben situata in cielo per essere seguita dagli osservatori europei e nordamericani. A quest'epoca non era ancora possibile eseguire fotografie, ma erano già disponibili per l'osservazione visuale telescopi del calibro dei rifrattori di 38 cm di Pulkovo e di Harvard. Harvard produsse nel 1862 un volume di 362 pagine dedicato alla cometa, con molte incisioni accurate. Questi bei disegni sono ancora preziosi per capire l'interazione fra il materiale della cometa, la radiazione solare e il materiale interplanetario. (Per gentile concessione dell'Istituto di Astronomia dell'Università di Cambridge)

condussero a considerevoli nuove conoscenze sulla natura delle comete: entro il 1880 si riconobbe che la luce della testa di una cometa era dovuta solo in parte a luce solare riflessa; essa presentava infatti anche larghe bande di emissione (distinte dalle righe brillanti sottili), che potevano essere simulate in laboratorio per mezzo di scariche elettriche in provette contenenti miscugli di anidride carbonica e di idrocarburi semplici come metano ed etilene. La chimica organica del tempo era inadeguata per capire esattamente

FIGURA 8.7 Litografia della Cometa di Donati vista sopra i ponti di Parigi. Inteso come illustrazione artistica più che scientifica, questa figura, pubblicata in antiporta al libro di A. Guillemin, *Les comètes*, del 1875, rimane una delle più belle rappresentazioni di una «grande» cometa vista a occhio nudo. Il disegno è scientificamente corretto: la stella luminosa vicino alla testa della cometa è Arturo, e le varie componenti della coda sono disegnate correttamente. (Per gentile concessione dell'Istituto di Astronomia dell'Università di Cambridge)

come avesse origine questa luce propria, e solo nel XX secolo si comprese che le bande erano dovute a varie combinazioni semplici di pochi atomi – di carbonio, ossigeno, azoto e idrogeno –, le quali non sono stabili in condizioni terrestri. Questa conoscenza fu però sufficiente a creare una situazione di panico quando si apprese che nel 1910 la Terra sarebbe passata attraverso la coda della Cometa di Halley, e che essa conteneva presumibilmente cianogeno, il composto velenoso di carbonio e azoto.

STELLE CADENTI

Per la maggior parte della storia della scienza occidentale, la parola greca *meteora* significò, in generale, qualcosa che accadeva nell'atmosfera – nuvole, fulmini, trombe d'aria: di qui il nome della meteorologia. Anche le stelle cadenti, chiamate specificamente meteore dal 1840 circa, e i bolidi (o meteoriti), ancora più luminosi, furono a lungo considerati fenomeni atmosferici e ritenuti di origine terrestre. Che i pezzi di materia che causavano questi fenomeni venissero ad alta velocità dallo spazio esterno era un concetto così nuovo da imporsi solo lentamente persino a scienziati così evoluti come quelli dell'Ottocento. Due eventi rivelatori furono le cadute di meteoriti ad Agen in Francia nel 1790 e nei pressi di Weston, nel Connecticut, un giorno del 1807, dopo l'avvistamento di un bolide molto luminoso sul New England nelle prime ore del mattino; entrambe queste cadute di materiale meteoritico furono ben attestate. Ernst Chladni (1756-1827), meglio noto per le sue ricerche di acustica, pensò che la fonte più probabile di questi materiali fossero detriti rimasti nello spazio interplanetario dopo la formazione dei pianeti. L'essenziale correttezza di questa idea sarebbe stata accettata solo molto lentamente.

L'interesse per le meteore fu stimolato dalla notevole pioggia meteorica osservata nelle prime ore del 13 novembre 1833 sugli stati orientali dell'America, quando questi eventi furono così numerosi da rendere impossibile ogni tentativo di contarli. Denison Olmsted (1791-1859), di Yale, raccolse e analizzò le molte relazioni sul fenomeno e si rese conto dell'importanza di possedere relazioni di vari osservatori su un fenomeno del genere; il confronto fra le varie testimonianze permise infatti di ricondurre le traiettorie apparenti delle meteore in cielo a un punto d'origine apparente, il cosiddetto radiante, in prossimità della testa della costellazione del Leone (donde il nome di Leonidi attribuito a questo sciame). Olmsted ne dedusse correttamente che nello spazio le meteore si muovevano su traiettorie parallele che avevano origine in una sorgente molto sopra l'atmosfera. Qualcuno ricordò che il naturalista Alexander von Humboldt e altri avevano visto uno spettacolo molto simile in Sudamerica nello stesso periodo dell'anno, nel novembre del 1799.

Solo dopo lo studio di Olmsted, altri astronomi cominciarono a prendere sul serio le meteore. La prima persona a riconoscere che anche molte meteore luminose viste all'inizio dell'agosto 1834 avevano avuto un punto radiante, questa volta in prossimità della stella Algol nella costellazione di Perseo, pare sia stato John Locke (1792-1856), un omonimo del filosofo, nell'Ohio, e nel 1836 il matematico belga Lambert-Adolphe-Jacques Quételet (1796-1874) ipotizzò che lo sciame delle Perseidi fosse annuale e che si presentasse nei giorni intorno al 9 agosto. Studi posteriori rintracciarono registrazioni occasionali di queste meteore di agosto in vari anni fino al 1781. Dopo un intervallo considerevole si riconobbe un altro sciame annuale, in aprile, quello delle Liridi, con punto radiante nella Lira.

Hubert A. Newton (1830-1896) di Yale raccolse dati storici sulle meteore di novembre e predisse correttamente che lo sciame principale del 1833 sarebbe tornato probabilmente nel novembre 1866; la pioggia meteorica fu effettivamente osservata, questa volta nell'Europa occidentale.

Vari astronomi riconobbero che la posizione del punto radiante, combinata con la data dell'anno della massima attività, forniva precise informazioni sull'orbita che le particelle seguivano nel sistema solare: John Couch Adams a Cambridge, facendo seguito alla ricerca di H.A. Newton, calcolò un'orbita unica per le meteore di novembre (le Leonidi), mentre altri fecero la stessa cosa per quelle di agosto (le Perseidi) e per quelle di aprile (le Liridi). Questi studi confermarono l'acuto riconoscimento dell'astronomo di Brera, a Milano, Giovanni Virginio Schiaparelli (1835-1910), che le orbite delle particelle meteoriche nello spazio erano molto simili a quelle delle comete, e in breve tempo si riconobbe che le Perseidi avevano la stessa orbita della grande cometa del 1862, le Leonidi si muovevano nell'orbita della cometa di Tempel del 1866 e le Liridi in quella della cometa del 1861.

L'esatta relazione fisica fra i numerosi minuscoli membri del sistema solare – le comete e gli asteroidi, le meteore e i più grandi meteoriti, che attraversano l'atmosfera e raggiungono la superficie terrestre – sfidò per molto tempo ogni tentativo di spiegazione. A poco a poco si pervenne a riconoscere che le cadute di meteoriti non si verificavano, come ci si sarebbe potuti attendere, durante le grandi piogge di stelle cadenti, e che essi erano forse legati più strettamente agli asteroidi. Ma gli studi della seconda metà dell'Ottocento avrebbero gettato basi importanti per le idee posteriori sulla storia del sistema solare stesso.

I SATELLITI DI NETTUNO, URANO E MARTE

I telescopi sempre più potenti, situati, verso la fine del secolo, in luoghi più favorevoli all'osservazione, fecero gradualmente aumentare il numero dei membri noti del sistema solare. Il primo satellite del pianeta Nettuno, Tritone – scoperto nel 1846 – fu individuato dall'astronomo dilettante di Liverpool William Lassell solo diciassette giorni dopo la prima osservazione del pianeta; una volta determinata l'orbita di Tritone intorno al suo pianeta, essa fornì un valore per la massa, e quindi anche per la densità, di Nettuno. Poco tempo dopo, nel 1851, Lassell aggiunse due satelliti, Ariel e Umbriel, al pianeta Urano; essi erano interni ai più luminosi Oberon e Titania, che erano stati scoperti, come il pianeta stesso, da Wilhelm Herschel.

In occasione della grande opposizione del 1877, Marte si trovò più vicino alla Terra che mai. Fino ad allora non si conosceva alcun suo satellite. Asaph Hall (1829-1907), osservandolo col rifrattore di 66 cm del Naval Observatory di Washington, D.C., scoprì due satelliti debolmente luminosi (Deimos e Phobos), molto vicini al pianeta: Phobos è in effetti così vicino che il suo periodo orbitale dura meno di metà di una rotazione diurna di Marte sul suo asse. Era una circostanza unica, e i satelliti scoperti da Hall non solo fornirono un valore accurato per la massa del pianeta, ma furono riconosciuti come più vicini per mole agli asteroidi che ai satelliti degli altri pianeti, molto più grandi.

I «CANALI» DI MARTE

Ma anche il pianeta Marte stava attraendo su di sé molto interesse. Già nel 1783 Wilhelm Herschel aveva commentato che esso era, fra i pianeti del Sole, il più simile alla Terra, e alla metà dell'Ottocento si accettava generalmente la nozione che Marte – più piccolo della Terra ma con un periodo di rotazione molto simile e un asse di rotazione similmente inclinato rispetto al piano dell'eclittica – aveva calotte polari bianche la cui estensione variava al passare delle stagioni marziane, e segni più o meno permanenti sulla superficie, alcuni dei quali potevano essere identificati già sui primi disegni telescopici del disco del pianeta eseguiti nel Seicento.

A partire dal 1870 gli astronomi, sia di professione sia dilettanti, cominciarono a rivolgere la loro attenzione a tali segni. Per poterli osservare si richiedevano buoni telescopi e un'atmosfera costantemente limpida, nonché pazienza, poiché in alcuni anni Marte non si presta alle osservazioni, e i massimi avvicinamenti alla Terra si verificano solo a intervalli di quindici anni. Anche in tali occasioni, peraltro, il diametro apparente di Marte è meno di 1/70 di quello della Luna piena.

Benché la lastra fotografica secca, inventata di recente, fosse diventata disponibile press'a poco a tale epoca, essa si rivelò di scarsa utilità nella fotografia planetaria. A causa della turbolenza dell'aria persino in buoni siti di montagna, particolari minuti al limite della risoluzione del telescopio diventavano confusi anche nel caso di una breve esposizione. L'occhio umano e l'abilità artistica rimanevano il modo migliore per raffigurare i segni osservati sulle superfici planetarie, e continuò a essere così fino all'epoca delle sonde interplanetarie e dei telescopi spaziali un secolo dopo.

Ci siamo già imbattuti in G.V. Schiaparelli (1835-1910) in connessione con le sue ricerche sulle comete e sulle meteore. Nato a Savigliano, dopo essersi laureato a Torino e avere completato la sua formazione a Berlino e a Pulkovo, nel 1860 tornò in Italia andando a lavorare all'Osservatorio di Brera a Milano. Dal 1877, quando poté cominciare a disporre di un buon rifrattore Merz di 22 cm, si volse all'osservazione dei pianeti, e specialmente di Marte. In occasione della grande opposizione del 1877 cominciò a dedicarsi al rilievo cartografico della superficie del pianeta, e notò che dai segni scuri (presumibilmente oceani) prendevano l'avvio molte sottili linee scure, appena percepibili, che attraversavano le aree più chiare, di colore arancione (forse aree continentali?). Schiaparelli chiamò tali linee «canali», attribuendo però loro un semplice carattere naturale.

Senza volerlo, lanciò l'astronomia planetaria in una curiosa controversia, che sarebbe stata risolta solo un secolo dopo. Fin

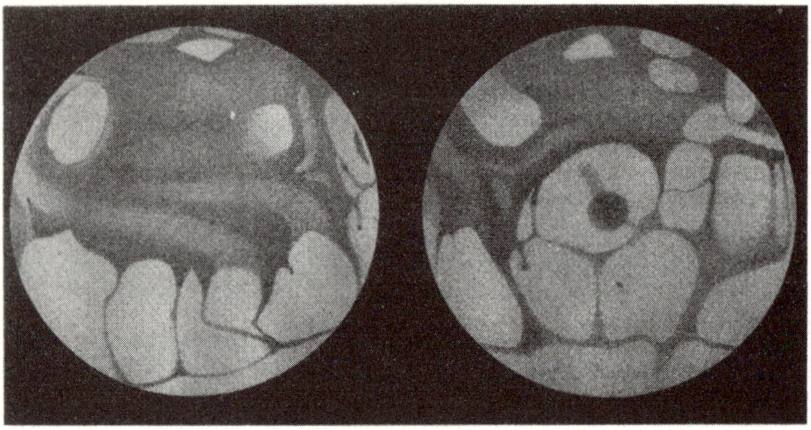

FIGURA 8.8 Carte di due aspetti della superficie di Marte, disegnate da G.V. Schiaparelli nel settembre 1877, alla minima distanza di Marte dalla Terra in occasione della grande opposizione. Dagli «oceani» scuri sembrano dipartirsi «canali» (naturali) che attraversano aree di colore arancione. (Per gentile concessione dell'Istituto di Astronomia dell'Università di Cambridge)

dall'inizio alcuni astronomi, dotati di telescopi maggiori di quello di Schiaparelli, non riuscirono a vedere i canali, mentre altri vi riuscirono. La parola «canali» fu tradotta erroneamente in inglese come *canalis*, parola che implica una costruzione artificiale da parte di esseri intelligenti, col corollario che su Marte dovevano esistere forme di vita intelligente.

La controversia attrasse l'attenzione di Percival Lowell (1855-1916), nato a Boston e appartenente a una potente e facoltosa famiglia del New England. Laureatosi a Harvard nel 1876, Lowell si dedicò agli affari e ai viaggi, ma nell'ultimo decennio del secolo maturò un interesse crescente per l'astronomia. Nel 1894, nell'imminenza di un'altra favorevole opposizione di Marte, abbandonò gran parte delle sue attività commerciali e, grazie agli imponenti mezzi privati a sua disposizione, scelse un luogo di grande altitudine, molto favorevole alle osservazioni astronomiche, nei pressi di Flagstaff, in Arizona, e vi si costruì un osservatorio astronomico, con telescopi di qualità, assumendo in seguito privatamente del personale. Egli si convinse ben presto che su Marte ci fos-

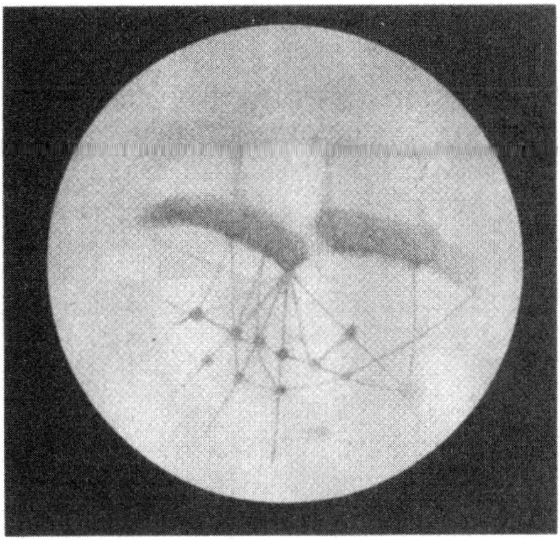

FIGURA 8.9 Marte disegnato da Percival Lowell nel 1894-1895, quando il pianeta era in opposizione al Sole e situato nel modo più favorevole per l'osservazione dalla Terra. Lowell credeva che su Marte esistessero esseri intelligenti e che, in presenza di una situazione di scarsità d'acqua, essi avessero costruito immense opere idrauliche per irrigare il pianeta. Anziché i «canali» naturali di Schiaparelli, sulla sua carta si osservano perciò canali artificiali. (Per gentile concessione dell'Istituto di Astronomia dell'Università di Cambridge)

sero canali costruiti da esseri intelligenti, e i suoi libri *Mars and Its Canals* (1906) e *Mars as the Abode of Life* (1908) suscitarono grande interesse nel pubblico dei profani, anche se furono accolti con cautela dalla maggior parte degli astronomi abituati a usare grandi telescopi.

Soltanto le sonde *Mariner*, passate in prossimità di Marte fra il 1964 e il 1969, avrebbero fornito la prova inconfutabile che Lowell aveva torto: su Marte non esistono canali artificiali. In un senso più ampio, però, la sua opera esercitò una grande influenza: il suo osservatorio fece altre scoperte, le quali dimostrarono l'importanza di buone attrezzature situate in luoghi scelti con cura; esso mantenne vivo l'interesse per gli studi planetari (proprio a Flagstaff fu scoperto il pianeta Plutone); e, come vedremo in seguito, l'osservatorio diede contributi importanti anche alla cosmologia d'osservazione nel XX secolo.

I PIANETI ESTERNI

Dopo la determinazione della massa del pianeta Nettuno nel 1847 attraverso l'orbita del suo satellite Tritone, era chiaro che la zona degli asteroidi divideva il sistema solare in due zone nettamente distinte: i quattro pianeti interni, «terrestri», di dimensioni simili e densità intorno a 4 o 5 (posta 1 la densità dell'acqua), e i quattro pianeti giganti esterni, di volume molto maggiore ma di densità media molto più piccola (nel caso di Saturno addirittura inferiore a quella dell'acqua). Che gran parte delle regioni esterne di questi pianeti dovesse essere gassosa sembrava probabile, e fu confermato per mezzo di osservazioni telescopiche di Giove, le cui mutevoli bande chiare e scure parallele all'equatore, e le cui macchie chiare e scure, anch'esse variabili, erano evidentemente strutture nuvolose. Minuziose osservazioni compiute da Julius Schmidt (1825-1884) all'Osservatorio di Atene, e da altri, dopo il 1880 circa, rivelarono che, benché il periodo di rotazione del pianeta fosse vicino alle $9^h\ 56^m$ determinate per la prima volta da G.D. Cassini nel Seicento, vari tipi di segni fornivano periodi di rotazione che differivano di qualche minuto, con un periodo di rotazione generalmente più lento in prossimità dei poli del pianeta.

James E. Keeler (1857-1900), che nel 1898 sarebbe diventato direttore del Lick Observatory, nel 1889 ne usò il nuovo rifrattore di 91 cm per eseguire molti disegni del pianeta, ma osservò con frustrazione che c'era una «ricchezza di particolari che non si potevano rappresentare con precisione».

Pur presentando un numero molto minore di dettagli sul suo disco, Saturno era unico nell'avere un sistema di anelli nel suo piano equatoriale; che anche Urano e Giove abbiano anelli simili ma molto più tenui rimase ignoto fino all'epoca delle missioni dei *Voyager* negli anni Ottanta. La natura fisica degli anelli di Saturno era stata un enigma insolubile per gli astronomi dal tempo del loro riconoscimento alla metà del Seicento. Saturno, che è forse l'oggetto visivamente più spettacolare del sistema solare, fu un naturale oggetto di studio per ogni nuovo telescopio che entrava in funzione, poiché gli osservatori usavano la potenza ottica sempre crescente alla ricerca di dettagli elusivi. Nel 1850 William Cranch Bond (1789-1859), di Harvard, usando il nuovo rifrattore di 38 cm, scoprì il debole anello interno *crêpe*, o anello C, osservato

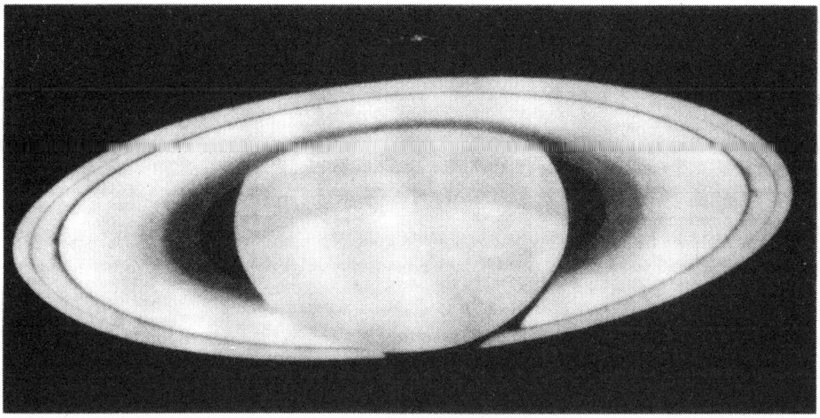

FIGURA 8.10 Un disegno di Saturno, eseguito nel 1872 allo Harvard College Observatory. Esso fa parte di una serie dei migliori disegni di pianeti pubblicati da Harvard nel 1877. (Per gentile concessione dell'Istituto di Astronomia dell'Università di Cambridge)

qualche giorno dopo in Inghilterra, indipendentemente, dal reverendo William R. Dawes. George Phillips Bond (1825-1865), figlio di William, sospettò che i particolari del sistema di anelli cambiassero lentamente, e pensò che gli anelli dovessero essere fluidi, non solidi.

Un progresso importante fu realizzato nel 1857 dal giovane matematico scozzese James Clerk Maxwell (1831-1879). Il problema degli anelli di Saturno era stato affrontato da Maxwell in un saggio scritto per un concorso a Cambridge, e Maxwell mostrò in modo convincente che non potevano esistere anelli né fluidi né solidi, e che gli anelli dovevano essere composti da milioni di piccole particelle, ognuna delle quali seguiva una propria orbita singola nel piano dell'equatore del pianeta. Le sue deduzioni dalla teoria matematica spiegavano la maggior parte dei caratteri d'osservazione noti e furono immediatamente accettate, anche se l'osservazione cruciale del fatto che le parti esterne dell'anello si muovevano più lentamente di quelle più interne, come richiedeva la teoria, fu fatta solo nel 1895, da Keeler, quando lavorava all'Allegheny Observatory a Pittsburgh.

All'inizio del XX secolo vari astronomi congetturarono che potessero esistere altri grandi pianeti al di là di Nettuno; nei moti di

Urano e di Nettuno c'erano ancora piccolissime discrepanze che potevano essere causate da un ignoto «pianeta X», così come altre indicazioni della possibile esistenza di un tale corpo o di tali corpi sembrava venissero fornite da famiglie di orbite cometarie. Percival Lowell si impegnò in un'analisi delle perturbazioni simile a quella che aveva condotto Le Verrier e Adams alla scoperta di Nettuno, e pubblicò quest'analisi e le sue predizioni sulla posizione del presunto pianeta nel 1915. Il suo osservatorio condusse un'estesa ricerca fotografica del pianeta, che fu premiata solo nel 1930, quando il giovane astronomo dell'osservatorio Clyde Tombaugh (1906-1997) scoprì un pianeta che ricevette il nome di Plutone. L'accordo fra l'orbita predetta e quella osservata fu sorprendentemente migliore di quanto ci si sarebbe potuti attendere, date le ammissioni di Lowell sulla scarsità dei dati da lui usati, ma il pianeta scoperto era troppo piccolo per poter dare origine alle perturbazioni che gli venivano attribuite, e dopo molte discussioni l'accordo con l'osservazione fu considerato fortuito. L'impegno profuso nella ricerca aveva comunque condotto alla scoperta di un pianeta trans-nettuniano da parte dell'Osservatorio di Lowell, e la diligente perlustrazione di gran parte del cielo da parte di Tombaugh fino a limiti di luminosità molto debole fa considerare improbabile l'esistenza di qualche importante pianeta al di là di Nettuno.

TEORIE COSMOGONICHE

Il termine «cosmogonia» dovrebbe riferirsi, etimologicamente, a una teoria sull'origine dell'intero cosmo, ma negli ultimi due secoli è stato comunemente usato in riferimento a teorie sulla formazione del sistema solare. Come abbiamo già visto in precedenza (vedi pp. 206-207), nel 1796 Laplace propose quella che divenne nota come l'«ipotesi nebulare», grazie alla quale spiegò il carattere costante del moto da ovest a est dei pianeti e dei satelliti allora noti come una conseguenza non del caso o di una decisione del Creatore, bensì della rotazione della gigantesca nebulosa da cui l'intero sistema solare aveva avuto origine.

Laplace pubblicò complessivamente cinque edizioni dell'*Exposition du système du monde*, l'ultima nel 1824; già nel 1796 era consapevole di eccezioni alla sua teoria, per esempio il fatto che il piano orbitale dei satelliti di Urano sia quasi perpendicolare al piano dell'eclittica. Le nuove conoscenze acquisite nel corso dell'Ottocento che abbiamo appena descritto, combinate con le teorie della natura e dell'evoluzione delle stelle di cui ci occuperemo fra breve, condussero gli astronomi a mettere in discussione l'adeguatezza dell'ipotesi nebulare. Il problema principale per il quale Laplace non aveva una spiegazione era che – benché la maggior parte della massa del sistema si trovasse nel Sole – la maggior parte del momento angolare era trasportata dai pianeti esterni: in altri termini, il Sole dovrebbe ruotare più rapidamente di quanto non ruoti.

Nel 1796 Laplace aveva ricordato ai suoi lettori una teoria anteriore, dovuta allo stimato naturalista Georges-Louis Leclerc, Comte de Buffon (1707-1788), secondo il quale una grande cometa si era schiantata nel Sole e un frammento espulso in conseguenza di tale impatto si era condensato nello spazio dando origine ai pianeti; in un'epoca in cui la massa delle comete e la natura del Sole erano ignoti, la teoria era almeno plausibile.

Una nuova teoria che ricordava quella di Buffon fu sviluppata dal geologo americano Thomas C. Chamberlin (1843-1928) e dal suo collega più giovane Forest Ray Moulton (1872-1952), nei primissimi anni del XX secolo. Entrambi erano allora professori all'Università di Chicago, di recente fondazione.

Nella sua presentazione finale, la teoria di Chamberlin-Moulton proponeva due fasi. Chamberlin aveva notato che, in condizioni normali, le protuberanze solari venivano proiettate facilmente a grandi distanze al di sopra della fotosfera. Ci si poteva quindi attendere che, nel caso di un passaggio ravvicinato di un'altra stella, potessero essere espulse grandi quantità di materia dagli strati esterni del Sole, in due flussi di marea diametralmente opposti (che potrebbero ricordare le braccia spirali delle galassie). Questo materiale si sarebbe poi raffreddato e lentamente aggregato in «planetesimi», da cui potevano essersi poi aggregati a loro volta i pianeti maggiori.

Pur offrendo una possibile spiegazione del problema del momento angolare solo al costo di sollevare non meno problemi di quelli che risolvevano, teorie di interazioni di marea modificate di questo tipo furono abbracciate da altri teorici e rimasero alternative sostenibili alla teoria di Laplace almeno fin verso la fine degli anni Trenta del Novecento. Si può notare che un vantaggio delle teorie «nebulari» era quello di fare apparire normale l'esistenza di sistemi planetari intorno a stelle, mentre gli incontri ravvicinati fra stelle sarebbero piuttosto rari. Le conseguenze per la possibile ubiquità della vita su pianeti simili alla Terra nell'universo, o per l'unicità della vita sulla Terra, furono sempre implicite ma solo di rado riferite espressamente in articoli pubblicati, e questo fatto influenzò forse le preferenze dei teorici in un senso o nell'altro.

Un cambiamento d'opinione, favorevole a un ritorno a teorie del tipo di quella di Laplace, divenne possibile a partire dal 1960 circa, quando teorici come Hannes Alfvén (1908-1995) introdussero nuove idee sui campi magnetici all'inizio del sistema solare. Se il Sole che stava condensandosi aveva un campo magnetico generale, che si estendeva attraverso le parti esterne elettricamente conduttrici della caldissima nebulosa solare, il campo doveva collegare il Sole e la nebulosa, rallentando il Sole e trasferendo momento angolare alla nebulosa esterna.

Negli anni seguenti del XX secolo quasi tutte le nuove scoperte importanti sulla fisica e la chimica del sistema solare hanno prodotto nuove teorie della sua origine. Il consenso presente contempera caratteri sia della teoria nebulare sia di quella dei planetesimi: le osservazioni nell'infrarosso mostrano la presenza di una nebulosa fredda che va condensandosi intorno a stelle di recente formazione, mentre le sonde spaziali hanno rivelato le superfici massicciamente craterizzate di molti pianeti e dei loro satelliti, le quali attesterebbero un intenso bombardamento a opera di materiale planetesimale avvenuto in passato. Persino l'origine del sistema Terra-Luna è incerta. I due corpi assomigliano più a un pianeta doppio che non all'associazione, assai più comune nel sistema solare, di un pianeta grande con satelliti di piccole dimensioni. Nel 1879 George Howard Darwin (1845-1912) sviluppò una teoria matematica dettagliata della fissione di una Terra singola, di consistenza viscosa, rotante a velocità elevata, ma da allora sono state proposte varie spiegazioni alternative, fondate su grandi collisioni.

Le stelle e le nebulose

La migliorata conoscenza degli spettri delle molecole, e il perfezionamento dei metodi ottici per misurare la polarizzazione della luce riflessa dalle superfici planetarie, condussero nei primi anni del XX secolo a ulteriori studi astrofisici dei pianeti. Questi permisero di scoprire metano nelle atmosfere dei pianeti giganti, e anche ammoniaca in quelle di Giove e di Saturno. L'interesse degli osservatori di astrofisica andò però orientandosi sempre più verso i problemi più stimolanti delle stelle e delle nebulose. Con poche eccezioni, le osservazioni planetarie furono lasciate cadere. In parte perché era difficile vedere che cos'altro si potesse fare, e in parte come conseguenza della controversia su Marte, lo studio dei segni affascinanti e sempre mutevoli sulle superfici di pianeti come Marte e Giove fu lasciato, per tacito consenso, agli astronomi dilettanti.

L'IMPATTO DELLA FOTOGRAFIA VERSO LA FINE DELL'OTTOCENTO

Abbiamo già visto con quanta rapidità lo spettroscopio e la fotografia migliorarono la comprensione del Sole. Essi avrebbero fatto lo stesso per le stelle e per le nebulose, ma più avanti. Quando la luce limitata di una stella, anche splendente, veniva fatta passare attraverso la stretta fenditura di uno spettrografo e poi scomposta dal prisma in uno spettro di lunghezze d'onda diverse, era a stento visibile a occhio nudo, e troppo debole per potere impressionare le prime lastre fotografiche. Nel 1872 l'astronomo dilettante di New York Henry Draper (1837-1882) riuscì a fotografare uno spettro della stella di magnitudine 0 Vega, e nel 1879 il dilettante londinese William Huggins (1824-1910) fece lo stesso per alcune altre stelle, estendendo lo spettro registrato al di là della regione del violetto, ossia nell'ultravioletto, a cui – diversamente dall'occhio umano – l'emulsione fotografica era sensibile. Dopo il 1880 circa la lastra di gelatina secca di recente invenzione fu migliorata ogni anno, poiché i produttori commerciali gareggiavano fra loro per fornire prodotti migliori ai fotografi di ritratti e di paesaggi, e questi progressi migliorarono anche le prospettive della spettrografia stellare.

Un evento di importanza cruciale fu senza dubbio la fotografia della grande cometa del 1882, che in settembre era situata in modo favorevole per essere osservata dall'emisfero australe. L'astronomo scozzese David Gill (1843-1914), all'Osservatorio del Capo, volendo assicurarsi un'immagine della coda della cometa, che era distesa su un grande tratto di cielo, chiese l'aiuto di un fotografo di ritratti locale. Una macchina fotografica da studio fu legata al contrappeso di uno dei telescopi, e il telescopio fu poi usato per seguire la cometa durante il lungo tempo di esposizione. Gill fu stupito dal risultato: la fotografia non solo fornì un'immagine superba della cometa, ma mostrò anche, sulla singola lastra di un'area di cielo grandissima, le immagini di migliaia di stelle la cui misurazione e registrazione con i vecchi metodi dell'osservazione visuale avrebbe richiesto molte settimane di lavoro notturno.

Quasi da questo momento in poi la fotografia cominciò a modificare il carattere stesso dell'astronomia, e anche a cambiare la natura degli osservatori. Da un lato i grandi telescopi, sia rifrattori sia riflettori, furono muniti di châssis per le lastre e di spettrografi per fotografare piccole aree di cielo con buona risoluzione e per esaminare gli spettri di singoli oggetti. Dall'altro, furono introdotti nuovi tipi di strumenti, sviluppati a partire dalla macchina fotografica da studio. Pur avendo obiettivi relativamente piccoli rispetto alla norma dei grandi telescopi – da 13 a 25 cm di diametro avevano un grande campo visuale. Infine, ponendo un prisma di piccolo angolo davanti all'obiettivo, si poteva scomporre l'immagine di ogni stella in un piccolo spettro, così che una singola fotografia poteva fornire su un'unica lastra spettri utili di centinaia delle stelle più luminose. Quale che fosse lo strumento usato, l'astronomo era liberato dalle limitazioni dell'occhio umano e dal difficile compito di eseguire misurazioni difficili e delicate al freddo e al buio della cupola di un telescopio. Lo sviluppo della fotografia permise quindi di misurare le immagini con maggiore precisione, di giorno e con tutta comodità.

È una semplice coincidenza che questi miglioramenti nella tecnica fotografica, promossi da esigenze commerciali, si siano verificati proprio in un'epoca in cui si stavano costruendo vari osservatori, destinati specificamente a ricerche astrofisiche più che alla vecchia astronomia di posizione, mentre alcuni fra gli osservatori già esistenti creavano dipartimenti di astrofisica. Nel 1900 gli astronomi vennero a disporre di un nuovo armamentario di tecniche che, nel corso dei successivi quarant'anni circa, avrebbero fornito le risposte a problemi che avevano tormentato gli astronomi per secoli.

ANGELO SECCHI E LA CLASSIFICAZIONE DEGLI SPETTRI STELLARI

Le prime carte fotografiche del cielo – pur essendo più complete e più esatte –, non furono dapprima qualcosa di sostanzialmente diverso rispetto alle carte laboriosamente compilate attraverso l'osservazione visuale in anni precedenti. Esse continuavano a essere semplici carte della disposizione delle stelle sulla volta celeste, in quanto solo per alcune stelle si era determinata la distanza – la terza dimensione – attraverso laboriose e imprecise misurazioni visuali.

Una differenza fra le carte visuali e quelle fotografiche divenne però evidente ben presto. Benché le posizioni delle stelle concordassero perfettamente, c'erano differenze nella loro luminosità apparente: due stelle che, osservate visualmente al telescopio, sembravano ugualmente luminose, potevano differire sensibilmente in fotografia. Si sapeva che la lastra fotografica era meno sensibile dell'occhio umano alla luce gialla e arancione: evidentemente le stelle presentavano differenze di colore.

Non era una scoperta nuova. Nel 1798 Wilhelm Herschel aveva già esaminato attraverso un prisma, per curiosità, la luce di sei fra le stelle più splendenti. «La luce di Sirio» notò, «è formata da rosso, arancione, giallo, verde, azzurro, purpureo e violetto... Arturo contiene più rosso e arancione e meno giallo in proporzione a Sirio...» Ma questi erano fatti per cui non era in grado di offrire alcuna interpretazione.

I fisici dell'Ottocento si resero conto che un pezzo di metallo, riscaldato in laboratorio, diventa prima rovente e poi incandescente, ossia prima al «calor rosso» e poi al «calor bianco». Ciò implicava che dall'esame degli spettri delle stelle si poteva imparare qualcosa sulla loro temperatura, oltre che sulla loro composizione chimica. A questo studio delle stelle attraverso il loro colore contribuirono molti astronomi, i più notevoli dei quali furono William Huggins (1824-1910), il padre Angelo Secchi (1818-1878) del Collegio Romano, Hermann Karl Vogel (1841-1907) dell'Osservatorio Astrofisico di Potsdam, ed Edward Charles Pickering (1846-1919) dello Harvard College Observatory.

Nel 1863-1867, prima dell'introduzione della fotografia in astronomia, il gesuita Secchi aveva esaminato pazientemente gli spettri di circa 400 stelle, e a un'assemblea della British Association for the Advancement of Science nel 1868 aveva suggerito che la maggior parte delle stelle potevano essere suddivise in quattro tipi di spettri. Vogel, a Potsdam, pervenne indipendentemente a un raggruppamento molto simile. Noi non usiamo più la classificazione con numeri romani di Secchi, ma i suoi raggruppamenti sono essenzialmente corretti e possono essere riconosciuti negli schemi posteriori. I tipi di Secchi sono:

I. Le stelle come Sirio, biancastre o azzurrognole, con qualche riga scura dovuta all'idrogeno, e solo deboli righe di metalli.
II. Il tipo solare: stelle come Capella e Arturo, che hanno in comune una prevalenza della luce nella parte di mezzo, gialla, dello spettro, e innumerevoli fini righe scure.
III. Le stelle arancioni (e spesso variabili), di periodo lungo e irregolare, come Betelgeuse (in Orione) e Mira (nella Balena), con larghe bande di luce più luminose nell'estremo rosso e meno in quello azzurro, intersecate da sfumature regolarmente intervallate che danno al loro spettro un'apparenza scanalata.
IV. Stelle simili a quelle del III tipo, ma di colore rosso e con le bande disposte diversamente. Queste stelle sono il gruppo più piccolo, e sono tutte molto deboli; viste al telescopio, «brillano come rubini fra le altre stelle».

Questi studi delle temperature e degli spettri stellari condussero ai primi tentativi di formulare uno schema dell'evoluzione stellare. Nel libro *Photometrische Untersuchungen*, pubblicato nel 1865, l'astronomo di Lipsia Friedrich Zöllner (1834-1882) suggerì che, al momento della loro formazione, le stelle siano caldissime e che nel corso del loro raffreddamento passino attraverso il tipo solare per diventare infine stelle rosse.

WILLIAM HUGGINS E LA SCOPERTA DELLE «VERE NEBULOSE», 1864

Da giovane William Huggins (1824-1910) fu costretto a dedicarsi al modesto lavoro di merciaio nel negozio di famiglia a Londra. Nel 1854 riuscì però a liberarsene, per poter indulgere alla sua passione per l'astronomia.

Essendo venuto a conoscenza della scoperta compiuta nel 1859 da Gustav Kirchhoff che la composizione del Sole era rivelata dal suo spettro, si rese conto che lo stesso metodo poteva essere applicato anche alle stelle e alle nebulose, e a questo scopo iniziò una collaborazione col professore di chimica W.A. Miller. Nel 1875 si sposò, e da allora la sua giovane moglie Margaret fu sua devota collaboratrice nelle sue ricerche. Huggins divenne ben presto uno fra i principali esponenti della «nuova astronomia» a livello mondiale, e fu un pioniere nel campo, lavorando a casa sua e nel suo osservatorio privato a Tulse Hill, a sud di Londra.

Huggins e Miller procedettero su linee piuttosto diverse da quelle di Secchi e di Vogel, esaminando e interpretando lo spettro di singoli oggetti scelti per il loro particolare interesse, piuttosto che studiare in modo sistematico molti oggetti. Huggins aveva già risolto, con un'osservazione cruciale, uno dei grandi dilemmi dell'astronomia d'osservazione. Abbiamo visto che i grandi telescopi di Wilhelm Herschel, di Lord Rosse e di William Lassell erano stati costruiti soprattutto nell'intento di determinare la natura delle nebulose: queste erano aggregazioni lontane, non risolte, di stelle, o erano nubi di «vera nebulosità»: gas luminoso da cui potevano condensarsi stelle? Nella notte del 29 agosto 1864 Huggins puntò il suo telescopio verso una nebulosa planetaria nel Dragone, che pensava fosse abbastanza luminosa da fornire uno spettro. La sua valutazione si rivelò corretta, ma la nebulosa presentava solo alcune righe luminose nella parte verde dello spettro, una delle quali era dovuta certamente all'idrogeno, mentre le altre non erano identificate. Per analogia con gli spettri di gas in laboratorio, la conclusione fu immediata: esistevano due tipi di nebulose: le nebulose gassose (di cui la nebulosa planetaria era un esempio) e le nebulose stellari, e lo spettroscopio era in grado di distinguere fra loro.

Entro il 1868 Huggins aveva esaminato gli spettri di una settantina di nebulose di varia forma e grandezza. Un terzo circa si erano rivelate gassose; due terzi avevano deboli spettri continui che erano probabilmente la luce di stelle non risolte. La scoperta di Huggins fu un test diagnostico di grande valore, ed è annoverata fra le grandi scoperte del primo periodo dell'astrofisica.

Ovviamente non mancarono complicazioni. Fin dal principio ci furono oggetti, fra cui alcuni piuttosto luminosi, che non si conciliavano con lo schema. Visti al telescopio sembravano stelle, e con spettri continui che a volte presentavano righe scure; ma gli spettri comprendevano anche righe di emissione splendenti, a volte anche in modo spettacolare. Molti di questi oggetti erano stelle variabili note; alcuni andavano soggetti a esplosioni di luce spettacolari, come Eta Argus (nota oggi come Eta Carinae), che era stata osservata dal Capo di Buona Speranza da John Herschel alla metà degli anni Trenta dell'Ottocento. Essi avrebbero fornito problemi per il futuro. Erano forse stelle con gran parte della superficie coperta da facole splendenti come quelle osservate sul Sole, o oggetti in transizione fra uno stato nebulare e uno stellare, o viceversa?

LE PRIME VELOCITÀ RADIALI DI STELLE

La spettroscopia diede anche un contributo all'astronomia di un tipo del tutto inatteso, fornendo informazioni sul moto delle stelle nello spazio. Nel 1842 Christian Doppler (1803-1853), dell'Università di Praga, suggerì che il colore della luce delle stelle venisse modificato dalla loro velocità; la lunghezza d'onda della luce di una stella in allontanamento da noi si allungherebbe, e quindi la luce si arrosserebbe. L'effetto Doppler esiste effettivamente, ma Doppler (che non era un astronomo), lo interpretò in maniera erronea, sopravvalutando la velocità delle stelle nello spazio. Un'interpretazione più corretta sarebbe stata fornita da Armand-Hippolyte-Louis Fizeau (1819-1896) e successivamente, ma in modo autonomo, da Ernst Mach (1838-1916) nel 1860. La velocità tipica di una stella relativamente a noi (poniamo di 20 km/s) è tanto minore di quella della luce (300.000 km/s) che il suo effetto sul colore della stella è impercettibile; ma il piccolo spostamento per esempio delle righe di assorbimento scure può essere misurato, e fornisce una velocità della stella in avvicinamento o in allontanamento rispetto alla Terra.

Questa misurazione era già stata tentata sia da Secchi sia da Huggins, ma si rivelò troppo difficile per i loro spettroscopi. Le prime misurazioni in sintonia con i valori moderni furono compiute su un piccolo numero di stelle molto luminose da H.K. Vogel e da Julius Scheiner a Potsdam, e da James E. Keeler al Lick

Observatory in California, negli anni intorno al 1890. Le loro determinazioni furono corrette, con un margine di qualche chilometro al secondo. Misurazioni di questo tipo rimanevano sempre molto difficili, ma il loro valore fu riconosciuto da astronomi come E.B. Frost dello Yerkes Observatory (che andò a Potsdam a studiare i metodi di Vogel) e William W. Campbell del Lick, che perseverarono in questo tipo di ricerca. La difficoltà risiede nella piccolissima entità dello spostamento delle righe: un errore di pochi millesimi di millimetro nella misurazione dava un errore di vari chilometri per secondo. Durante un'esposizione di un'ora o due lo spettrografo in movimento era soggetto a variazioni strutturali, dovute al proprio peso e al calo della temperatura nella cupola, che avevano come conseguenza errori di misurazione. Era quindi necessario progettare con cura lo scheletro dello spettrografo e racchiuderlo in un involucro in cui veniva mantenuta una temperatura costante, con un margine solo di una frazione di grado. Il paziente lavoro di un numero relativamente piccolo di astronomi condusse alla graduale accumulazione di elenchi di velocità «radiali» (sulla linea visuale). Entro il 1920 si poté disporre di velocità radiali più o meno attendibili per circa 2000 stelle, misurate in una quindicina di osservatori in tutto il mondo, e da quel momento in poi il numero delle misurazioni andò crescendo di due o trecento all'anno. Questi dati sarebbero diventati ben presto una risorsa importante per lo studio della struttura della Galassia (vedi p. 349).

STELLE BINARIE SPETTROSCOPICHE

L'effetto Doppler spiegò anche una scoperta compiuta nel 1887 a Harvard dal direttore Edward Charles Pickering, il cui studio fu proseguito da Antonia Maury (1866-1952). Essa concerneva mutamenti osservati nello spettro della splendente stella Mizar, nella coda dell'Orsa Maggiore: a volte le familiari righe scure di assorbimento si sdoppiavano, anche se di poco. Risultò che Mizar non era una stella bensì due. Lo studio delle stelle binarie (coppie di stelle in orbita intorno a un comune baricentro) era proseguito per tutto l'Ottocento, ma ora emerse una nuova classe: nel caso di due stelle così vicine fra loro da non essere otticamente risolvibili, lo sdoppiamento delle righe, che si verificava quando nel loro moto orbitale una di esse si muoveva verso la Terra mentre l'altra se ne allontanava, rivelava che ci si trovava in presenza di stelle binarie spettroscopiche. Dopo Mizar furono scoperte altre «binarie spettroscopiche», come Capella, che si sarebbero rivelate in seguito. molto importanti. In casi speciali, in cui la Terra si trova sul piano orbitale di una stella doppia stretta, può verificarsi che una stella passi fra la Terra e l'altra stella, occultando la compagna. Queste stelle sono note come «binarie a eclisse» (a esse appartiene Algol, vedi p. 223), e un'analisi dettagliata delle variazioni nella luminosità e nello spettro di quella che visivamente sembrerebbe una stella singola può fornire informazioni non ottenibili in altro modo su grandezza, temperatura e massa delle singole stelle, come pure sulla loro separazione.

Cresceva sempre più l'interesse per la misurazione della distanza di singole stelle di particolare interesse. Dopo i successi ottenuti fra il 1830 e il 1850 (vedi pp. 241-243) per pochissime fra le stelle più vicine, i metodi visuali cominciarono a rivelarsi troppo difficili, con la conseguenza che gli osservatori ottenevano spesso per una stessa stella risultati scoraggiantemente diversi. Si rivelò a questo punto molto utile la combinazione della fotografia e di rifrattori di grande lunghezza focale, che permise di trasferire il processo di misurazione dal telescopio al laboratorio. Fino al Novecento inoltrato, però, la determinazione delle distanze stellari rimase al limite del possibile, e persino per stelle a soli 75 anni-luce di distanza si avevano errori del 20 per cento o più. La conoscenza delle distanze rimase perciò confinata a un piccolo gruppo locale di stelle nell'oceano finora insondato della Galassia.

C'era un'altra qualità della natura della luce stellare che richiedeva misurazioni più esatte: la luminosità apparente delle stelle quali ci appaiono in cielo. A partire dall'Antichità classica si era assegnata alle stelle una magnitudine: le stelle più luminose erano di magnitudine 1 e le più deboli ancora visibili in una notte serena erano di magnitudine 6; i cinque intervalli fra le sei magnitudini erano semplicemente stimati «a occhio». Quando i primi telescopi rivelarono molte stelle ancora più deboli, la scala fu estesa ulteriormente, facendo ricorso a poco più che congetture; una stella classificata da un astronomo come di magnitudine 8 poteva essere descritta da un altro come di magnitudine 11.

Era chiaro che un metodo così grossolanamente empirico non poteva più funzionare. Il progresso fu realizzato in due passi. Nei laboratori di fisica si fecero esperimenti di misurazione della luce, dopo di che si adattarono gradualmente gli stessi metodi alle esigenze dell'astronomo, per esempio proiettando nel campo visivo del telescopio un'immagine di una stella artificiale, della quale si regolava la luminosità fino a quando non equivaleva a quella della stella che si misurava. Il secondo passo fu compiuto nel 1856 dall'astronomo inglese Norman Pogson (1829-1891). Egli riconobbe (come già Edmond Halley nel 1721) che le stelle di magnitudine 1 erano cento volte circa più luminose di quelle di magnitudine 6. Proponendo che 5,0 passi di magnitudine dovessero essere considerati corrispondenti esattamente a un rapporto di 100 in luminosità, egli definì esattamente la scala.

La proposta di Pogson fu presentata quasi come un inciso in un articolo sulle stelle variabili, e dapprima attrasse ben poca attenzione. Solo vent'anni dopo vari osservatori, fra cui Potsdam, Oxford e Harvard, si impegnarono in programmi importanti di fotometria stellare, e la loro accettazione indipendente della scala di Pogson condusse alla sua adozione finale in tutto il mondo. Con l'ulteriore accettazione di certe stelle ben osservate come oggetti di riferimento, alla svolta del secolo era stato ormai costruito un sistema di magnitudini stellari esatto e accettato internazionalmente.

Questo sistema delle magnitudini stellari in uso oggi rimane un sistema curioso e diverso da quasi tutte le altre scale usate nelle scienze fisiche. La sua scala logaritmica inversa, nella quale le stelle più luminose hanno ricevuto una magnitudine intorno a –1, mentre le galassie più deboli osservabili hanno una magnitudine di +30 circa, discende direttamente dal catalogo stellare compilato da Tolomeo nel II secolo d.C.

ANNIE JUMP CANNON E IL CATALOGO DI HARVARD DEGLI SPETTRI STELLARI

Queste magnitudini erano «magnitudini visuali», osservate direttamente dall'occhio. Abbiamo già notato che esse non coincidevano con le magnitudini misurate su fotografie, cosicché fu istituito un sistema simile di «magnitudini fotografiche». La fisica era abbastanza avanzata per permettere di capire che le stelle più calde emettevano più luce azzurra, la quale veniva registrata più facilmente dalla lastra fotografica. La differenza fra le due magnitudini, il cosiddetto «indice di colore», misurava il colore della luce della stella, che era connesso direttamente alla temperatura; un indice di colore grande, diciamo di 1,5 magnitudini, indicava una stella rossa di bassa temperatura superficiale. Molti perfezionamenti furono introdotti in anni successivi; in particolare, a partire dagli anni Venti del Novecento, sensibili cellule fotoelettriche sostituirono le stime fatte dall'occhio umano. Ma il principio era lo stesso.

Questi sviluppi permisero di affinare la classificazione piuttosto semplice degli spettri stellari introdotta da Secchi e Vogel. Il lavoro fu iniziato da Henry Draper, che morì prematuramente nel 1882. In sua memoria, la sua famiglia fece una donazione allo Harvard College Observatory per l'acquisto di nuovi strumenti e per l'assunzione di nuovo personale, che ne continuasse l'opera. I quattro tipi spettrali di Secchi furono estesi a sedici, contrassegnati con lettere: A, B, C... Al migliorare della comprensione dei fenomeni in gioco le lettere, che denotavano l'apparizione di varie righe negli spettri, furono gradualmente riordinate in quella che risultò essere grosso modo una sequenza di temperature superficiali decrescenti delle stelle. La sequenza finale delle classi spettrali risultò essere O B A F G K M R N S,* e gli spettri furono descritti in modo abbastanza minuzioso da permettere la suddivisione delle classi in sottosezioni designate con numeri, così che il Sole (per esempio) divenne una stella di tipo spettrale G2.

Il direttore dell'osservatorio di Harvard, Pickering, si impegnò allora in uno studio spettroscopico sistematico dell'intero cielo (Harvard creò a tale scopo delle stazioni d'osservazione nell'emisfero australe). La ricerca implicò l'uso di camere a vasto campo con un prisma obiettivo, come abbiamo già visto. Pickering ebbe la fortuna di annoverare fra i suoi capaci assistenti Annie Jump Cannon (1863-1941), la cui prodigiosa laboriosità fu cruciale nella pubblicazione, fra il 1918 e il 1924 (con qualche ulteriore ampliamento) dello *Henry Draper Catalogue*. Il catalogo, che fornisce tipo spettrale e magnitudine di circa 225.000 stelle, è ancor oggi

* È in uso, come ausilio mnenonico per ricordare una sequenza che non riproduce più alcun ordine alfabetico, una frase introdotta da qualche studente di astronomia: «O Be A Fine Girl, Kiss Me Right Now, Sweetheart». [*N.d.T.*]

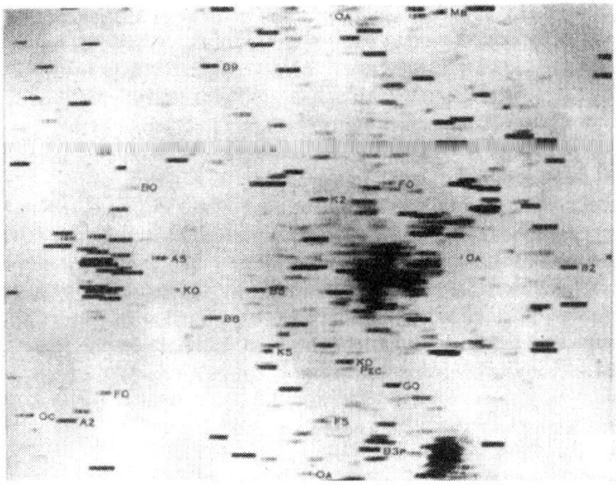

FIGURA 8.11 Una fotografia tipica usata nella preparazione del monumentale *Henry Draper Catalogue.* Le fotografie venivano fatte per lo più con camere di 20 cm di apertura e prismi con angolo di 5° o 13°. Questa fotografia fu eseguita nell'avamposto australe di Arequipa, in Perù, e presenta una regione del cielo intorno alla stella variabile Eta Carinae. Sono state indicate le classificazioni di alcuni spettri per usare questa foto in antiporta nell'ultimo volume del catalogo, pubblicato nel 1924. (Per gentile concessione dell'Istituto di Astronomia dell'Università di Cambridge)

prezioso, «la più grande opera singola nel campo della spettroscopia stellare». È interessante notare che la congettura di Zöllner che la sequenza dei tipi spettrali delineasse anche la storia della vita delle stelle era considerata ancora utile, se non accettata come certa. Le stelle O B A furono designate come i «primi tipi», e le G K M come «tipi tardi», e quest'uso continuò curiosamente per molto tempo fra gli astronomi anche dopo che si fu accertato che le cose erano molto più complicate.

MAGNITUDINE IN FUNZIONE DEL TIPO SPETTRALE: IL DIAGRAMMA H-R

I classificatori di Harvard avevano notato sottili differenze fra spettri altrimenti identici: in particolare, nei tipi spettrali tardi alcune stelle avevano righe molto strette. Nel 1905 Ejnar Hertzsprung (1873-1967) notò che tali stelle tendevano ad avere moti

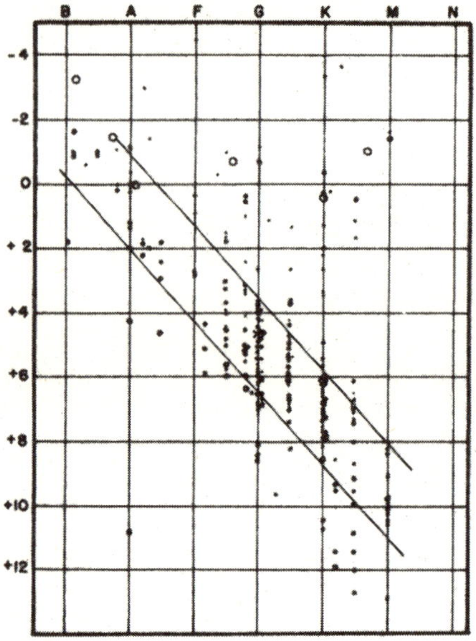

FIGURA 8.12 Il diagramma di Henry Norris Russell del 1913, che mette in correlazione le magnitudini assolute delle stelle con i loro tipi spettrali. (Per gentile concessione dell'Istituto di Astronomia dell'Università di Cambridge)

propri piccolissimi, ed erano quindi probabilmente lontane e molto luminose.

Intorno al 1910 circa cominciarono a essere disponibili per un numero significativo di stelle singole due elementi di informazione distinti. Il primo era il tipo spettrale, o l'indice di colore, o la temperatura superficiale della stella, tutte cose strettamente connesse fra loro. Il secondo, che era determinabile con maggiore difficoltà, era la distanza di una stella, la quale permetteva di trasformare col calcolo la magnitudine (apparente) di una stella in una «magnitudine assoluta» o «energia luminosa».

La domanda che ci si doveva porre era: una stella di una particolare magnitudine assoluta può appartenere a qualsiasi tipo spettrale o avere una certa temperatura superficiale, o nell'universo sono permesse solo certe combinazioni di queste quantità? In altri termini, se si segna in un grafico, per ogni stella, il valore della magnitudine assoluta in funzione (per esempio) del tipo spettrale, i punti segnati in tal modo nel diagramma sono disseminati dappertutto o si presentano solo in alcune sue regioni? Un diagramma del genere fu realizzato nel 1913 da Henry Norris Russell (1877-1957) della Princeton University, usando tutte le stelle per le quali pensava che si possedessero distanze attendibili. Nato a

Oyster Bay, nello stato di New York, Russell aveva studiato fino alla laurea a Princeton, recandosi poi a Cambridge, in Inghilterra, a compiere ricerche di postdottorato: in tale occasione aveva fatto esperienza nella misurazione di parallassi stellari fotografiche. Tornato al Princeton Observatory nel 1905, ne fu direttore dal 1912 al 1947. Nonostante le sue condizioni di salute non eccellenti, Russell fu un ricercatore infaticabile in vari campi importanti dell'astrofisica, ed ebbe un'influenza su questa disciplina paragonabile solo a quella di G.E. Hale.

Nell'invenzione del suo diagramma, Russell era stato parzialmente anticipato un anno o due prima da Hans O. Rosenberg (1879-1940) e da Hertzsprung, che avevano costruito diagrammi simili per le stelle degli ammassi delle Pleiadi e delle Iadi; le stelle di ognuno di questi ammassi aperti sono press'a poco alla stessa distanza da noi, cosicché le loro magnitudini apparenti hanno una stretta correlazione con le loro magnitudini assolute.

Tali diagrammi acquistarono un'importanza cruciale per capire come si evolvono le stelle: essi divennero noti nel gergo degli astronomi come diagrammi di Hertzsprung e Russell o «diagrammi H-R». Già esaminando il suo primo diagramma Russell pensò di poter dire che la natura fissa dei limiti ai tipi di stelle che possono esistere. C'erano due bande principali popolate da stelle. Una di esse, divenuta poi nota come la Sequenza principale, scendeva obliquamente dalle stelle caldissime, più luminose, a sinistra in alto, fino alle stelle fredde, di luminosità intrinsecamente modesta, in basso a destra. In alto c'era il Ramo delle giganti: le stelle più luminose potevano appartenere a qualsiasi tipo spettrale.

Al crescere dell'esattezza delle misurazioni questi caratteri del diagramma H-R furono confermati, e divennero riconoscibili anche altri caratteri. Una scoperta importante, fatta nel 1914 all'Osservatorio di Monte Wilson da Walter S. Adams e da Arnold Kohlschütter, fu che fra gli spettri delle stelle della Sequenza principale e quelli delle stelle del Ramo delle giganti c'erano altre sottili differenze, rivelate dall'intensità relativa di coppie particolari di righe. Tali differenze erano già state notate dai classificatori di Harvard, anche se senza comprenderne il significato. Ora, attraverso un attento esame dello spettro di una stella, era comunque possibile identificare a quale parte del diagramma H-R standard una stella apparteneva, derivarne la magnitudine assoluta e in questo modo – conoscendone dall'osservazione la magnitudine apparente – determinarne la distanza. Attraverso l'accurato perfezionamento dello schema di classificazione spettrale di Harvard realizzato negli anni Trenta da William W. Morgan e colleghi allo Yerkes Observatory, questo metodo inverso di usare il diagramma H-R per determinare distanze a partire dai tipi spettrali osservati e dalle magnitudini apparenti delle stelle («parallassi spettroscopiche») divenne uno strumento potente per determinare le distanze delle stelle molto oltre il raggio d'azione del metodo trigonometrico.

SPETTRI ATOMICI E COMPOSIZIONE CHIMICA DELLE STELLE

Entro il 1920 circa si era accumulato un corpus enorme di conoscenza sugli spettri. Frattanto, erano stati trovati nuovi effetti nella fisica solare. Per esempio, nel 1896 il fisico olandese Pieter Zeeman (1865-1943) aveva scoperto in laboratorio la scissione di alcune righe spettrali dovute al ferro generate in presenza di un intenso campo magnetico; questa scoperta fu usata prontamente per identificare e misurare l'intensità dei campi magnetici nelle macchie solari.

Ora, gli spettri delle caldissime stelle azzurre presentavano solo un piccolo numero di righe molto nere dovute all'idrogeno e all'elio; nelle stelle più fredde queste righe erano molto più deboli, mentre erano innumerevoli le righe dovute a metalli come il ferro e il cromo. Ciò significava forse che nelle stelle più calde non c'era cromo? E perché negli strati più esterni del Sole, composti presumibilmente dalla stessa mescolanza di gas, le macchie solari, più fredde, avevano uno spettro così diverso da quello della fotosfera?

La spiegazione di questo grande corpus di conoscenze empiriche era a portata di mano, ma venne da scoperte parallele fatte in fisica sulla radiazione e sulla struttura dell'atomo. Nel 1901 il fisico berlinese Max Planck (1858-1947) fondò la teoria quantistica, secondo la quale la luce e altre forme di radiazione elettromagnetica, come i raggi X, vengono emesse o assorbite sotto forma di pacchetti di energia discreti, detti quanti. A Manchester, nel 1911, il neozelandese Ernest Rutherford (1871-1937) propose un modello dell'atomo in cui un nucleo, di carica positiva, era circondato da una nuvola di elettroni, di carica negativa. Due anni dopo il fisico teorico danese

Niels Bohr (1885-1962) combinò caratteri di entrambe le teorie per sviluppare un nuovo modello dell'atomo che potesse permettere non solo di spiegare le righe nette che si osservavano negli spettri, ma anche di calcolarne le lunghezze d'onda e di predire le lunghezze d'onda di nuove righe da cercare. Pur non essendo altro che un modello che doveva servire solo a calcolare e a predire, l'«atomo di Bohr» fu molto utile e continuò a essere usato nelle interpretazioni degli spettri atomici anche dopo che si fu capito, con l'introduzione della meccanica quantistica e della teoria ondulatoria dell'elettrone, che l'atomo reale era molto più complesso.

Nel modello dell'atomo di Bohr il nucleo, elettricamente carico, era circondato da un certo numero di elettroni di carica negativa, che ne controbilanciavano esattamente la carica, rendendo così l'atomo globalmente neutro. Gli elettroni, disposti in una sequenza di gusci di raggio crescente, orbitavano intorno al nucleo, e i tipi di righe che apparivano nello spettro dell'elemento erano determinati dal numero e dalla disposizione di tali gusci elettronici. Quando però un gas veniva riscaldato poteva perdere uno o più dei suoi elettroni esterni trasformandosi in uno ione, di carica positiva, e le orbite elettroniche cambiate davano uno schema di righe del tutto diverso.

Questo tipo di teoria, combinato con la conoscenza delle temperature e densità negli strati esterni del Sole e delle stelle, fu usato intorno al 1920 dal fisico indiano Meghnad Saha (1894-1956) per dare una spiegazione molto soddisfacente sia delle grandi differenze fra gli spettri di vari tipi di stelle sia anche delle differenze più sottili fra gli spettri di stelle giganti e nane dello stesso tipo spettrale. Questa spiegazione fornì a sua volta una base all'uso di metodi come le parallassi spettroscopiche, che in precedenza si erano fondati sull'esperienza empirica.

CECILIA PAYNE E L'ABBONDANZA DI IDROGENO NELLE STELLE

Cecilia Payne (poi Payne-Gaposchkin, 1900-1979) nacque in Inghilterra e, dopo essersi laureata all'Università di Cambridge, andò per le sue ricerche di dottorato allo Harvard College Observatory, dove rimase per il resto della sua carriera. La sua tesi del 1925, *Stellar Atmospheres*, fu descritta in seguito da Otto Struve come «la tesi di dottorato più brillante che sia mai stata scritta in astronomia». Dopo avervi chiaramente stabilito la relazione fra temperatura e classe spettrale di una stella, la Payne passava a considerare l'abbondanza relativa degli elementi, suggerendo che c'erano prove che nella maggior parte delle stelle l'idrogeno era enormemente più abbondante, di quanto si fosse mai supposto. In un primo tempo la sua idea non fu accettata, ma nel 1929 H.N. Russell ne era stato convinto, e scrivendo sull'atmosfera del Sole concluse che essa conteneva «60 parti di idrogeno (in volume), 2 di elio, 2 di ossigeno, 1 di vapori metallici e 0,8 di elettroni liberi, provenienti praticamente tutti dalla ionizzazione dei metalli». Ricerche posteriori avrebbero modificato queste cifre ma non la conclusione principale, che l'elemento di gran lunga più importante nelle stelle è l'idrogeno, seguito dall'elio.

Altre spiegazioni seguirono dall'uso della teoria fisica. Così, per esempio, nel 1927 Ira S. Bowen del California Institute of Technology mostrò che le righe erroneamente attribuite all'elemento non ancora scoperto del nebulio erano causate in realtà dall'ossigeno in uno stato insolito di ionizzazione, e nel 1941 (come ho già menzionato) Bengt Edlén spiegò similmente le righe del «coronio» come causate dal ferro.

EDDINGTON E LA RELAZIONE MASSA-LUMINOSITÀ

Press'a poco nello stesso tempo ci furono altre fruttuose interazioni fra osservazione e teoria. Le dimensioni delle stelle non possono essere determinate direttamente al telescopio misurandone semplicemente il disco poiché sono troppo lontane. Esse potrebbero essere inferite in due modi: o studiando binarie a eclisse o calcolando quale dovrebbe essere la superficie di una stella (e quindi il suo diametro) per emettere la quantità osservata di energia (magnitudine assoluta) alla temperatura superficiale (indice di colore) risultante dall'osservazione. Per determinare la densità della stella, e l'attrazione gravitazionale alla sua superficie, si richiedeva una conoscenza della sua massa, ovvero della quantità di materia in essa contenuta.

C'era un solo modo in cui si poteva determinare la massa di una stella, ed era attraverso l'applicazione della legge dell'attrazione gravitazionale di Newton alle orbite misurate di stelle binarie. Ecco perché lo studio di queste stelle era così importante, e così preziose le informazioni fornite dalle binarie spettroscopiche strette. Informazioni del genere erano disponibili solo per un numero relativamente piccolo di stelle. Divenne tuttavia evidente che le stelle potevano avere masse sorprendentemente varie. Nel 1924 Arthur Stanley Eddington (1882-1944), dell'Università di Cambridge, raccolse le informazioni disponibili e trovò masse stellari variabili fra un cinquantesimo della massa del Sole e venticinque masse solari. Fatto più importante, mostrò in modo convincente che questi valori erano strettamente connessi alle magnitudini assolute delle stelle. Esisteva una relazione massa-luminosità, nel senso che le stelle di massa maggiore erano le più luminose: le stelle di 25 masse solari emettevano un'energia 4000 volte circa maggiore di quella emessa dal Sole.

LA SORGENTE DELL'ENERGIA STELLARE

Da dove veniva tutta quell'energia? Parve infine che il problema della sorgente dell'energia stellare, che aveva lasciato confusi i fisici dell'Ottocento, fosse vicino alla sua soluzione. Si guardava con sempre maggior favore all'ipotesi che la chiave del problema fosse nella teoria generale della relatività (1915) di Albert Einstein (1879-1955), in cui si sosteneva la convertibilità della massa in energia. Nel libro semidivulgativo *Stars and Atoms* (1927), Eddington congetturò che quattro atomi di idrogeno (ognuno di massa 1) potessero combinarsi a formare un atomo di elio (che ha la massa di 3,97 unità, di poco inferiore alla somma delle masse dei quattro atomi di idrogeno). «Secondo me l'*esistenza* dell'elio è la prova migliore che potremmo desiderare della possibilità della sua *formazione*... Mi rendo conto che secondo molti critici le condizioni esistenti nelle stelle non sarebbero abbastanza estreme per determinare la trasmutazione: la temperatura non sarebbe abbastanza elevata. Essi si espongono però a una replica ovvia; noi diciamo loro di trovarci *un luogo più caldo*.»

Eddington aveva ragione: risultò infatti che la reazione nucleare che egli suggeriva avesse luogo nel caldissimo nucleo centrale delle stelle era effettivamente la sorgente dell'energia delle stelle

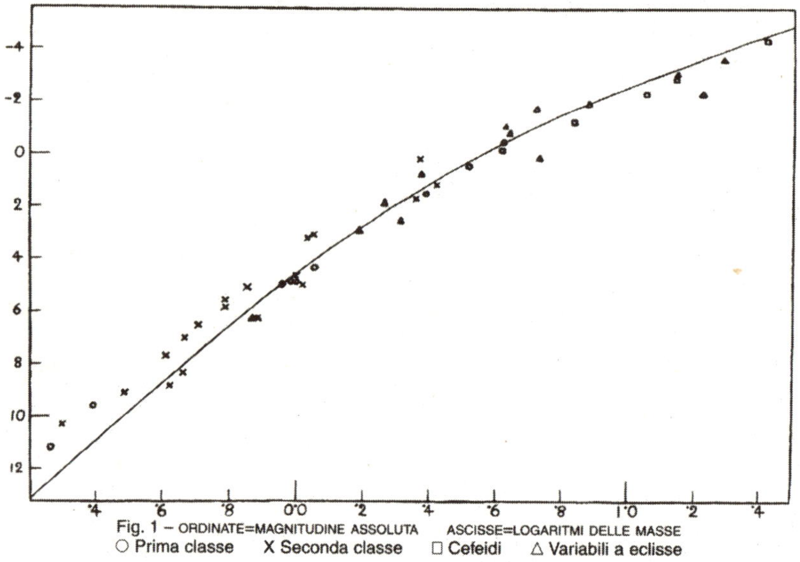

FIGURA 8.13 Il diagramma massa-luminosità per le stelle di Arthur Stanley Eddington (1924). Il grafico registra la magnitudine assoluta (scala verticale) in funzione del logaritmo della massa (scala orizzontale): ogni simbolino rappresenta una singola stella. Il Sole (non incluso) avrebbe magnitudine assoluta di 5 circa e massa esattamente 1 (logaritmo = 0). La curva è disegnata sulla base della teoria. (Per gentile concessione dell'Istituto di Astronomia dell'Università di Cambridge)

della Sequenza principale. Al tempo stesso, però, non poteva fare altro che formulare ipotesi, e pensava che ci fossero anche altre possibilità. Nello stesso passo continuava: «... Le prove, tuttavia, non sono molto coerenti, e non penso si possa pervenire a una conclusione ben definita». Per capire esattamente come potessero operare le reazioni occorrevano altre informazioni dalla fisica nucleare. Era evidente che doveva esserci un processo suddiviso in vari passi, visto che la probabilità che quattro atomi di idrogeno entrassero istantaneamente in collisione fra loro per formare l'elio sembrava molto piccola. Vari fisici e astronomi studiarono il problema per tutti gli anni Trenta.

Il gallese Robert d'Escourt Atkinson e l'olandese E Houtermans, lavorando insieme a Gottinga, avevano fornito nel 1929 una teoria iniziale delle interazioni nucleari fra gli elementi più leggeri negli interni stellari. Alla Rutgers University, nel New Jersey, Atkinson apprese nel 1931 della grande abbondanza recentemente accettata dell'idrogeno nelle stelle, e considerò i meccanismi per mezzo dei quali poteva aver luogo la fusione di idrogeno in elio. In seguito, in Germania, Carl Friedrich von Weizsäcker spiegò come ulteriori interazioni potessero produrre elementi più pesanti dell'elio.

Infine, nel 1939, il fisico e astronomo nato in Germania Hans Albrecht Bethe (1906-2005), allora alla Cornell University, propose un meccanismo che fu generalmente accettato come plausibile e che era in accordo sia con la fisica nucleare nota sia con le condizioni accettate di densità e temperatura nel centro delle stelle. Esso derivava dalle ricerche di Eddington, esposte nel suo libro classico del 1926, *The Internal Constitution of Stars*.

Ma ormai si era arrivati al 1939, e per un'ironia della storia molti di coloro che avevano contribuito alla soluzione del problema si sarebbero trovati ben presto impegnati a usare le loro conoscenze a più sinistri fini militari.

STELLE INSOLITE

In un certo volume di spazio intorno a noi – per esempio una sfera di 50 anni-luce di raggio – le stelle del tipo di gran lunga più comune sono meno luminose del Sole: sono le stelle nane all'estremo inferiore della Sequenza principale. In un diagramma H-R, perciò, le stelle giganti – sia le azzurre sia le rosse – sono molto sovrarappresentate, in quanto, pur essendo relativamente rare, sono visibili a distanze molto maggiori. Rare o comuni che siano, però, quasi tutte le stelle si trovano nei due rami principali del diagramma.

Solo pochissime ne rimangono fuori. Una di queste, in effetti, era già visibile nel primo diagramma della magnitudine assoluta in funzione del tipo spettrale elaborato da Russell: una stella intrinsecamente debole del tipo spettrale A nella parte a sinistra in basso del diagramma (figura 8.12). È la compagna più debole di una stella doppia vicina a noi nella costellazione di Eridano. Si conoscevano alcune altre stelle simili. La stella molto splendente Sirio, a circa 9 anni-luce di distanza dal Sole, aveva un moto proprio molto rapido, e nel 1844 Friedrich Wilhelm Bessel (1784-1846) annunciò che il suo moto era molto irregolare e che la stella si muoveva su una linea ondulante. La spiegazione più semplice era che Sirio fosse una stella doppia con una compagna molto debole o addirittura oscura. Una ventina di anni dopo il costruttore di telescopi americano Alvan Clark jr., provando un nuovo telescopio rifrattore, vide per la prima volta la compagna debole «Sirio B»: questa era situata allora in modo favorevole per essere scoperta nella sua orbita intorno alla compagna più luminosa. Il periodo orbitale di Sirio B è risultato essere di cinquant'anni.

Queste stelle nane esterne ai due rami principali del diagramma H-R divennero note come «nane bianche». Per quelle che appartengono a sistemi binari c'era, come abbiamo visto, la possibilità di determinarne la massa. Queste nane bianche risultarono essere stelle paradossali, con massa non troppo diversa da quella del Sole, ma con dimensioni (inferite dalla temperatura superficiale e dalla luminosità apparente) non molto maggiori di quelle della Terra. Ne risultava una densità enorme: come scrisse Eddington, una tonnellata del loro materiale avrebbe potuto essere contenuta in una scatola per fiammiferi. La situazione, intorno al 1914, era imbarazzante; gli astronomi pensavano che dovesse esserci qualcosa di sbagliato, ma non sapevano che cosa. Per potere spiegare i caratteri peculiari di questo tipo di stelle si richiedeva una comprensione migliore sia della fisica atomica sia della struttura interna delle stelle; infine, nel 1926, Ralph Howard Fowler (1889-1944), di Cambridge, usò le teorie sviluppate recentemente della fisica quantistica per spiegare l'esistenza della cosiddetta materia degenere di densità così elevata.

Nel 1931 il giovane matematico indiano Subrahmanyan Chandrasekhar (1910-1995), allievo di Fowler, calcolò per la massa di tali stelle un limite superiore (chiamato in seguito limite di Chandrasekhar, vedi p. 397). Le nane bianche sono esempi di oggetti per i quali l'osservazione ha preceduto la comprensione. Le prime furono scoperte nell'Ottocento; ulteriori osservazioni all'inizio del Novecento rivelarono la loro densità incredibilmente elevata, ma occorsero nuove teorie della fisica degli stati della materia per spiegarle e per confermare che le osservazioni erano state corrette, e correttamente interpretate.

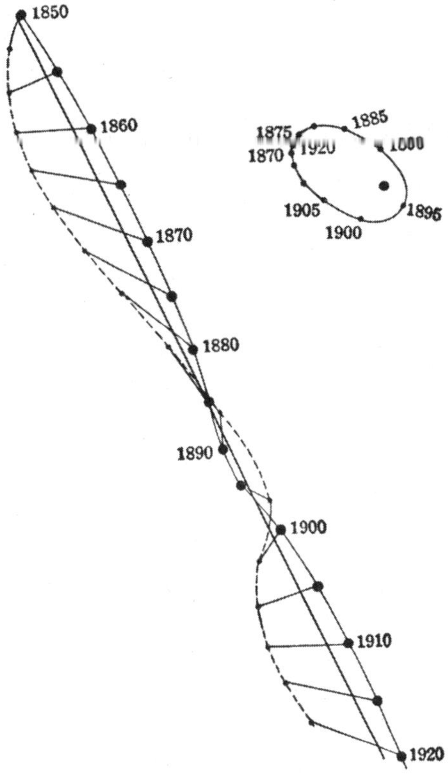

FIGURA 8.14 Il percorso di Sirio in cielo dal 1850 al 1920. Il diagramma minore illustra l'orbita di Sirio B intorno a Sirio. (Per gentile concessione dell'Istituto di Astronomia dell'Università di Cambridge)

Ma può verificarsi anche la via alternativa alla scoperta. Nel 1932 James Chadwick identificò in laboratorio una nuova particella fondamentale della struttura dell'atomo: il neutrone; e i due astronomi di Pasadena Fritz Zwicky (1898-1974), nato in Svizzera, e Walter Baade (1893-1960), nato in Germania, suggerirono che le proprietà note di questa particella avrebbero permesso l'esistenza teorica di stelle, formate essenzialmente da neutroni compattati insieme, dalla densità molti milioni di volte superiore persino a quella delle nane bianche. Queste considerazioni teoriche, pubblicate nel 1934, attrassero poca attenzione a quel tempo, e solo nel 1967 (vedi p. 399) si trovò che tali oggetti (noti oggi col nome di «pulsar») esistono effettivamente; essi furono scoperti non in conseguenza di ricerche deliberate, bensì per un caso fortuito nel corso di ricerche di radioastronomia prive di alcuna relazione con essi.

C'erano anche altre classi di stelle rimaste fino allora enigmatiche che cedettero alla migliorata comprensione della struttura interna delle stelle. In particolare, le stelle variabili con curve di luce notevolmente regolari e con periodi costanti di cui è un esempio la stella visibile a occhio nudo Delta Cephei (vedi p. 347) presentavano da molto tempo un problema. L'americano Harlow Shapley (vedi pp. 346-347) aveva mostrato nel 1914 che si doveva abbandonare ogni tentativo di spiegarle come binarie spettroscopiche, e suggerì che si trattava di stelle singole pulsanti. Questa idea fu sviluppata da astronomi teorici come Eddington, e la teoria fu elaborata in modo sempre più dettagliato negli anni Venti e Trenta del XX secolo. Le osservazioni di singole stelle di questo tipo (dette cefeidi dalla capostipite Delta Cephei) concordavano abbastanza bene con la teoria: mentre la stella oscillava in grandezza nel corso di un ciclo regolare, mutavano in conformità col periodo ciclico della pulsazione la sua velocità radiale osservata (il moto della sua superficie verso l'osservatore quando la stella si dilatava), la sua temperatura superficiale, il suo tipo spettrale e la sua magnitudine apparente. Questa comprensione diede agli astronomi una fiducia crescente nel fatto che queste stelle, di grande luminosità, potevano essere effettivamente molto utili nel compito di misurare le distanze nell'universo.

Continuavano a restare un rompicapo le stelle variabili più catastrofiche, come le novae. L'uso sempre più diffuso della fotografia nello studio sistematico del cielo accrebbe di molto il ritmo della loro scoperta e la conoscenza empirica del loro comportamento, e dal 1917 in poi (vedi p. 359) si cominciarono a scoprire stelle deboli con le stesse caratteristiche delle novae della Via Lattea nelle più grandi, e presumibilmente più vicine, fra le nebulose spirali. Solo molto tempo dopo, nel 1934, Baade e Zwicky stabilirono l'esistenza di due tipi distinti di novae: quelle comuni, che si presentano in galassie come la nostra al ritmo di dieci o venti all'anno, e le supernovae, molto più rare e ancora più notevoli, la cui luminosità può avvicinarsi a quella di tutte le altre stelle della galassia prese insieme. La probabile identificazione della Nebulosa del Granchio, nella costellazione del Toro, come residuo gassoso di una supernova esplosa nella nostra Galassia che è documentata in annali cinesi del 1054 d.C., è stata suggerita da Edwin Hubble nel 1928 e confermata da altri studi nel 1942. Ma anche se si conosceva ormai la sorgente dell'energia stellare, la causa di queste esplosioni stellari rimaneva un mistero, e tale rimase fino a poco tempo fa.

L'EVOLUZIONE DELLE STELLE

La grande maggioranza delle stelle, però, non presentavano variazioni di luminosità e potevano essere classificate (come abbiamo visto) in un numero limitato di tipi spettrali. Non appena ebbe inizio il processo di classificazione, fra il 1860 e il 1870, si riconobbe che la sequenza delle varie classi doveva contenere informazioni su come le stelle si formavano e su come si evolvevano a partire dal loro stato iniziale. Data la scarsa comprensione dei fenomeni fisici, al di là dell'impressione che la sorgente dell'energia stellare potesse risiedere nella contrazione di Kelvin-Helmholtz (vedi p. 295), e la conoscenza praticamente nulla della grandezza o della massa delle stelle o del perché esse avessero spettri così diversi fra loro, i primi tentativi di capire la storia della vita delle stelle potevano essere poco più che congetturali.

C'erano, in proposito, due scuole di pensiero principali. Una, seguendo il suggerimento fatto da Zöllner nel 1865 (vedi p. 318), sosteneva che le stelle appena formate erano bianche e caldissime, come Sirio. C'era qualche elemento a sostegno di quest'idea; si era infatti notato che alcune stelle presentavano, oltre a righe di emissione molto splendenti, anche righe di assorbimento scure, suggerendo che la stella contenesse ancora qualche traccia della sua origine nebulare. La stella, raffreddandosi e contraendosi, passava poi per la fase di stelle come il Sole e poi per quelle delle stelle rosse, avviandosi verso la sua presunta estinzione. Questa fu essenzialmente l'opinione adottata da H.K. Vogel, dell'Osservatorio Astrofisico di Potsdam.

Un paio di decenni dopo, verso la fine degli anni Ottanta, Norman Lockyer sviluppò una teoria un po' più elaborata che si fondava su due idee distinte. La prima era la sua «ipotesi meteoritica», esposta infine nel libro *Meteoritic Hypothesis* del 1890; l'idea era che «tutti i corpi dotati di luce propria nello spazio celeste siano composti o di sciami di meteoriti, o di masse di vapore meteoritico prodotto dal calore». In altri termini, la materia primordiale da cui avevano preso forma le stelle era composta da pezzi di roccia e non da gas. La seconda era un tentativo di spiegare perché uno stesso elemento chimico, negli spettri di laboratorio, desse insiemi diversi di righe nell'arco elettrico (caldissimo) e nella scintilla (ancora più calda). Ciò postulava che, ad alte temperature, gli elementi fossero scissi in parti più semplici, da lui chiamate «protoelementi». Entrambe le idee, pur essendo sbagliate nei particolari, ne preannunciavano altre che sarebbero state in seguito accettate: nello spazio interstellare ci sono particelle solide; e i protoelementi di Lockyer sono affini agli atomi ionizzati della moderna teoria atomica. La teoria di Lockyer dell'evoluzione stellare (figura 8.15) aveva inizio con grandi stelle fredde condensate dal materiale interstellare. La loro temperatura aumentava per effetto della loro contrazione gravitazionale, fino a quando l'aumento di temperatura era controbilanciato dalla perdita dovuta alla radiazione; successivamente aveva inizio una fase finale di raffreddamento.

Gli astronomi della generazione seguente, compresi Hertzsprung e Russell, furono pronti a vedere che la distinzione fra stelle giganti e nane, evidente nei primi diagrammi H-R (vedi p. 327), forniva importanti nuovi indizi sull'evoluzione stellare. In

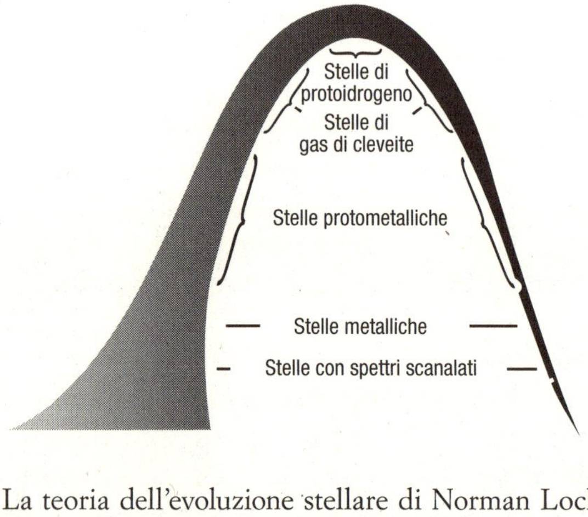

FIGURA 8.15 La teoria dell'evoluzione stellare di Norman Lockyer. Questo è solo un diagramma illustrativo, e può essere considerato un grafico con la temperatura che cresce verso l'alto, mentre l'età di una stella cresce da sinistra a destra. (Per gentile concessione dell'Istituto di Astronomia dell'Università di Cambridge)

un articolo semidivulgativo del 1914, Russell accettò la nozione, condivisa da tutti gli altri, che la sorgente dell'energia stellare fosse la contrazione, così che l'evoluzione procedeva nella direzione dell'aumento della densità e della diminuzione della grandezza. Formatesi come giganti rosse di tipo spettrale M, le stelle percorrevano dapprima il Ramo delle giganti in direzione dell'aumento della temperatura, passando in ordine inverso per i vari tipi spettrali verso le classi A o B; scendevano poi lungo la sequenza principale, questa volta seguendo l'ordine dei tipi spettrali per tornare di nuovo al tipo spettrale M. Arrivata in fondo a questo percorso la stella era ormai una nana fredda. La teoria di Russell dell'evoluzione stellare, pur fondandosi su un insieme di dati diverso e meglio stabilito, aveva caratteri non dissimili da quelli della teoria di Lockyer: per esempio, l'affermazione che una stella raggiunge la sua massima temperatura alla metà del suo ciclo storico. La teoria era semplice, si conciliava bene con le osservazioni, e fu generalmente accettata.

Ma la teoria si trovò in difficoltà entro dieci anni, quando emersero nuove idee che abbiamo già menzionato (vedi pp. 330-331) sulle atmosfere stellari, sulla struttura delle stelle e sulla relazione massa-luminosità. Nel 1926 Russell produsse una teoria diversa, che era però più speculativa ed ebbe meno consensi. Essa conteneva tuttavia una nuova idea di importanza cruciale: l'evoluzione di una stella era determinata primariamente dalla sua massa iniziale, che rimaneva essenzialmente immutata, e le stelle non erano costrette a muoversi lungo il Ramo delle giganti e la Sequenza principale, ma potevano attraversarli: questi due rami non erano quindi dei percorsi, bensì piuttosto dei luoghi su cui le stelle rimanevano in una configurazione stabile per parti importanti della loro vita. Il fatto che in alcune aree del diagramma H-R non fossero presenti stelle significava che le stelle passavano rapidamente per tali combinazioni di luminosità e tipo spettrale, cosicché in qualsiasi tempo la maggior parte delle stelle si trovavano nelle aree del Ramo delle giganti o della Sequenza principale.

Una comprensione più completa dell'evoluzione delle stelle in funzione delle diverse masse iniziali sarebbe emersa solo gradualmente dall'intuizione di Russell del 1926 e dalla proposta di Bethe di una sorgente accettabile di energia nucleare nel 1939. Ancora oggi la spiegazione non è completa nei dettagli, e rimangono in-

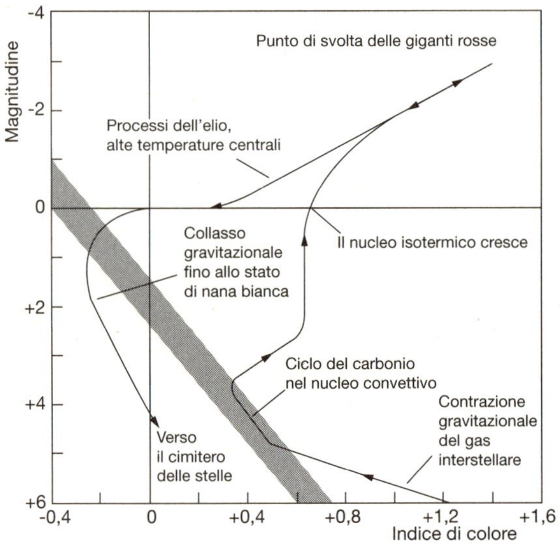

FIGURA 8.16 L'evoluzione di una stella di massa un po' maggiore del Sole, come veniva compresa nel 1958. Il diagramma è di Bart J. Bok. (Per gentile concessione dell'Istituto di Astronomia dell'Università di Cambridge)

certezze, per esempio, su quale sia l'età delle stelle più vecchie nelle aggregazioni sferiche di stelle note come ammassi globulari. Entro il 1960, però, erano state comprese le grandi linee di quella che risultò essere una situazione molto complessa, e la nostra comprensione è cambiata da allora solo in dettagli e non in elementi fondamentali. La vita della maggior parte delle stelle può essere compendiata – nella cornice del diagramma H-R – in quattro fasi:

1) La stella si condensa dal mezzo interstellare e si sistema abbastanza rapidamente in una configurazione stabile sulla Sequenza principale: quanto più grande è la massa della stella, tanto più essa è luminosa e più vicina all'inizio della classificazione spettrale (appartenendo per esempio al tipo F piuttosto che al tipo M).
2) La stella trascorre gran parte della sua vita in questa configurazione stabile, derivando energia dalla conversione di idrogeno in elio che avviene nel suo nucleo; quanto più grande è la massa della stella, tanto più rapida è la sua evoluzione.

3) Una volta esaurito l'idrogeno presente nel nucleo, la stella «migra» piuttosto rapidamente sul Ramo delle giganti, dove trae altra energia dall'ulteriore conversione del nucleo di elio in elementi più pesanti.
4) Quando queste sorgenti di energia sono infine esaurite, la stella attraversa il diagramma H-R verso sinistra, scendendo in conseguenza del collasso gravitazionale allo stato di nana bianca.

Per stelle di massa molto piccola, per esempio di un decimo della massa del Sole, la sequenza evolutiva procede molto lentamente, cosicché persino le stelle più vecchie si trovano ancora nella fase 1. Le stelle di grande massa si evolvono invece con grande rapidità. Esse hanno una durata di vita totale di milioni anziché di miliardi di anni, e le fasi finali del loro collasso sono contrassegnate da fenomeni estremi, come la genesi di supernovae e la formazione di oggetti esotici, come stelle di neutroni. Il diagramma, di Bart J. Bok, alla figura 8.16, mostra l'evoluzione di una stella di massa un po' maggiore del Sole come veniva compresa nel 1958.

La struttura della Galassia

Nel tentativo compiuto nel 1785 di determinare la struttura della Galassia (vedi p. 266), Wilhelm Herschel, come altri prima di lui, aveva adottato l'opinione che la Via Lattea sia l'effetto ottico della nostra immersione in uno strato di stelle, ma i suoi sforzi per definire la forma di tale strato si erano imbattuti in difficoltà insuperabili.

Né aveva avuto risultati molto migliori John Herschel. Molto impressionato dalla Via Lattea qual era visibile dal Capo di Buona Speranza, aveva pensato che la Galassia fosse formata da un ammasso centrale piuttosto rarefatto, circondato da stelle concentrate in braccia sinuose la cui forma complessiva gli sfuggiva.

Nel 1845 il grande riflettore di Lord Rosse rivelò la forma a spirale di alcune nebulose (vedi p. 274). La Galassia stessa poteva essere una spirale? Ci sorprende un po' che John Herschel non abbia mai suggerito questa possibilità, ma nel 1852 Stephen Alexander (1806-1883), professore in quella che oggi è la Princeton University,

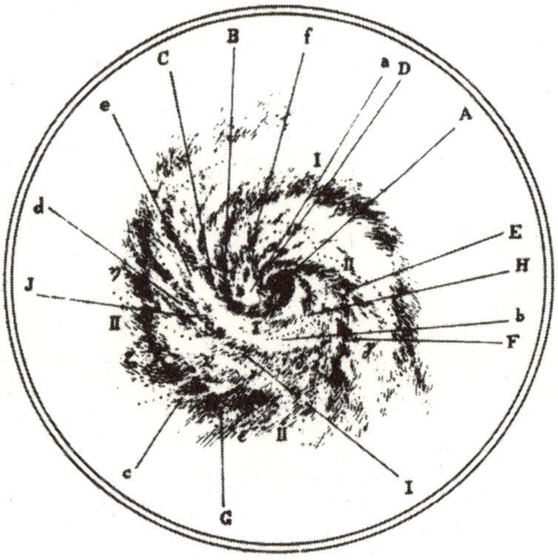

FIGURA 8.17 Parte di un disegno eseguito nel 1900 da Cornelis Easton, che illustra la forma a spirale da lui attribuita alla nostra galassia. Easton usò lettere per illustrare vari particolari che la Via Lattea dovrebbe presentare se la Galassia avesse questa forma. (Collezione privata)

pubblicò una discussione intitolata *The Milky Way-A Spiral.* Nella spirale M99, la seconda a essere riconosciuta da Rosse, quattro rami si incurvavano a partire dall'aggregazione centrale. Alexander sostenne che, nell'ipotesi che il Sole e le stelle più luminose formassero l'aggregazione centrale di stelle in una spirale simile, scegliendo quattro rami di forma opportuna si vedrebbe un'immagine molto simile a quella che osserviamo effettivamente dalla Terra.

Il modello di Alexander era troppo artificioso per il gusto dei suoi contemporanei, e fu in gran parte dimenticato. Ma con le sempre nuove scoperte di nebulose spirali, la possibilità che la Galassia avesse una struttura a spirale riemerse inevitabilmente di tanto in tanto. Merita una particolare menzione in proposito il giornalista e astronomo dilettante americano Cornelis Easton (1864-1929), che intorno alla svolta del secolo produsse una serie di influenti disegni della Galassia immaginata come una struttura a spirale vista di fronte.

Un altro autore che cerco di riprodurre nei dettagli la complessità da lui osservata nella Via Lattea fu l'apprezzato astronomo

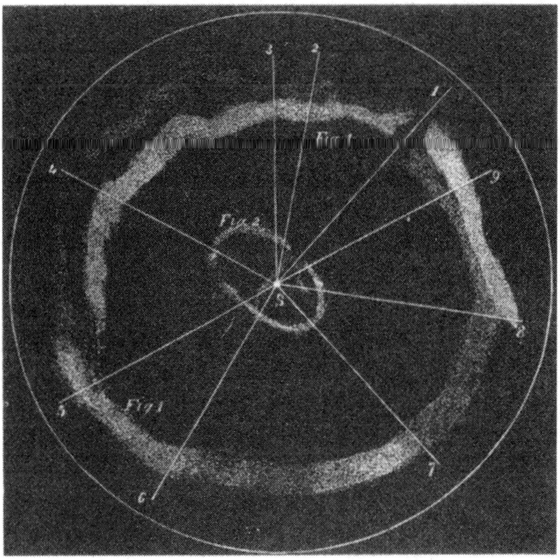

FIGURA 8.18 Schizzo di Richard Proctor dei caratteri principali della Via Lattea (fig. 1). Il disegno al centro (fig. 2) illustra il suo tentativo finale, compiuto negli anni Ottanta, per suggerire una forma della Galassia in grado di dare origine a tale aspetto. Per esempio, una biforcazione che si osserva nella Via Lattea (punto 9 nella fig. 1) potrebbe essere un risultato di un rivolgimento della Galassia su se stessa (in prossimità del Sole S, lungo la linea S_9, in fig. 2). (Per gentile concessione dell'Istituto di Astronomia dell'Università di Cambridge)

dilettante e divulgatore Richard Proctor (1837-1888). Qualcuno osservò che il suo modello del 1869 «assomigliava a un anello piegato e spezzato, con grossi estremi simili a nastri, ripiegati su se stessi ai due lati di un'apertura». La maggior parte degli astronomi, però, trovò il suo modello troppo complesso e quindi insoddisfacente.

Ancor meno attraente – ma per ragioni opposte – era il modello proposto una ventina d'anni prima, nel 1847, da Wilhelm Struve, sulla base di analisi statistiche dei conteggi di stelle di Wilhelm Herschel e di cataloghi stellari posteriori. Egli considerò un universo con un piano centrale (quello della Via Lattea) di estensione illimitata, in cui le stelle erano distribuite dappertutto con un grado uniformemente elevato di concentrazione. Ai due lati di questo piano centrale la densità delle stelle diminuiva in modo sistematico al crescere della distanza dal piano. Per spiegare la discrepanza fra il suo modello illimitato e il numero limitato delle stelle nell'universo osservabile, Struve ipotizzò della materia oscurante che rendeva invisibili le stelle molto lontane.

Ma nonostante la convinzione che Struve si fosse spinto troppo avanti nel costringere il sistema galattico sul letto di Procruste del suo modello, molti astronomi concordavano con la tesi che fosse giusto procedere statisticamente, procedendo dal sistema solare verso l'esterno ed esaminando prima le stelle più vicine e poi quelle più lontane. Si sperava di potere stimare in questo modo l'estensione del sistema delle stelle abbastanza vicine da essere risolvibili su lastre telescopiche, e di poter pervenire alla soluzione dell'enigma della Via Lattea. Entro la svolta del secolo, quando Charles A. Young (1834-1908), allora professore a Princeton, scrisse il *Manual of Astronomy*, era perciò emerso un consenso fra gli astronomi più prudenti. La maggior parte delle stelle visibili erano contenute in un disco piatto, il cui diametro era pari a 8-10 volte il suo spessore, e il cui raggio misurava almeno 10-20.000 anni-luce. Ad angolo retto al piano del disco, le stelle erano disseminate a grandi distanze fra loro, trapassando infine nella regione delle nebulose. «Quanto alla Via Lattea stessa, non è certo se le stelle che la compongono formino una sorta di piano sottile continuo o se siano disposte in una sorta di *anello*, o in *spire*, con uno spazio relativamente vuoto in centro dov'è situato il Sole.»

IL «PLAN OF SELECTED AREAS» DI KAPTEYN, 1906

Piano continuo? Anello? Spire? La ragione dell'incertezza era ovvia: il fatto che noi ci troviamo all'interno della Galassia ci pone in uno stato di grave difficoltà quando cerchiamo di raffigurarci il nostro sistema stellare nel suo insieme. Alcuni astronomi – fra cui, in particolare, Hugo von Seeliger (1849-1924), direttore dell'Osservatorio di Monaco di Baviera, e Jacobus Cornelius Kapteyn (1851-1922), professore a Groningen, in Olanda – accettarono la nozione che il modo di procedere più sicuro fosse quello che passava per lo studio delle stelle singolarmente visibili. Il guaio era che i dati necessari concernenti queste stelle – la loro posizione in cielo, la loro magnitudine apparente e i loro moti propri – si accumulavano troppo lentamente.

Il problema di fondo era che solo delle stelle più vicine era possibile determinare la distanza con semplici triangolazioni, mentre il metodo delle parallassi spettroscopiche apparteneva ancora al futuro. Doveva tuttavia essere vero in generale che, quanto più una stella è vicina tanto maggiore è in media il suo moto proprio; e quando si poté disporre di un numero sufficiente di dati concernenti i moti propri, questa verità poté essere sfruttata statisticamente per avere un criterio che permettesse di estendere le misurazioni molto più lontano nello spazio.

Come si potevano acquisire i dati necessari? Era chiaro che nella comunità astronomica esistente non c'era personale a sufficienza per investigare l'intero cielo al livello di dettaglio necessario, ma il compito poteva essere ridotto a proporzioni più maneggevoli scegliendo campioni di cielo rappresentativi e dividendoli fra un gran numero di osservatori. Nel 1906 Kapteyn pubblicò un *Plan of Selected Areas* e riuscì a convincere astronomi di tutto il mondo a farne la base di una campagna internazionale di collezione di dati.

Ma c'era una possibile insidia nascosta. Il suo metodo comportava l'analisi di moti propri e di magnitudini apparenti, e supponeva che si potesse fare pieno affidamento su queste ultime: che la luce delle stelle non fosse modificata e attenuata da materia oscurante celata negli spazi interstellari. Il problema fu riconosciuto, ma i dati disponibili a quei tempi sull'oscuramento della luce delle stelle lontane sembravano rassicuranti. Infine, però, si dovette constatare che sul piano galattico era effettivamente presente della polvere, e in quantità tali non solo da influire sulla magnitudine apparente delle stelle più vicine, ma addirittura da nascondere all'osservazione gran parte della Galassia. Kapteyn e i suoi collaboratori dovettero di conseguenza limitarsi, per quanto a malincuore, a una regione localizzata all'interno della Galassia, mentre il grosso del sistema galattico restava nascosto e sottratto alla loro comprensione. Di conseguenza le loro ricerche parvero confermare l'opinione comune che il Sole fosse situato in prossimità del centro della Galassia, il cui diametro doveva essere misurato in termini di alcune migliaia di anni-luce.

Mentre era in corso questo lavoro diligente e minuzioso, sulla scena americana apparve un audace giovane talento. Harlow

Shapley (1885-1972) era nato a Nashville, nel Missouri, e lavorò per un po' di tempo come cronista di giornale prima di riprendere gli studi. Nel 1911 ebbe una borsa di studio per andare a compiere ricerche con H.N. Russell a Princeton sulle binarie a eclisse, e nel 1914 fu assunto da G.E. Hale a Monte Wilson. La sua carriera all'osservatorio, come osservatore e brillante teorico, fu interrotta poco dopo dalla sua chiamata a Harvard, dove era vacante il posto di direttore. Mentre Russell aveva declinato l'offerta, Shapley desiderava moltissimo quel posto, e qualche mese dopo la sua sistemazione a Harvard lo ottenne. Conservò la carica di direttore fino al suo pensionamento nel 1952, creando un'atmosfera stimolante e svolgendo un ruolo importante nella comunità scientifica internazionale.

Poco prima di essere assunto a Monte Wilson, Shapley aveva parlato dei suoi piani per il futuro con Solon I. Bailey, dello Harvard College Observatory. Del personale di Harvard faceva parte anche Henrietta Leavitt (1868-1921), fra i cui compiti in anni recenti c'era stato il minuzioso esame delle stelle variabili sulle fotografie della Piccola Nube di Magellano eseguite nella stazione australe di Harvard nel Perù. Identificare una variabile attraverso l'esame delle differenze in un paio di fotografie era una cosa; molto più difficile era determinarne il periodo, ossia il numero di giorni che dividevano due massimi di luminosità. Ma valeva la pena di compiere tale sforzo, poiché tutti gli oggetti visibili nella Piccola Nube si trovavano press'a poco alla stessa distanza dalla Terra. Una differenza nella magnitudine apparente corrispondeva perciò a una differenza nella magnitudine assoluta, ossia nell'energia luminosa.

Nel 1908 Miss Leavitt aveva pubblicato una memoria nelle quale erano elencate 1777 variabili presenti nella Piccola Nube, e per sedici di queste era riuscita a determinare il periodo. Aveva in tal modo potuto constatare che, quanto più lungo era il periodo, tanto più luminosa era la stella. Quattro anni dopo il numero delle variabili di cui si conosceva il periodo era salito a 25, e Miss Leavitt aveva trovato una relazione matematica fra periodo e magnitudine apparente, e quindi fra periodo e luminosità. La relazione «periodo-luminosità» avrebbe avuto conseguenze importantissime per la storia dell'astronomia.

Nelle stelle variabili in questione (che Shapley aveva suggerito fossero stelle pulsanti, vedi p. 335), la luminosità saliva rapida-

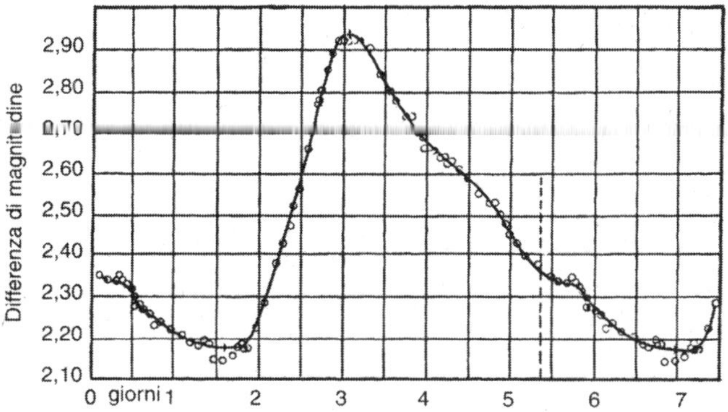

FIGURA 8.19 La curva di luce della Delta Cephei, il prototipo delle variabili cefeidi. Il ciclo delle cefeidi comprende un rapido aumento della luminosità a cui segue un lento declino, interrotto infine dal nuovo aumento. (Per gentile concessione dell'Istituto di Astronomia dell'Università di Cambridge)

mente a un massimo, dopo di che declinava lentamente per un certo numero di giorni, nello stesso modo che nella stella Delta Cephei, la cui variabilità era stata scoperta da John Goodricke già nel 1784. Tali «variabili cefeidi» sono molto luminose e quindi ben visibili, e la loro curva di luce caratteristica le rende abbastanza ben identificabili. Esse spiccano in un ammasso stellare come un faro sulle luci delle case e delle strade di un porto. Il riflettore di 1,5 metri di apertura di Monte Wilson era il telescopio più potente del mondo per lo studio di oggetti lontani e perciò deboli, e Bailey – che era riuscito a identificare un certo numero di cefeidi in ammassi stellari «globulari» – suggerì a Shapley di proseguire questa ricerca con esso.

Gli ammassi globulari sono oggetti vistosi, aggregazioni sferiche di centinaia di migliaia di stelle. Edmond Halley aveva osservato nel 1677 il più luminoso di tutti, Omega Centauri, dall'isola di Sant'Elena (vedi p. 272), e molti altri erano stati scoperti da Wilhelm e John Herschel nelle loro ricerche sistematiche di nebulose. Curiosamente, come aveva notato John Herschel, gli ammassi globulari non sono affatto distribuiti in modo uniforme in cielo. Essi si trovano per la maggior parte in una metà del cielo, e non meno di un terzo sono concentrati nella regione del Sagittario, che comprende anche alcune fra le nubi stellari più ricche della Via Lattea. Nel 1909 l'astronomo svedese Karl Bohlin aveva suggerito che gli ammassi globulari formassero un sistema intorno al centro della Galassia, che perciò si troverebbe molto lontano nella direzione del Sagittario, a una distanza immensa dal Sole. Ma le speculazioni cosmologiche hanno una scarsa percentuale di successi, e ben pochi presero sul serio la congettura di Bohlin.

Misurare le distanze dei lontanissimi ammassi globulari sembrava un compito disperato, ma l'inventivo Shapley trovò un modo per venire a capo di questo problema. Supponendo che la relazione periodo-luminosità trovata dalla Leavitt per le cefeidi della Piccola Nube di Magellano sia valida anche per le cefeidi degli ammassi globulari, una cefeide con un dato periodo in un ammasso doveva avere la stessa magnitudine assoluta di una cefeide con lo stesso periodo in un secondo ammasso. Perciò la differenza della loro magnitudine apparente doveva riflettere la differenza delle loro distanze, e quindi anche delle distanze dei rispettivi ammassi.

In tal modo si potevano però ottenere solo distanze relative. Per convertirle in distanze assolute, era necessario calibrare la relazione di Miss Leavitt cominciando a stabilire la distanza reale di qualche cefeide. Le uniche cefeidi abbastanza vicine da giustificare l'idea di poterne determinare la distanza erano fra le stelle isolate appartenenti al vicinato del Sole nella Galassia; esse potevano inoltre essere prese in considerazione a questo fine solo se si faceva l'ulteriore assunto che fossero fisicamente simili a quelle delle Piccola Nube di Magellano e degli ammassi globulari. Assunti di uniformità di questo tipo sono alla base di qualsiasi tentativo di misurare grandi distanze in astronomia, e gli astronomi le cui ricerche dipendono da misurazioni di distanze hanno le dita permanentemente incrociate. Assunti del genere non erano però mai stati fatti con l'audacia e il virtuosismo che avrebbe manifestato Shapley.

Purtroppo anche le più vicine fra le cefeidi galattiche erano troppo lontane per poterne misurare le distanze con i metodi usuali. Per superare questa difficoltà Shapley usò procedimenti statistici ingegnosi – ma discutibili –, e ottenne così la necessaria calibrazione. Fatto questo, si accinse a usare questo metro nella misurazione dell'universo. A questo punto era in grado di ottenere una distanza per qualsiasi ammasso globulare contenente qualche cefeide di cui si potessero determinare il periodo e la magnitudine apparente.

Era peraltro una cosa più facile da dirsi che da farsi; persino su una lastra impressionata col riflettore di 1,5 metri le singole stelle di un ammasso globulare erano debolissime, sempre che fossero visibili. Per identificare una stella come una variabile cefeide, e per determinarne il periodo, da un massimo di luminosità al successivo, si richiedevano molte di tali lastre. Con la dedizione di un giovane spinto dall'ambizione, Shapley lavorò instancabilmente fino a quando non ebbe identificato i periodi delle cefeidi in una dozzina degli ammassi globulari più vicini.

Poi si imbatté nel problema successivo: negli ammassi più lontani le cefeidi erano troppo deboli per essere visibili. Shapley aveva notato però che le stelle più luminose in un ammasso avevano magnitudine assoluta simile a quella delle stelle più luminose in altri ammassi. Fece allora un altro assunto di uniformità, che gli permise di passare dagli ammassi in cui si potevano ancora osservare cefeidi ad ammassi più lontani in cui si potevano risolvere solo le stelle più luminose.

Infine, a distanze alle quali non si scorgevano più neppure le stelle più splendenti, egli fece un altro assunto ancora, che gli ammassi stessi fossero fisicamente uniformi. Confrontando perciò il diametro apparente di un ammasso lontano con quello di un ammasso di distanza nota, si otteneva la distanza dell'ammasso lontano.

Con questa successione di passi ardimentosi, nel 1917 Shapley pervenne, per gli ammassi globulari più lontani, a una distanza di circa 200.000 anni-luce. Era una distanza molte volte maggiore del diametro allora accettato dell'intera Galassia. Per essere così lontani, e apparire ancora relativamente così grandi, gli ammassi dovevano essere immensi, forse (così pensò dapprima Shapley) paragonabili alla Galassia stessa.

Ma perché gli ammassi erano concentrati nella direzione del Sagittario, e perché erano distribuiti in modo così simmetrico ai due lati del piano galattico? Non poteva essere, come aveva sospettato Bohlin un decennio prima, che la Galassia fosse enormemente maggiore di quanto si era pensato in precedenza, e che il suo centro fosse molto lontano in direzione del Sagittario, in mezzo al sistema degli ammassi globulari? In tal caso la Galassia doveva avere un diametro di almeno 300.000 anni-luce, e un volume mille volte maggiore di quanto credevano gli altri astronomi.

Mentre i fautori dell'approccio delle «aree scelte» studiavano minuziosamente le stelle abbastanza vicine da essere ancora singolarmente visibili, Shapley era avanzato a grandi balzi sempre più lontano nello spazio, da un ammasso globulare a un altro. Il modello che ne risultò per la Galassia, da lui annunciato nel 1918, era troppo audace per i suoi contemporanei. Per la maggior parte di loro la distribuzione degli ammassi globulari limitata a una parte del cielo – il fatto che aveva condotto Shapley a concepire la sua Grande Galassia – era una singola anomalia in un quadro altrimenti coerente.

Shapley avrebbe infine visto se stesso come una sorta di nuovo Copernico, che aveva detronizzato l'uomo bandendolo ai margini della Galassia. Ma tali detronizzazioni dell'uomo erano state comuni nel corso dei secoli, e non avevano presentato problemi. Semmai la sua stima del diametro della Galassia tendeva di nuovo a rendere in qualche misura speciale l'uomo (aggiungendosi quindi alle difficoltà che si frapponevano all'accettazione della sua tesi); moltiplicando per mille il volume della nostra Galassia, infatti, Shapley ne faceva la struttura dominante nell'universo noto.

MOTI ORBITALI INTORNO AL CENTRO GALATTICO

Nel 1925 l'astronomo svedese Bertil Lindblad (1895-1965) considerò le conseguenze che l'ipotesi della Galassia di Shapley, col Sole molto lontano dal centro galattico, avrebbe comportato per i moti osservati delle stelle. Nel sistema solare i pianeti interni non solo percorrono orbite molto minori di quelle dei pianeti esterni, ma si muovono in esse con velocità maggiori. Le stesse leggi dinamiche si applicano alle stelle. Supponiamo quindi che Shapley avesse ragione e che il sistema solare fosse situato non al centro della Galassia bensì a una grande distanza da esso. La stabilità del sistema galattico richiederebbe che il Sole e le stelle vicine si muovessero tutte in orbita intorno al centro della Galassia. In questo caso, in conseguenza delle leggi della dinamica, le stelle nelle orbite interne a quella del Sole dovrebbero essere più veloci, e quindi lasciarci indietro, mentre le stelle su orbite esterne a quella del Sole dovrebbero essere distanziate da noi. Viste dal sistema solare, quindi, le stelle interne (più veloci di noi) dovrebbero apparirci in movimento in una direzione, mentre quelle esterne dovrebbero apparirci in moto nella direzione opposta (essendo più lente di noi); e quanto maggiore fosse la distanza di una stella da noi nella direzione del centro galattico (o nella direzione opposta), tanto maggiore sarebbe la sua velocità apparente (nell'una o nell'altra direzione).

Questo schema teorico può essere convertito facilmente in uno schema doppio equivalente: quello dei moti in direzioni perpendicolari alla linea visuale (i «moti propri», che si accumulano di secolo in secolo) e quello dei moti lungo la linea visuale (i «moti radiali», rivelati dallo spostamento Doppler spettroscopico). La dimostrazione di tali moti stellari richiese ricerche meticolose, compiute principalmente da Jan Oort (1900-1992) dell'Osservatorio di Leida.

Le conclusioni di Oort, pubblicate nel 1927, offrirono un sostegno prezioso a Shapley. Entrambi erano convinti che il Sole fosse situato lontano dal centro galattico. Ma poiché Oort studiava stelle più vicine degli ammassi globulari di Shapley, i suoi dati erano meno condizionati dall'oscuramento a opera della polvere, cosicché le dimensioni da lui derivate per la Galassia erano sensibilmente minori di quelle di Shapley.

EMERGE UN PROBLEMA: LA MATERIA OSCURA NELLO SPAZIO INTERSTELLARE

La spiegazione della discordanza non tardò a venire. L'applicazione della fotografia alla cartografia celeste aveva accresciuto rapidamente il numero delle nebulose gassose, di forma irregolare come quella di Orione, interne alla Via Lattea. Esse furono considerate oggetti singoli nello spazio, e furono registrate sulle carte del cielo, ricevendo nomi e numeri di catalogo. Lo spettrografo mostrò che erano formate da gas incandescente.

Nel 1913 fu riconosciuto un nuovo tipo di nebulosa. Nel 1859 William Tempel aveva trovato che la stella Merope, nelle Pleiadi, è circondata da una debole luminosità. Fotografie posteriori avevano mostrato che tutte le stelle dell'ammasso sono immerse in un'insolita nebulosa fatta di esili filamenti gassosi. Vesto Melvin Slipher (1875-1969), al Lowell Observatory, che ne fotografò lo spettro nel 1912, rimase sorpreso nel trovarsi di fronte a uno spettro continuo solcato da righe scure, che imitavano esattamente lo spettro delle stelle. La nebulosa era fatta evidentemente di particelle di polvere che riflettevano la luce delle stelle; e ben presto furono scoperte altre di queste «nebulose riflettenti» in prossimità di stelle molto luminose.

Press'a poco nello stesso tempo Edward Emerson Barnard (1857-1923), del Lick Observatory, stava usando obiettivi fotografici a grande campo, per ritratti, per eseguire una serie di stupende fotografie di varie aree della Via Lattea. Le foto mostrarono una struttura complicata di nubi stellari, nonché squarci e buchi in cui erano presenti poche o punte stelle. In un primo tempo Barnard credette che questa fosse la vera distribuzione delle stelle, ma continuando il lavoro dovette accettare quasi con riluttanza l'idea che quelle che vedeva fossero vere nubi, non di gas luminoso bensì di materiale scuro che assorbiva la luce degli oggetti retrostanti, e nel suo *Photographic Atlas of Selected Regions of the Milky Way*, pubblicato nel 1927, incluse un catalogo delle nuvole scure più vistose.

Da parte degli astronomi ci fu una curiosa avversione ad accettare l'idea che nebulose luminose e nebulose oscure potessero essere indicative di un sostrato più generale di gas e polvere presente nello spazio interstellare; secondo l'opinione generale si sarebbe trattato solo di oggetti isolati, e i vasti spazi interstellari sarebbero in gran parte vuoti e del tutto trasparenti. Le conseguenze della presenza nello spazio di quantità significative soprattutto di polvere scura, capace di assorbire e quindi indebolire la luce di stelle lontane, complicando ulteriormente la determinazione delle loro distanze e della loro luminosità intrinseca, sarebbero molto gravi. In effetti pare quasi che la grandezza del problema abbia addirittura scoraggiato gli astronomi dall'affrontarlo. Una volta Eddington notò che gli astronomi erano come l'ospite che si rifiutava di dormire in una stanza che aveva fama di essere frequentata dai fantasmi, spiegando: «Io non credo nei fantasmi ma ne ho paura».

Oggi la presenza di materia oscurante nel piano centrale della Galassia ci sembra provata in modo incontrovertibile. Nel 1869, riportando con grande diligenza su carte del cielo le 4000 nebulose «non risolvibili» che erano state catalogate da John Herschel, Richard Proctor aveva mostrato che la regione del cielo vicina alla Via Lattea ne conteneva pochissime. La maggior parte di queste nebulose non risolvibili si dimostrarono in seguito spirali. Heber Doust Curtis (1872-1942), del Lick Observatory, sostenne nel 1920, nella «grande controversia» con Harlow Shapley (vedi p. 361), che le nebulose spirali viste di taglio presentavano almeno una banda periferica di materia oscura, e che la presenza di una banda del genere nella nostra galassia spiegava perché le nebulose spirali sembrassero evitare la Via Lattea (vedi p. 359).

Le osservazioni che convinsero infine gli astronomi furono il risultato di un paziente lavoro di un altro membro del personale del Lick Observatory, Robert J. Trumpler (1886-1956), pubblicato nel 1930. Trumpler si era concentrato da molti anni sullo studio delle centinaia di ammassi stellari aperti confinati in prossimità del piano della Via Lattea, di cui le Iadi e le Pleiadi sono gli esempi più vicini al sistema solare. Egli fu il primo a raggruppare gli ammassi aperti in tipi caratterizzati da strutture simili e dalla forma simile dei loro diagrammi H-R. All'interno di un tipo, la distanza relativa dei vari ammassi poteva essere misurata con due metodi distinti. Da un lato le stelle della Sequenza principale, diciamo, del tipo F avevano la stessa magnitudine assoluta in tutti gli ammassi: quanto maggiore era la differenza nelle magnitudini apparenti di tali stelle in due ammassi, tanto maggiore era la differenza nella distanza di tali ammassi da noi (le stelle più deboli erano le più lontane). Dall'altro, per ammassi delle stesse dimensioni intrinseche, il diametro angolare era un'altra misura della distanza: quanto minore il diametro tanto maggiore la distanza.

I due metodi non fornivano risultati comparabili: le distanze ottenute col metodo della magnitudine apparente erano maggiori di quelle fornite dai diametri angolari, perché la luce stellare si era indebolita nel corso del viaggio verso la Terra. Questo fatto dimostrava la presenza di un assorbimento a tutte le lunghezze d'onda.

Trumpler investigò anche il fenomeno dell'assorbimento selettivo. Se le particelle di polvere hanno un diametro simile alla lunghezza d'onda della luce, la luce azzurra viene diffusa dalla linea visuale più della luce rossa, cosicché la stella appare più rossa di quanto risulterebbe dal suo tipo spettrale. (Il Sole al tramonto ci appare rosso proprio per questa ragione.) Questo fatto aumenta di una quantità chiamata «eccesso di colore» l'«indice di colore» misurato di una stella. Era difficile misurare esattamente le quantità sulle fotografie, e le misurazioni dell'eccesso di colore diventarono un metodo efficace per correggere gli effetti della polvere interstellare solo quando – dopo il 1950 – si cominciarono a usare diffusamente metodi fotoelettrici per misurare le magnitudini stellari. Trumpler, compendiando la sua scoperta in un articolo del 1930, scrisse: «Siamo così indotti alla conclusione che nel nostro sistema della Via Lattea si verifichi un qualche assorbimento generale e selettivo, ma confinato in uno strato relativamente sottile che si estende in modo più o meno uniforme lungo il piano di simmetria del sistema».

Nessuna scoperta posteriore avrebbe modificato questo punto di vista. Trumpler derivò un assorbimento generale medio su diverse direzioni nella Galassia corrispondente a una diminuzione di circa una magnitudine ogni 5000 anni-luce di distanza, non molto minore del valore attualmente accettato. La concentrazione del materiale nel piano della Galassia è molto forte, così che il nucleo della Galassia stessa, a circa 30.000 anni-luce da noi, è invisibile all'occhio e al telescopio, cosa che spiega il fallimento dei primi tentativi di discernere la figura a spirale della Via Lattea.

LA GALASSIA PRENDE FORMA

Negli anni seguenti prese finalmente forma nelle sue linee essenziali la moderna visione della struttura della Via Lattea. Essa fu compendiata nel 1938 da J.S. Plaskett (1865-1941), già direttore del Dominion Astrophysical Observatory nella British Columbia, che era andato da poco in pensione (figura 8.20). C'era, egli scrisse, «un grande disco centrale di stelle, irregolarmente distribuite in gruppi o ammassi, probabilmente con un grande campo stellare generale sottostante e una possibile struttura a spirale». Il diametro doveva essere di circa 100.000 anni-luce, e lo spessore cresceva verso il centro fino a raggiungervi circa 16.000 anni-luce. «Uno strato di materia assorbente diffusa, fortemente concentrata sul piano galattico», aveva uno spessore di circa 1000 anni-luce, mentre intorno al centro c'era un raggruppamento sferico di am-

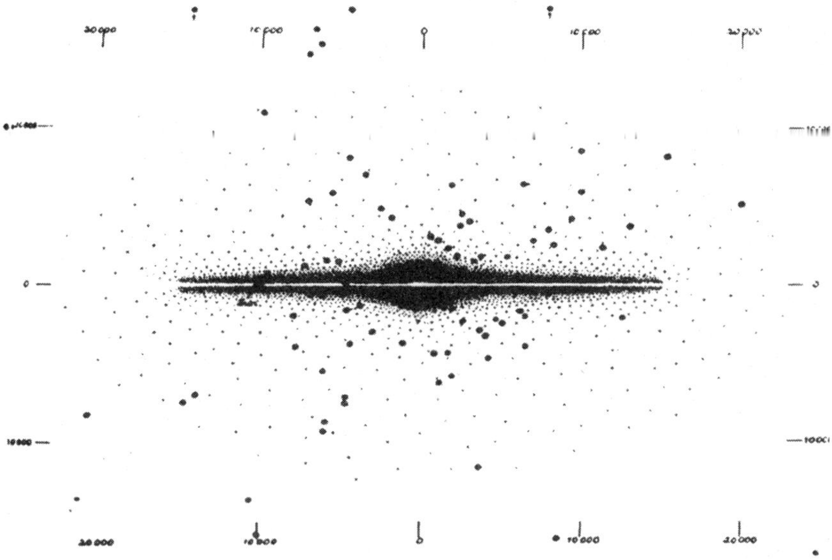

FIGURA 8.20 Questo diagramma fu eseguito nel 1938 da J.S. Plaskett per illustrare la sua concezione della struttura della Galassia, qui vista di taglio. La Galassia ha un diametro di circa 100.000 anni-luce, e il rigonfiamento centrale ha uno spessore di circa 16.000 anni-luce. Nel piano galattico c'è uno strato di materia oscurante, mentre intorno alla Galassia è distribuito un alone di ammassi stellari globulari e di stelle speciali. (Per gentile concessione dell'Istituto di Astronomia dell'Università di Cambridge)

massi globulari e di stelle di tipi speciali. Dopo tutta la confusione di decenni recenti, Plaskett poté infine trarre conforto dal fatto che «il concetto sviluppato ha una certa unità, completezza e probabilità».

Le nebulose spirali

Nel 1845, poche settimane dopo avere visto per la prima volta col «Leviatano» la galassia M51, Lord Rosse ne distinse la struttura a spirale, e nella seconda metà del secolo il numero delle spirali note crebbe a grandi balzi. Nel 1898 James E. Keeler cominciò a fotografare in modo sistematico le nebulose col riflettore Crossley al Lick Observatory. Divenne gradualmente chiara la distinzione fra le nebulose di forma irregolare nella Via Lattea e quelle che avevano una forma più regolare. Inoltre, nelle parti del cielo in cui erano comuni le nebulose spirali, c'erano anche molte nebulose di grandezza simile, le quali, pur non presentando una struttura a spirale, avevano anch'esse forma regolare, con un contorno circolare o ellittico, e, come le spirali, diventavano più luminose verso il centro. Invalse l'uso di chiamare questa classe di nebulose di forma regolare «nebulose spirali», anche quando la struttura a spirale non era riconoscibile. Keeler stimò che il riflettore Crossley fosse in grado di osservare circa 120.000 «nebulose spirali» e che forse metà di esse avrebbe presentato una effettiva forma a spirale.

1900: SI FORMA UN CONSENSO

Che cos'erano quei misteriosi oggetti? Molti, fra cui Keeler, pensavano che fossero sistemi planetari in formazione. Se «la spirale è la forma che assume normalmente una massa nebulosa in contrazione», scrisse Keeler, «viene subito l'idea che il sistema solare si sia evoluto da una nebulosa spirale». William Huggins, scrivendo nel 1889, aveva abbracciato un'opinione simile. Egli disse, di una fotografia della Nebulosa di Andromeda, che «essa mostra un sistema planetario in una fase di evoluzione un po' avanzata; già si sono staccati vari pianeti, e la massa gassosa centrale si è condensata fino a raggiungere dimensioni moderate rispetto a quelle che deve avere posseduto prima della formazione di qualsiasi pianeta».

D'altro canto, si poteva credere che le nebulose spirali fossero galassie, vasti sistemi stellari la cui vera natura era occultata all'osservatore terrestre dalle loro grandi distanze? Era difficile credere che tali «universi isole» esistessero a centinaia di migliaia. In effetti c'erano prove convincenti del contrario, alcune di tipo familiare altre nuove.

Durante la lunga controversia sulla natura delle nebulose, ci fu chi sostenne di avere osservato in qualche nebulosa mutamenti troppo rapidi perché essa potesse essere effettivamente un grande sistema stellare lontano. Si sarebbe potuto supporre che, una volta che la fotografia avesse soppiantato gli schizzi eseguiti da osservatori di limitate capacità artistiche costretti a lavorare in condizioni difficili, la questione della realtà o meno di tali mutamenti sarebbe stata risolta facilmente, ma non fu affatto così. Il principale esperto inglese nella fotografia di nebulose della fine dell'Ottocento, il dilettante Isaac Roberts (1829-1904), sostenne già nel 1899 di possedere prove fotografiche della rotazione della Nebulosa di Andromeda e della Nebulosa Vortice (la M51), ma oggi sappiamo che la rotazione da lui asserita era illusoria.

C'erano anche altre due prove importanti contro l'identificazione delle spirali con galassie. Una era la scoperta di Richard Proctor (vedi p. 353) che la regione del cielo vicina alla Via Lattea ne conteneva ben poche. Se le spirali erano galassie comparabili alla nostra, perché si distribuivano nello spazio in modo da evitare il nostro piano galattico?

Poi, per una singolare coincidenza, nel 1885 una stella sfolgorò nella Nebulosa di Andromeda. Essa aumentò progressivamente la sua luminosità fino a raggiungere un decimo di quella dell'intera nebulosa. Se questa era effettivamente una galassia contenente milioni di stelle, in pochi giorni quella singola stella aveva aumentato la sua luminosità fino a uguagliare lo splendore combinato di centinaia di migliaia di stelle. Questo è in realtà esattamente ciò che accadde, poiché la S Andromedae (come è nota tale stella) era una supernova; ma nessun processo noto nell'Ottocento avrebbe potuto produrre uno spettacolo pirotecnico così grandioso. Sembrava molto più probabile l'ipotesi che una stella avesse incontrato una nube nebulosa di dimensioni modeste, e fosse avvampata passando attraverso di essa.

L'opinione della maggioranza degli astronomi nel 1890 fu compendiata dalla stimata storica dell'astronomia Mary Clerke nel libro *The System of the Stars* (che usa significativamente il nome *system* al singolare):

> Il problema se le nebulose siano o no galassie esterne non richiede più alcuna discussione. Esso ha trovato risposta nel progresso del sapere. Nessun pensatore competente, al corrente di tutte le prove disponibili, potrebbe sostenere che una qualsiasi singola nebulosa sia un sistema stellare di rango paragonabile a quello della Via Lattea. È stata raggiunta una concreta certezza del fatto che tutti i contenuti, stellari e nebulari, della sfera appartengono a un'unica possente aggregazione.

Tutti gli scienziati sentono il preciso dovere di lavorare con le teorie più semplici permesse dall'osservazione, e gli astronomi non si sottraggono a questa regola. Il termine «nebulosa» ha avuto origine come descrizione di certi tipi di oggetti celesti. Alcuni di questi (come oggi sappiamo) sono nebulose gassose, e quindi «veramente» nebulosi, mentre altri sono sistemi stellari che non possono essere risolti in stelle a causa della loro grande distanza; ma nel corso dei secoli gli astronomi si sono sforzati di farli rientrare tutti nell'una o nell'altra categoria. Perciò, quando nel 1864 lo spettroscopio di Huggins aveva dimostrato al di là di ogni dubbio l'esistenza di nebulose gassose (vedi pp. 318-320), questo fatto aveva seminato dubbi nella mente di chi aveva creduto fino allora nell'esistenza di una molteplicità di universi isole. Ora questi dubbi erano maturati fino a cedere il posto a una convinzione diffusa che l'astronomia conoscesse in realtà soltanto un universo isola.

1900-1920: IL CONSENSO RIMESSO IN DISCUSSIONE

L'oscillazione del pendolo si era spinta troppo avanti. Nuove osservazioni suggerirono ben presto che si era molto esagerato considerando morta la teoria delle spirali come universi isole. Benché le spirali fossero debolmente luminose, e benché la loro debole luce venisse dispersa al punto da diventare quasi invisibile quando veniva fatta passare in uno spettrografo, i miglioramenti nella strumentazione e nella fotografia permisero nel 1912 a Slipher, al Lowell Observatory, di procurarsi spettrogrammi di varie nebulose che erano abbastanza chiari da rivelare le righe spettrali più marcate. La ricerca fu molto laboriosa, richiedendo da venti a quaranta ore di osservazione per ogni lastra, ma i risultati furono sensazionali, e quando egli li annunciò a un congresso dell'American Astronomical Society nel 1914 fu gratificato da una calorosa ovazione.

Non sorprende che la Nebulosa di Andromeda sia stata la prima a essere studiata da Slipher. Lo spettro continuo solcato da alcune righe scure era tipico della luce stellare, e nel gennaio 1913 Slipher si era procurato quattro lastre su cui riuscì a misurare lo spostamento nelle righe spettrali causato dall'effetto Doppler (vedi pp. 320, 351). Si sapeva che le stelle si muovono con velocità radiali (lungo la linea visuale) di forse 20 km/s; Slipher trovò che la Nebulosa di Andromeda si muove verso di noi a non meno di 300 km/s (più di un milione di km all'ora), la velocità massima, e di gran lunga superiore a ogni altra, nota per un qualsiasi oggetto nell'universo. La notizia di questa scoperta fu accolta da alcuni astronomi con incredulità, ma ben presto i risultati di Slipher furono confermati da altri osservatori. Al tempo del congresso del 1914, Slipher conosceva le velocità radiali di quindici spirali, e nel 1917 il totale era cresciuto a venticinque. Non meno di quattro di queste avevano velocità superiori a 1000 km/s (3.600.000 km/h).

Le venticinque spirali di Slipher non erano distribuite uniformemente in cielo. La maggior parte erano situate da un lato della Galassia e avevano un moto in allontanamento, mentre altre, compresa la Nebulosa di Andromeda, erano dal lato opposto e stavano muovendosi verso di noi. Per Slipher la spiegazione era chiara: la Galassia stessa era «una grande nebulosa spirale che noi vediamo dall'interno» e si muoveva fra le altre spirali a una velocità di circa 700 km/s.

Frattanto, al Lick Observatory, Heber D. Curtis stava continuando il programma di fotografia nebulare iniziato da Keeler e (come abbiamo visto a p. 353) stava imbattendosi in nebulose che erano chiaramente orientate di taglio. Queste nebulose avevano almeno una banda periferica di materia oscurante, e Curtis si rese conto che se una materia oscurante simile fosse stata presente nella nostra Galassia ci avrebbe impedito di vedere le nebulose spirali eventualmente presenti in prossimità del piano galattico. Ne concluse che le spirali non evitavano la Via Lattea, come avevano pensato Proctor e altri, e che dovevano essere presenti in quelle direzioni come altrove, ma nascoste alla nostra vista. Questo fatto lo rafforzò nella convinzione che le spirali fossero «galassie di stelle o universi stellari separati inconcepibilmente lontani, così lontani che un'intera galassia diventa alla nostra osservazione solo una chiazza vaga, non risolta, di debole luminosità».

La sua convinzione ricevette un ulteriore impulso nel 1917, quando egli scoprì tre novae nelle sue fotografie di spirali. Press'a poco nello stesso tempo George Willis Ritchey (1864-1945), di Monte Wilson, trovò una nova su una fotografia di una spirale eseguita solo qualche giorno prima: la nova era ancora visibile ed era quindi disponibile per essere studiata da astronomi di tutto il mondo. Incoraggiati da questi successi, altri parteciparono alla ricerca e vennero scoperte altre novae ancora. Esse erano tutte, senza eccezione, molto più deboli della S Andromedae; ciò suggerì a Curtis che potevano esistere due classi distinte di novae (ipotesi che in seguito si rivelò corretta, vedi p. 336). D'improvviso l'inferenza tratta dallo splendore eccezionale della S Andromedae cominciò ad apparire meno sicura.

Ma non tutte le nuove osservazioni erano a favore della teoria delle spirali come universi isole. All'Osservatorio di Monte Wilson l'astronomo olandese Adriaan van Maanen (1884-1946) si era fatto una fama di meticoloso misuratore di lastre fotografiche. Nel 1916, per studiare possibili mutamenti nella nebulosa spirale M101, usò un dispositivo chiamato microscopio lampeggiatore che gli permetteva di alternare due fotografie della nebulosa prese in tempi diversi. Ciò gli rese particolarmente facile scoprire mutamenti che si erano verificati nell'intervallo di tempo fra le due fotografie. Ne concluse che la nebulosa stava ruotando. Non poteva essere perciò una galassia lontana di grande diametro; in tal caso, infatti, le parti esterne della presunta galassia avrebbero dovuto muoversi nello spazio con velocità incredibilmente grandi.

È difficile immaginare una ricerca in astronomia che possa mantenersi più aderente ai fatti. Le fotografie rappresentavano dati obiettivi; e van Maanen le aveva in effetti sovrapposte, aveva misurato i mutamenti e descritto la rotazione che aveva dato origine a tali mutamenti. Nel 1921 egli aveva ottenuto risultati simili per altre tre spirali. «Congratulazioni per i risultati sulle nebulose!», gli scrisse Shapley. «Fra noi, abbiamo messo un freno agli universi isole, lei avvicinando le spirali e io espandendo la Galassia. Siamo davvero bravi, noi.»

Un altro sviluppo riguardò le velocità radiali delle spirali. Man mano che cresceva il numero delle velocità note, divenne chiaro che Slipher era stato troppo frettoloso nell'interpretare i dati come se rivelassero uno spostamento della Galassia fra le spirali. Le spirali che si muovevano verso la Galassia si rivelarono eccezionali; per lo più esse stavano allontanandosi, in tutte le direzioni. Shapley suggerì addirittura che potessero essere poco più che sbuffi di materia spinti via dalla Galassia dalla pressione di radiazione della luce combinata delle stelle della Galassia. Così il movimento a favore della teoria delle spirali come universi isole perse un po' della spinta che aveva acquistato recentemente.

LA «GRANDE CONTROVERSIA»

Nel 1920 fu organizzato un convegno a Washington, nel corso del quale Harlow Shapley e Heber D. Curtis avrebbero sostenuto le loro posizioni contrastanti sulla struttura dell'universo. Ma la loro attenzione era in effetti concentrata in direzioni diverse. Shapley era legato alla sua tesi della Grande Galassia; le spirali avevano per lui un'importanza molto minore, anche perché era difficile che potessero esistere galassie paragonabili alla nostra, di 300.000 anni-luce di diametro. Curtis studiava le nebulose spirali, che credeva fossero universi isole; la struttura della Galassia aveva per lui un interesse secondario, perché pensava che dovesse avere la grandezza più modesta accettata da quasi tutti tranne che da Shapley.

Benché la leggenda abbia nel frattempo esaltato i toni del convegno trasformandolo nella «Grande controversia», questo è piuttosto il risultato della confusione fra ciò che accadde realmente a Washington e ciò che fu pubblicato molti mesi dopo. Al convegno Shapley si sentiva un po' a disagio per la presenza di rappresentanti dello Harvard Observatory, dove era vacante il posto da lui ambito di direttore, cosicché prese precauzioni per non essere sconfitto, preparando un testo così elementare da rasentare la banalità. Curtis, che parlò per secondo, pensò alla possibilità di abbandonare il suo materiale tecnico, ma decise che ormai era troppo tardi per cambiare. Nella versione pubblicata della «controversia», però, ognuno dei due avversari offrì un efficace compendio degli argomenti a favore della propria posizione. Gli astronomi trovarono difficile decidere quale delle due posizioni fosse meglio fondata.

A partire dal 1917 era stato in servizio a Monte Wilson il riflettore Hooker di 2,5 metri di apertura. Esso fu per una trentina d'anni il telescopio a specchio più grande del mondo, e fu quindi il telescopio più adatto per la fotografia di oggetti deboli come le nebulose. Nel 1920 il direttore del piccolo osservatorio del Wellesley College, nella località omonima del Massachusetts, J.C. Duncan (1882-1967), osservando delle fotografie, una delle quali presa col riflettore di 2,5 metri, aveva notato tre deboli stelle variabili nella nebulosa spirale M33, nel Triangolo. Erano indicazioni incoraggianti dei risultati che si potevano conseguire in una campagna ben congegnata col riflettore Hooker.

ASTRONOMIA NELLA CALIFORNIA MERIDIONALE, 1920-1960

Nella parte restante di questo capitolo ricostruiremo l'ampliarsi degli interessi degli astronomi dallo studio delle stelle nella Galassia (studio importante, che non è mai cessato e che continua ancora oggi) fino allo studio delle galassie nell'intero universo. L'astronomia è sempre stata una professione internazionale e concepita in un orientamento mondiale. Eppure nelle pagine che seguono potrà sembrare che un osservatorio e un piccolo gruppo di astronomi abbiano dominato la scena per vari decenni, cosicché è necessario spendere una parola di spiegazione.

Si deve alla volontà e alle capacità di George Ellery Hale se i nuovi e più potenti telescopi del mondo furono costruiti in siti accuratamente scelti sulla catena di montagne costiera della California meridionale, con uffici e laboratori nella cittadina di Pasadena, vicino a Los Angeles. L'Osservatorio di Monte Wilson era gestito dalla Carnegie Institution di Washington, e il futuro Osservatorio di Monte Palomar sarebbe stato gestito dal California Institute of Technology. Per qualche anno, a partire dal 1948, i due osservatori collaborarono pur mantenendo una certa indipendenza, con la possibilità per i loro membri di condividere l'uso delle risorse di entrambi.

Il telescopio Hale, di 5 metri di apertura, di Monte Palomar ebbe tempi di costruzione piuttosto lunghi. Pianificato già negli anni Venti dopo che il 2,5 metri aveva dato buona prova di sé, la forma di vetro pyrex dello specchio non fu pronta per la molatura fino al 1936; gli anni di guerra interruppero i lavori e, dopo l'insorgere di problemi tecnici non previsti nella messa in servizio, il telescopio completato poté entrare regolarmente in funzione solo nel 1949. Press'a poco nello stesso tempo, sempre a Monte Palomar, entrò in funzione un altro strumento molto meno propagandato ma unico nel suo genere. Era una grande camera fotografica, di quasi 130 cm di apertura, inventata dall'ottico estone di nascita Bernhard Schmidt (1879-1935), che l'aveva sviluppata negli anni Trenta ad Amburgo. Era il tipo di telescopio più innovativo che fosse stato progettato da vari secoli; era fondamentalmente un telescopio a riflessione, con una sottile lente correttrice per correggere le distorsioni prodotte dallo specchio sferico, e combinava grande apertura e campo molto vasto. La grande camera Schmidt di Palomar fu impiegata in una copertura fotografica di qualità senza precedenti dell'intero cielo boreale; man mano che il lavoro lentamente procedeva, copie delle lastre furono messe a disposizione di altri osservatori.

Benché gli astronomi in visita fossero sempre benvenuti a Pasadena, avevano però solo un accesso limitato ai telescopi, che erano allora gli unici in tutto il mondo abbastanza potenti per affrontare i più difficili problemi d'osservazione della ricerca extragalattica. Gli strumenti venivano usati per lo più dal personale, relativamente esiguo, dell'osservatorio, che avevano opportunità di ricerca negate ai loro colleghi di ogni altra parte del mondo. Vari di questi astronomi conseguirono posizioni importanti nella scienza astronomica. Edwin Powell Hubble (1889-1953) era nato nel Missouri e vinse una borsa di studio Rhodes per l'Università di Oxford, dove studiò legge, ma infine si dedicò all'astronomia. Nel 1919 riuscì a farsi assumere a Monte Wilson, e benché la sua personalità egocentrica e reboante non lo rendesse sempre gradito ai colleghi, si può dire che le scoperte da lui fatte nel corso della sua carriera abbiano cambiato il nostro quadro dell'universo. Purtroppo la malattia che mise fine alla sua vita gli permise di usare solo per pochi anni il telescopio di 5 metri, che aveva atteso con tanto desiderio.

Un importante collaboratore di Hubble fu un suo quasi coetaneo, Milton L. Humason (1891-1972), che fece una carriera singolare. Privo di un'istruzione universitaria ma animato di un grande entusiasmo per l'astronomia, nei primi tempi dell'Osservatorio vi aveva lavorato per anni come conducente di muli. Poi entrò a far parte, a un livello basso, degli assistenti, imparo la tecnica fotografica e infine si specializzò nella spettrografia a lunga esposizione di galassie deboli con i grandi telescopi.

Walter Baade (1893-1960) aveva avuto una formazione accademica più convenzionale in Germania, conseguendo il dottorato in astronomia a Gottinga nel 1919 prima di entrare a far parte del personale dell'Osservatorio di Amburgo (dove conobbe e incoraggiò l'ottico Bernhard Schmidt). Dopo avere trascorso un anno a Monte Wilson come visitatore nel 1930, nel 1931 entrò a far parte regolarmente del personale dell'osservatorio, facendo poi ritorno a Gottinga in occasione del suo pensionamento nel 1958.

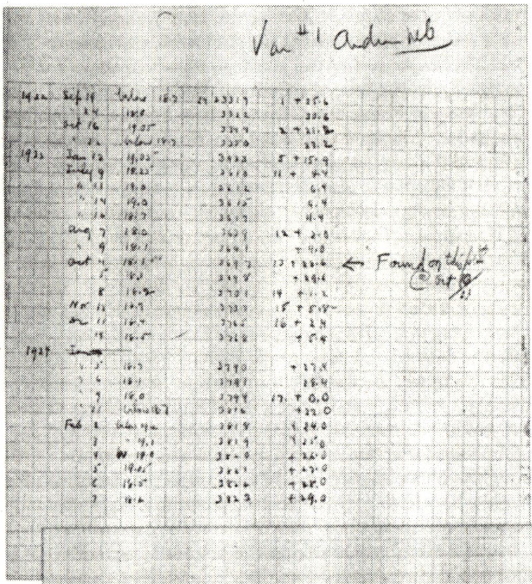

FIGURA 8.21 Questo foglio documenta parte della ricerca di Hubble nella collezione di lastre di Monte Wilson, per trovare dati sulla variazione di luminosità della cefeide da lui scoperta su una fotografia della Nebulosa di Andromeda presa col riflettore di 2,5 metri. (Collezione privata)

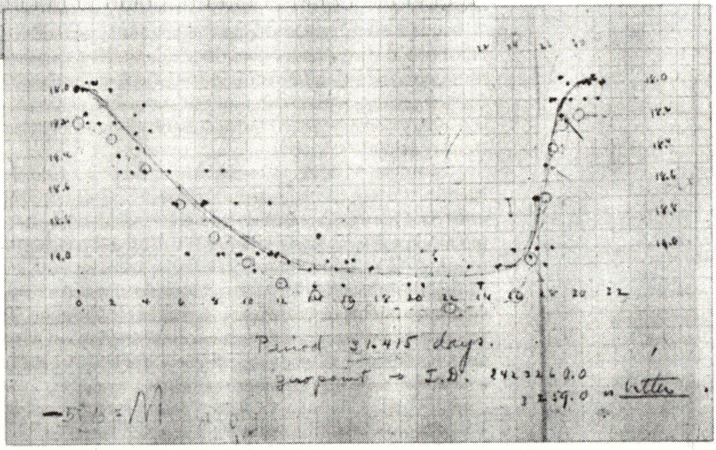

FIGURA 8.22 I risultati delle ricerche di Hubble: le fluttuazioni erano cicliche e la curva di luce aveva la forma tipica per le cefeidi (vedi p. 347), con periodo di 31,415 giorni. (Collezione privata)

HUBBLE SCOPRE CEFEIDI NELLA NEBULOSA DI ANDROMEDA, 1923-1924

Il congedo dal servizio militare nel 1919 permise a Hubble di raccogliere un precedente invito a entrare a far parte del personale di Monte Wilson. Nell'ottobre del 1923 si dedicò a una ricerca sistematica di novae nella Nebulosa di Andromeda, la più grande fra tutte le spirali e presumibilmente una fra le più accessibili. Ne trovò una nella prima delle sue lastre: questo, almeno, fu il suo giudizio iniziale. Ma mentre esaminava la collezione di fotografie della nebulosa eseguite a Monte Wilson, per lo più col riflettore di 1,5 metri, che risalivano fino al 1909, si rese conto che non si trattava di una stella «nuova», bensì di una variabile. Completata la ricerca, aveva trovato più di 60 lastre su cui la stella era presente, a volte con una magnitudine più debole della 19, altre volte più luminosa della 18. Le lastre erano abbastanza numerose da permettergli di disegnare la curva dell'aumento e della luminosità della luce della stella.

In principio sembrava quasi che la variabile fosse il massimo premio possibile: una «cefeide», uno dei «fari» usati da Shapley nella sua determinazione delle distanze degli ammassi globulari. In tal caso, la sua luce doveva passare rapidamente da un minimo a un massimo. Per verificare la predizione, nelle primissime settimane del febbraio 1924 Hubble eseguì una serie di fotografie. La luminosità della stella salì rapidamente come previsto (vedi figura 8.21): era effettivamente una cefeide.

Probabilmente non fu facile per Hubble contenere il suo entusiasmo quando ebbe conferma della forma caratteristica della curva di luce e del lungo periodo di variabilità di oltre 31 giorni. Quanto più lungo era il periodo di una cefeide, tanto maggiore era la sua luminosità; eppure questa stella aveva una luminosità apparente pari solo alla magnitudine 18, ed era quindi così debole da essere stata ignorata in precedenza dai ricercatori di Monte Wilson. Per avere una luminosità intrinseca così elevata, e al tempo stesso una magnitudine apparente così piccola, doveva essere a una distanza immensa da noi, e alla stessa distanza doveva trovarsi la nebulosa di cui essa faceva parte. Hubble stimò tale distanza pari press'a poco a un milione di anni-luce. Anche nelle stime di Shapley la nebulosa era molto all'esterno della Galassia.

La cefeide dimostrò inoltre che la nebulosa non conteneva solo oggetti simili a stelle ma di dubbia interpretazione, bensì anche una vera stella, che variava la sua luce in un modo familiare. E non solo una stella: quando Hubble fu abbastanza fiducioso da rompere il silenzio, il 19 febbraio, con una lettera a Shapley, aveva trovato anche una seconda variabile, oltre a 9 novae.

Fu un passo avanti fondamentale nella storia dell'astronomia. Hubble aveva usato lo stesso metro di Shapley, ma in un modo molto più convincente e diretto. Shapley, per il quale la Grande Galassia era suprema e lo status delle spirali era solo una considerazione secondaria, accettò immediatamente le implicazioni della scoperta di Hubble.

Non le accettò invece van Maanen, che era sì collega di Hubble ma non suo amico, tanto che i due comunicavano solo attraverso intermediari. Hubble esitò a stampare le sue conclusioni, preoccupato dall'incompatibilità dei suoi risultati con le presunte rotazioni di van Maanen in nebulose spirali. Infine, e solo su insistenza di Shapley e di altri, Hubble accettò che una comunicazione in cui si compendiavano le sue scoperte fosse letta in sua assenza a un convegno dell'American Astronomical Society, a capodanno nel 1925. I presenti seppero infine che la lunga controversia era finita: esistevano in effetti molti «universi isole».

HUBBLE DEMOLISCE VAN MAANEN

Rimanevano due gravi anomalie: le rotazioni di van Maanen e la stima di Shapley sul diametro della Galassia; quest'ultima implicava che, se la Nebulosa di Andromeda era un'isola, la Galassia al confronto era un continente. Il problema di van Maanen divenne acuto per la sua ostinazione a proseguire il confronto di coppie di fotografie di spirali, seguito invariabilmente dalla conclusione che la nebulosa era in rotazione, e a una velocità che rendeva fisicamente impossibile che essa fosse un universo isola.

Hubble, quando la sua irritazione si trasformò in rabbia, decise finalmente di adottare un'ingegnosa strategia. Nel 1932 e 1933 verificò le ricerche di van Maanen, confrontando le stesse coppie di lastre fotografiche (anche se con differenze significative nella tecnica d'esame). Inoltre poté contare su nuove lastre appositamente impressionate. Si avvalse inoltre dell'aiuto di due colleghi esperti, che dovevano compiere misurazioni indipendenti sulle stesse lastre.

Tutt'e tre concordarono che nelle nebulose in questione «non esistono moti interni dell'ordine predetto da van Maanen». Era difficile supporre che sia Hubble sia i suoi colleghi avessero compiuto nelle loro misurazioni errori che, attraverso le più strane coincidenze, cancellassero invariabilmente le «rotazioni», dando risultati nulli. Era chiaro che le rotazioni erano illusorie.

Hubble preparò degli articoli contenenti la sua demolizione di van Maanen, ma il direttore dell'Osservatorio di Monte Wilson non permise che venissero messi in pubblico i dissensi fra membri del personale dell'osservatorio. Fu imposto un compromesso, e nel 1935 i lettori dell'«Astrophysical Journal» furono senza dubbio sconcertati trovando un articolo di due pagine di Hubble che delineava con cautela le sue conclusioni, seguito immediatamente da un articolo di due pagine di van Maanen, il quale ammetteva che «è desiderabile considerare i moti [le rotazioni nelle spirali] con riserva».

LA GALASSIA E LA NEBULOSA DI ANDROMEDA SONO FINALMENTE COMPARABILI

La seconda anomalia creata dalla scoperta di Hubble derivava dalla stima di Shapley delle dimensioni della Galassia. Secondo Shapley la Galassia aveva un diametro di circa 300.000 anni-luce, mentre la distanza della Nebulosa di Andromeda stabilita da Hubble implicava che essa avesse un diametro pari a solo un decimo di quello della Galassia, e che il suo volume fosse quindi mille volte minore. La discrepanza fu diminuita nel 1930 dalla scoperta di Trumpler dell'oscuramento che attenua la luce di oggetti lontani nel piano galattico, oscuramento che aveva indotto Shapley a ritenere che le cefeidi galattiche fossero molto più lontane di quanto in realtà non fossero. Questa circostanza riduceva il diametro della Galassia a 100.000 anni-luce. Frattanto, lastre fotografiche sempre più sensibili mostravano che il diametro della Nebulosa di Andromeda era più esteso di quanto si fosse pensato. Ciò nonostante, la Galassia rimaneva un supersistema e la Nebulosa di Andromeda rimaneva al confronto sempre piuttosto piccola.

Gli astronomi consideravano istintivamente con disagio qualsiasi teoria che privilegiasse la nostra posizione nell'universo. La discrepanza era tanto più sconcertante in considerazione del fatto che la Nebulosa di Andromeda era sotto molti altri aspetti assai simile alla Galassia. Entrambi i sistemi contenevano numerose cefeidi molto luminose, un sistema di ammassi globulari e (con ogni probabilità) braccia spirali formate da strati di polvere e da stelle azzurre molto luminose. Si supponeva però che le novae della Nebulosa di Andromeda fossero più deboli di quelle della Galassia, così come le stelle più luminose e gli ammassi globulari.

Gli ammassi globulari erano particolarmente sconcertanti, dato che in questo caso non potevano avere alcuna funzione le incertezze connesse all'attenuazione della luce a opera della materia interstellare: l'oscuramento inciderebbe infatti in misura uguale su un ammasso globulare e sulle stelle usate per la misurazione della distanza in esso contenute, cosicché la loro luminosità relativa rimarrebbe inalterata. Eppure gli ammassi globulari nella Nebulosa di Andromeda erano considerati circa quattro volte meno luminosi di quelli della Galassia.

Fra i pochi a sottolineare ripetutamente che queste anomalie sarebbero scomparse se si fosse assegnata alla Nebulosa di Andromeda una distanza doppia di quella allora accettata fu l'astronomo svedese Knut Lundmark (1889-1958), di Lund. Inoltre, nel 1922 l'astronomo lettone Ernst Öpik (1893-1985) introdusse un muovo metodo, molto ingegnoso, per determinare la distanza della Nebulosa di Andromeda. Alcuni anni prima F.G. Pease, di Monte Wilson, aveva usato l'effetto Doppler (vedi p. 320) per misurare le velocità di rotazione di parti diverse della nebulosa. Öpik mostrò che se, come sembrava ragionevole, nella Nebulosa di Andromeda c'era un miscuglio di stelle simile a quello della Galassia, con un rapporto medio massa-luminosità uguale, la Nebulosa di Andromeda, per spiegare le osservazioni di Pease, doveva trovarsi a circa 1,5 milioni di anni-luce. Questa distanza era molto maggiore anche della stima di 900.000 anni-luce che avrebbe fatto tre anni dopo Hubble, e implicava per la Nebulosa di Andromeda dimensioni molto maggiori di quelle che le venivano solitamente attribuite. Ma nel metodo di determinazione delle distanze per mezzo delle cefeidi si era investito così tanto che esso era diventato quasi un articolo di fede fra gli astronomi, e prevalsero i valori di Hubble.

Un ostacolo al progresso fu la mancanza d'informazione sulla luminosa regione centrale della Nebulosa di Andromeda; diversamente dalle sue parti esterne, la sua condensazione centrale non era stata «risolta» in stelle su lastre fotografiche. Con gli strumenti esistenti il compito sembrava disperato. Considerazioni teoriche facevano pensare che il massimo riflettore del mondo, il riflettore Hooker di 2,5 metri di Monte Wilson, fosse al limite della possibilità di risolverlo, ma l'inquinamento luminoso della vicina città di Los Angeles rendeva comunque impossibile questo compito.

Fortuna volle che quando, alla fine del 1941, gli Stati Uniti entrarono nella Seconda guerra mondiale, le luci di Los Angeles venissero oscurate come misura di sicurezza; e benché la maggior parte degli astronomi avessero dovuto abbandonare i loro osservatori per partecipare allo sforzo bellico, uno che rimase a lavorare a Monte Wilson fu il tedesco Walter Baade (vedi p. 363), che aveva un handicap fisico (oltre a essere esente dal servizio militare per non essersi mai sottoposto alle formalità di prendere la cittadinanza americana).

Baade era eccezionalmente abile nella fotografia a lunga esposizione col riflettore di 2,5 metri, e i suoi primi sforzi nell'autunno del 1942 lo portarono sulla soglia del successo. Purtroppo, benché la città fosse relativamente oscurata, le sue lastre rapide, sensibili alla luce azzurra, registravano la debole luminosità di fondo del cielo notturno, fatto che limitava il tempo di esposizione utile a circa novanta minuti. Baade passo perciò alle lastre sensibili al rosso appena introdotte. Esse avrebbero avuto una minore sensibilità alla luminosità di fondo, che egli ridusse ulteriormente per mezzo dell'adozione di filtri colorati. Le nuove lastre sarebbero state inoltre più sensibili alle stelle rosse; e il fatto che Hubble avesse risolto le braccia spirali della nebulosa, dove c'erano stelle azzurre, molto luminose, mentre non era riuscito a risolvere il rigonfiamento centrale, faceva pensare che potessero predominarvi stelle rosse.

Nell'autunno del 1943 Baade fotografò la regione centrale della Nebulosa di Andromeda con esposizioni di circa quattro ore ciascuna. Il suo controllo del telescopio doveva essere estremamente minuzioso, anche perché le variazioni nella temperatura dell'aria nel corso della notte minacciavano di continuo di compromettere la messa a fuoco dello strumento. Egli fu premiato da fotografie che mostravano stelle «a migliaia e decine di migliaia», non solo nella Nebulosa di Andromeda, ma anche nelle sue due compagne, le nebulose ellittiche minori M32 e NGC 205.

Un gran numero di stelle erano effettivamente rosse, ma erano molto più luminose delle stelle rosse che Trumpler aveva trovato negli ammassi aperti all'interno della Galassia, cosicché occupavano posizioni diverse nel diagramma H-R. Infine, a Baade venne l'idea che le stelle rosse osservate nella Nebulosa di Andromeda occupassero, invece, nel diagramma H-R, posizioni simili a quelle delle stelle rosse negli ammassi globulari che circondano la nostra galassia.

Il confronto poteva essere esteso oltre? Il rigonfiamento centrale della Nebulosa di Andromeda comprendeva anche variabili di breve periodo del tipo noto come stelle RR Lyrae, simili a quelle così comuni nei nostri ammassi globulari? Purtroppo non c'era alcuna possibilità di rispondere a questa domanda, poiché tali stelle sarebbero state troppo deboli per poter essere scoperte con gli strumenti allora esistenti.

Ma Hubble e Baade trovarono un modo alternativo per fare altri passi avanti. Qualche anno prima Shapley aveva annunciato la scoperta di un nuovo tipo di sistema stellare, di cui si trovavano esempi nelle costellazioni dello Scultore e della Fornace. Tali sistemi erano situati fuori della nostra galassia, ma erano molto più piccoli delle galassie ellittiche. Pur essendo molto più grandi dei nostri ammassi globulari, avevano però popolazioni di stelle simili: grandi quantità di giganti rosse e di variabili RR Lyrae. Gli astronomi tendevano a pensare che fossero ammassi globulari ipertrofici, ma dopo che Baade ebbe trovato numerose giganti rosse nel centro della Nebulosa di Andromeda, finalmente apparve la soluzione: i sistemi dello Scultore e della Fornace erano strutture intermedie fra gli ammassi globulari e le nebulose ellittiche, e popolazioni simili di stelle si trovavano in tutt'e tre i tipi di aggregazioni stellari.

Nel 1944 Baade annunciò la sua conclusione che esistevano due tipi fondamentali di stelle. La cosiddetta Popolazione I comprendeva stelle come il Sole e la maggior parte delle sue vicine, e le stelle che si trovano in ammassi aperti come le Iadi e le Pleiadi.

Esse si sono formate dal materiale interstellare, gas e polvere, che occupava il piano centrale della Galassia, e la loro composizione chimica media è simile a quella del Sole. Le giganti azzurre, più luminose, all'estremo superiore della sequenza principale, si sono formate solo recentemente dal materiale interstellare, e tutti i materiali – stelle, gas e polvere – percorrono orbite quasi circolari intorno al centro della Galassia.

Quanto alle stelle della Popolazione II, sono più vecchie, si trovano nelle galassie ellittiche prive di gas e polvere, negli ammassi globulari ugualmente privi di polvere associati a galassie spirali, e nel rigonfiamento centrale delle spirali. Nella Galassia, gli ammassi globulari e le stelle isolate della Popolazione II si muovono in orbite ellittiche inclinate a qualsiasi angolo rispetto al piano galattico. Le stelle della Popolazione II, in media, non condividono il rapido moto di rivoluzione del Sole e delle altre stelle della Popolazione I nel piano centrale della Galassia. Quando l'orbita di una stella della Popolazione II la porta in vicinanza del Sole, la sua velocità relativa misurata appare quindi elevata.

La complessità della natura aveva frustrato ancora una volta i tentativi degli astronomi di imporre una spiegazione semplice e, nel corso del tempo, anche le due popolazioni stellari di Baade si sarebbero rivelate una semplificazione eccessiva.

Un'altra anomalia che suscitò l'interesse di Baade riguardò le variabili RR Lyrae. Queste stelle erano particolarmente numerose negli ammassi globulari, e per questa ragione furono spesso chiamate «variabili di ammasso». Esse avevano molto in comune con le cefeidi di più breve periodo, con cui in passato erano state addirittura confuse. Ma mentre la luminosità delle cefeidi era correlata al numero di giorni del loro periodo, la luminosità delle RR Lyrae nella nostra galassia non presentava alcuna relazione con la durata del periodo.

Nelle sue stime della distanza degli ammassi globulari (e quindi anche in quella del diametro della Galassia), Shapley era stato a volte costretto dalla mancanza di cefeidi a usare in loro vece le RR Lyrae, anche se le variabili RR Lyrae con periodo di mezza giornata erano più deboli di due magnitudini circa delle cefeidi dal periodo di 10 giorni. In fotografie della Nebulosa di Andromeda prese col riflettore di 2,5 metri, queste cefeidi sembravano avere magnitudine 20, nel qual caso le variabili RR Lyrae avrebbero dovuto avere presumibilmente magnitudine 22: esse sarebbero state quindi fuori della portata del riflettore Hooker di Monte Wilson, ma ancora accessibili al riflettore Hale di 5 metri in costruzione a Monte Palomar, che era anche abbastanza lontano da Los Angeles da evitare gran parte dell'inquinamento luminoso della città.

Baade cominciò a usare il telescopio Hale di 5 metri non appena esso entrò in servizio nel 1949. Si attendeva che il telescopio rivelasse delle variabili RR Lyrae nella Nebulosa di Andromeda, ma, come disse Baade al congresso di Roma del 1952 dell'Unione Astronomica Internazionale, le prime fotografie della nebulosa fatte col 5 metri «mostrarono subito che c'era qualcosa di sbagliato». La ragione va vista nelle due popolazioni di stelle di Baade. Le cefeidi vicine, usate da Shapley per calibrare la relazione periodo-luminosità, si trovavano nelle braccia spirali della Galassia e appartenevano quindi alla Popolazione I; esse si rivelarono ora intrinsecamente più luminose, e quindi più lontane, di quanto si fosse pensato in precedenza. Lo stesso valeva per le cefeidi remote che Hubble aveva scoperto nelle braccia spirali della Nebulosa di Andromeda, che dovevano essere similmente spostate a una distanza maggiore. Ma le cefeidi usate da Shapley per determinare le distanze degli ammassi globulari, e quindi il diametro della Galassia, appartenevano alla Popolazione II, e la loro luminosità era stata stimata correttamente. Ne seguiva che il diametro della Galassia rimaneva invariato, mentre doveva essere raddoppiata la distanza, e quindi anche il diametro, della Nebulosa di Andromeda. Come si espresse Baade:

> Inoltre, dalla natura dell'errore derivava che le nostre stime precedenti delle distanze extragalattiche – non delle distanze all'interno della nostra galassia – dovevano essere sbagliate per difetto anche di un fattore due. Dalla correzione delle distanze seguirono subito molte notevoli implicazioni: gli ammassi globulari in M31 [la Nebulosa di Andromeda] e nella nostra galassia risultano ora avere luminosità molto simili, e la nostra galassia potrebbe ora risultare addirittura un po' più piccola della M31.

La Galassia perse così quella preminenza che le era stata assegnata da Shapley, e ricevette lo status che ha oggi: quello di una sorella in qualche misura minore della Nebulosa di Andromeda.

L'espansione dell'universo e le teorie della relatività

Nella sua comunicazione al congresso di Roma nel 1952, Baade aggiunse un ulteriore commento: «Soprattutto, la scala di tempo di Hubble per l'universo dev'essere ora accresciuta di una quantità compresa fra 1,8 × 10^9 anni e 3,6 × 10^9 anni». Com'era riuscito Hubble ad assegnare un'età all'universo?

Per rispondere a questa domanda dobbiamo fare un passo indietro. Nell'Ottocento l'applicazione della legge gravitazionale newtoniana dell'inverso del quadrato a problemi di meccanica celeste sempre più difficili aveva avuto un successo sempre crescente. Essa funzionava nel contesto di un universo semplice e familiare: un sistema di riferimento di spazio tridimensionale in cui si applicava la geometria di Euclide, e in cui si poteva misurare dappertutto un flusso uniforme di tempo – passato, presente e futuro – per mezzo di orologi che, in teoria se non in pratica, erano uniformemente perfetti. Ma rimaneva l'osservazione irritante che l'avanzamento anomalo del perielio di Mercurio, scoperto nel 1859 da Le Verrier (vedi pp. 215-216), si rifiutava ostinatamente di conformarsi alla teoria di Newton.

Nei decenni di mezzo dell'Ottocento i fisici avevano prodotto in laboratorio un corpus di sapere molto complesso sui rapporti fra elettricità, magnetismo e materia, che furono spiegati in gran parte negli anni Sessanta da James Clerk Maxwell in una teoria unificata che compete per importanza con la gravitazione di Newton. Le equazioni di Maxwell diedero lo spunto ad altri fisici teorici, come l'austriaco Ernst Mach (1838-1916) e l'olandese Hendrik Antoon Lorentz (1853-1928), per riflettere profondamente sui concetti di spazio e tempo e sulla loro relazione, mentre matematici come Gauss e il suo allievo Georg Friedrich Bernhard Riemann (1826-1866) avevano già esplorato geometrie in spazi curvi che erano logicamente coerenti, anche se rifiutavano uno dei postulati di Euclide.

Nel 1880 il fisico americano nato in Polonia Albert A. Michelson (1852-1931) stava lavorando all'Osservatorio Astrofisico di Potsdam, che aveva un sotterraneo non soggetto a vibrazioni. Questa fortunata circostanza gli permise di compiere una delicata misurazione ottica suggerita dalla teoria di Maxwell. Il risultato, sconcertante, dell'esperimento di Michelson fu, in breve, che la teoria elettromagnetica della luce richiedeva un etere, ma che non era possibile rivelare il moto della Terra attraverso di esso.

I risultati di queste e altre ricerche mostrarono le prime crepe in quella che era parsa una struttura saldamente stabilita della fisica e della meccanica, e concetti che un tempo erano parsi incontestabili cominciarono ora a essere messi in discussione. I massimi contributi alla creazione di un nuovo insieme di concetti di spazio e tempo furono dati dal tedesco Albert Einstein (1879-1955) nei primi due decenni del XX secolo. Come aveva detto di se stesso Newton, anche Einstein si issò sulle spalle di giganti, sviluppando le sue nuove idee nel contesto di questo nuovo spirito di ricerca, che lo condusse a costruire sull'opera di Lorentz e di numerosi altri.

Einstein diede il suo primo importante contributo nel 1905, col riconoscimento che la misurazione di quantità come lunghezza e tempo venivano fatte non in un sistema di riferimento newtoniano assoluto, ma relativamente agli osservatori. Questa teoria ristretta della relatività spiegava, per esempio, lo sconcertante risultato dell'esperimento di Michelson.

La teoria generale della relatività, del 1915, andò molto oltre. Essa fu essenzialmente una teoria della gravitazione: non una modificazione della teoria newtoniana, ma un modo del tutto nuovo di pensare la relazione fra materia, spazio e tempo. Le equazioni permisero (come la teoria di Newton) di calcolare i moti planetari, e fornirono quasi immediatamente un nuovo valore teorico per il moto del perielio di Mercurio che ora concordò con quello osservato. Esse predissero anche che un raggio di luce, passando in prossimità di un corpo di grande massa come il Sole, sarebbe stato deviato di una quantità significativamente maggiore di quella prevista dalla teoria di Newton. La verifica fu compiuta in occasione dell'eclisse di Sole particolarmente favorevole del 1919 a opera di due spedizioni di astronomi dell'Osservatorio di Greenwich, una delle quali – all'isola Principe, nel Golfo di Guinea – diretta da Eddington. Il nuovo valore di Einstein fu confermato.

LO SPOSTAMENTO VERSO IL ROSSO NEGLI SPETTRI DELLE NEBULOSE

Quel che ci interessa qui è che le equazioni permettevano anche varie soluzioni sul comportamento dell'universo nel suo insieme (soluzioni dipendenti dagli assunti che si facevano, per esempio, sulla quantità di materia nell'universo e sulla geometria dello spazio-tempo). Alcune di tali soluzioni predicevano che l'universo non sarebbe statico, bensì in espansione.

Questo fatto ci riporta alle osservazioni delle grandi velocità radiali delle nebulose spirali compiute da Slipher dal 1912 in avanti (vedi pp. 358-359). È chiaro che inizialmente Einstein non fu al corrente dell'opera di Slipher. Inoltre i difficili concetti, e la matematica avanzata, della teoria generale della relatività di Einstein erano fuori della portata della maggior parte degli astronomi. A partire dalla metà degli anni Venti, però, specialmente dopo il lavoro teorico di Willem de Sitter (1872-1934), dell'Università di Leida, e di Aleksandr Aleksandrovič Fridman (1888-1925), di San Pietroburgo, divenne evidente che la cosmologia non era più una disciplina puramente speculativa, bensì una nuova branca della scienza con aspetti sia teorici sia d'osservazione.

Nel 1925 erano disponibili un totale di 45 velocità radiali di nebulose, la maggior parte delle quali determinate da Slipher. Alcune, però, erano state controllate in altri osservatori, e l'attendibilità delle misurazioni di Slipher era generalmente accettata. Le velocità maggiori erano di oltre 1000 km/s, e suggerivano che le nebulose fossero corpi indipendenti non soggetti al controllo gravitazionale della Galassia, in accordo con la teoria degli universi isole recentemente dimostrata da Hubble.

La grande varietà delle velocità osservate le rendeva di difficile interpretazione. In particolare, era difficile distinguere la componente dovuta ai moti combinati del Sole e della nostra galassia da quella della nebulosa osservata. Nel 1918 il tedesco Carl Wirtz (1876-1939), di Kiel, aveva tentato un metodo che si era dimostrato utile nello studio dei moti stellari, introducendo nelle equazioni un termine addizionale, noto come il termine K. Era una quantità che si doveva sottrarre a tutte le velocità misurate prima di tentare di determinare il moto del sistema solare. Il termine K per le nebulose risultò essere enormemente superiore a quello per le stelle, essendo misurato in centinaia di km/s anziché in pochi km/s. Non sfuggì all'attenzione di Wirtz che il termine K implicava una notevole espansione del sistema delle nebulose, le quali sembravano fuggire a grande velocità in tutte le direzioni.

Nel 1924, usando ora 42 nebulose, Wirtz tentò di vedere se il termine *K* fosse in qualche relazione con le loro distanze. Queste distanze erano ovviamente ignote; ma se si supponeva che le nebulose appartenessero tutte a una singola classe di oggetti simili, quanto minore era il loro diametro apparente, tanto maggiore era la loro distanza. Fatta questa supposizione, emerse una relazione approssimativa fra distanza e velocità di allontanamento dall'osservatore, nel senso che quanto più lontana era una nebulosa, tanto maggiore era la sua velocità di recessione. Le implicazioni cosmologiche apparvero ora chiare: il titolo dell'articolo di Wirtz, pubblicato nelle «Astronomische Nachrichten», suona, in italiano: *La cosmologia di de Sitter e il moto delle nebulose spirali.*

HUBBLE E LA LEGGE DEGLI SPOSTAMENTI VERSO IL ROSSO

Hubble era ben al corrente della ricerca di Wirtz, e la cita senza riserve nei suoi scritti. A partire dal 1925 dedicò una parte generosa del suo tempo d'osservazione col telescopio di 2,5 metri (e, negli ultimi anni della sua vita, con quello di 5 metri) a questo problema della cosmologia d'osservazione: la relazione fra velocità di recessione e distanza delle nebulose spirali. L'evoluzione storica del pensiero su questi oggetti nel corso degli anni si riflette nel cambiamento dei termini usati dagli astronomi per designarli: le «nebulose spirali» divennero «nebulose extragalattiche» – ossia nebulose esterne alla nostra galassia – e infine semplicemente galassie, oggetti affini alla Galassia, la nostra galassia della Via Lattea.

Hubble condivise il lavoro col collega Milton Humason: questi concentrò la sua abilità d'osservazione nella determinazione delle velocità radiali di galassie sempre più lontane (e deboli), e Hubble escogitò e mise in pratica metodi per determinare le distanze reali a partire dalla luminosità delle immagini fissate sulle lastre fotografiche. Ma anche col telescopio di 2,5 metri si potevano scoprire cefeidi solo nelle galassie più vicine. Hubble sviluppò un metodo per passare a distanze superiori seguito successivamente da altri astronomi. Nelle galassie in cui le cefeidi erano appena visibili egli identificò le singole stelle più luminose, che erano 50 o 100 volte più luminose delle cefeidi, usando poi gli stessi tipi di stelle come oggetti di riferimento standard in galassie ancora più

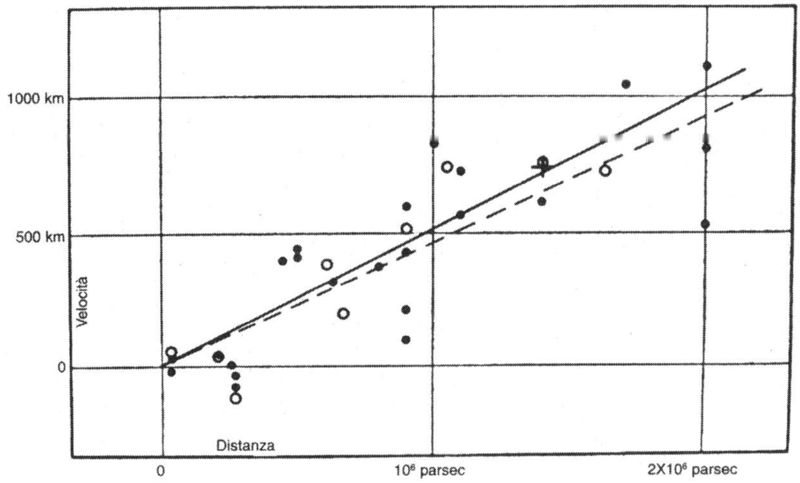

FIGURA 8.23 La relazione velocità-distanza di Hubble, per galassie a distanze fino a 2×10^6 parsec. L'asse verticale rappresenta le velocità radiali in km/s (corrette tenendo conto del moto del sistema solare), l'asse orizzontale le distanze da noi in parsec. I cerchietti neri e bianchi indicano i dati d'osservazione, corretti con metodi alternativi di calcolo del moto solare. Le due linee (alternative) indicano la relazione semplice inferita dai dati. (Collezione privata)

lontane. Era un lavoro fastidiosamente lento, in cui piccoli errori potevano facilmente moltiplicarsi, come riconobbe Hubble.

Nel 1929 Hubble possedeva velocità radiali e determinazioni indipendenti delle distanze per 24 galassie, e pubblicò un grafico delle velocità (fino a 1100 km/s) come funzione della distanza (fino a 2×10^6 parsec, ossia circa $6{,}5 \times 10^6$ anni-luce). Benché ci fosse una grande dispersione, esisteva chiaramente una relazione fra velocità e distanza: per ogni milione di parsec (ossia per 1 Mpc) la velocità di recessione aumentava di 500 km/s circa. La quantità per cui Hubble diede questa prima stima, 500 km/s/Mpc, divenne nota come costante di Hubble, ed è una delle costanti fondamentali della cosmologia. Il fatto che la velocità di recessione delle galassie sia proporzionale alla distanza è noto come legge di Hubble o – dato che le velocità sono determinate a partire dallo spostamento Doppler verso il rosso – legge degli spostamenti verso il rosso.

Fino a quali distanze nell'universo valeva la legge? La risposta a questa domanda dovette essere determinata con un metodo del tutto diverso, poiché si potevano misurare spostamenti verso il rosso anche per galassie nelle quali non si potevano più discernere neppure le stelle più luminose. Hubble sviluppò un metodo ingegnoso. Come ci sono ammassi di stelle nella Galassia, così ci sono ammassi di galassie facilmente riconoscibili nell'universo. Humason fotografò esempi di questi ammassi di galassie, quelli che per grandezza e luminosità apparente dovevano trovarsi a distanze diverse, e misurò lo spostamento verso il rosso delle galassie più splendenti in ogni ammasso. Hubble riconobbe che un ammasso di galassie poteva contenere uno o due singoli membri di luminosità eccezionale, ma ritenne che si potesse evitare il rischio di essere ingannati dall'esistenza di qualche oggetto eccezionale misurando in ogni ammasso la magnitudine apparente non della galassia più luminosa bensì della quinta per luminosità. Lavorando su queste linee, Hubble e Humason mostrarono che la legge degli spostamenti verso il rosso valeva anche a grandi distanze. Ciò implicava che, se si conosceva la costante di Hubble con altri mezzi, si poteva usare lo spostamento verso il rosso di una galassia debole per calcolarne la distanza.

Nel 1935 Hubble fu invitato alla Yale University a tenere un corso di lezioni, che pubblicò l'anno seguente col titolo *The Realm of the Nebulae*. Il libro compendiava nel modo più chiaro la conoscenza della cosmologia d'osservazione a quel tempo, e influenzò un'intera nuova generazione di astronomi.

L'INTERPRETAZIONE DELLO SPOSTAMENTO VERSO IL ROSSO

È interessante notare che lo spostamento verso il rosso fu interpretato fin dall'inizio come uno spostamento Doppler – ossia come dovuto al moto della galassia in allontanamento dall'osservatore – e che fu espresso in km/s. Ciò implicava che l'universo fosse in espansione. Questa interpretazione fu senza dubbio incoraggiata dalla quasi simultaneità della scoperta degli spostamenti verso il rosso e della derivazione di soluzioni delle equazioni di Einstein che suggerivano un universo in espansione.

Dall'idea dell'universo in espansione seguiva che, se si andava a ritroso nel tempo, le galassie dovevano essere sempre più vicine fra loro: in un qualche tempo molto lontano, che possiamo chiamare semplicisticamente «l'inizio dell'universo», la densità della materia dovette essere perciò molto elevata. Il tempo trascorso da allora potrebbe essere chiamato «l'età dell'universo», età che nell'interpretazione più semplice era inversamente proporzionale al valore della costante di Hubble: quanto più grande era la costante di Hubble, tanto più giovane doveva essere l'universo. Questo fatto presentò già qualche problema negli anni Quaranta: l'età di Hubble che ne risultava, di $1,8 \times 10^9$ anni, era infatti inferiore all'età accettata della Terra richiesta dai geologi.

Abbiamo già visto (vedi p. 373) che la versione di Baade della calibrazione delle cefeidi riduceva il valore della costante di Hubble di un fattore due, e un'ulteriore correzione verso il basso a circa 100 km/s/Mpc seguì nel 1958, quando l'ex allievo di Hubble, Allan Rex Sandage (1926-2010), mostrò che quelle che Hubble aveva pensato fossero singole stelle di grandissima luminosità in galassie lontane erano in realtà aggregazioni di stelle molto luminose racchiuse in nebulose gassose. Entrambe queste riduzioni diminuirono il conflitto con la scala di tempo geologica.

Era però già stato riconosciuto che questa definizione dell'età dell'universo era un'ipersemplificazione, poiché, nell'ipotesi che l'espansione rallentasse, il valore della «costante» di Hubble sarebbe variato nel corso del tempo. Negli anni Cinquanta e Sessanta Hubble e i suoi successori si attendevano che questi problemi venissero presto risolti. In realtà non fu così, e incertezze e disaccordo si sono perpetuati fino a oggi.

9

Nuovi orizzonti dell'astronomia

Michael Hoskin e Owen Gingerich

Dove finisce la storia e comincia l'astronomia? Gli storici di qualsiasi scienza si sentono sempre meno sicuri man mano che si avvicinano al presente, e lo storico dell'astronomia non fa eccezione. Il numero degli astronomi vivi oggi è maggiore di quello di tutti gli astronomi vissuti nell'intero corso della storia, e la valanga delle pubblicazioni è così grande che sarebbe pressoché impossibile anche solo leggere i titoli di tutti gli articoli. A peggiorare le cose per lo storico, le comunicazioni scritte fra gli astronomi del passato – documenti che spesso si conservavano per i posteri – sono sostituite oggi da telefonate, conversazioni private in margine ai congressi, messaggi di posta elettronica e via dicendo, ben pochi dei quali lasciano una qualsiasi traccia. Ma il tentativo di guardare il presente con l'occhio di uno storico non è un compito del tutto disperato, poiché è già chiaro che certi sviluppi contemporanei saranno visti dagli storici futuri come fondamentali e di importanza duratura. Gli sviluppi che implicano la teoria richiedono spesso per la loro comprensione una buona conoscenza della fisica, cosicché per la maggior parte non rientrano nell'ambito di questo libro. Ma prima che essi possano essere interpretati si richiede la raccolta di dati; e nella raccolta di questi può darsi che i lettori – come contribuenti e come elettori – abbiano loro stessi un ruolo da svolgere.

L'estensione dei sensi umani: «più luce!»

Diversamente da molti scienziati della natura, l'astronomo non ha i suoi oggetti di studio «sul cavalletto», e non può torturare la Natura per costringerla a rispondere alle sue domande, per riprendere l'immagine del filosofo del Seicento Francesco Bacone. Il fisico o il chimico possono progettare esperimenti controllati, e sottoporre la natura a un procedimento inquisitorio. Di contro, solo in rari casi l'astronomo può prendere l'iniziativa. Ci sono stati sì viaggi sulla Luna da parte di cosiddetti «astronauti», e viaggi di sonde automatiche verso altri pianeti del sistema solare, mentre nel 1986 non meno di cinque sonde spaziali sono state mandate a intercettare la cometa di Halley: la sonda *Giotto*, dell'Ente Spaziale Europeo, giunse a meno di 600 km dal nucleo e spese dieci ore a raccogliere dati e a scattare fotografie. Per lo più, però, il compito dell'astronomo rimane ancora oggi ciò che è sempre stato: raccogliere e interpretare tutte le informazioni che la natura è disposta a fornire alla sua osservazione.

L'invenzione del telescopio fornì a Galileo e ai suoi contemporanei un mezzo per potenziare l'occhio umano, e alla fine del Settecento gli osservatori erano diventati ben consapevoli che, quanto più grande era l'obiettivo o lo specchio primario di un telescopio, tanto maggiore era la quantità di oggetti che esso permetteva di osservare, rendendo accessibili oggetti troppo deboli per poter essere osservati con telescopi meno potenti. La richiesta di telescopi sempre più grandi è cresciuta continuamente da allora.

Alla metà del Novecento i grandi filantropi americani avevano fornito ai più fortunati fra gli astronomi degli Stati Uniti un accesso privilegiato ai segreti dell'universo. L'astronomo che aveva a sua disposizione uno strumento di avanguardia godeva di un vantaggio sui suoi rivali, non solo nella ricerca disinteressata di nuove conoscenze, ma anche nella competizione per il prestigio e per un trattamento economico migliore nella comunità astronomica; e più avanti vedremo qualcosa sui risultati ottenuti dagli astronomi che poterono usare il riflettore di 2,5 metri di Monte Wilson, o, in seguito, il 5 metri di Monte Palomar. Non sorprende che anche i loro colleghi in altri paesi chiedessero attrezzature paragonabili, ma i costi della costruzione e della gestione di un grande telescopio avevano raggiunto livelli tali da richiedere spesso finanziamenti governativi e, a volte, addirittura internazionali.

C'era un altro problema, creato da una natura non certo generosa nel collaborare. Fino agli anni Settanta la maggior parte dei grandi telescopi del mondo erano stati monopolizzati dall'emisfero nord, dove vivevano la quasi totalità dei costruttori di strumenti ottici e il maggior numero degli astronomi. A sud dell'equatore c'è però un cielo molto ricco, comprendente le dense nubi stellari in direzione del centro della Galassia, e le due Nubi di Magellano (che appartengono alla categoria delle galassie irregolari e sono le nostre due vicine intergalattiche più prossime). È come se la sorte avesse cospirato a rendere la ricerca astronomica il più possibile difficile e costosa. Come vedremo, però, negli ultimi tre decenni la crescente velocità ed economicità del moderno volo aereo hanno permesso lo sviluppo in siti dell'emisfero australe di osservatori almeno pari a quelli del nord. I costi, però, hanno continuato ad aumentare.

Negli Stati Uniti si rispose a queste difficoltà con la fondazione, nel 1957, dell'Association of Universities for Research in Astronomy, per finanziare tre grandi osservatori: per il cielo boreale l'Osservatorio di Kitt Peak, in Arizona, dove un telescopio di 3,8 metri entrò in funzione nel 1973; per il cielo australe l'Osservatorio di Cerro Tololo in Cile, dove un riflettore di 4 metri entrò in servizio nel 1976; e infine un osservatorio solare, a Sacramento Peak, nel New Mexico.

Altri paesi si fondarono in molti casi sulla collaborazione internazionale, spesso con divisione del tempo d'osservazione fra astronomi di vari paesi. Così un consorzio di paesi dell'Europa continentale finanziò l'Osservatorio Australe Europeo a La Silla, a nord di Santiago del Cile. Il riflettore di 3,6 metri vi entrò in servizio nel 1971, e oggi l'osservatorio possiede più di una dozzina di telescopi. Una tale collaborazione internazionale implica una complessa burocrazia, per non parlare di diplomazia; ma in tempi di austerità economica gli stati membri trovano più difficile rinnegare le loro promesse di finanziamento a progetti internazionali che a progetti interni.

Negli anni Settanta entrarono in servizio altri due importanti telescopi nell'emisfero australe: il telescopio anglo-australiano di 3,9 metri a Siding Spring Mountain, nel Nuovo Galles del Sud, costruito dall'Australia e dalla Gran Bretagna, e il telescopio di 3,6 metri a Mauna Kea, nell'isola di Hawaii, prodotto da una collaborazione fra Francia, Canada e Hawaii. Ma non si trascurò l'emisfero nord. Gran Bretagna, Spagna, Danimarca e Svezia unirono le loro risorse nella costruzione dell'Osservatorio Roque de los Muchachos a La Palma, nelle Canarie, dove le condizioni d'osservazione erano migliori che in qualsiasi paese europeo, e a esse si associarono successivamente l'Olanda, l'Irlanda e l'Italia (col Telescopio Nazionale Galileo di 3,5 metri, dipendente dall'Università di Padova).

Tutti questi strumenti furono situati in località scelte in modo tale da ridurre il più possibile le limitazioni imposte dall'atmosfera: luoghi con copertura di nuvole meno frequente, poco movimento dell'aria, atmosfera di densità ridotta e anche maggiore lontananza dalle luci delle città, in breve sulla cima di montagne scelte con cura. È trascorso più di un secolo dall'installazione del primo importante osservatorio sulla cima di una montagna, il Lick Observatory su Monte Hamilton, nei pressi di Santa Cruz in California, dove le osservazioni ebbero inizio nel 1881, a un'altitudine di quasi 4270 metri, un'altitudine che pone dei problemi alla fisiologia degli osservatori e del personale. È superfluo dire che la lontananza di tali siti dai centri abitati ha ulteriormente accresciuto i costi.

Frattanto la raccolta e l'analisi delle informazioni sono state trasformate in meglio dalla rivoluzione tecnologica degli ultimi decenni. Le lastre fotografiche, che verso la fine dell'Ottocento determinarono una rivoluzione nel modo di raccogliere i dati degli astronomi, non sono in realtà collettori di luce molto efficienti. La grande maggioranza dei fotoni che colpiscono una lastra fotografica vengono riflessi, e nella migliore delle ipotesi solo il 2 per cento circa servono a imprimere un'immagine sulla superficie sensibile. Il rapido sviluppo, negli anni Ottanta del Novecento, dei dispositivi ad accoppiamento di carica o CCD (che hanno un'importanza commerciale di vasta scala per le videocamere), permise agli astronomi di assimilare fotoni con un'efficienza superiore al 70 per cento. Di conseguenza nel 1990 un telescopio di 76 cm fu in grado di registrare più fotoni che il telescopio di 5 metri nel 1960. Inoltre, acquisendo le immagini elettronicamente, gli astronomi potevano controllarne l'andamento mentre facevano un'osservazione, eliminando in tal modo i dispendiosi problemi connessi con una sotto o sovraesposizione. I CCD fornirono inoltre anche un altro vantaggio: potevano essere inviati nello spazio con sonde planetarie o con osservatori orbitali, come il Telescopio Spaziale Hubble, e le immagini così conseguite potevano essere trasferite a Terra via radio.

L'alta velocità dei computer moderni serve non solo a elaborare immagini elettroniche, ma anche a controllare il movimento dei telescopi e a permettere un'«ottica attiva». Un problema di lunga data nella costruzione di grandi riflettori era la distorsione dello specchio primario quando lo strumento è inclinato in varie direzioni e lo specchio si incurva sotto il proprio peso; oggi questa deformazione può essere controllata meccanicamente, modificando di continuo la pressione in vari punti sulla parte posteriore dello specchio per compensare le variazioni nello stress interno. Analogamente si possono compensare i mutamenti costanti nell'atmosfera sopra il telescopio introducendo sul percorso della luce un sottile specchio deformabile che risponde a essi molte volte al secondo. Anche l'inseguimento di un oggetto compensando la rotazione del cielo è un compito che può essere svolto da un computer, cosicché oggi si può fare a meno delle montature equatoriali (vedi p. 241) a favore della più economica montatura altazimutale, che permette di muovere il telescopio su e giù e a destra-sinistra.

In conseguenza di tutto questo, i giorni in cui astronomi dilettanti – uomini come Wilhelm Herschel o William Huggins – potevano essere all'avanguardia della scienza sono passati da molto tempo; i dilettanti hanno ancora un ruolo da svolgere, ma in aree trascurate dagli astronomi di professione, come la ricerca di comete, l'osservazione e il conteggio di meteoriti durante le piogge meteoriche, o il controllo delle stelle variabili. Sono passati, benché non da molto, anche i tempi in cui un astronomo poteva avere il controllo da solo, in una notte d'osservazione, di un grande strumento. Un telescopio moderno dipende, per il suo funzionamento, da gruppi di esperti. L'osservazione si è trasformata in un'attività cooperativa, nella quale l'astronomo si trova nelle mani di personale specialistico di sostegno, di solito ingegneri o informatici, più che fisici o astronomi. Osservatori nazionali che un tempo intraprendevano proprie ricerche, oggi sono impegnati a mantenere funzionanti le loro strutture per una folla di astronomi accademici in visita.

I telescopi della prossima generazione

La maggior parte dei telescopi costruiti recentemente hanno specchi di diametro solo poco minore dei 5 metri del riflettore Hale di Monte Palomar. Nel 1976 un telescopio di 6 metri di apertura fu completato a Zelenčukskaja, sul monte Semirodriki, nel Caucaso, ma le sue prestazioni si rivelarono deludenti, e alcuni pensarono che fosse già stato raggiunto il limite della grandezza utile di uno specchio (a causa dei movimenti dell'aria sopra il telescopio). Ma l'esperienza dei nuovi telescopi su alte montagne ha mostrato che gran parte dei disturbi veniva da correnti d'aria in prossimità della cupola e dentro di essa, e persino all'interno dello strumento stesso. Qualcosa si poté fare per attenuare questi problemi, cosicché ridivenne attraente la costruzione di strumenti con specchi più grandi. Ciò nonostante un grande strumento, per lavorare in modo efficace, doveva essere sostenuto dalla tecnologia più recente.

La parte principale dei costi spaventosi di questi «Telescopi della Prossima Generazione» (NGT, *Next Generation Telescopes*) concerne la fabbricazione e la sagomatura dello specchio primario, la costruzione dei dispositivi per il controllo del telescopio, e la costruzione dell'edificio con la cupola rotante. Edificio e cupola hanno attinenza col peso dello specchio e con la sua distanza focale. Specchi profondamente scavati di piccola distanza focale (che richiedono perciò un tubo relativamente corto e una cupola di dimensioni modeste) sono difficili da realizzare con mezzi convenzionali, ma è possibile fondere uno specchio che abbia press'a poco la forma richiesta, facendo ruotare il materiale quando è ancora fuso e lasciandolo poi raffreddare lentamente. Questo perché un liquido in rotazione in un contenitore circolare si accumula verso l'esterno del contenitore, e la sua superficie acquista così (approssimativamente) la forma parabolica che è ideale per uno specchio di telescopio.

Il più grande fra gli NGT, il telescopio Keck I a Mauna Kea, è entrato parzialmente in uso nel 1990. Il suo specchio ha un diametro di 9,8 metri formato da 36 segmenti esagonali, nove dei quali erano già sistemati quando il telescopio «vide la luce» per la prima volta. Un telescopio gemello, il Keck II, è situato nelle vicinanze, e quando sarà usato in combinazione col primo i due strumenti diventeranno l'equivalente di un telescopio di apertura pari alla distanza fra le due cupole.

Il Telescopio Spaziale Hubble

Gli astronomi di oggi non dipendono, però, totalmente dagli osservatori terrestri, in quanto l'uso non solo di aerei, ma anche di razzi, satelliti orbitanti e sonde spaziali – sviluppi finanziati per uso dei militari o per ragioni di prestigio militare – ha aperto la via all'osservazione con strumenti portati al di sopra dell'atmosfera.

Lo sforzo di gran lunga più importante in questa prospettiva è il Telescopio Spaziale Hubble (TSH, o, all'inglese HST); lanciato nell'aprile 1990 dallo Space Shuttle *Discovery*, orbita a un'altitudine di 600 km. Il suo specchio primario ha un diametro di 2,4 metri, una grandezza media per gli strumenti terrestri, ma nello spazio permette di raggiungere una risoluzione molto migliore di quella di qualsiasi strumento a terra. La qualità dello specchio del TSH era di gran lunga migliore di quella di qualsiasi grande strumento astronomico precedente; purtroppo però la superficie, benché lavorata molto bene, aveva una forma sbagliata, cosicché le prestazioni del telescopio risultarono molto inferiori alle attese. Nel 1993 una squadra di manutenzione portata in orbita da uno Space Shuttle riuscì a sistemare elementi di correzione sul percorso della luce, dopo di che la perfezione della superficie dello specchio ha permesso di ottenere una serie spettacolare di immagini ad alta risoluzione, conducendo particolarmente alla scoperta di centinaia di variabili cefeidi nel lontano ammasso di galassie della Vergine.

L'universo invisibile della radioastronomia

La luce visibile, la radiazione elettromagnetica alla quale è sensibile l'occhio umano, è solo una delle bande in cui i raggi provenienti dallo spazio riescono ad attraversare l'atmosfera. Un'altra banda, molto più estesa, è quella delle onde radio, con lunghezze comprese fra 1 millimetro e 30 metri. Il primo indizio che dai corpi celesti stessero arrivando onde radio, come messaggi siderei portatori di nuove informazioni, fu scoperto nel 1932. In quell'anno un ingegnere del Bell Telephone Laboratory, Karl G. Jansky (1905-1950), stava usando un'antenna orientabile per studiare le interferenze sul servizio radiotelefonico transatlantico da poco inaugurato. Oltre che in tempeste, Jansky si imbatté in un fischio di fondo che variava in intensità con un periodo di 24 ore meno quattro minuti: il periodo della rotazione della sfera celeste. I segnali risultarono provenire dalla Via Lattea, e la loro intensità era massima in direzione del centro della Galassia.

I risultati di Jansky attrassero poca attenzione, ma nel 1937 un altro radioingegnere americano, Grote Reber (1911-2002), si costruì da sé un'antenna di forma parabolica e cominciò a dedicare il suo tempo libero a dare un seguito alle ricerche di Jansky. Per quasi un decennio Reber produsse carte delle curve di livello dell'intensità delle radio-onde in cielo. In questo decennio rientrarono anche gli anni della Seconda guerra mondiale, e anche gli operatori radar militari alla ricerca di attività del nemico si imbatterono in «interferenze» che venivano dallo spazio. Nel 1942 James S. Hey (1909-2000) e colleghi all'Operational Research Group dell'esercito britannico stavano investigando quelli che si riteneva fossero disturbi prodotti dai tedeschi per mettere fuori uso i radar inglesi, quando trovarono che l'intensa radioemissione proveniva in realtà dal Sole.

Alla fine della guerra, alcuni fisici avevano conseguito durante il servizio militare una competenza sufficiente a sviluppare la nuova scienza «della radioastronomia», e poterono utilizzare attrezzature militari in disuso. Uno fra i primi trionfi della radioastronomia fu la dimostrazione che la Galassia ha effettivamente una struttura a spirale.

Come abbiamo visto (vedi pp. 341-342), le congetture in questo senso si erano rivelate difficili da confermare, non solo per la difficoltà di avere una visione globale del sistema stellare a cui apparteniamo, ma anche perché la maggior parte delle stelle della Galassia stessa sono occultate da nubi di polvere. Durante la Seconda guerra mondiale gli astronomi olandesi furono privati della maggior parte dei loro strumenti d'osservazione, cosicché furono costretti a concentrarsi su problemi teorici. Jan Oort, dell'Osservatorio di Leida, si rese conto che, grazie alle loro lunghezze d'onda maggiori, le onde radio avrebbero potuto attraversare le nubi di polvere, e invitò il suo allievo Hendrik van de Hulst (n. 1918) a investigare quali onde radio ci si sarebbero potute attendere.

In un articolo pubblicato nel 1945, van de Hulst mostrò che, quando un atomo di idrogeno «neutro» invertiva il suo spin, si verificava un'emissione alla lunghezza d'onda di circa 21 cm. In ogni singolo atomo di idrogeno una tale inversione spontanea dello spin avviene in media solo una volta nell'arco di milioni di anni; ma poiché l'idrogeno è l'elemento più abbondante nell'universo, nella Galassia potrebbero verificarsi abbastanza inversioni perché l'emissione fosse rivelabile sulla Terra.

La predizione sarebbe stata confermata solo nel 1951, prima a Harvard (usando una semplice antenna a tromba fatta di legno compensato e foglia di rame, montata fuori della finestra di un laboratorio) e poi in Olanda e in Australia. Gli ultimi due gruppi si impegnarono successivamente in un programma in collaborazione, per realizzare una carta delle intensità e velocità della riga di 21 cm in diverse direzioni nella Galassia. Fu un lavoro faticoso – i ricercatori di Leida usarono una vecchia antenna radar tedesca che per quasi due anni dovettero costantemente riposizionare con una manovella a mano ogni due minuti e mezzo –, ma nella carta risultante si videro infine emergere le braccia spirali della Galassia.

Poco tempo prima, William W. Morgan, dell'Osservatorio di Yerkes, aveva completato un'investigazione ottica della struttura della Galassia usando le stelle molto luminose dei tipi O e B per delineare le braccia della spirale, e la sua breve presentazione al convegno del Natale 1951 dell'American Astronomical Society convinse i presenti che la struttura spirale della Galassia era stata infine dimostrata. Morgan, però, si ammalò la primavera seguente e quando poté riprendere il lavoro il contenuto del suo abbozzo di articolo era già stato superato dai risultati ottenuti dai radioastronomi.

La prima sorgente localizzata («discreta») di radioemissione fu trovata da Hey solo qualche mese dopo la fine delle ostilità, e due anni dopo Martin Ryle (1918-1984) e Francis Graham Smith (n. 1923) a Cambridge localizzarono la più potente di tali sorgenti nell'emisfero nord. Tali «radiostelle» potevano essere identificate con oggetti visuali? La possibilità – o impossibilità di

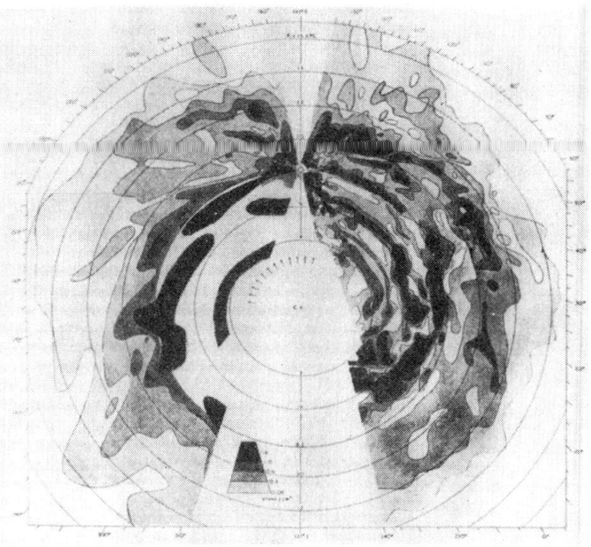

FIGURA 9.1 Il diagramma composito realizzato nel 1958 da radioastronomi olandesi e australiani sulla base della distribuzione dell'idrogeno neutro per mostrare la struttura a spirale della Galassia. Al centro del diagramma c'è il nucleo galattico, e la posizione del Sole è segnata su di esso con una *S*, a una distanza supposta di 8,2 parsec. La parte sinistra del diagramma è opera principalmente degli osservatori di Sydney, mentre il quadro più dettagliato a destra si fonda sui risultati del gruppo di Leida. I quattro colori usati nel diagramma rappresentano, dal nero al grigio più chiaro, quattro diverse concentrazioni dell'idrogeno: da 1,6 a 1,0 atomi/cm^3, da 1,0 a 0,6, da 0,6 a 0,2 e da 0,2 a 0,05. Là dove le due metà del diagramma si incontrano c'è un accordo ragionevole. (Per gentile concessione dell'Istituto di Astronomia dell'Università di Cambridge)

una tale identificazione sarebbe stata chiaramente fondamentale per la comprensione della loro natura. Ma c'era una ragione più specifica: fino a una tale identificazione, gli astronomi sarebbero stati all'oscuro della terza dimensione, quella della distanza. La distanza di una radiosorgente sarebbe stata ignota fino a quando essa non fosse stata identificata con un oggetto visuale, e lo spostamento verso il rosso (vedi pp. 376-378) dello spettro visivo di tale oggetto non fosse stato tradotto in una distanza sulla base dell'assunto familiare che quanto maggiore è lo spostamento verso il rosso tanto maggiore è la velocità di recessione, e tanto più lontano è l'oggetto.

Purtroppo i primi radiotelescopi non erano abbastanza precisi nel localizzare in cielo una radiosorgente da permetterne una tale identificazione. Nel 1949 si verificò un progresso significativo, quando tre radioastronomi australiani, John G. Bolton, G.J. Stanley e O. Bruce Slee, riuscirono a identificare tre radiosorgenti discrete con oggetti familiari agli astronomi ottici; fra tali oggetti c'era la Nebulosa del Granchio, che Edwin Hubble aveva riconosciuto recentemente come il residuo della supernova del 1054 (vedi p. 85).

Due anni dopo, Graham Smith riuscì a ottenere una posizione esatta della radiosorgente nota come Cygnus A; questa localizzazione permise a Walter Baade e a Rudolph Minkowski di identificarla con un oggetto dall'aspetto curioso, che Baade interpretò come un paio di galassie molto lontane in collisione fra loro. Questa interpretazione dovette poi essere abbandonata, ma la Cygnus A diede un'anticipazione del potenziale cosmologico della radioastronomia.

Al crescere del numero di tali identificazioni divenne chiaro che anche oggetti che si trovavano a distanze immense, pur essendo sorgenti luminose deboli – così deboli che molte potevano non essere mai scoperte da telescopi ottici – potevano essere intense sorgenti di radio-onde. I radioastronomi «vedevano» queste sorgenti lontanissime com'erano molto tempo fa, quando la luce che stavano ricevendo con i loro strumenti iniziava il suo viaggio verso di noi. Ciò significava che, se l'universo stava effettivamente espandendosi da uno stato originario superdenso, come credeva la maggior parte dei cosmologi, i radioastronomi potevano osservare quelle regioni com'erano in un tempo significativamente più vicino al Big Bang, com'era chiamato l'evento originario. Si potevano così usare i dati d'osservazione della radioastronomia per verificare le teorie cosmologiche.

La radioastronomia e la controversia cosmologica

Nel 1948 tre astronomi di Cambridge, Fred Hoyle (1915-2001), Hermann Bondi (1919-2005) e Thomas Gold (1920-2004), nessuno dei quali era innamorato dell'idea che l'universo avesse avuto un'origine, proposero in alternativa una teoria secondo la quale l'universo doveva apparire sempre lo stesso, da qualunque luogo e in qualsiasi tempo fosse stato osservato. In questa cosmologia dello «stato stazionario» non ci sarebbe né inizio né fine. Il fatto che le galassie si stiano allontanando l'una dall'altra non sarebbe la conseguenza di un Big Bang (termine introdotto con intento canzonatorio da Fred Hoyle); le galassie si allontanerebbero piuttosto fra loro in tutte le direzioni, un po' come le uvette di una torta si allontanano fra loro quando la torta cresce durante la cottura. Per riempire gli spazi lasciati dalle galassie in recessione e conservare in tal modo l'aspetto complessivo dell'universo, i tre amici postularono la creazione di materia nello spazio intergalattico, materia che doveva apparire a una scala sufficiente per formare nuove galassie.

Se i cosmologi dello stato stazionario avevano ragione, in un lontano passato la distribuzione dei principali componenti dell'universo doveva essere press'a poco la stessa di oggi; se invece avevano ragione i teorici del Big Bang, questi componenti dovevano essere più concentrati in passato, quando l'universo era più giovane e più piccolo. Era un interrogativo a cui doveva fornire una risposta la radioastronomia.

Un radiotelescopio che sembrava all'altezza di questo compito si trovava anche a Cambridge, dove Ryle era stato fra i primi proponenti di una tecnica nuova, quella della «sintesi di apertura»: essa consisteva nel collegare elettronicamente vari radiotelescopi, uno o più dei quali mobili, in vista della realizzazione di una carta radio del cielo equivalente a quella che avrebbe potuto fornire una singola antenna di dimensioni enormi e del tutto irrealizzabili (questo concetto ha trovato la sua massima espressione nel grande telescopio Very Large Array nei pressi di Socorro, nel New Mexico, formato da 27 paraboloidi suddivisi fra le tre braccia di una vasta configurazione in forma di Y). Fra Ryle e Hoyle non ci fu alcuna inimicizia; Ryle annunciò più di una volta i risultati di sue rassegne che secondo lui confutavano lo stato stazionario, e più di una volta Hoyle le rifiutò tranquillamente.

Infine la controversia fu decisa, almeno provvisoriamente, per un'altra via. Verso la fine degli anni Quaranta George Gamow (1904-1968) e i suoi colleghi della George Washington University Ralph A. Alpher (1921-2007) e Robert Herman (1914-1997) predissero, fra le conseguenze di quello che sarebbe stato chiamato in seguito il Big Bang, che nell'intero universo doveva esserci oggi una radiazione residua; essa sarebbe stata uniforme in tutte le direzioni, e avrebbe avuto una temperatura di circa 5 gradi sopra lo zero assoluto (5 K). Gamow concepì la formazione degli elementi nei minuti iniziali dell'esplosione come proveniente da un miscuglio primordiale di radiazione e di particelle nucleari, da lui chiamato «*ylem*»,* ma questa spiegazione si imbatté in difficoltà invalicabili a causa della mancanza di un elemento stabile di massa 5. Nonostante la grande curiosità suscitata a quell'epoca da tale studio, l'interesse per queste idee declinò a causa dei problemi che questo scenario poneva in relazione alla genesi degli elementi.

Nel 1964 a Princeton Robert H. Dicke (1916-1997), all'oscuro delle ricerche di Alpher e Herman, propose una propria teoria, che prediceva anch'essa una radiazione di fondo di pochi gradi sopra lo zero assoluto. Il gruppo di Dicke si accinse allora alla costruzione di uno strumento in grado di scoprire tale radiazione, per confermare in tal modo la teoria.

Frattanto due ingegneri dei vicini Bell Telephone Laboratories, Arno Penzias (n. 1933) e Robert Wilson (n. 1936), che non sapevano nulla di queste idee lontane dalle loro preoccupazioni pratiche, stavano lavorando con un'antenna destinata in origine a sottoporre a test le comunicazioni via satellite. Essi si diedero un gran da fare per rintracciare ed eliminare tutte le sorgenti di interferenze, fra cui due piccioni che avevano nidificato nell'antenna, ma trovarono che da tutte le direzioni del cielo proveniva una radiazione inspiegata a circa 3 K. Alla ricerca della possibile causa di quel segnale interpellarono Dicke, il quale li informò che il segnale che avevano trovato era proprio quello che stava cercando lui.

Agli occhi della maggior parte dei cosmologi, la scoperta di questa «radiazione di fondo a microonde» a opera di Penzias e Wilson, nel 1964-1965, fece pendere decisamente la bilancia contro la teoria dello stato stazionario, che andò a finire nel limbo delle teorie rifiutate. Essa era stata in effetti sempre motivata dalla

* «Chiameremo questo miscuglio primordiale di particelle nucleari "Ylem", risuscitando un nome caduto in disuso che, secondo il dizionario Webster, significa "la prima sostanza da cui si suppone abbiano avuto origine gli elementi"» (George Gamow, *La creazione dell'universo*, trad. it. di G. Lopez, Mondadori, Milano 1956, p. 79). Secondo lo stesso Webster il termine sarebbe derivato dall'inglese e francese medievale *ilem*, latino medievale *hylem*, accusativo dal greco *hyle* (selva, legna, materia). [*N.d.T.*]

forma che l'universo dovrebbe avere, più che da quella che ha. I suoi autori avevano sottolineato che era una teoria che faceva predizioni chiare e aveva quindi il merito scientifico di poter essere confutata; e lo fu. Ma gli astronomi ricordavano controversie precedenti che avevano polarizzato la comunità scientifica, per esempio se al centro del mondo si trovasse la Terra o il Sole, o se le nebulose fossero aggregazioni di stelle o nubi gassose – interrogativi che avevano avuto risposte meno semplici di quanto ci si era attesi – e si sentivano a disagio quando la loro comunità veniva di nuovo spaccata da opposte teorie.

Sia lo stato stazionario sia il Big Bang presupponevano la recessione delle galassie in tutte le direzioni; tuttavia persino questa interpretazione dei dati d'osservazione causava disagio. Alla radice, i dati d'osservazione sono che la luce proveniente da galassie piccole e deboli, quando viene trasformata in uno spettro, risulta «spostata» verso il rosso, e tanto più quanto più debole e piccola è la galassia. È difficile dubitare del fatto che qui «debole e piccola» significhi lontana, ma lo spostamento verso il rosso aperto ad altre interpretazioni. Per esempio, l'universo potrebbe essere statico e i fotoni potrebbero perdere gradualmente energia, aumentando di conseguenza la loro lunghezza d'onda, nel lungo viaggio attraverso lo spazio intergalattico. Tuttavia, tutte le teorie alternative sono sotto qualche aspetto insoddisfacenti, mentre gli spostamenti verso il rosso osservati *si comportano* come se rappresentassero un'espansione, e per il momento questa continua a essere la spiegazione più semplice e più soddisfacente delle osservazioni.

C'è stato, in effetti, una sorta di dilemma metodologico: i cosmologi teorici volevano che gli astronomi d'osservazione producessero «fatti» che stabilissero qual era il modello corretto dell'universo, ma la riduzione stessa delle osservazioni brute richiedeva l'assunzione di un modello cosmologico che le osservazioni avrebbero dovuto verificare.

L'universo nascosto dall'atmosfera

Come abbiamo visto, la luce visibile e le onde radio sono le forme di radiazione elettromagnetica che possono attraversare l'atmosfera. In effetti le onde radio non trovano ostacolo neppure nel cattivo tempo, e i radiotelescopi possono essere usati giorno e notte, anche a basse altitudini e in climi sfavorevoli per l'osservazione ottica. Altre regioni dello spettro – quelle comprese fra l'infrarosso vicino e le onde radio, nonché le radiazioni a piccola lunghezza d'onda: ultravioletto, raggi X e raggi gamma – sono invece letteralmente cancellate alla vista dall'atmosfera. Oggi, grazie agli sviluppi che si sono avuti nel campo dei veicoli spaziali, è disponibile al nostro studio l'intero spettro elettromagnetico; si sono dischiuse nuove aree di investigazione, e l'integrazione di astronomia e fisica è diventata sempre più forte. Le varie bande di lunghezze d'onda forniscono, in parte, immagini dell'universo a varie temperature.

I primi tentativi di osservazioni al di sopra dell'atmosfera furono compiuti per mezzo di strumenti trasportati da razzi. Già nel 1946 razzi *V-2* catturati dagli alleati ai tedeschi furono usati per ottenere le prime osservazioni del Sole nell'ultravioletto e nei raggi X. Le *V-2* erano alte 14 metri e potevano salire fino a 150 km d'altezza. Purtroppo il razzo, scendendo, si distruggeva nell'impatto col suolo, e quindi era necessario o separarne le parti che contenevano gli strumenti scientifici, in modo da farle scendere più lentamente, o fare sì che i dati venissero trasmessi via radio durante il volo. Benché le *V-2* siano state superate nell'arco di pochi anni da razzi progettati espressamente per la ricerca spaziale, un razzo rimane al di sopra dell'atmosfera solo per pochi minuti, cosicché i dati raccolti nel corso dei primi voli fornirono poco più che rozze istantanee, le quali confermarono l'esistenza di finestre sull'universo ancora inutilizzate.

Tutto questo, naturalmente, stuzzicò l'appetito degli astronomi. Per fortuna per loro, la rivalità internazionale nello spazio seguita al lancio, nel 1957, del primo *Sputnik* russo, condusse alla realizzazione di tutta una serie di satelliti astronomici in orbita intorno alla Terra, che registrarono dati in tutte le regioni finora mancanti dello spettro. «Osservatori astronomici orbitanti» americani furono lanciati nel 1968 e nel 1972, e l'International Ultraviolet Explorer (un'iniziativa congiunta di Europa, Regno Unito e Stati Uniti) nel 1978. La serie americana dei Piccoli Satelliti Astronomici (Small Astronomical Satellites, *SAS*) fu inaugurata nel 1970 col lancio, dalla costa del Kenya, dell'*SAS*-1, che produsse un catalogo di 161 sorgenti di raggi X; esso fu seguito dall'*SAS*-2, lanciato nel 1972, che trasportò nello spazio strumenti per la misurazione di raggi gamma, e dall'*SAS-3*, lanciato nel maggio 1975, che trasportava rivelatori di raggi X. L'Infrared Astronomical Satellite, di Olanda, Regno Unito e Stati Uniti, fu lanciato nel 1983, e nella sua vita attiva di undici mesi realizzò una carta dettagliata e completa del cielo nell'infrarosso. Grazie ai dati forniti da questi e altri satelliti, in pochi decenni gli astronomi hanno ampliato enormemente gli orizzonti della loro scienza, e ne hanno rafforzato i legami con la fisica ortodossa.

Ancora più sensazionale è stato l'uso di sonde spaziali per investigare a distanza ravvicinata gli altri corpi del sistema solare. Nel 1959 la sonda *Luna 3* ci fornì la prima immagine della faccia nascosta della Luna; la scoperta più sorprendente fu che su di essa mancavano i vasti mari basaltici che caratterizzano la sua faccia rivolta verso la Terra. A partire da questi inizi ha preso slancio una fortunata esplorazione diretta del sistema solare, e numerose sonde sono passate a distanze ravvicinate da tutti i pianeti eccezion fatta per Plutone, incontrando anche satelliti, comete e asteroidi. Queste missioni hanno trasmesso a terra dati tecnici su campi gravitazionali e magnetici, nonché «cartoline dallo spazio» che hanno rivelato in dettaglio nuovi mondi. Il satellite di Giove Io, con i suoi attivi vulcani solforosi, e il satellite di Urano Miranda, con la sua combinazione affascinante di terreno vecchio, massicciamente craterizzato, e di paesaggi complessi giovani, con scarpate e catene montuose chiare e scure, sono fra gli strani piccoli mondi rivelati dalla strumentazione delle sonde automatiche lanciate in lunghi viaggi oltre la Luna.

Il primo sorvolo ravvicinato della superficie lunare avvenne nel luglio 1964, quando la sonda lunare americana *Ranger 7* inviò verso la Terra migliaia di immagini ad alta definizione in preparazione degli sbarchi sulla Luna delle missioni *Apollo*, che avrebbero avuto luogo tre anni dopo. Gli astronauti americani portarono sulla Terra centinaia di esemplari di minerali lunari, che aiutarono a stabilire l'età della Luna e la chimica complessa della sua origine.

Nel 1970 *Venera 7* fu il primo veicolo spaziale a inviare alla Terra segnali dalla superficie di un altro pianeta, e nel 1975 furono trasmesse da sonde sovietiche anche le prime immagini del paesaggio venusiano. Frattanto la serie dei *Mariner* americani do-

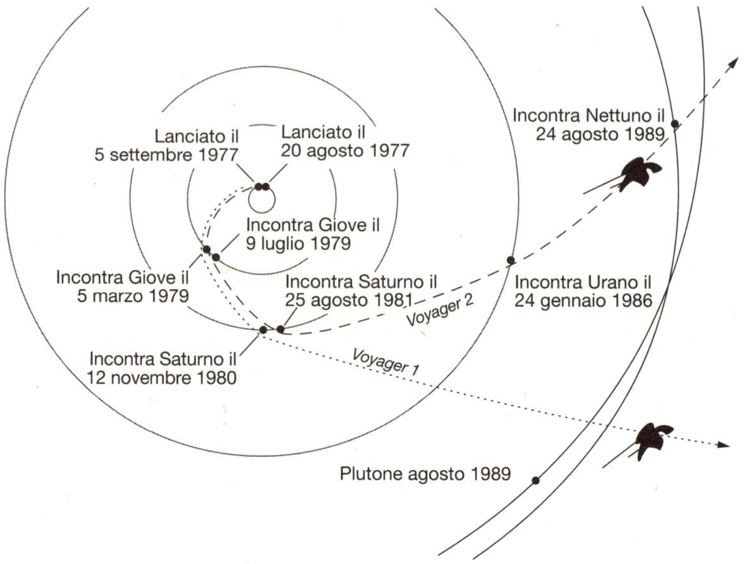

FIGURA 9.2 Gli itinerari del *Voyager 1* e del *Voyager 2* fra i pianeti esterni.

cumentò la superficie di Mercurio e di Marte. Le sonde *Viking*, lanciate nel 1975, fornirono splendide immagini delle immense caldere vulcaniche e del gigantesco sistema di canyon della Valles Marineris su Marte. I *Voyager* americani trasmisero (nel 1979) dettagli notevoli della meteorologia e dei satelliti di Giove e dei sistemi di anelli e di satelliti di Saturno, e poi (rispettivamente nel 1986 e 1989) di Urano e Nettuno.

Queste esplorazioni rivitalizzarono gli studi planetari, che nel corso del secolo erano caduti in relativo sfavore nella competizione con le ricerche più avvincenti della cosmologia e dell'astrofisica.

La scoperta di oggetti esotici

Abbiamo visto come già nella prima metà del XX secolo l'ambito dell'astronomia si fosse ampliato fino a comprendere l'intera distanza fra complessi processi subatomici da un lato e modelli dell'universo implicanti la relatività generale dall'altro. Al tempo stesso ci si rese conto sempre più che le condizioni fisiche nello spazio erano più estreme di quelle conseguibili in qualunque laboratorio, e che non si potevano escludere oggetti e processi che sembravano appartenere più alla fantascienza che alla scienza.

Ma anche gli astronomi più progressisti inclinavano alla prudenza. Nel Settecento qualcuno aveva prospettato l'idea di stelle così dense che, in conseguenza del loro intenso campo gravitazionale, neppure la luce potesse uscirne (vedi p. 244); e secondo la relatività generale di Einstein oggetti così bizzarri (noti oggi come «buchi neri») erano teoricamente possibili come prodotti finali dell'evoluzione stellare, purché le stelle avessero massa abbastanza grande da permettere alla loro attrazione gravitazionale diretta verso l'interno di superare le forze di repulsione all'opera. Nel 1935 Subrahmanyan Chandrasekhar aveva sostenuto correttamente in un convegno della Royal Astronomical Society che stelle nane bianche di massa superiore a 1,4 masse solari non potrebbero resistere all'intensa attrazione gravitazionale e collasserebbero oltre; ma Sir Arthur Eddington, che pure era fra i fautori più eminenti della relatività, trattò in modo sprezzante la proposta del giovane fisico indiano, non riuscendo ad accettare l'idea che la natura si comportasse in un modo così strano. Prima della fine del decennio, J. Robert Oppenheimer (1904-1967) e Hartland Snyder (1913-1962) concentrarono l'attenzione sul processo del collasso gravitazionale stesso, e mostrarono che per descrivere la dinamica di tale processo occorreva la relatività generale, aprendo così la strada alla cosiddetta «fisica dei buchi neri».

Negli anni Sessanta i radioastronomi riconobbero due esempi dei tipi quasi incredibili di oggetti che esistono nell'universo astronomico. In tre occasioni, nel 1962, la Luna passò davanti a una delle radiosorgenti trovate nella terza ricerca sistematica di Cambridge a opera di Ryle, e le osservazioni di queste «occultazioni» permisero ai radioastronomi dell'Osservatorio radioastronomico di Parkes, nel Nuovo Galles del Sud, di mostrare che tale oggetto era una radiosorgente doppia, una componente della quale fu identificata da loro con un oggetto quasi-stellare azzurro di magnitudine 13. Questa scoperta sollecitò l'astronomo Maarten Schmidt (n. 1929), olandese di nascita, a usare il riflettore di 5 metri di Monte Palomar per studiarne lo spettro.

Era davvero uno spettro peculiare: a un continuo erano sovrapposte righe di emissione molto luminose che sembravano appartenere a un elemento ignoto, ma che Schmidt riconobbe infine come una serie di righe dell'idrogeno studiate già nel 1885 dal fisico svizzero Johann Balmer. Queste righe avevano però spostamenti verso il rosso straordinariamente grandi, i quali implicavano che l'oggetto di aspetto stellare fosse molto lontano fuori della Galassia, sempre che lo spostamento verso il rosso fosse interpretato nel modo solito.

La natura di questa «radiosorgente quasi-stellare» o «quasar» fu oggetto di aspre discussioni; se infatti essa si trovava alla grande distanza cosmologica implicata dal suo grande spostamento verso il rosso, doveva avere un'enorme luminosità intrinseca. Al passare del tempo furono scoperti quasar con spostamenti verso il rosso sempre maggiori, implicanti a volte velocità di recessione superiori al 90 per cento della velocità della luce e distanze di miliardi di anni-luce. Per essere visibili a tali distanze i quasar dovevano essere anche un milione di volte più luminosi di un'intera galassia, e tuttavia dovevano avere dimensioni molto piccole in quanto la loro luminosità poteva variare a volte di un fattore 2 nell'arco di ore. Solo un buco nero di massa enorme poteva fornire una speranza di pervenire a una spiegazione fisica dei processi in gioco. Non sorprende il rifiuto di alcuni astronomi di credere che gli spostamenti verso il rosso fossero stati interpretati correttamente.

Il secondo tipo straordinario di oggetto fu scoperto quattro anni dopo. Il radioastronomo di Cambridge Antony Hewish (n. 1924) e la sua allieva Jocelyn Bell avevano costruito un radiotelescopio rozzo ma efficace, formato da pali e fili distesi su un sito di 1,6 ettari. Essi intendevano studiare l'influenza del plasma (materiale formato da ioni ed elettroni che si muovono liberamente) dello spazio interplanetario sulle onde provenienti da radiosorgenti lontane. Nel corso delle loro ricerche si imbatterono in una debole sorgente che risultò infine emettere impulsi regolarmente intervallati con un periodo di poco più di un secondo. Sembrava che una tale trasmissione molto rapida potesse essere stata generata sulla Terra, forse in un'installazione militare – o, se no, da «omini verdi» altrove nell'universo ma infine divenne chiaro che la sorgente era celeste e naturale.

La «radiostella pulsante» o «pulsar» si rivelò una stella di neutroni rotante, un tipo di stella di piccole dimensioni ma di densità immensa la cui esistenza era stata predetta già nel 1934 da Fritz Zwicky e Walter Baade, poco tempo dopo la scoperta del neutrone stesso da parte di James Chadwick (vedi p. 335). La stella ruotava col periodo di un secondo, e a ogni rotazione il suo fascio di radiazione investiva la Terra, un po' come il fascio di un faro scorre sull'acqua circostante. Da allora sono state scoperte centinaia di pulsar, tutte in rotazione con velocità sorprendente: quella al centro della Nebulosa del Granchio ha un periodo di solo 1/30 di secondo.

Le pulsar si sono rivelate estremamente importanti. Queste stelle di neutroni possono formarsi solo attraverso il collasso di stelle meno dense, cosa che dimostra che un tale collasso gravitazionale si verifica veramente. In una stella di neutroni, alla grandissima pressione verso un ulteriore collasso gravitazionale si oppongono le forze operanti fra i neutroni; ma i calcoli mostrano che, in una stella di massa anche solo poche volte maggiore, tali forze non sarebbero più in grado di opporre una resistenza efficace, e la stella si trasformerebbe in un buco nero.

Le pulsar sono gli orologi più regolari che si conoscano nell'universo, una proprietà che ha grande importanza. Varie pulsar sono binarie (ossia due stelle legate insieme dalla gravità, una delle quali è una radiopulsar); in metà circa di questi sistemi, la pulsar compie cento o più rotazioni in un secondo. La prima pulsar binaria fu scoperta nel 1974 da Russell A. Hulse e Joseph H. Taylor all'Osservatorio di Arecibo a Puerto Rico, dove c'è un radiotelescopio con una parabola di non meno di 305 metri di diametro sistemata in una cavità naturale del terreno. Le due stelle di neutroni nella pulsar si muovono l'una intorno all'altra in poco più di 8 ore, in orbite molto eccentriche, cosa che permette agli astronomi una conoscenza molto dettagliata delle stelle e del loro comportamento; e il sistema è un orologio perfetto in un sistema di riferimento in rotazione, proprio quel che si richiede per vari test della relatività generale. In particolare, si ha una perdita di energia cinetica che la relatività attribuisce a «radiazione gravitazionale»; questa perdita fa contrarre l'orbita e accelerare il movimento delle stelle, e al passare del tempo la perdita si accelera. Nel corso degli anni la predizione e l'osservazione di questo decadimento dell'orbita nella pulsar di Hulse-Taylor hanno concordato con un margine di errore inferiore all'1 per cento, in quello che è stato descritto come «l'esperimento della relatività generale più approfondito e di vasta portata che sia mai stato compiuto».

L'universo violento

Le scoperte degli anni Sessanta e Settanta diedero agli astronomi una visione del tutto nuova del ritmo degli eventi astronomici. La nozione che l'evoluzione celeste avesse proceduto a un ritmo maestoso sempre uguale cedette il posto a un cosmo pieno di accadimenti improvvisi. Dalle rotazioni in una frazione di secondo delle pulsar alle variazioni di luce relativamente rapide dei quasar, gli eventi cosmici avevano luogo con una rapidità molto maggiore del ciclo evolutivo di miliardi di anni di stelle come il Sole. Ora si poteva assistere alla formazione di nuove stelle, alcune delle quali destinate a durare solo qualche centinaio di migliaia di anni, e negli anni Ottanta gli astronomi si resero conto che il catastrofico collasso finale del nucleo di una supernova poteva avvenire nel tempo di millisecondi. Persino l'imponente esplosione del Big Bang, con formazione dell'idrogeno e dell'elio, ebbe una durata di soli tre minuti circa.

Gli astrofisici cominciarono a rendersi conto che gran parte della radiazione inattesa all'esterno della parte visibile dello spettro derivava da processi non termici. In altri termini, la radiazione non poteva essere associata al moto casuale di atomi caldi, bensì a moti altamente ordinati come quelli di elettroni in moto in campi magnetici. Per due o tre decenni gli astronomi amarono chiamare questa nuova visione «l'universo violento», ma gradualmente il termine cadde in disuso, mentre acquistò sempre più favore l'espressione «astronomia delle alte energie».

Mentre gli astronomi andavano acquisendo familiarità con eventi rapidi e violenti come i «primi tre minuti» della creazione o con l'implosione-esplosione delle supernovae, scoprirono che questi diversi fenomeni erano connessi alla spiegazione della genesi degli elementi. Nelle intense interazioni di non-equilibrio dei primi minuti del Big Bang, fotoni di pura energia furono trasformati in protoni ed elettroni, che si combinarono subito a formare idrogeno ed elio, ma l'assenza di un isotopo stabile di massa 5 impedì la formazione di elementi più pesanti. Di contro, nei lenti processi in equilibrio nel nucleo delle stelle in evoluzione, divenne possibile costruire carbonio, ossigeno e alcuni elementi superiori, mentre nel collasso catastrofico delle supernovae potevano essere formati e poi disseminati nello spazio molti elementi più pesanti; questi detriti cosmici diventavano poi il materiale per una successiva generazione di stelle. Questo quadro teorico della formazione degli elementi fu concepito in gran parte da Geoffrey (1925-2010) e Margaret Burbidge (n. 1919), Fred Hoyle (1915-2001) e Willy Fowler (1911-1995), nonché, indipendentemente, da Alastair Graham Walter Cameron (1925-2005). Questa spiegazione della genesi degli elementi, che è una delle conquiste maggiori dell'astronomia della seconda metà del XX secolo, ha fornito una base solida per ricerche d'osservazione sulla composizione chimica in evoluzione del cielo, e una vistosa conferma del fatto che il nostro universo ha una lunga storia di lento mutamento evolutivo.

In conclusione

In questo breve capitolo finale ci siamo limitati a una rapida menzione di alcuni fra gli strumenti, le tecniche d'osservazione e le teorie che sono stati sviluppati nella seconda metà del XX secolo, e abbiamo offerto esempi degli oggetti straordinari che popolano l'universo degli astronomi contemporanei.

Il divario che separa l'astronomo moderno dal pubblico dei profani non è nulla di nuovo. Coloro che si trovano alle frontiere dell'astronomia, e posseggono il sapere richiesto per capire la scienza del cielo, sono sempre stati un'élite, separata dal resto della società, verso la quale questo sapere esoterico filtra in forme molto diluite. Ciò fu vero senza dubbio in epoca preistorica e anche in Cina e in culture mesoamericane come quella dei maya. Nel Medioevo l'*Almagesto* di Tolomeo, con i suoi epicicli, deferenti ed equanti, fu un libro chiuso per quasi tutti. Il *De revolutionibus* di Copernico si rivelò peraltro ugualmente impenetrabile, e i risultati conseguiti da Keplero non furono apprezzati da scienziati del livello intellettuale di Galileo e di Descartes. Le implicazioni dei *Principia* di Newton furono riservate a un piccolo gruppo di brillanti matematici. Con Einstein il divario si ampliò ancora di più; nel 1920 l'organizzatore della «Grande controversia» (vedi p. 361), C.G. Abbot, rifiutò la relatività come possibile argomento di scienza dicendo «Prego Dio che il progresso della scienza mandi la relatività in qualche regione dello spazio oltre la quarta dimensione, da cui essa non possa mai più tornare indietro per affliggerci». Da allora le barriere tecniche e concettuali che si frappongono allo studio dell'astronomia sono diventate sempre più scoraggianti.

Forse una volta sola nella storia c'è stata una sostanziale armonia fra l'universo degli studiosi e quello delle persone comuni. Nel Medioevo Dio era in cielo con gli angeli e i beati, e l'umanità era sulla *terra firma* al centro del cosmo, un luogo non onorevole ma conforme al basso rango dell'uomo nell'ordine morale. Ma anche allora gli epicicli degli astronomi creavano dissenso nelle Facoltà delle Arti; e questi atteggiamenti non precedettero di molto il tempo in cui la rivoluzione copernicana avrebbe indotto il poeta inglese John Donne (1573-1631) a scrivere:

La nuova scienza pone tutto in dubbio,
l'elemento del fuoco è eliminato,
Sole e Terra perduti, e non c'è alcuno
che sappia indicar dove ritrovarli...
Tutto è in pezzi, è perduta ogni coerenza,
ogni distribuzione e relazione.

In precedenza nel corso di questo libro abbiamo menzionato la sfida di Platone ai suoi contemporanei, il suo invito a rispondere alla domanda se l'universo sia un cosmo intelligibile. Oggi, come nel corso dei secoli, la risposta potrebbe essere: «Sì, ma proprio per un pelo».

Cronologia

3500 a.C.

Costruzione di Newgrange.

3000

Costruzione di Stonehenge I.
Calendario religioso egizio.
Calendario amministrativo egizio.

2500

2000

Regno antico-babilonese: registrazioni di Venere (sistema numerico posizionale).

1500

1000

Prende forma definitiva l'*Enuma* babilonese.

700

Registrazioni sistematiche babilonesi (VII sec. a.C.-II sec. d.C.).

600

Cosmologia greca (VI sec. a.C.-III sec. a.C.).

500

I babilonesi identificano il ciclo metonico.
I greci riconoscono la sfericità della Terra.

400

Platone pone il problema dei pianeti.
Modelli di sfere di Eudosso.
Immagine del mondo di Aristotele.

300
Aristarco, distanze del Sole e della Luna.
Eratostene, dimensioni della Terra
200
Apollonio, eccentrici, epicicli, deferenti.
Modelli planetari greci fondati su documenti babilonesi (II sec. a.C.-II sec. d.C.).
Ipparco, modelli del Sole e della Luna, catalogo stellare, precessione degli equinozi.
100 a.C.
100 d.C.
Tolomeo, *Almagesto*, *Ipotesi dei pianeti*, *Tetrabiblos*.
200
300 *Cristianesimo medievale* (IV-XVI sec.) e *Islam medievale* (VII-XVI sec.).
400
Marziano Capella, Calcidio.
Macrobio.
500
Boezio.
600
632 Morte di Maometto.
700
Beda il Venerabile.
800
Islam: traduzioni dal greco (dal IX sec.).
Casa della Sapienza a Bagdad.
Albatenio (al-Battani).
900
Al-Sufi. Ibn Yunus.
Alhazen (Ibn al-Haitham).
1000
L'astrolabio entra in Occidente.
Arzachel (al-Zarqali).
Occidente latino: traduzioni dal greco e dall'arabo (dall'XI sec.).
1100
1120-1125 Osservatorio del Cairo.
Averroè (Ibn Rushd).

1200
Alpetragio (al-Bitrugi).
Sacrobosco, *Sfera.*
Anonimo, *Theorica planetarum.*
1259 Fondazione dell'Osservatorio di Maragha per al-Tusi.

1300
Ibn al-Shatir.

1400
1420 Osservatorio di Samarcanda costruito da Ulugh Beg.
Invenzione della stampa a caratteri mobili.
1474 Peurbach, *Theoricae novae planetarum.*
1496 *Epytoma in Almagestum Ptolemaei.*

1500
1543 Copernico, *De revolutionibus orbium coelestium.*

1570
1572 La «nova» di Tycho Brahe.
1575-1580 Osservatorio di Istanbul.
1576-1597 Osservatorio di Tycho Brahe a Hven.
1577 Tycho trova che la cometa è un corpo celeste.

1590
1596 Keplero, *Mysterium cosmographicum.*

1600
1602 Pubblicazione del catalogo delle stelle di Tycho Brahe.
1604 Supernova di Keplero.
1609 Keplero, *Astronomia nova*, prime due leggi dei pianeti.
1609 Galileo: prime osservazioni col cannocchiale.

1610
1610 Galileo, *Sidereus Nuncius.*
1611 Keplero progetta il telescopio astronomico.
1613 Galileo, *Istoria e dimostrazioni intorno alle macchie solari.*
1619 Keplero, terza legge.

1620
1627 Keplero, *Tabulae prutenicae.*

1630

1632 Galileo, *Dialogo sopra i due massimi sistemi del mondo.*

1640

Micrometro di Gascoigne.
1644 Descartes, *Principia philosophiae.*

1650

1659 Huygens chiarisce gli anelli di Saturno.

1660

1663 Gregory progetta il telescopio a riflessione.
1665 Comincia la pubblicazione delle «Philosophical Transactions».
1667 Fondazione dell'Osservatorio di Parigi.
Identificato il periodo di Mira Ceti.

1670

1672 Newton mostra che la luce bianca è composta.
1675 Fondazione dell'Osservatorio di Greenwich.
1677-1678 Halley a Sant'Elena.
1679 Fondazione di «Connoissance des Temps».

1680

1687 Newton, *Philosophiae naturalis principia mathematica.*

1690

1690 Catalogo stellare di Hevelius.
1695 Halley riconosce la periodicità della cometa che prende il nome da lui.

1720

1721 Memorie di Halley sul sistema stellare simmetrico.
1725 Flamsteed, *British Catalogue.*
1728 Newton, *De mundi systemate.*
1729 Articolo di Bradley sull'aberrazione della luce.

1750

1750 Wright, *An Original Theory or New Hypothesis of the Universe.*
1751-1753 Lacaille al Capo di Buona Speranza.
1757 Michell sostiene che la maggior parte delle stelle doppie sono sistemi binari.
1758 Dollond descrive l'obiettivo acromatico.

1759 Ritorno della cometa di Halley.

1760

1761 Harrison comincia a provare il cronometro H4.
1761 Osservazione del transito di Venere sul Sole.
1767 Fondazione del «Nautical Almanac». Osservazione del transito di Venere.

1780

1781 W. Herschel scopre Urano.
1781 Edizione definitiva del catalogo delle nebulose di Messier.
1783 Goodricke (e Pigott) suggeriscono che Algol sia una binaria a eclisse.
1783-1802 Ricerca delle nebulose a opera di Wilhelm Herschel.
1785 Sezione della Galassia di W. Herschel.
1789 Completamento del riflettore di 12 metri di W. Herschel.

1790

1796 Laplace, *Exposition du système du monde.*
1799 Laplace, *Traité de mécanique céleste*, vol. I

1800

1800 Fondazione della «Monatliche Korrespondenz».
1801 Piazzi scopre Cerere.
1803 W. Herschel conferma le stelle binarie.

1810

1814-1815 Fraunhofer individua varie righe nello spettro solare.
1818 Bessel, *Fundamenta astronomiae.*

1820

1820 Fondazione della Royal Astronomical Society.
1823 Iniziano le pubblicazioni dell'«Astronomische Nachrichten».
1824 Viene montato il rifrattore di 24 cm di Dorpat.

1830

1834-1838 John Herschel al Capo di Buona Speranza
1837 Struve annuncia la parallasse di Vega.
1838 Bessel annuncia la parallasse della 61 Cygni.
1839 Fondazione dell'Osservatorio di Pulkovo, con un rifrattore di 38 cm.

1840

1842 Durante un'eclisse vengono osservate la corona solare e le protuberanze.
1843 Schwabe annuncia il ciclo delle macchie solari.
1844 Bessel sostiene che Sirio e Procione hanno compagne non ancora osservate.
1845 Viene completato il riflettore noto come il «Leviatano di Parsonstown». Viene riconosciuta la struttura a spirale della nebulosa. Primo dagherrotipo del Sole.
1846 Presunta risoluzione della Nebulosa di Orione. Scoperta di Nettuno (e del suo satellite Tritone).
1847 È completato il rifrattore di 38 cm di Harvard. Modello a strati della Galassia di Struve.
1849 Gould fonda l'«Astronomical Journal».

1850

1852 Sabine annuncia la correlazione fra macchie solari e tempeste magnetiche.
1856 Viene pubblicata la scala delle magnitudini proposta da Pogson. Primi specchi per telescopi con argento su vetro.
1857 Maxwell mostra che gli anelli di Saturno sono fatti di particelle.
1858 De la Rue fotografa le macchie solari col processo al collodio.
1859 Tempel trova una nebulosità intorno a Merope nelle Pleiadi. Bunsen e Kirchhoff associano elementi con righe spettrali in laboratorio. Ha inizio la pubblicazione della *Bonner Durchmusterung*.

1860

1861-1862 Carta dello spettro solare di Kirchhoff sulla quale sono identificati vari elementi.
1862 Ångström rivela la presenza di idrogeno nell'atmosfera solare. Clark osserva la compagna di Sirio.
1863 Fondazione della Astronomische Gesellschaft.
1864 Donati esamina la luce della «sua» cometa con lo spettroscopio. Huggins dimostra che una nebulosa è formata di gas.

1866 Schiaparelli mette in correlazione le meteore d'agosto (Perseidi) con una cometa.
1868 Secchi descrive quattro tipi di spettri stellari.

1870

1870 Young osserva lo strato d'inversione durante un'eclisse solare.
1872 Draper fotografa lo spettro di Vega.
1876 Vengono introdotte in fotografia lastre di gelatina secca.
1877 Hall scopre i due satelliti di Marte.

1880

1882 La fotografia della cometa eseguita da Gill contiene numerose stelle.
1885 La nova S Andromedae incoraggia l'opposizione agli «universi isole».
1887 Pickering inizia lo studio delle binarie spettroscopiche. Si dà il via al progetto della *Carte du ciel.*

1890

1890 Lockyer, *Meteoritic Hypothesis.*
1897 Viene completato il rifrattore di un metro di Yerkes.

1900

1900 Viene pubblicato per la prima volta l'«Astronomischer Jahresbericht», con bibliografia per il 1899.
1904 Fondazione dell'International Union for Cooperation in Solar Research.
1905 Hertzsprung sospetta l'esistenza di una classe di stelle «giganti».
1906 Kapteyn, *Plan of Selected Areas.*
1908 Viene completato il riflettore di 1,5 metri di Monte Wilson.

1910

1912 La Leavitt determina la relazione periodo-luminosità per le cefeidi nella Piccola Nube di Magellano.
1913 Russell presenta il primo diagramma temperatura-luminosità per stelle di campo (stelle non aggregate in ammassi).
1914 Slipher annuncia grandi velocità radiali per le nebulose spirali. Teoria di Shapley delle stelle pulsanti.

Adams e Kohlschütter stabiliscono metodi di parallassi spettroscopiche.
1916 Van Maanen sostiene di avere osservato la rotazione della M101.
1917 È completato il riflettore Hooker di 2,5 metri di Monte Wilson.
1918 Shapley propone la nozione della «Grande Galassia». Ha inizio la pubblicazione del catalogo di spettri stellari di Henry Draper.
1919 Fondazione dell'Unione Astronomica Internazionale.

1920

1920 La «Grande controversia» fra Shapley e Curtis. Saha pubblica la teoria della ionizzazione nelle atmosfere stellari.
1923 Hubble trova una variabile cefeide nella Nebulosa di Andromeda.
1925 Hubble dimostra che la Nebulosa di Andromeda è una galassia indipendente. Payne, *Stellar Atmospheres.*
1926 Eddington, *The Internal Constitution of the Stars.*
1927 Oort analizza i moti stellari per studiare la struttura della Galassia.
1929 Hubble mostra che le galassie recedono in conformità con la legge degli spostamenti verso il rosso.

1930

1930 Trumpler dimostra l'esistenza di polvere interstellare nel piano della Galassia. Scoperta di Plutone.
1931 Chandrasekhar investiga la struttura delle nane bianche.

Gli inizi della radioastronomia
1932 Jansky costruisce un'antenna, con la quale scopre onde radio provenienti dalla Via Lattea.
1937 Reber costruisce un'antenna di 9 metri orientabile in altezza.
1939 Lo scoppio della Seconda guerra mondiale conduce a uno sviluppo intensivo del radar.
1942 Scoperta di onde radio provenienti dal Sole

1945 La fine della Seconda guerra mondiale libera attrezzature e personale per il lavoro scientifico.
1949 Prima identificazione di radiosorgenti con oggetti ottici.

1934 Baade e Zwicky pubblicano una teoria delle stelle di neutroni; essi mostrano che le novae si suddividono in due classi.
1939 Dettagliata teoria di Bethe della sorgente nucleare dell'energia stellare.

1940

1944 Baade annuncia la scoperta delle popolazioni stellari.
1946 I razzi *V-2* compiono osservazioni del Sole nell'ultravioletto.
1948 A Monte Palomar vengono completati il telescopio Schmidt di 1,25 metri e il telescopio Hale di 5 metri.

Prime ricerche spaziali
1948 I razzi *V-2* scoprono i raggi X solari. Introduzione dei razzi Aerobee.

1950

1952 Baade annuncia la revisione della scala delle distanze.

La radioastronomia dopo il 1950
1951 Scoperta della riga di 21 cm dell'idrogeno.
1952 Identificazione ottica della Cygnus A.
1955 1957 Jodrell Bank (GB): antenna parabolica di 76 metri completamente orientabile.
1960 1961 Parkes (Australia): antenna parabolica di 64 metri orientabile.
1963 Arecibo (Puerto Rico): antenna parabolica fissa di 305 metri sistemata in una concavità naturale. Identificazione dei primi quasar.
1964 Cambridge (GB): radiotelescopio di un miglio (1609 metri).

Scoperta della radiazione di fondo a microonde.
1965 Jodrell Bank/Malvern (GB): VLBI*, con linea di base di 127 km.
1967 VLBI canadese, con linea di base di 3074 km.
1968 Annuncio della scoperta della prima pulsar.
1970 Westerbork (Olanda): radiotelescopio di 3 km.
1972 Cambridge (GB): radiotelescopio di 5 km. Effelsberg (Germania Occ.): antenna parabolica orientabile di 100 metri.
1975 Prime osservazioni del Very Large Array a Socorro (New Mexico).
1980 Il Very Large Array entra ufficialmente in servizio.
1985 1986 Mauna Kea (Hawaii): James Clerk Maxwell Telescope, con antenna di 15 metri per la ricezione di onde millimetriche e submillimetriche.
1989 Sweden-European Southern Observatory, con antenna di 15 metri per la ricezione di onde submillimetriche, La Silla, Cile.
1990 US Caltech Submillimeter Observatory. Antenna di 10,4 metri per la ricezione di onde submillimetriche a Mauna Kea (Hawaii).
1993 US Very Long Baseline Array, con linea di base fino a 8000 km.

Telescopi ottici di base a Terra dopo il 1950
1959 Telescopio di 3 metri di Monte Hamilton.
1970 1973 Telescopio di 3,8 metri di Kitt Peak (USA). Telescopio Schmidt di 1,2 metri di Siding Spring (Australia).
1975 Telescopio anglo-australiano di 3,9 metri di Siding Spring (Australia).
1976 Telescopio americano di 4 metri di Cerro Tololo (Cile). Telescopio di 6 metri di Zelenčukskaja (Monte Semirodriki, URSS).

* VLBI: Very Long Baseline Interferometer (Interferometria a linea di base molto lunga).

1977 Telescopio di 3,6 metri dell'Osservatorio Australe Europeo a La Silla (Cile).
1978 Mauna Kea (Hawaii): telescopio britannico di 3,8 metri nell'infrarosso.
1979 Mauna Kea (Hawaii): Canada-France-Hawaii Telescope di 3,6 metri. Mauna Kea (Hawaii): Telescopio di 3 metri US NASA Infrared Telescope Facility. Monte Hopkins (USA) Multiple Mirror Telescope.
1980 1984 Calar Alto (Spagna): telescopio di 3,5 metri.
1987 Roque de los Muchachos, La Palma (Isole Canarie): Telescopio britannico William Herschel Telescope di 4,2 metri.
1989 Osservatorio Europeo Australe a La Silla (Cile): New Technology Telescope di 3,5 metri.
1990 1991 Mauna Kea (Hawaii): US Next Generation Telescope Keck I di 10 metri (più propriamente 9,8).

Le ricerche spaziali dopo il 1950

1955

1957 URSS: lancio del primo satellite artificiale *Sputnik 1*.
1959 La sonda sovietica *Luna 3* fornisce le prime immagini della faccia nascosta della Luna.

1960

1962 Il razzo americano *Aerobee* scopre una stella a raggi X.
1964 La sonda lunare americana *Ranger 7* fornisce immagini della superficie lunare.
1968 Lanciato l'*US Orbiting Astronomical Observatory OAO-2*.
1969 *Apollo 11*: N. Armstrong ed E. Aldrin primi esseri umani sulla Luna.

1970

1970 La sonda sovietica *Venera 7* invia segnali da Venere. Lanciato l'*US Small Astronomical Satellite SAS-1*.
1972 Lanciato il satellite per l'osservazione nell'ultravioletto *TD-1* dell'European Space Research Organization. Lanciato il satellite americano *Orbiting Astronomical Observatory OAO-3* (*Copernicus*).

Lanciato l'*US Small Astronomical Satellite SAS-2.*
1974 Lanciato l'*Astronomical Netherland Satellite* (Olanda e USA). La sonda americana *Mariner 10* fotografa Mercurio e Venere.

1975

1975 La sonda sovietica *Venera* 9 fotografa la superficie di Venere. Lanciato l'*US Small Astronomical Satellite SAS-3.* Lanciato il satellite nei raggi gamma dell'ESA* Cos-B.
1976 Le sonde americane *Viking* fotografano la superficie di Marte.
1977 Lanciate le sonde americane *Voyager 1* e *2.*
1978 Lanciato l'*International Ultraviolet Explorer* (ESA, GB, USA). Lanciato il satellite americano *High Energy Astrophysical Observatory HEAO-2* (*Einstein Observatory*).
1979 I *Voyager 1* e *2* arrivano in prossimità di Giove.

1980

1980 Rendez-vous del *Voyager 1* con Saturno.
1981 Il *Voyager 2* arriva all'appuntamento con Saturno.
1983 Lanciato l'*Infrared Astronomical Satellite* (Olanda, GB, USA). Lanciato il satellite dell'ESA per l'osservazione nei raggi X *EXOSAT.*

1985

1986 Il *Voyager 2* raggiunge Urano. La *Giotto* (ESA) e altre sonde intercettano la cometa di Halley.
1989 Il *Voyager 2* fa visita a Nettuno. Lanciata la sonda gioviana americana *Galileo.* Lanciato il satellite astrometrico dell'ESA *Hipparchos.*

1990

1990 Lanciato il Telescopio Spaziale Hubble (USA). Lanciato anche il satellite nei raggi X *Röntgenstrahlen Satellit ROSAT* (Germania, con GB e USA).
1991 Lanciato il *Compton Gamma Ray Observatory* (USA).
1992 Lanciato l'*Extreme Ultraviolet Explorer EUVE* (USA).

* ESA: European Space Agency (Ente Spaziale Europeo).

1993 Riparata l'ottica del Telescopio Spaziale Hubble. Lanciato il satellite giapponese dei raggi X *Asca.*

1995

1995 La sonda *Galileo* raggiunge Giove. Lanciato il *Solar and Eliospheric Observatory* dell'ESA. Lanciato l'*Infrared Space Observatory* (ESA).
1996 Lancio del *Mars Global Surveyor.*
1997 Il M*ars Pathfinder*, della NASA, deposita sulla superficie di Marte un rover capace di esplorare automaticamente il terreno. Parte la missione congiunta NASA-ESA *Cassini-Huygens* con l'obiettivo di studiare Saturno e osservare il suo satellite Titano. L'arrivo in zona è avvenuto il 1° luglio 2004.
1998 Lancio della *Deep Space 1*, che sperimenta varie tecnologie avanzate nello spazio, fra cui la propulsione ionica e il controllo della sonda a opera di un computer. Ha studiato vari asteroidi. Nel gennaio 2001 si trovava a 252 milioni di km dalla Terra.
1999 Lancio della sonda *Stardust*, che il 2 gennaio del 2004 ha intercettato la cometa P/Wild 2.

Glossario

Aberrazione cromatica Difetto in un telescopio a rifrazione, a causa del quale non tutte le lunghezze d'onda della luce vengono concentrate nello stesso fuoco: produce una sorta di frangia colorata intorno all'immagine di una stella.

Aberrazione della luce Piccolo spostamento, costantemente variabile, nella posizione osservata di una stella, causato dalla velocità del moto dell'osservatore, in orbita insieme alla Terra intorno al Sole.

Aberrazione sferica L'offuscamento di un'immagine telescopica formata da uno specchio sferico o da un obiettivo sferico, dovuto al fatto che i raggi di luce non convergono esattamente in un punto.

Acromatico, obiettivo Obiettivo, formato da due o più componenti, progettato per eliminare il più possibile gli effetti dell' → aberrazione cromatica.

Afelio La posizione più lontana dal Sole di un pianeta o di una cometa nella sua orbita.

Alidada Barra di mira mobile in un astrolabio o in un altro strumento.

Altazimutale Montatura di un telescopio o altro strumento tale che esso possa essere mosso indipendentemente in → altezza o in → azimut su un asse orizzontale e uno verticale.

Altezza L'angolo di un corpo celeste al di sopra dell'orizzonte.

Ammassi aperti Sistemi stellari formati da stelle molto distanziate e non legate fra loro da una forte attrazione (come le Pleiadi). Si trovano sul piano della Galassia.

Ammassi globulari Sistemi sferici di centinaia di migliaia di stelle.
Anello *crêpe* (o anello C) Uno degli anelli più interni (e relativamente più deboli) di Saturno.
Anno-luce La distanza percorsa dalla luce in un anno (circa 9,46 × 10^{12} km).
Apice solare La posizione in cielo (nella costellazione di Ercole) verso cui si muove il sistema solare.
Apogeo La posizione in cui la Luna (o un satellite artificiale) si trova alla sua massima distanza dalla Terra.
Armillare, sfera Sfera scheletrica formata da anelli graduati che rappresentano cerchi sulla sfera celeste, usata per l'istruzione o per l'osservazione.
Ascensione retta L'equivalente in cielo della longitudine in Terra; si misura verso est a partire dall'intersezione di → eclittica ed → equatore celeste nell'Ariete.
Assorbimento, banda (o riga) di Una banda (o riga) scura sovrapposta a uno spettro luminoso continuo, causata dall'assorbimento di luce emessa da una fonte incandescente da parte di un gas a temperatura inferiore.
Assorbimento selettivo La diffusione della luce stellare a opera della polvere interstellare, con conseguente mutamento del colore della stella.
Asteroidi (o pianetini) Piccoli corpi in orbita intorno al Sole, per lo più su traiettorie quasi circolari, nello spazio compreso fra Marte e Giove.
Astrofisica Lo studio dei corpi celesti attraverso l'analisi della loro luce.
Astrolabio Strumento medievale per la misurazione dell' → altezza e per calcoli implicanti moti di corpi celesti (Vedi pp. 90-95).
Azimut Angolo nel piano dell'orizzonte, misurato di solito da nord verso est (per esempio la distanza in gradi che un corpo celeste ha rispetto alla direzione nord).
Ballestriglia Detto anche «bastone di Giacobbe», strumento d'osservazione in forma di croce latina, formato da un braccio maggiore e da uno minore scorrevole su di esso, usato dai navigatori per misurare l'angolo fra due oggetti.
Banda di emissione Banda luminosa nello → spettro di un gas incandescente a bassa pressione, corrisponde all'emissione di radiazione a una precisa frequenza.

Big Bang Il momento del passato in cui, secondo certi modelli, l'universo cominciò a espandersi da uno stato iniziale condensato.

Binaria, stella Sistema formato da due stelle legate dalla loro reciproca attrazione, orbitanti intorno al comune baricentro.

Binaria a eclisse È una stella → binaria stretta, nella quale almeno una stella occulta periodicamente la compagna; di solito è anche una → binaria spettroscopica.

Binaria spettroscopica Stella → binaria la cui natura di stella doppia è rivelata dallo studio del suo → spettro.

Buco nero Corpo celeste di massa tanto grande che la sua attrazione gravitazionale impedisce persino alla luce di sfuggirne.

CCD *Vedi* → dispositivo ad accoppiamento di carica.

Cefeide Stella pulsante → variabile che ha il suo prototipo nella Delta Cephei.

Cerchio massimo È un cerchio con centro sull'osservatore che divide il cielo in due metà uguali.

Cerchio orario (su un astrolabio) È un cerchio che indica l'ora attraverso la divisione del giorno e della notte in dodici parti uguali ciascuno.

Circoli polari I circoli polari artico e antartico.

Clima Zona climatica, fascia della superficie terrestre compresa fra due paralleli.

Collasso gravitazionale Il processo per cui una stella, un sistema stellare o una → nebulosa collassano su se stessi in conseguenza della reciproca attrazione gravitazionale dei loro componenti.

Collodio, processo al Processo fotografico implicante, una soluzione di cotone-collodio ecc. in un miscuglio di alcol ed etere.

Colore, eccesso di Cambiamento nell' → indice di colore di una stella; l'entità dell'arrossamento subìto dalla luce di una stella attraversando la polvere interstellare.

Colore, indice di *Vedi* → indice di colore.

Complemento (di un angolo) È l'angolo che, sommato a un angolo dato, forma un angolo retto (ossia di 90°).

Concava, lente *Vedi* → lente concava.

Concentriche, sfere *Vedi* → sfere concentriche.

Congiunzione Il tempo in cui due corpi del sistema solare hanno la stessa longitudine celeste, e in particolare la vicinanza apparente di un pianeta al Sole, alla Luna o a un altro pianeta.

Convessa, lente *Vedi* → lente convessa.
Corona La parte più esterna dell'atmosfera solare, visibile in un'eclisse totale.
Cosmo L'universo, considerato come organizzato o sottoposto a leggi, piuttosto che in balia del caso.
Cotangente Rapporto fra coseno e seno; reciproco della → tangente.
***Crêpe*, anello** *Vedi* → anello *crêpe*.
Cromosfera Parte degli strati gassosi esterni del Sole, brevemente visibili durante un'eclisse totale.
Culminazione Il passaggio di un corpo celeste al → meridiano dell'osservatore.
Decano Nell'astronomia egizia, una delle 36 stelle o gruppi di stelle usati per determinare l'ora di notte (che forse avevano parte in rituali in qualità di esseri divini).
Declinazione Distanza angolare, verso nord o verso sud, dall' → equatore celeste. Corrisponde alla → latitudine sulla Terra.
Deferente Nell'astronomia greca è un «cerchio» che porta sulla sua circonferenza o il Sole o il centro di un altro cerchio (→ epiciclo).
Diagramma H-R Grafico che mette in correlazione → luminosità e → tipi spettrali delle stelle; fu sviluppato indipendentemente da Hertzsprung e da Russell.
Diseguaglianza Nello studio delle orbite della Luna e dei pianeti, è qualsiasi allontanamento da un comportamento regolare.
Dispositivo ad accoppiamento di carica (CCD, da *charge-coupled device*) Un rivelatore elettronico sensibile a una vasta gamma di lunghezze d'onda, che in anni recenti sta sostituendo in molti usi la lastra fotografica.
Distanza focale In un telescopio è la distanza fra l' → obiettivo o lo specchio e il punto in cui la luce converge in un fuoco.
Doppler, effetto *Vedi* → effetto Doppler.
Eccentricità (di un'ellisse) È la misura di quanto i fuochi sono lontani dal suo centro.
Eccentrico, cerchio Nell'astronomia greca è un cerchio il cui centro si trova fuori della Terra.
Eclittica La traiettoria annuale apparente del Sole intorno alla Terra lungo un → cerchio massimo in cielo.
Eclittica, obliquità dell' *Vedi* → obliquità dell'eclittica.

Effemeride Tavola delle posizioni (quotidiane) di un corpo celeste.

Effetto Doppler Mutamento nella frequenza osservata della luce (o di altra radiazione), causato dal moto della sorgente in direzione dell'osservatore o in allontanamento da lui.

Elementare, regione Nella cosmologia aristotelica è la regione, occupata dai quattro elementi (terra, acqua, aria, fuoco), inferiore alla sfera della Luna.

Elettrone Particella elementare stabile, che è un componente di tutti gli atomi.

Eliaca, levata *Vedi* → levata eliaca.

Eliaco, tramonto *Vedi* → tramonto eliaco.

Eliometro Telescopio con micrometro nell'obiettivo per la misurazione accurata degli angoli.

Elongazione L'angolo che separa un pianeta dal Sole sulla volta celeste (l'angolo pianeta-Terra-Sole).

Energia cinetica L'energia che un corpo ha in virtù del suo moto: è uguale al lavoro che potrebbe fare tornando alla quiete.

Epiciclo Nell'astronomia greca è un cerchio minore il cui centro si sposta su un → deferente e che trasporta sulla sua circonferenza un pianeta o un altro piccolo cerchio.

Equante (o punto equante) Nell'astronomia greca è il punto da cui il moto del centro dell'epiciclo appare uniforme.

Equatore celeste È l'intersezione della sfera celeste col piano dell'equatore terrestre.

Equatoriale Forma di montatura di un telescopio o di un altro strumento in cui un asse è diretto verso il Polo celeste nord e sud.

Equinozio È una delle due occasioni nel corso dell'anno (in marzo e in settembre) in cui il Sole attraversa l'equatore celeste. All'equinozio giorno e notte hanno la stessa durata.

Facole Regioni attive nella parte superiore della → fotosfera solare, che appaiono insolitamente brillanti.

Filosofia meccanicistica La concezione filosofica secondo la quale tutti i fenomeni devono essere spiegati in termini di moti e di urti fra corpi.

Focale, distanza *Vedi* → distanza focale.

Fotosfera Lo strato della superficie visibile del Sole da cui viene emessa la luce bianca.

Fraunhofer, righe di *Vedi* → righe di Fraunhofer.

Fraunhofer, spettro di *Vedi* → spettro di Fraunhofer.

Fuochi di un'ellisse Sono i due punti *A* e *B* sull'asse maggiore tali che *AP* + *BP* è costante per qualsiasi punto *P* sull'ellisse.

Fuoco vuoto In un'orbita planetaria (ellittica) è il fuoco non occupato dal Sole.

Galassia Con l'iniziale maiuscola, è il nostro sistema stellare della Via Lattea.

Galassie Grandi aggregazioni di stelle, di ammassi stellari e di altri oggetti, analoghe alla nostra galassia della Via Lattea.

Gamma, raggi *Vedi* → raggi gamma.

Hertzsprung-Russell, diagramma di *Vedi* → diagramma H-R.

HST Sigla inglese del Telescopio Spaziale Hubble.

Impetus, teoria dell' Teoria sviluppata nel Trecento per fornire una causa al moto dei proietti.

Inclinazione di un ago magnetico che oscilla in un piano verticale: è l'angolo di cui si discosta dall'orizzontale.

Inclinazione di un'orbita planetaria È l'angolo che il piano dell'orbita di un pianeta fa con l' → eclittica.

Indice di colore (di una stella) È la differenza fra la sua magnitudine fotografica e la sua → magnitudine visuale.

Inerzia Nella meccanica newtoniana è la tendenza di un corpo in quiete a restare immobile, o di un corpo in moto a continuare a muoversi nella stessa direzione e con la stessa velocità.

Infrarosso Radiazione a lunghezze d'onda comprese fra quelle della luce visibile e le onde radio.

Ingrandimento È la misura in cui un telescopio amplifica l'immagine di un corpo celeste.

Intercalari In un calendario, sono i giorni, le settimane o i mesi aggiunti quand'è necessario per mantenerlo in accordo col ciclo naturale.

Ionizzazione Processo per cui un atomo o una molecola perde o acquista uno o più elettroni.

Ipotesi meteoritica L'ipotesi formulata da Lockyer, secondo cui le stelle avrebbero origine da particelle solide anziché da gas.

Ippopeda La traiettoria dei pianeti, nella forma di un otto coricato, generata da due di una serie di sfere concentriche.

Latitudine Sulla terra, distanza in gradi dall'equatore, verso nord o verso sud; in cielo, la distanza in gradi, verso nord o verso sud, rispetto all' → eclittica.

Legge dell'inverso del quadrato La legge dell'attrazione gravitazionale di Newton, in cui l'intensità della forza è inversamente proporzionale al quadrato della distanza.

Lente concava Una lente che fa divergere un raggio di luce; contrariamente alla → lente convessa, è più sottile al centro che al bordo.

Lente convessa Una lente che fa convergere un raggio di luce. Ha una curvatura simile a quella di una lente d'ingrandimento, in contrasto con quella della → lente concava.

Levata acronittica La prima riapparizione di una stella, di un gruppo di stelle o di un pianeta nel cielo di levante dopo il tramonto del Sole.

Levata eliaca La prima riapparizione di una stella, di un gruppo di stelle o di un pianeta nel cielo di levante prima del sorgere del Sole.

***Light-gathering power* (o luminosità di un telescopio)** Espressione usata da Herschel per il diametro di uno specchio o di un obiettivo.

Longitudine Sulla Terra, distanza in gradi a est o a ovest di una posizione standard (oggi Greenwich); in cielo, l'angolo di un oggetto misurato verso est lungo l' → eclittica, a partire dal punto dell' → equinozio di primavera.

Luminosità Lo splendore *apparente* di un oggetto celeste come appare a un osservatore sulla Terra. Nel caso di un telescopio equivale alla sua capacità di raccolta di luce (→ *light-gathering power*). Per la luminosità *assoluta*: *vedi* → luminosità intrinseca.

Luminosità intrinseca L'energia totale emessa da una stella, sommata su tutte le lunghezze d'onda. Il termine è genericamente usato anche come sinonimo di → magnitudine assoluta (luminosità assoluta, splendore intrinseco).

Luminosità di un telescopio *Vedi* → *light-gathering power.*

Macrocosmo Il cosmo (l'universo nella sua totalità), in contrasto col microcosmo o con un singolo corpo vivente.

Magellano, Nubi di *Vedi* → nubi di Magellano.

Magnitudine Scala per la misurazione della luminosità apparente di oggetti celesti, in cui una stella di magnitudine 1,0 è 100 volte più luminosa di una stella di magnitudine 6,0; la magnitudine *apparente è* la magnitudine quale risulta all'osservazione dalla Terra; la magnitudine *assoluta* è quella con la quale ci apparirebbe la stella se si trovasse a una distanza standard di 10 → parsec da noi.

Magnitudine apparente *Vedi* → magnitudine.

Magnitudine assoluta *Vedi* → magnitudine.

Magnitudine fotografica Misura della → magnitudine qual è registrata su una fotografia.

Magnitudine visuale È una misura della → magnitudine quale è vista dall'occhio umano, come distinta dalla → magnitudine fotografica.

Meccanica quantistica La moderna teoria atomica, sviluppata a partire dall'ipotesi che la radiazione emessa dagli elettroni è in quantità discrete, o quanti.

Meccanicismo *Vedi* → filosofia meccanicistica.

Meridiano In geografia, qualsiasi cerchio massimo che passi per il Polo nord e il Polo sud. In astronomia il *meridiano del luogo* è il cerchio massimo che passa per i poli nord e sud celesti e lo zenit dell'osservatore.

Mese sinodico L'intervallo di tempo compreso fra due → congiunzioni successive del Sole e della Luna.

Meteora Frammento di materiale interplanetario, osservato come «stella cadente».

Meteorite Frammento di materiale interplanetario solido, abbastanza grande da attraversare l'atmosfera terrestre senza essere bruciato completamente dall'attrito con l'aria e cadere sul suolo.

Meteoritica, ipotesi *Vedi* → ipotesi meteoritica.

Micrometro Dispositivo di grande precisione, associato a un telescopio, per la misurazione di misure angolari molto piccole.

Minuto d'arco Un sessantesimo di un grado (1').

Muwaqqit Misuratore del tempo in una moschea.

Nana bianca Piccola stella scarsamente luminosa, di densità elevata, alla fine della sua evoluzione.

Nebulosa Corpo celeste che ci appare come una chiazza luminosa mal definita.

Nebulosa extragalattica Termine usato nei primi decenni del Novecento per designare le → galassie.

Nebulosa planetaria Piccola nebulosità sempre associata a una stella, ha una forma a disco che ricorda quella di un pianeta. Questo nome risale a W. Herschel.

Nebulosa spirale Nebulosa in forma di spirale. Il termine era usato in passato, ed è usato talvolta ancora oggi, come nome generico per le → galassie.

Neutrone Particella pesante presente nel nucleo di tutti gli atomi tranne l'idrogeno.

Neutroni, stelle di *Vedi* → stelle di neutroni.

NGT Sigla inglese per designare un → Telescopio della Prossima Generazione.

Notturlabio Antico strumento per determinare la latitudine di notte, specialmente in mare.

Nova Stella divenuta visibile in un certo periodo a causa di un aumento di luminosità, mentre non era visibile in precedenza.

Nubi di Magellano Due → galassie irregolari, visibili a occhio nudo nel cielo australe. Sono i nostri vicini extra-galattici più prossimi.

Numerazione posizionale Sistema di numerazione in virtù del quale il valore dei simboli che compongono un numero dipende dalla sua posizione (come nei numeri arabi che usiamo oggi).

Nutazione Oscillazione dell'asse della Terra (con un periodo di 18,6 anni) causata principalmente dall'attrazione della Luna sul rigonfiamento equatoriale della Terra.

Obiettivo La lente principale di un telescopio a rifrazione.

Obliquità dell'eclittica L'angolo compreso fra l' → eclittica e l' → equatore celeste.

Olbers, paradosso di *Vedi* → paradosso di Olbers.

Opposizione La posizione della Luna o di uno dei pianeti esterni quando si trovano, rispetto a noi, nella direzione esattamente opposta al Sole (quando l'angolo oggetto-Terra-Sole è di 180°).

Ottica attiva Tecniche per apportare correzioni rapide alla forma di uno specchio di un telescopio o di una radioantenna parabolica, in risposta a cambiamenti temporanei della sua forma progettata.

Parabola La curva formata dall'intersezione di un cono con un piano parallelo al suo asse.

Paradosso di Olbers È il problema posto dall'oscurità del cielo notturno, che è in contrasto con quanto ci si dovrebbe attendere in un universo infinito con stelle (o galassie) distribuite in modo più o meno regolare.

Parallasse Il cambiamento nella posizione osservata di un oggetto astronomico causato da un mutamento nella posizione dell'osservatore. *Vedi anche* → parallasse annua.

Parallasse annua Piccolo spostamento, costantemente variabile, nella posizione osservata di una stella, causato dal moto orbitale annuo dell'osservatore – situato sulla Terra – intorno al Sole. *Vedi anche* → parallasse.

Parallasse spettroscopica La distanza di una stella inferita dal suo → tipo spettrale e dalla sua → magnitudine apparente.

Parametro Quantità misurata usata in calcoli.

Parsec Unità di distanza usata nell'astronomia stellare: è la distanza di una stella che ha una → parallasse annua di 1 secondo d'arco. Un parsec = 3,26 → anni-luce.

Particelle fondamentali La forma più semplice di materia.

Perielio La posizione più vicina al Sole nell'orbita di un pianeta o di una cometa.

Perigeo La posizione della Luna nella sua orbita in cui è più vicina alla Terra.

Periodica, variazione *Vedi* → variazione periodica.

Periodo-luminosità, relazione *Vedi* → relazione periodo-luminosità.

Perturbazioni Qualsiasi irregolarità in un'orbita planetaria causata dall'attrazione di un altro pianeta.

Pianeta Nell'astronomia greca è un astro «erratico» (Sole, Luna, Mercurio ecc.); dopo Copernico indica quelli che noi consideriamo i «satelliti» principali del Sole e di altre stelle.

Posizionale, sistema di numerazione *Vedi* → numerazione posizionale.

Precessione Moto dell'asse terrestre intorno al polo dell' → eclittica con un periodo di 25.800 anni, causato dall'attrazione del Sole e della Luna sul rigonfiamento equatoriale della Terra.

Proiezione Nell' → astrolabio, l'associazione di un punto in cielo con un punto sull'astrolabio per mezzo di linee tracciate a partire dal Polo sud celeste.

Protuberanze Getti immensi di gas incandescente visibili negli strati esterni del Sole.

Qibla Nella pratica islamica, la direzione della Mecca.

Quadrante Strumento con un arco graduato di 90°, di solito d'ottone, usato per misurare angoli.

Quadrante murale Quadrante montato su un muro orientato nella direzione nord-sud, usato per misurare l'altezza dei corpi celesti alla loro → culminazione.

Quadratura Due corpi celesti sono in quadratura (rispetto all'osservatore) quando distano 90° in longitudine. Così la Luna è in quadratura col Sole al primo e ultimo quarto (quando l'angolo Luna-Terra-Sole è retto), e lo stesso vale per i pianeti esterni, rispetto al Sole, alla Luna o ad altri pianeti.

Quadrivio Nella Facoltà delle Arti medievale, il corso di studi comprendente le quattro discipline aritmetica, musica, geometria, astronomia. *Vedi* anche → trivio.

Quantistica, meccanica (o teoria) *Vedi* → meccanica quantistica.

Quasar (da *quasi-stellar* [*object*], oggetto quasi stellare) La controparte ottica di una radiosorgente intensa, anche se estremamente lontana.

Quintessenza (o etere) Nella cosmologia aristotelica è il quinto elemento, da cui sono composti i cieli.

Radiale, velocità *Vedi* → velocità radiale.

Radiazione elettromagnetica Flusso di energia (per esempio, luce e onde radio) che si produce quando delle particelle elettricamente cariche vengono accelerate.

Radiazione di fondo a microonde Debole segnale radio, proveniente da tutte le direzioni del cielo, interpretato come un vestigio del Big Bang.

Radiosorgente Sorgente di onde radio, provenienti dall'esterno del sistema solare.

Radiosorgente discreta Sorgente radio localizzata in una direzione esattamente definita.

Radiostella Stella con un'emissione insolitamente intensa nelle frequenze radio (in origine, qualsiasi → radiosorgente discreta).

Raggi gamma Radiazione elettromagnetica con le lunghezze d'onda più corte (meno di 10^{-12} metri circa).

Raggi X Una radiazione a lunghezze d'onda inferiori a quelle dell'ultravioletto, nell'intervallo compreso fra 10^{-11} e 10^{-8} metri.

Raggio vettore Nella seconda legge di Keplero, la linea che congiunge il Sole e un pianeta.

Ramo delle giganti Regione del → diagramma H-R popolata da stelle di grande massa e luminosità.

Redshift *Vedi* → spostamento verso il rosso.

Relazione periodo-luminosità Correlazione fra il periodo e la luminosità media delle → cefeidi, usata come indicatore di distanza.

Retrogradazione (o moto retrogrado) L'intervallo in cui un pianeta si muove «contro l'ordine dei segni», ossia invertendo il suo moto normale in cielo da ovest verso est.

Riduzione La correzione, nella posizione osservata di un corpo celeste, per eliminare presunti effetti dovuti a errori strumentali, → aberrazione, → nutazione ecc.

Riflettore Telescopio in cui per raccogliere i raggi di luce si usa uno specchio.

Rifrattore Telescopio in cui per raccogliere i raggi di luce si usa una lente (→ obiettivo).

Rifrazione atmosferica La deviazione della traiettoria della luce proveniente da un corpo celeste da parte dell'atmosfera terrestre.

Righe di emissione Righe luminose nello → spettro di un gas incandescente a bassa pressione, corrispondono all'emissione di radiazione a una precisa frequenza.

Righe di Fraunhofer Righe di assorbimento, strette e scure, che intersecano lo → spettro continuo del Sole o di una stella.

RR Lyrae, stelle Tipo di stelle variabili giganti simili alla stella a variabile regolare da cui prendono il nome.

Secondo d'arco Un sessantesimo di un minuto d'arco, ovvero 1/3600 di grado (1").

Seno (di un angolo in un triangolo rettangolo) È il rapporto che il lato opposto all'angolo ha con l'ipotenusa.

Sequenza principale La regione, in un → diagramma H-R, occupata dalla maggior parte delle stelle.

Sestante Strumento con un arco graduato di circa 60°, usato per misurare angoli; strumento portatile usato in marina in cui uno specchio raddoppia efficacemente un angolo di 30°.

Sfere concentriche Nell'astronomia greca, modello geometrico formato da una serie di sfere con un centro comune, usato per riprodurre il moto dei corpi celesti.

Sinodico, mese *Vedi* → mese sinodico.

Solstizi Le date (in giugno e dicembre) il cui il Sole raggiunge la sua massima distanza (a nord o a sud) dall' → equatore celeste, e si trova quindi allo zenit in uno dei due → tropici (nel Tropico del Cancro a giugno e nel Tropico del Capricorno a dicembre).

Spettrale, tipo *Vedi* → tipo spettrale.

Spettro La diffusione di un raggio di luce o di un'altra radiazione secondo la lunghezza d'onda, come nei colori dell'arcobaleno.

Spettroeliogramma Fotografia del Sole nella luce di una riga dello spettro (per esempio, la riga rossa dell'idrogeno), che rivela → facole e → protuberanze.

Spettro di Fraunhofer Lo spettro del Sole visto nei suoi particolari.

Spettrografo, spettroscopio Strumento per osservare e registrare lo → spettro della luce.

Spettroscopica, binaria *Vedi* → binaria spettroscopica.

Spettroscopica, parallasse *Vedi* → parallasse spettroscopica.

Spirale, nebulosa *Vedi* → nebulosa spirale.

Splendore apparente *Vedi* → luminosità.

Splendore assoluto *Vedi* → luminosità.

Spostamento verso il rosso Lo spostamento delle righe di uno spettro verso lunghezze d'onda maggiori, particolarmente di → galassie lontane, che si ritiene sia causato dall' → effetto Doppler.

Stato stazionario (*steady state*) Modello cosmologico in cui l'universo conserva grosso modo sempre la stessa forma, nel tempo e nello spazio.

Stella doppia Due stelle così vicine in cielo da apparire a tutta prima come una sola stella.

Stelle fisse Nell'astronomia greca, stelle che, diversamente dai pianeti, conservano stabilmente la loro posizione relativa rispetto alle altre fisse; il termine è usato ancora a volte per indicare le stelle in generale.

Stelle nane Fra i tipi di stelle più comuni, hanno piccola massa, e un'evoluzione totalmente diversa da quella delle più rare stelle giganti.

Stelle di neutroni Stelle molto dense che hanno subìto il collasso gravitazionale, in conseguenza del quale il loro nucleo si trova a essere composto principalmente da neutroni.

Sublunare, regione Nella cosmologia aristotelica, la regione terrestre o → elementare (sotto il concavo della sfera lunare).

Supernovae Stelle che al termine della loro evoluzione subiscono un'esplosione catastrofica.

Tangente (di un angolo) In un triangolo rettangolo, è il rapporto del cateto opposto all'angolo al cateto adiacente.

Telescopi della Prossima Generazione (TPG) Telescopi moderni il cui progetto include la tecnologia più recente.
Tempo siderale Tempo misurato con la rotazione della Terra rispetto alle stelle anziché rispetto al Sole (il giorno siderale è più corto di circa 4 minuti rispetto alle ventiquattr'ore del giorno solare).
Teoria quantistica *Vedi* → meccanica quantistica.
Tipo spettrale La classificazione di una stella sulla base dei caratteri del suo → spettro.
Tramonto eliaco Gli ultimi giorni in cui si vede tramontare una stella, un gruppo di stelle o un pianeta nel cielo di ponente dopo il calar del Sole. (Nei giorni seguenti il Sole, avvicinandosi a questi corpi, li cancella col suo splendore.)
Transito (I) di un corpo celeste, è il momento in cui attraversa il meridiano; (II) di uno dei pianeti interni è il suo passaggio attraverso il disco solare.
Trigono Zona di cielo definita da tre segni dello zodiaco.
Triquetro Strumento usato nel Medioevo per misurare la distanza angolare fra due oggetti.
Trivio Nella Facoltà delle Arti medievale, il corso di studi comprendente le tre discipline letterarie grammatica, retorica, logica. *Vedi* → quadrivio.
Tropici (I) In cielo i cerchi paralleli all'equatore celeste corrispondenti alle posizioni estreme, verso nord e verso sud, raggiunte dal Sole nel suo moto apparente sull' → eclittica ai → solstizi; (II) i cerchi corrispondenti sulla Terra.
TSH Sigla italiana del Telescopio Spaziale Hubble.
Ultravioletto Radiazione alle lunghezze d'onda al di là dell'estremo violetto dello → spettro della luce visibile, nell'intervallo compreso fra 10^{-8} e 10^{-7} metri.
Unità astronomica (UA) La distanza della Terra dal Sole, equivalente a 149,6 milioni di km, considerata di solito pari alla metà della lunghezza dell'asse maggiore della sua orbita ellittica.
Variabili, stelle Stelle la cui → luminosità varia significativamente, in modo periodico o irregolare.
Variazione periodica Mutamento regolare, specialmente nell'orbita della Luna o di un pianeta o nella → luminosità di una stella variabile.
Variazione secolare Mutamento nell'orbita della Luna o di un pianeta che si accumula indefinitamente nel corso del tempo.

Velocità angolare Il tasso di variazione di un angolo.

Velocità radiale È la velocità lungo la linea visuale, in allontanamento dall'osservatore o verso di lui.

Volvella Nell'astronomia tolemaica rinascimentale, è un componente di una replica in cartone di un modello planetario, usato per calcolare posizioni o per fare dimostrazioni visive del funzionamento del sistema tolemaico.

Vortice Nella cosmologia di Descartes, è un turbinio di materia che circonda la Terra, il Sole ecc.

Zenit Il punto in cielo direttamente sopra l'osservatore.

Ziǵ Nell'astronomia islamica, una tavola per calcolare le posizioni dei pianeti.

Zodiaco La fascia del cielo in cui si trovano sempre il Sole, la Luna e i pianeti. Dall'Antichità è divisa convenzionalmente in dodici regioni uguali o «segni», ognuna di 30°, le quali derivano il loro nome dalle dodici costellazioni dello zodiaco, in esse più o meno contenute.

Altre letture

Opere di carattere generale

Il testo presente deriva da quello della *Cambridge Illustrated History of Astronomy*, Cambridge University Press, Cambridge 1997. La *Illustrated History* fa ampio uso del colore, cosicché può offrire di più su argomenti, come gli strumenti astronomici, in cui si può imparare molto dalle illustrazioni.
Una storia dell'astronomia che esamina alcuni argomenti in modo un po' più dettagliato di questo libro è *The Fontana/Elsevier History of Astronomy and Cosmology*, di John North, Fontana, London, e Elsevier, New York 1995. Essa comprende un ampio saggio bibliografico che copre sia la letteratura divulgativa sia quella specialistica.
Un'altra storia generale dell'astronomia, di un astronomo importante, è ancora valida anche se datata: *A History of Astronomy*, di A. Pannekoek, ed. orig. olandese nel 1951, trad. ingl. George Allen & Unwin, London 1961; rist. Dover Publications, New York 1990.
Per esposizioni della vita e dell'opera di tutte le figure principali della storia dell'astronomia (tranne i viventi all'epoca della pubblicazione), si può vedere il *Dictionary of Scientific Biography*, a cura di C.C. Gillespie, 16 voll., Charles Scribner's Sons, New York 1970-1980, più successive aggiunte. In molti casi la voce contenuta nel *DSB* è il testo migliore disponibile sul personaggio, e l'opera è presente nella maggior parte delle biblioteche importanti.
Uno studio approfondito della storia dell'astronomia fino al 1950 è contenuto in *The General History of Astronomy*, diretta da Michael

Hoskin, 4 voll. in 7 parti, Cambridge University Press, Cambridge, 1984 sgg., in corso; volumi e parti pertinenti sono elencati sotto negli elenchi concernenti i singoli capitoli.
Molte riviste di storia della scienza contengono di tanto in tanto articoli di storia dell'astronomia, ma un periodico dedicato espressamente a questa disciplina è il «Journal for the History of Astronomy», diretto da Michael Hoskin (la rivista, trimestrale, è integrata dal supplemento annuale «Archaeoastronomy»), Science History Publications, 16 Rutherford Road, Cambridge CB2 2HH, UK.
Voci sugli argomenti più importanti di storia dell'astronomia si trovano in *History of Astronomy: An Encyclopedia*, a cura di John Lankford, Garland Publishing Inc., New York 1997.*
Un'antologia di saggi interessanti su argomenti che spaziano sull'intero periodo coperto da questo libro è *The Great Copernicus Chase, and Other Adventures in Astronomical History*, di Owen Gingerich, Sky Publishing Corporation, Cambridge, Mass., e Cambridge University Press, Cambridge 1992. Un'altra antologia, in questo caso principalmente su argomenti di astronomia dopo l'invenzione del telescopio, è *The Astronomical Scrapbook: Skywatchers, Pioneers, and Seekers in Astronomy*, di Joseph Ashbrook, Sky Publishing Corporation, Cambridge, Mass., e Cambridge University Press, Cambridge 1984.

1. L'astronomia prima della storia

«Archaeoastronomy», il supplemento annuale del «The Journal for the History of Astronomy» è dedicato all'argomento di questo capitolo.

Aveni, Anthony F., *Ancient Astronomies*, St. Remy Press, Montreal, e Smithsonian Books, Washington, D.C., 1993.

Aveni, Anthony F., *Empires of Time: Calendars, Clocks and Cultures*, Basic Books, New York 1989 (trad. it. di A.R. Vignati, *Gli imperi del tempo*, Dedalo, Bari 1993).

* Voci di storia dell'astronomia, brevi biografie di astronomi e una biblio-cronologia si trovano nell'edizione italiana del *Companion to Cosmos* di John Gribbin, Weidenfeld & Nicolson, London 1996 (trad. e cura dell'ed. it. di Libero Sosio, *Enciclopedia di Astronomia e Cosmologia*, Garzanti, Milano 1998). [*N.d.T.*]

Aveni, Anthony F., *Skywatchers of Ancient Mexico*, University of Texas Press, Austin e London 1980.
Aveni, Anthony F. (a cura di), *The Sky in Mayan Literature*, Oxford University Press, Oxford-New York 1992.
Aveni, Anthony F., e Gary Urton (a cura di), *Ethnoastronomy and Archaeoastronomy in the American Tropics*, New York Academy of Sciences, New York 1982.
Burl, Aubrey, *Prehistoric Astronomy and Ritual*, Shire Publications, Princes Risborough, Aylesbury, HP17 9AJ, UK, 1983.
Hodson, F.R. (a cura di), *The Place of Astronomy in the Ancient World*, Oxford University Press, per la British Academy, London 1974.
Ruggles, C.L.N., *Astronomy in Prehistoric Britain and Ireland*, Yale University Press, New Haven e London 1998.
Ruggles, C.L.N., *Archaeoastronomy in the 1990s*, Group D Publications, 81 Park Road, Loughborough, LE11 2HD, UK, 1993.

2. *L'astronomia nell'Antichita*

Archimede, *Arenario*, in *Opere*, a cura di A. Frajese, Unione Tipografico-Editrice Torinese, Torino 1974, pp. 447-470.
Clagett, Marshall, *Ancient Egyptian Science*, vol. II, *Calendars, Clocks, and Astronomy*, American Philosophical Society, Philadelphia 1955.
Crowe, Michael J., *Theories of the World from Antiquity to the Copernican Revolution*, Dover Publications, New York 1990.
Heath, Thomas L., *Greek Astronomy*, Dent, London, 1932; rist. Dover Publications, New York 1991.
Helden, Albert van, *Measuring the Universe: Cosmic Dimensions from Aristarchus to Halley*, The University of Chicago Press, Chicago-London 1985.
Hodson, F.R. (a cura di), *The Place of Astronomy in the Ancient World*, Oxford University Press, per la British Academy, London 1974.
Neugebauer, Otto E., *The Exact Sciences in Antiquity*, 2ª ed., Yale University Press, Providence, R.I. 1957; rist. Dover Publications, New York 1969 (trad. it. di A. Carugo, *Le scienze esatte nell'Antichità*, Feltrinelli, Milano 1974).

Pedersen, Olaf (e Mogens Pihl), *Early Physics and Astronomy*, Macdonald, London, e American Elsevier, New York 1974; 2ª ed., Cambridge University Press, Cambridge 1993.

Thurston, Hugh, *Early Astronomy*, Springer Verlag, New York 1993.

Waerden, B.L. van der, *Science Awakening II: The Birth of Astronomy*, Noordhoff International, Leiden s.d.

Walker, Christopher (a cura di), *Astronomy before the Telescope*, British Museum Press, per i Trustees del British Museum, London 1996 (trad. it. di E. Joli, *L'astronomia prima del telescopio*, Dedalo, Bari 1997).

Si vedano anche i cinque lunghi saggi sull'astronomia in Egitto, in Mesopotamia e in India, nel vol. XV del *Dictionary of Scientific Biography*, a cura di C.C. Gillespie, Charles Scribner's Sons, New York 1978.

3. L'astronomia islamica

King, David A., *Astronomy in the Service of Islam*, Variorum, Aldershot 1993.

King, David A., e George Saliba, *From Deferent to Equant*, New York Academy of Sciences, New York 1987.

Saliba, George, *A History of Arabic Astronomy: Planetary Theory during the Golden Age of Islam*, New York University Press, New York-London 1994.

4. L'astronomia latina medievale

Crowe, Michael J., *Theories of the World from Antiquity to the Copernican Revolution*, Dover Publications, New York 1990.

Gingerich, Owen, *The Eye of Heaven: Ptolemy, Copernicus, Kepler*, American Institute of Physics, New York 1993.

Grant, Edward, *Planets, Stars and Orbs: Medieval Cosmology, 1200-1687*, Cambridge University Press, Cambridge 1993.

Helden, Albert van, *Measuring the Universe: Cosmic Dimensions from Aristarchus to Halley*, The University of Chicago Press, Chicago-London 1985.

Lindberg, David C. (a cura di), *Science in the Middle Ages*, The University of Chicago Press, Chicago-London 1978.
Pedersen, Olaf (e Mogens Pihl), *Early Physics and Astronomy*, Macdonald, London e American Elsevier, New York 1974; 2ª ed., Cambridge University Press, Cambridge 1993.
Rosen, E., *Three Copernican Treatises*, Columbia University Press, New York e Oxford University Press, London 1939; rist. Dover Publications, New York 1959, Octagon Books, New York 1971.
Walker, Christopher (a cura di), *Astronomy before the Telescope*, British Museum Press, per i Trustees del British Museum, London (trad. it. di E. Joli, *L'astronomia prima del telescopio*, Dedalo, Bari 1997).
Westman, Robert S. (a cura di), *The Copernican Achievement*, University of California Press, Berkeley-Los Angeles-London 1975.

5. *Dalla geometria alla fisica: l'astronomia trasformata*

Aiton, Eric J., *The Vortex Theory of Planetary Motions*, Macdonald, London, e American Elsevier, New York 1972.
Caspar, Max, *Johannes Kepler*, Kohlhammer, Stuttgart 1948 (trad. ingl., *Kepler*, Aberlard Schuman, London 1959; ed. Dover Publications, New York 1993).
Drake, Stillman, *Discoveries and Opinions of Galileo*, Doubleday, Garden City, New York 1957.
Galilei, Galileo, *Dialogo sopra i due massimi sistemi del mondo, tolemaico e copernicano*, a cura di Libero Sosio, Einaudi, Torino 1970 (nuova ed., ivi s.d. [1992]).
Galilei, Galileo, *Istoria e dimostrazioni intorno alle macchie solari e loro accidenti comprese in tre lettere scritte all'illustrissimo signor Marco Velseri Linceo*, In Roma, Appresso Giacomo Mascardi, 1613.
Galilei, Galileo, *Sidereus Nuncius*, Venetiis, Apud Thomam Baglionum, 1610 (ed. a cura di A. Battistini, trad. di M. Timpanaro Cardini, con testo a fronte, Marsilio, Venezia 1993).
Helden, Albert van, *Measuring the Universe: Cosmic Dimensions from Aristarchus to Halley*, The University of Chicago Press, Chicago-London 1985.
Jardine, Nicholas, *The Birth of History and Philosophy of Science*, Cambridge University Press, Cambridge 1984.

Sharratt, Michael, *Galileo, Decisive Innovator*, Blackwell, Oxford 1994; in rist. Cambridge University Press, Cambridge.
Stephenson, Bruce, *Kepler's Physical Astronomy*, Springer Verlag, New York 1987; Princeton University Press, Princeton, N.J., 1994.
Stephenson, Bruce, *The Music of the Heavens: Kepler's Harmonic Astronomy*, Princeton University Press, Princeton, N.J., 1994.
Thoren, Victor E., *The Lord of Uraniborg: A Biography of Tycho Brahe*, Cambridge University Press, Cambridge 1990.
Westfall, Richard S., *Essays on the Trial of Galileo*, Vatican Observatory 1989.
Wilson, Curtis, *Astronomy from Kepler to Newton: Historical Studies*, Variorum reprints, Aldershot 1989.
Vedi anche *The General History of Astronomy*, vol. II, *Planetary Astronomy from the Renaissance to the Rise of Astrophysics*, Parte A, *Tycho Brahe to Newton*, a cura di R. Taton e C. Wilson, Cambridge University Press, Cambridge 1989.

6. Newton e il newtonianesimo

Armitage, Angus, *Edmond Halley*, Nelson, London 1966.
Bennett, J.A., *The Divided Circle: A History of Instruments for Astronomy, Navigation, and Surveying*, Phaidon Christie's, Oxford 1987.
Christianson, Gale E., *In the Presence of the Creator: Isaac Newton and his Times*, Free Press, New York 1984.
Cook, Alan, *Edmond Halley: Charting the Heavens and the Seas*, Clarendon Press, Oxford 1998.
Coyne, G.V., M. Heller e J. Zycinski (a cura di), *Newton and the New Direction in Science*, Vatican Observatory 1988; distrib. da Libreria Editrice Vaticana, Citta del Vaticano.
Grant, Robert, *History of Physical Astronomy*, Henry G. Bohn, London 1852.
Grosser, Morton, *The Discovery of Neptune*, Harvard University Press, Cambridge, Mass., 1962.
King, Henry C., *The History of the Telescope*, Charles Griffin, London 1955.
Koyré, Alexandre, *La révolution astronomique*, Hermann, Paris 1961 (trad. it. di L. Sosio, *La rivoluzione astronomica. Copernico, Keplero, Borelli*, Feltrinelli, Milano 1966).

Koyré, Alexandre, *Newtonian Studies*, Harvard University Press, Cambridge, Mass., 1965 (trad. it. di P. Galluzzi, *Studi newtoniani*, Einaudi, Torino 1972).

Newton, Isaac, *Sistema del mondo*, trad. it. di M. Renzoni, Boringhieri, Torino 1959.

Westfall, Richard S., *Never at Rest: A Biography of Isaac Newton*, Cambridge University Press, Cambridge 1980 (trad. it. a cura di A. Serafini, *Newton*, 2 voll., Einaudi, Torino 1989).

Vedi anche *The General History of Astronomy*, vol. II, *Planetary Astronomy from the Renaissance to the Rise of Astrophysics*, Parte A, *Tycho Brahe to Newton*, e Parte B: *The Eighteenth and Nineteenth Centuries*, a cura di R. Taton e C. Wilson, Cambridge University Press, Cambridge 1989, 1995.

7. L'astronomia dell'universo stellare

Armitage, Angus, *William Herschel*, Thomas Nelson, London 1962.

Buttmann, Gunther, *The Shadow of the Telescope: A Biography of John Herschel*, Lutterworth Press, Guldford-London 1874.

Crowe, Michael J., *Modern Theories of the Universe from Herschel to Hubble*, Dover Publications, New York 1994.

Ferris, Timothy, *Coming of the Age in the Milky Way*, The Bodley Head, London 1988.

Hoskin, Michael, *Stellar Astronomy: Historical Studies*, Science History Publications, Cambridge 1982.

Hoskin, Michael, *William Herschel and the Construction of the Heavens*, Oldbourne, London, e American Elsevier, New York 1963.

King, Henry C., *The History of Telescope*, Charles Griffin, London 1955.

Lubbock, Constance A. (a cura di), *The Herschel Chronicle: The Life-story of William Herschel and his Sister Caroline Herschel*, Cambridge University Press, Cambridge 1933.

Whitney, Charles A., *The Discovery of Our Galaxy*, Angus & Robertson, London 1971.

Vedi anche *The General History of Astronomy*, vol. III, *Stellar Astronomy, Instrumentation and Institutions from the Renaissan-*

ce to the Mid-nineteenth Century, Cambridge University Press, Cambridge, 2003.

8. Il messaggio della luce stellare: la nascita dell'astrofisica

Berendzen, Richard, Richard Hart e Daniel Seeley, *Man Discovers the Galaxies*, Neale Watson Academic Publications, New York 1976.

Brush, Stephen G., *A History of Modern Planetary Physics*, 3 voll., Cambridge University Press, Cambridge 1996.

Christianson, Gale E., *Edwin Hubble: Mariner of the Nebulae*, Farrar, Straus & Giroux, New York 1995.

Clerke, Agnes A., *Modern Cosmogonies*, Adams & Charles Black, London 1905.

Clerke, Agnes A., *A Popular History of Astronomy During the Nineteenth Century*, Adams & Charles Black, Edinburgh-London 1885, 4ª ed. 1902.

Clerke, Agnes A., *The System of the Stars*, Longmans, Green, London 1890; 2ª ed. Adams & Charles Black, London 1905.

Crowe, Michael J., *Modern Theories of the Universe from Herschel to Hubble*, Dover Publications, New York 1994.

Ferris, Timothy, *Coming of Age in the Milky Way*, The Bodley Head, London 1988.

Hearnshaw, J.B., *The Analysis of Starlight: One Hundred and Fifty Years of Astronomical Spectroscopy*, Cambridge University Press, Cambridge 1986.

Hearnshaw, J.B., *The Measurement of Starlight: Two Centuries of Astronomical Photometry*, Cambridge University Press, Cambridge 1996.

Hermann, Dieter B., *The History of Astronomy from Herschel to Hertzsprung*, Cambridge University Press, Cambridge 1984.

Hubble, Edwin Powell, *The Realm of Nebulae*, Yale University Press, New Haven, Conn. 1936; rist. Dover, New York 1958; Yale University Press, New Haven 1982.

Kragh, Helge, *Cosmology and Controversy: The Historical Development of Two Theories of the Universe*, Princeton University Press, Princeton, N.J. 1997. Krisciunas, Kevin, *Astronomical Centers of the World*, Cambridge University Press, Cambridge 1988.

Lang, Kenneth R. e Owen Gingerich (a cura di), *A Source Book in Astronomy and Astrophysics, 1900-1975*, Harvard University Press, Cambridge, Mass. 1979.

Leverington, David, *A History of Astronomy from 1890 to the Present*, Springer, London 1995.

North, J.D., *The Measure of the Universe. A History of Modern Cosmology*, Clarendon Press, Oxford 1965; rist. Dover Publications, New York 1990.

Osterbrock, Donald E., *James E. Keeler: Pioneer American Astrophysicist*, Cambridge University Press, Cambridge 1984.

Osterbrock, Donald E., John R. Gustafson e W.J. Shiloh Unruh, *Eye on the Sky: Lick Observatory's First Century*, University of California Press, Berkeley-Los Angeles 1988.

Paul, Erich Robert, *The Milky Way Galaxy and Statistical Cosmology, 1890-1924*, Cambridge University Press, Cambridge 1993.

Smith, Robert, *The Expanding Universe: Astronomy's «Great Debate» 1900-1931*, Cambridge University Press, Cambridge 1982.

Struve, Otto, e Velta Zebergs, *Astronomy of the 20th Century*, The Macmillan Company, New York e Macmillan, London 1962.

Vedi anche *The General History of Astronomy*, vol. IV, *Astrophysics and Twentieth-century Astronomy to 1950*, a cura di Owen Gingerich, Cambridge University Press, Cambridge, Parte A 1984, Parte B in preparazione.

9. Nuovi orizzonti dell'astronomia

Edge, David O., e Michael J. Mulkay, *Astronomy Transformed. The Emergence of Radioastronomy in Britain*, Wiley-Interscience, New York 1976.

Hey, J.S., *The Evolution of Radio Astronomy*, Elek Science, London 1973.

Hirsch, Richard F., *Glimpsing an Invisible Universe: The Emergence of X-ray Astronomy*, Cambridge University Press, Cambridge 1983.

Lang, Kenneth R. e Owen Gingerich (a cura di), *A Source Book in Astronomy and Astrophysics, 1900-1975*, Harvard University Press, Cambridge, Mass. 1979.

Lightman, Alan, e Roberta Brawer, *Origins. The Lives and Worlds of Modern Cosmologists*, Harvard University Press, Cambridge, Mass. 1990.

Needel, Allan (a cura di), *The First 25 Years in Space*, Smithsonian Institution Press, Washington, D.C. 1989.

Smith, R.W., *The Space Telescope: A Study of NASA. Science, Technology and Politics*, Cambridge University Press, Cambridge 1989.

Sullivan, W.T. III (a cura di), *The Early Years of Radio Astronomy*, Cambridge University Press, Cambridge 1984.

Verschuur, Gerrit L., *The Invisible Universe: The Story of Radio Astronomy*, The English Universities Press, London e Springer-Verlag, New York 1974.

Gli autori

Michael Hoskin è Fellow al Churchill College a Cambridge. Professore di storia dell'astronomia all'Università di Cambridge, dove è stato anche direttore del Dipartimento di Storia e Filosofia della Scienza, si è ritirato recentemente dopo trenta anni di insegnamento. Nel 1970 ha fondato «The Journal for the History of Astronomy» da lui diretto da allora. È il direttore generale dell'opera in molti volumi *General History of Astronomy*, edita dalla Cambridge University Press sotto gli auspici dell'Unione Astronomica Internazionale e dell'Unione Internazionale per la Storia e Filosofia della Scienza.

J.A. Bennett è curatore del Museo di Storia della Scienza dell'Università di Oxford e Fellow del Linacre College. In precedenza è stato curatore del Whipple Museum of the History of Science a Cambridge. Fra i suoi libri si citano *The Mathematical Science of Christopher Wren* e *The Divided Circle.*

Christopher Cullen è *senior lecturer* di Storia della scienza e della medicina cinese nel Dipartimento di Storia della School of Oriental and African Studies dell'Università di Londra, nonché presidente del Comitato editoriale del Needham Research Institute a Cambridge. È autore di *Astronomy and Mathematics in Early China: The Zhou Bi Suan Jing.*

David Dewhirst è Fellow al Corpus Christi College a Cambridge. Astronomo e bibliotecario dell'Institute of Astronomy della Cambridge University, è andato recentemente in pensione.

Owen Gingerich è professore di Astronomia e di Storia della scienza allo Harvard-Smithsonian Center for Astrophysics a Cambridge, Massachusetts. È presidente del comitato editoriale della *General History of Astronomy* della Cambridge University Press. I suoi interessi coprono vasti orizzonti storici, ma egli si è dedicato particolarmente allo studio della rivoluzione copernicana. Ha pubblicato due antologie di articoli: *The Great Copernicus Chase* e *The Eye of Heaven: Ptolemy, Copernicus, Kepler.*

Clive Ruggles è *senior lecturer* in archeologia alla Leicester University, e ha diretto fino a poco tempo fa il supplemento «Archaeoastronomy» del «Journal for the History of Astronomy». Ha scritto e curato, da solo o con altri, vari libri, fra cui *Astronomy and Society in Britain During the Period 4000-1500 BC*, *Megalithic Astronomy*, *Records in Stone*, *Archaeoastronomy in the 1990s*, *Astronomies and Cultures* e *Astronomy in Prehistoric Britain and Ireland.*

Indice analitico

Indice

Finito di stampare nell'aprile 2017 presso
Grafica Veneta - Via Malcanton 2 - Trebaseleghe (PD)
Printed in Italy

Rizzoli
LIBRI

ISBN 978-88-17-09509-9